科学出版社"十四五"普通高等教育本科规划教材

园艺植物育种学

胡桂兵　曹必好　主编

科学出版社
北京

内 容 简 介

本书将原果树、蔬菜和观赏园艺三个专业的育种学合并拓宽。全书共分为13章，包括：绪论、园艺植物的繁殖方式及其育种特点，园艺植物育种对象和目标，园艺植物种质资源，园艺植物引种，园艺植物选种，园艺植物有性杂交育种，园艺植物杂种优势育种，园艺植物诱变育种，园艺植物染色体倍性育种，园艺植物新品种的保护、登记和良种繁育推广，生物技术在园艺植物育种上的应用，信息技术在育种中的应用。

本书充分体现了园艺植物育种的基础理论和主要育种技术，抓住了果树、蔬菜和观赏园艺三个专业育种的共性，灵活运用了三类园艺植物的遗传与育种典型范例，使全书内容融会贯通，浑然一体。

本书可作为我国南方高等农业院校园艺专业本科生教材，也可供其他院校有关专业的师生和从事有关工作的科技人员参考。

图书在版编目（CIP）数据

园艺植物育种学/胡桂兵，曹必好主编. —北京：科学出版社，2024.6
科学出版社"十四五"普通高等教育本科规划教材
ISBN 978-7-03-078649-4

Ⅰ. ①园⋯ Ⅱ. ①胡⋯ ②曹⋯ Ⅲ. ①园艺作物-作物育种-高等学校-教材 Ⅳ. ①S603

中国国家版本馆CIP数据核字（2024）第110591号

责任编辑：丛 楠 赵萌萌 / 责任校对：宁辉彩
责任印制：赵 博 / 封面设计：图阅社

科学出版社 出版
北京东黄城根北街16号
邮政编码：100717
http://www.sciencep.com

北京中石油彩色印刷有限责任公司印刷
科学出版社发行 各地新华书店经销

*

2024年6月第 一 版 开本：787×1092 1/16
2025年5月第三次印刷 印张：20 1/2
字数：454 000
定价：79.80元
（如有印装质量问题，我社负责调换）

《园艺植物育种学》编委会名单

主　编　胡桂兵　曹必好

副主编　曾黎辉　安华明　丰　锋　黄建昌　田丽波

编　者

福建农林大学	吴菁华　曾黎辉	
贵州大学	安华明　鲁　敏	
广东海洋大学	丰　锋　杨转英	
海南大学	田丽波　朱　婕	
湖南农业大学	李　娜	
华南农业大学	曹必好　陈长明　程蛟文　胡桂兵	
	胡开林　刘成明　秦永华　汪国平	
	杨向晖　赵杰堂　张志珂	
江西农业大学	黄春辉	
云南农业大学	张应华	
仲恺农业工程学院	黄建昌　王凤兰	

主　审　雷建军　林顺权

编委会秘书　张志珂

《园艺植物育种学》教学课件索取

凡使用本教材作为授课教材的高校主讲教师，可获赠教学课件一份。通过以下两种方式之一获取：

 1. 扫描左侧二维码，关注"科学 EDU"公众号→样书课件，索取教学课件。

2. 填写下方教学课件索取单后扫描或拍照发送至联系人邮箱。

姓名：		职称：		职务：	
电话：		电子邮箱：			
学校：		院系：			
所授课程（一）：				人数：	
课程对象：□研究生 □本科（＿＿＿年级） □其他＿＿＿				授课专业：	
使用教材名称/作者/出版社：					
所授课程（二）：				人数：	
课程对象：□研究生 □本科（＿＿＿年级） □其他＿＿＿				授课专业：	
使用教材名称/作者/出版社：					
您对本书的评价及下一版的修改意见：					
推荐国外优秀教材名称/作者/出版社：				院系教学使用证明（公章）：	
您的其他建议和意见：					

咨询电话：010-64034871　　　　回执邮箱：congnan@mail.sciencep.com

前　言

"园艺植物育种学"是园艺本科生的专业核心课程，为满足我国南方区域高等农林院校的教学需求，我们组织了南方 9 所高校（福建农林大学、广东海洋大学、贵州大学、海南大学、湖南农业大学、华南农业大学、江西农业大学、云南农业大学、仲恺农业工程学院）从事园艺植物育种学教研的人员共同编写了《园艺植物育种学》。

本书充分体现了园艺植物育种的基础理论和主要育种技术，力求抓住果树、蔬菜、观赏园艺三个方向育种学的共性，灵活运用三类园艺植物的遗传与育种典型范例，使全书内容融会贯通，浑然一体，形成新的课程内容体系，突出热带、亚热带园艺植物的特色。在编写中，注意分别突出果树、蔬菜和观赏园艺各自的特点，如果树多以嫁接繁殖为主，具有有性世代周期长的特点，因而注重芽变选种及诱变育种的阐述；蔬菜多以种子繁殖为主，具有有性世代周期短的特性，因而注重有性杂交，特别是注重杂交优势利用的论述；对于观赏植物，则具有有性繁殖与营养繁殖两者相结合的优势，其中，草本观赏植物与蔬菜相近，木本观赏植物则与果树相近。并且，观赏植物具有与果树、蔬菜都不同的自身特点，即自然变异或人工诱变所产生的变态叶、花、果或整个植株，虽无食用价值，但却具有观赏价值，因而特别注意了对其繁殖方面的有关介绍。

本书获批了科学出版社"十四五"普通高等教育本科规划教材。随后，我们认真进行了人员组织和编写工作，在编写过程中查阅了大量的资料文献，力争使本书更具科学性和前沿性。2023 年 7 月，教材编委和科学出版社丛楠编辑齐聚在华南农业大学，对所有章节进行逐一审稿、修改和定稿。

在教材编写过程中，主审雷建军教授、林顺权教授不辞辛苦、全面认真审稿，另外，华南农业大学和华南农业大学园艺学院给予了编写经费支持，科学出版社丛楠编辑、秘书张志珂老师忙前忙后，做了大量卓有成效的工作，在此一并表示衷心的谢意。

由于本书覆盖面宽，编写难度较大，再加上编者水平有限，疏漏之处在所难免，恳请读者多提宝贵意见。

编　者

2024 年 1 月

目 录

第一章 绪论 … 1
第一节 园艺植物育种学的任务、意义及学科相关性 … 1
- 一、园艺植物育种学的任务 … 1
- 二、园艺植物育种学的意义 … 1
- 三、园艺植物育种学与其他相关学科的关系 … 3

第二节 我国园艺植物育种事业发展概况 … 3
- 一、我国园艺植物育种事业发展历程 … 3
- 二、我国园艺植物育种工作的主要成就 … 5

第三节 园艺植物育种的发展趋向 … 9
- 一、突出新的育种目标 … 10
- 二、重视种质资源的研究 … 11
- 三、重视育种新途径、新方法的研究 … 13
- 四、实行多学科协作的综合育种 … 18

第二章 园艺植物的繁殖方式及其育种特点 … 20
第一节 园艺植物的繁殖方式 … 20
- 一、有性繁殖 … 20
- 二、无性繁殖 … 21

第二节 不同繁殖方式园艺植物的遗传特点及其与育种的关系 … 22
- 一、自花授粉植物 … 22
- 二、异花授粉植物 … 23
- 三、常异花授粉植物 … 24
- 四、无性繁殖植物 … 24

第三节 园艺植物品种的类型及育种特点 … 24
- 一、园艺植物品种的类型 … 24
- 二、各类品种的育种特点 … 26

第三章 园艺植物育种对象和目标 … 28
第一节 选择育种对象的主要依据 … 28
- 一、市场对新品种的迫切需求 … 28
- 二、重要性状最接近育种目标 … 28
- 三、充分利用本地特有种质资源 … 29

第二节 园艺植物育种的主要目标性状 … 29
- 一、产量 … 29
- 二、品质 … 30
- 三、成熟期 … 31
- 四、对环境胁迫的适应性 … 31
- 五、对保护地栽培和机械化生产的适应性 … 32

第三节　园艺植物育种目标的特点及制订原则 ………………………………… 33
　　　　　一、园艺植物育种目标的特点 …………………………………………………… 33
　　　　　二、制订育种目标的主要原则 …………………………………………………… 34
第四章　园艺植物种质资源 ………………………………………………………………… 37
　　第一节　种质资源的概念及重要性 ………………………………………………… 37
　　　　　一、种质资源的概念和类别 ……………………………………………………… 37
　　　　　二、种质资源的重要性 …………………………………………………………… 38
　　第二节　园艺植物起源中心与我国主要园艺植物种质资源 ……………………… 40
　　　　　一、园艺植物起源中心 …………………………………………………………… 40
　　　　　二、我国主要园艺植物种质资源 ………………………………………………… 42
　　第三节　种质资源的调查与收集 …………………………………………………… 44
　　　　　一、种质资源的调查 ……………………………………………………………… 45
　　　　　二、种质资源的收集 ……………………………………………………………… 45
　　第四节　种质资源的保存、评价和利用 …………………………………………… 48
　　　　　一、种质资源的保存 ……………………………………………………………… 48
　　　　　二、种质资源的评价 ……………………………………………………………… 52
　　　　　三、种质资源的利用 ……………………………………………………………… 54
第五章　园艺植物引种 ……………………………………………………………………… 56
　　第一节　引种的概念及其重要性 …………………………………………………… 56
　　　　　一、引种的概念和类别 …………………………………………………………… 56
　　　　　二、引种的意义 …………………………………………………………………… 57
　　第二节　引种的遗传学原理 ………………………………………………………… 58
　　第三节　引种的生态学原理 ………………………………………………………… 59
　　　　　一、综合生态因子 ………………………………………………………………… 59
　　　　　二、主导生态因子 ………………………………………………………………… 61
　　　　　三、历史生态条件分析 …………………………………………………………… 64
　　第四节　引种原则和引种程序 ……………………………………………………… 65
　　　　　一、引种的原则 …………………………………………………………………… 65
　　　　　二、引种的程序 …………………………………………………………………… 65
　　第五节　主要园艺植物原产地及引种 ……………………………………………… 68
　　　　　一、柑橘 …………………………………………………………………………… 68
　　　　　二、菠萝 …………………………………………………………………………… 69
　　　　　三、番茄 …………………………………………………………………………… 69
　　　　　四、花椰菜 ………………………………………………………………………… 70
　　　　　五、香石竹 ………………………………………………………………………… 70
　　　　　六、一串红 ………………………………………………………………………… 70
第六章　园艺植物选种 ……………………………………………………………………… 72
　　第一节　芽变选种 …………………………………………………………………… 72
　　　　　一、芽变选种的意义及特点 ……………………………………………………… 72
　　　　　二、芽变的细胞学基础和遗传学效应 …………………………………………… 75

  三、芽变选种的方法 77
  四、芽变选种程序 80
  五、芽变种质创新与利用 82
 第二节　实生选种 83
  一、实生选种的概念和意义 83
  二、实生变异的特点 84
  三、实生选种原理 84
  四、实生选种的方法和程序 88

第七章　园艺植物有性杂交育种 91
 第一节　有性杂交育种概述 91
  一、有性杂交育种的概念和意义 91
  二、园艺植物主要性状的遗传 93
  三、杂交亲本的选择和选配 93
  四、有性杂交的方式和技术 97
 第二节　杂种后代的处理及培育 103
  一、杂种后代的处理 103
  二、杂种后代的培育 108
 第三节　回交转育 110
  一、回交转育概念及其对后代的影响 110
  二、回交转育方法 111
  三、回交转育的应用 113
 第四节　远缘杂交育种 115
  一、远缘杂交的概念 116
  二、远缘杂交在育种工作中的作用 116
  三、远缘杂交的遗传特点 119

第八章　园艺植物杂种优势育种 125
 第一节　杂种优势概述 125
  一、杂种优势的概念及遗传机制 125
  二、杂种优势的度量方法 127
  三、杂种优势育种与常规杂交育种的异同 128
  四、杂种优势的利用概况 128
  五、杂种优势的预测和固定 129
 第二节　杂种优势育种一般程序 131
  一、植物繁殖方式与杂种优势利用 131
  二、选育杂种一代的程序 131
 第三节　杂种种子生产 140
  一、人工去雄制种法 140
  二、苗期标记性状 141
  三、化学去雄制种法 142
  四、利用单性株制种法 142

五、利用迟配系制种法 143
　　六、利用自交不亲和系制种法 144
　　七、利用雄性不育系制种法 144
第四节　自交不亲和系的选育 144
　　一、自交不亲和性发生机制 145
　　二、自交不亲和性的生理机制 146
　　三、自交不亲和性发生的分子机制 147
　　四、自交不亲和系的选育方法 149
　　五、自交不亲和系的繁殖 150
　　六、利用自交不亲和系制种的优缺点 151
第五节　雄性不育系的选育和利用 152
　　一、利用雄性不育系生产一代杂种的意义 152
　　二、雄性不育性的表现和遗传类型 152
　　三、雄性不育性的分子机制 156
　　四、雄性不育系的选育 158
　　五、雄性不育系的利用 163

第九章　园艺植物诱变育种 165
第一节　诱变育种概述 165
　　一、诱变育种的概念与意义 165
　　二、诱变育种的历史与成就 167
第二节　诱变育种的特点及用途 171
　　一、诱变育种的特点 171
　　二、诱变育种的用途 172
　　三、辐射诱变与化学诱变的比较 172
第三节　诱变育种的途径 172
　　一、物理诱变 172
　　二、化学诱变 175
第四节　诱变作用原理 180
　　一、辐射诱变原理 180
　　二、离子注入的诱变机制 182
　　三、空间诱变机制假说 182
第五节　诱变方法 183
　　一、常用的辐射处理方法 183
　　二、辐射诱变中剂量和剂量率的确定 184
　　三、化学诱变剂的处理方法 187
　　四、理化诱变因素的复合处理 189
第六节　诱变亲本材料的选择、突变体的鉴定和诱变育种程序 190
　　一、诱变亲本材料的选择及诱变处理对遗传性状的影响 190
　　二、突变体的鉴定 191
　　三、突变体选择及诱变育种程序 192

第十章　园艺植物染色体倍性育种

第一节　染色体倍性育种的意义
一、多倍化现象及多倍体育种的意义……195
二、单倍体的类型与特点及单倍体育种的意义……197

第二节　多倍体的种类、特点和产生途径
一、多倍体的种类……198
二、多倍体的特点……198
三、多倍体的产生途径……200

第三节　多倍体的育种途径
一、资源调查和选种……201
二、化学诱变……202
三、有性杂交……202
四、离体培养……202

第四节　化学药剂诱导多倍体的原理和方法
一、秋水仙素的物理、化学性质……204
二、秋水仙素诱发多倍体的原理……205
三、秋水仙素诱变多倍体应注意的几个问题……206
四、秋水仙素诱变多倍体的方法……209

第五节　多倍体的鉴定
一、多倍体鉴定方法……209
二、多倍体育种材料的选择和利用……212

第十一章　园艺植物新品种的保护、登记和良种繁育推广

第一节　新品种保护
一、植物新品种保护的意义……213
二、国际上有关植物新品种保护的措施……214
三、我国新品种保护条例的主要内容……216

第二节　品种登记
一、品种登记与登记的意义……219
二、非主要农作物品种登记的主要内容……220
三、植物新品种保护和品种登记的关系……221
四、观赏植物品种的国际登录……222
五、全国热带作物品种审定办法……222
六、地方评定或认定……223

第三节　良种繁育
一、良种繁育的意义与任务……223
二、品种混杂、退化及防止措施……224
三、加速良种繁殖的措施……227

第四节　新品种推广
一、品种推广原则……227
二、国内外新品种推广保障制度……228

三、新品种推广方式……………………………………………………………………229
　　　四、品种区域化和良种合理布局…………………………………………………………229
　　　五、良种与良法配套………………………………………………………………………231
第十二章　生物技术在园艺植物育种上的应用…………………………………………………233
　第一节　植物细胞工程技术……………………………………………………………………233
　　　一、植物细胞工程的概念…………………………………………………………………233
　　　二、植物细胞工程在园艺植物育种中的应用……………………………………………233
　第二节　基因工程技术…………………………………………………………………………249
　　　一、转基因育种的主要程序………………………………………………………………249
　　　二、转基因技术在园艺植物育种中的应用………………………………………………252
　　　三、基因编辑技术及其在植物育种中的应用……………………………………………258
　第三节　分子标记………………………………………………………………………………262
　　　一、分子标记的种类………………………………………………………………………262
　　　二、分子标记在园艺植物育种上的应用…………………………………………………263
第十三章　信息技术在育种中的应用……………………………………………………………270
　第一节　资源管理………………………………………………………………………………270
　　　一、应用概况………………………………………………………………………………270
　　　二、种质资源数据库的目标与功能………………………………………………………272
　　　三、种质资源信息系统的主要类型………………………………………………………272
　　　四、种质资源数据库的建立………………………………………………………………273
　第二节　信息技术在育种数据采集（表型）上的应用………………………………………274
　　　一、影响表型的主要因子…………………………………………………………………274
　　　二、基于表型性状的育种进展……………………………………………………………276
　　　三、表型数据的采集和分析………………………………………………………………276
　　　四、未来展望………………………………………………………………………………280
　第三节　智能植物育种系统……………………………………………………………………281
　　　一、金种子育种云平台简介………………………………………………………………282
　　　二、金种子育种云平台的主要功能模块…………………………………………………282
　　　三、金种子育种云平台主要基础数据的配置……………………………………………283
　　　四、系统主要功能及操作流程……………………………………………………………283
　第四节　生物信息学……………………………………………………………………………287
　　　一、生物信息学的概念……………………………………………………………………287
　　　二、生物信息学的主要作用………………………………………………………………288
　　　三、生物信息数据库及其信息检索………………………………………………………290
　　　四、生物信息学的分析软件………………………………………………………………296
　　　五、生物信息学在育种中的应用…………………………………………………………297
主要参考文献………………………………………………………………………………………298
附录…………………………………………………………………………………………………309

第一章 绪 论

园艺植物育种学是指研究园艺植物（主要是果树、蔬菜、花卉）现有品种的改良及培育优良新品种的原理、途径和方法的一门实践性很强的科学，其原理是发现和利用园艺植物自然产生的变异及人工创造的新的变异，通过选择、鉴定、培育，把其中符合人类育种目标要求的变异体，繁育成为一个表现稳定的、经济价值高的、可用于经济栽培的群体。园艺植物育种实践体现遗传和变异的辩证关系。遗传和变异是一对既互相制约又互相促进、相辅相成的矛盾统一体。其中，变异是绝对的，遗传是相对的，变异在这一矛盾中起着主导作用。

园艺植物在自然条件下产生的变异，可以通过"资源调查""引种""实生选种"和"芽变选种"等途径获得，并通过选择和评价而加以利用。园艺植物在人工干预下产生的变异，可以通过有性杂交、物理化学方法诱发基因突变和染色体倍性变异获得，也可以通过花药（花粉）培养、胚乳培养、原生质培养与体细胞杂交和基因工程等途径获得。

无论是自然产生的变异还是人工创造的变异，都必须经过选择、鉴定、评价等程序确定符合育种目标的优良变异体（系）。然后根据变异体的性质和特点通过自交提纯（常规育种，通过种子进行生产）、制作杂种第一代种子（杂种优势育种，通过不断制作 F_1 种子进行生产）、营养繁殖（通过嫁接、压条、扦插、分株或体细胞组织培养等途径育苗进行生产）等 3 个途径将优良变异体（系）繁育成一个表现一致、稳定，可应用于规模经济栽培的群体。

生物遗传变异的物质基础是 DNA，控制生物遗传性状的基因是 DNA 的片段。也就是说，DNA 大分子携带着大量的遗传信息，并不断通过复制把信息传给下一代。因此，园艺植物遗传变异的本质是基因重组和基因突变，而园艺植物遗传性保持稳定的本质是保持相对一致的基因型。

第一节 园艺植物育种学的任务、意义及学科相关性

一、园艺植物育种学的任务

科学来源于生产，又反过来服务于生产。因此，园艺植物育种学的任务应根据实际的新要求，依照植物遗传变异规律，研究现有品种资源和自然变异的合理选择与利用，并按需要利用品种间杂交、远缘杂交、杂种优势、人工诱变和现代生物技术等途径创造新的优良变异类型，最终达到改良现有品种和选育出更优良品种的目的。

应当强调，要真正实现育种学为生产服务的宗旨，园艺植物育种学还应包括良种的繁育和推广等重要内容，即包括提高种性、防止混杂退化、加速繁殖和推广，使良种充分发挥其经济效益和社会效益。

二、园艺植物育种学的意义

品种是指人类在一定社会经济条件、生态条件和栽培条件下，根据自己的需要选育出来

的栽培植物群体。这些栽培植物群体必须具备两个不可缺少的条件：一是其经济性状及农业生物学特性符合生产要求；二是种群个体间表现相对一致，遗传性状相对稳定。

经济性状是植物栽培品种的灵魂。只有具备符合生产要求的经济性状，植物体才能被实际生产所接受。栽培品种经济性状表现的高低在很大程度上决定该栽培品种利用价值的高低。某些特优经济性状往往是一些名优栽培品种得以广泛推广、长盛不衰的主要因素。

在经济性状符合要求的前提下，具备优良的农业生物学特性，栽培品种方能较容易生产一定量的产品，且所耗费的成本较低。

同一品种不同个体间的表现一致性也很重要。这不仅方便生产上的栽培管理，而且有利于现代化商品生产。产品的整齐度直接影响价值，而品种的整齐度又与繁殖方式有关。营养繁殖的园艺作物品种又称营养系品种，不同个体之间具有相同的基因型，故品种性状的表现一致性程度高。而实生繁殖的园艺作物品种，实生后代个体间性状的表现有一定差异。其中自花授粉的品种在严格自交条件下，后代个体间表现一致性程度较高；而异花授粉的品种，由于亲本性状的差异，其后代变异幅度较大，性状表现的一致性程度较低。

性状遗传表现的稳定性对于栽培品种也很重要。如果一个植物群体在栽培过程中某些性状，特别是经济性状在当代田间表现就发生变化，或不同年份表现不同，或其后代（实生后代或营养后代）产生较大变异，不仅不符合栽培上提出的要求，而且其产品也很难被现代商品市场所接受，如某些果树上的嫁接嵌合体类型就有性状表现不稳定的缺陷。虽然目前个别柑橘嫁接嵌合体类型暂时在生产上得以应用，但不应过分夸大其作用。

优良品种的作用在生产上是显而易见的。首先表现在丰产潜力上，优良的柑橘品种亩产可高达 5000kg；蔬菜中的 F_1 杂交良种，其增产效果可在 30%~50%或更多。其次，优良品种在提高品质方面作用更为显著。无论是果树良种所表现的果实无核、果皮和果肉鲜红或鲜橙红、果肉脆嫩化渣、风味浓甜富香味，还是蔬菜良种所具有的肉厚质嫩、纤维少、不易老化和供应期长等优点，都是一般品种所无法比拟的。再次，有些优良品种在抗病能力和抗逆性上显示出其巨大的作用，如抗黑痘病的葡萄品种，抗黑星病、轮纹病的梨品种，抗霜霉病、白粉病的黄瓜品种和抗花叶病毒病的番茄品种等都可以在减少农药使用的情况下，大大减轻这些病害对生产造成的损失，降低生产成本，减少对环境的污染及残毒对产品的危害。最后，优良品种还在调节产期或供应期（早、中、晚不同成熟期的品种搭配）、适应不同栽培方式（露地或保护地栽培、合理化密植或乔木疏植等），以及适应不同用途需要（鲜食、制汁、制罐、蜜饯、酿酒等）上起着重要作用。还应当指出，在特定条件下，一个优异园艺植物品种的育成或获得，可以对一个国家或一个时期的栽培业产生巨大的推动作用。例如，美国在19世纪70年代从巴西引进而产生的无核优质华盛顿脐橙，对美国柑橘业的兴起和发展起着巨大的推动作用。

在了解园艺植物栽培品种作用的同时，也应当了解它们的局限性。因为作物品种是人类在一定生态条件、一定栽培条件和一定经济条件下育成的，所以栽培品种也有地区适应性、配套栽培技术、时间性等问题。一个优良品种只有在生态条件适宜的地区栽培，才能表现其优良的种性。如果把某一品种引种到不适宜的地区栽培，则其难以表现优良的特性。优良品种必须采用适当的配套栽培技术措施才能充分发挥其优良特性，否则就难以达到预期的效果。随着地区社会经济条件或自然和栽培条件的改变，原有的品种已不能适应变化了的环境提出的新要求。所以有必要不断更新栽培品种，保持优良品种的优势。

三、园艺植物育种学与其他相关学科的关系

园艺植物育种学是一门以遗传学为理论基础的综合性应用科学。它根据遗传学所揭示的生物遗传变异规律，研究如何控制和利用园艺植物的遗传变异，为园艺植物生产、加工和商品市场等产业服务。从总体上看，园艺植物育种学既是遗传学在园艺植物上的具体实践和应用，同时也可通过园艺植物的育种实践进一步验证、丰富和发展遗传学理论。

在园艺植物育种实践中，必须应用现代生物科学及其他自然科学的成就了解和理解园艺作物性状的遗传规律、产量和品质形成规律、加工特性、对病虫害及不良环境条件的抗性和适应能力及所表现的商品性和经济价值。因此，园艺植物育种工作者必须掌握遗传学、植物生理学、植物解剖学、植物分类学、生态学、生物化学、栽培学、土壤肥料学和生物统计学等学科的有关知识和技能，并须熟悉分子生物学、生物物理学、计算机科学和生物技术等在园艺植物育种上的应用情况和主要成就，以便在实际育种工作中善于与相关学科密切配合，综合应用先进科学技术，加速新品种选育进程，提高育种效果。

第二节　我国园艺植物育种事业发展概况

一、我国园艺植物育种事业发展历程

国以农为本，农以种为先。中国是世界上农业及栽培植物起源最早、栽培植物数量极大的独立起源中心。园艺植物育种在我国有着悠久的历史和辉煌的过去，先人在与自然的长期相处中，不断把野生植物驯化成栽培植物，培育创造出了丰富的果树、蔬菜、花卉品种，为全世界所瞩目，对世界园艺植物育种事业作出了巨大的贡献。古代文献中记载了有关植物育种的宝贵经验，如西汉晚期的《氾胜之书》（公元前 1 世纪）中已有关于选留种株、种果和单收、单存等选种、留种方法的记载。北魏末年贾思勰撰写的《齐民要术》（533 年）中论述了种子混杂的弊端，主张采用穗选法培育良种，设置专门的留种地，采取选优、汰劣等措施，以及对无性繁殖的园艺植物采用有性繁殖和无性繁殖相结合的方法进行实生选种。《洛阳牡丹记》（1034 年）、《刘氏菊谱》（1104 年）和《荔枝谱》（1059 年）等专著中记述了唐、宋时期花卉、果树的芽变选种和选育重瓣、并蒂的牡丹、菊花、芍药等花卉品种的经验。明朝王象晋编撰的《二如亭群芳谱》（1621 年）中记载了月季爱好者开展播种天然授粉种子并由实生苗中选育新品种的活动，以及他们通过扦插繁殖来保持新品种优良特性，并列举了蔷薇属 20 个不同的品种、类型，如朱千蔷薇、长沙千叶月季等。《农政全书》（1639 年）中记录了徐光启多次进行农业垦殖试验，探索了南粮北调的可行性问题，总结出了许多农作物种植、引种、耕作的经验。17～19 世纪，欧洲科学家进行了苹果、梨、葡萄、甘蓝、洋葱等多种植物的人工杂交试验，对植物有性杂交有了新的认识。1735～1753 年，林奈创立的生物分类学研究和达尔文于 1859 年问世的巨著《物种起源》对遗传育种起了非常大的作用。孟德尔于 1865 年提出了遗传学上的分离定律和自由组合定律，统称为孟德尔遗传规律。此后，世界进入科学育种阶段且迅速发展，中国却是受到封建统治和帝国主义的双重压迫，人民处于水深火热之中，无暇顾及植物育种，因而育种工作长期处于停滞状态。直到中华人民共和国成立后，党和国家高度重视农业的发展，不断出台相关政策，使得园艺植物育种事业逐渐恢复和发展。其中，1956 年 8 月召开的青岛遗传学座谈会，1959 年和 1961 年相继在北京和上海成立的中

国科学院遗传研究所、复旦大学遗传学研究所，以及1978年10月在南京成立的中国遗传学会，对我国遗传育种事业的发展起到了巨大作用。

1949~1978年的近30年，为我国园艺植物育种事业的重要发展阶段，建立起了中国园艺植物研究的基本框架。其间筛选和培育出了一大批果树良种，包括苹果、柑橘、梨、桃、葡萄等。南方以柑橘最具代表性，优良品种先锋橙和锦橙成为全国主栽品种。北方以苹果最具代表性，先后调查了中国新疆和西南等地区的苹果资源，培育了秦冠和寒富等区域性新品种，芽变选种成果突出，富士和元帅系芽变品种成为全国主栽品种。

这个阶段蔬菜主要进行地方品种的调查发掘、搜集、整理、提纯复壮及国内外优良品种的引种研究。生产上采用的蔬菜品种主要是地方农家品种。留种技术的限制，造成了种子质量不高、数量不足，因而不能满足生产的需要。1955年国家农业部（现农业农村部）发出"从速调查搜集农家品种，整理祖国农业遗产"的通知，到1958年共收集蔬菜地方品种约17 000份。通过选择和提纯复壮，推广了一大批优良的地方品种。20世纪60年代，我国部分科研单位也开始进行蔬菜的杂种优势利用研究，选育和推广了少数杂交一代品种。

改革开放后的近30年（1978~2006年）为我国园艺植物育种事业恢复发展与快速变化期。我国各级农业科研机构开展园艺植物资源调查整理、品种比较试验，发掘了一批地方良种，也培育出一批当时生产上需要的品种。这些品种以丰产为主要特征，如秦冠苹果、国庆一号温州蜜柑、黄花梨、京亚葡萄等。这期间全国果树面积快速增长，人均果品占有量超过世界平均水平。杂种优势育种已成为主要蔬菜作物最重要的育种途径，培育出了一大批优良甘蓝、白菜和萝卜的自交不亲和系、雄性不育系和雄性不育两用系，番茄和甜椒的雄性不育系及黄瓜的雌性系等。这些材料和品种的育成大大促进了我国蔬菜杂交一代品种种子的大规模商品化生产。杂种一代由于主要经济性状整齐、丰产、抗病、生长速度快、商品性好，在生产上发挥了重要作用。在这个阶段，育种学家也开展了主要蔬菜作物花药、幼胚及原生质体培养等生物技术的研究，花药培养在茄子和辣椒等蔬菜作物上获得突破。番茄、黄瓜、甜（辣）椒、甘蓝和大白菜5种主要蔬菜作物的抗病育种被列入国家重点攻关项目，摸清了主要病虫害病原体的种群分布、生理小种或株系分化情况，研究制订出主要病害苗期人工接种鉴定的方法和标准，筛选出了一批抗主要病害的抗性材料，育成了不少丰产、抗病、抗逆和优质的新品种。杂种优势利用和抗病育种技术在我国蔬菜育种上得到了普及，大大提升了我国蔬菜优良杂交种的覆盖率。

2007年至今，特别是国家现代农业产业技术体系建立后，我国园艺植物育种进入了有序发展阶段，一批新品种进入产业。我国先后牵头或自主完成了甜橙、梨、猕猴桃等18个果树物种的基因组测序，并对桃的品质性状、柑橘多胚性状等开展了研究，取得了突破性进展。2009年，我国科学家主持完成了世界上第一个蔬菜作物（黄瓜）全基因组的测序和分析。目前测序的园艺植物已超过160种，其中我国科学家主导完成了黄瓜、西瓜、番茄、白菜、甘蓝、芥菜、辣椒、茄子、菠菜、南瓜、冬瓜、丝瓜、苦瓜和芹菜等主要蔬菜的基因组测序。自从2012年第一株花卉植物（梅花）基因组测序完成以来，十多年来完成了90多种花卉植物的全基因组测序和组装。通过这些工作发现了园艺植物驯化和种群分化的遗传基础，对加快园艺植物品种改良具有里程碑式的意义。在此基础上，通过规模化重测序，建立了园艺作物变异组数据库，揭示了白菜和甘蓝类蔬菜抱球和根茎膨大、西甜瓜的"甜蜜基因"、黄瓜苦味、番茄和桃风味物质驯化的分子机制。这些大数据为物种进化、功能基因挖掘、全基因组高通量分子标记开发及各类组学研究提供了全视角、高效的技术方案，奠定了我国在园艺植物基因组研究领域的国际领先优势。

二、我国园艺植物育种工作的主要成就

（一）开展了全国性的资源调查，建立了园艺植物种质资源工作体系

《1956~1967年科学技术发展远景规划纲要》将作物资源调查、整理和利用列为重点课题后，各地陆续开展了园艺植物资源调查工作。中华人民共和国国民经济和社会发展第七个五年计划（简称"七五"计划）以来，作物种质资源的研究一直被列为国家科技攻关项目，不仅在种质资源的调查、收集和评价研究等方面取得较大进展，而且使收集到的绝大部分种质资源在现代化的种质库中得到妥善保存。近三四十年以来，全国各地普遍开展了大规模的园艺植物资源调查和地方品种整理工作，注重对作物野生近缘种、边远山区及少数民族地区的地方品种和特色资源的收集，建立了不同规模的种质资源库。通过资源调查，发掘出了许多园艺植物的珍稀资源，如此前已被评估野外灭绝的枯鲁杜鹃、云南梧桐等，新疆的数万亩野苹果林及从长白山至海南岛均有分布的猕猴桃科植物等。作物种质资源的研究一直被党和国家高度重视，至2018年12月，我国作物种质资源长期保存总数量达到502 173份，位居世界第二；其中国家作物种质资源库长期保存435 416份，43个种质圃保存66 757份。另外，国家作物种质库与1座复份库、10座中期库、43个种质圃、214个原生境保护点、1个种质资源信息中心及31个省（自治区、直辖市）的省级中期库和种质圃，共同构成了由国家主导的作物种质资源保护体系，创建了世界上最大的作物资源保存与共享利用平台，这为育种工作打下了良好的基础。

观赏植物种质资源的种类多样而复杂，而资源工作相对滞后。中国科学院开展了花卉资源的考查、征集及保存工作，重点从野生植物中征集和筛选温室观赏植物，阴生观叶植物，垂直绿化植物，地被植物，以及适于城市绿化用的乔、灌木及宿根植物，陆续建立了苏铁类、木兰科、姜科、杜鹃花、金花茶、牡丹、菊花、兰花、鸢尾、秋海棠、蕨类等花卉种质资源保存库。20世纪80年代由华南植物园（现中国科学院华南植物园）、昆明市园林科学研究所等单位协作调查，搜集了我国木兰科植物11属90种200多份资源，先后在浙江富阳和建德建立了木兰资源圃。中国梅花研究中心在武汉东湖磨山植物园建立的梅花资源圃，收集保存了梅花品种180多个。山东菏泽、河南洛阳建立的牡丹资源圃，收集保存了牡丹、芍药资源500多份。深圳市中国科学院仙湖植物园建立的苏铁类资源圃先后收集保存了国内外苏铁类植物共计3科10属200多种，成为国内保存苏铁资源最多、影响最大的种质库，其中部分种类已正常开花结实。广西南宁建立了两个金花茶资源圃，拥有金花茶类20多个种和变种及成千的杂种株系。南京和北京建有保存近3000个品种的菊花资源圃等。这些均是进一步发展我国园艺植物育种的物质基础。

2003年农业部发布的《农作物种质资源管理办法》进一步推动了我国园艺植物种质工作的进程。通过开展资源调查，不断完善种质资源保存体系，建立管理资料档案，更新繁殖、种苗检疫、分发、交换等制度和法规，使种质资源工作和园艺植物育种工作联系密切，充分且及时地满足育种及科学研究的需求。

（二）广泛开展了园艺植物的引种工作

新中国成立以来，科研人员在资源调查、整理的基础上，广泛进行了国内不同地区间的相互引种和从国外引种，极大地丰富了各地园艺植物的种类和品种，扩大了良种的栽培

面积。南果北引、北菜南引、南菜北种等项目纷纷启动，并获得了较大的收益和成就。例如，四川的榨菜引种到江浙、两广及辽宁等省份，南方的丝瓜、苦瓜、莴笋等在北方试种成功，北方的大白菜、黄瓜良种在南方广泛栽培等。另外，南方的枇杷、木瓜、柑橘等果树也逐步在北方地区推广种植，获得了很好的经济效益。引进抗松毛虫能力强、生产快、产脂量高的湿地松和火炬松并在我国亚热带低山丘陵地区推广种植，生长良好。杉木跨越秦岭在陕西关中落户，带动了当地的林业经济。高山植物到平原落户，平原植物向高处挺进。特别是西藏自治区从 20 世纪 50 年代开始陆续从内地引种苹果、梨、桃、葡萄、西瓜、甜瓜、番茄、茄子、菜豆、白菜、马铃薯、月季、牡丹、芍药、大丽花、百合、唐菖蒲等良种，均已进行大面积商品化生产，结束了长期以来缺果、无花和少菜的问题，丰富了人民的生活。

近半个世纪以来，从国外引种的园艺植物种类日益增多，如苹果品种富士、嘎啦、红星等，葡萄品种巨峰、玫瑰香、香印等，柑橘品种爱媛 28、丑美人、明日见等，番茄品种美粉宝石、强力米寿、弗罗雷德等，甘蓝品种奥奇娜、嘉丽、春光珠等，花椰菜品种荷兰雪球、瑞士雪珠、羞月等，有些已成为我国园艺生产中的主栽品种。而曾经难得一见的果、蔬、花也逐渐走进平常百姓家，如果树中的马来西亚红毛丹、面包果、山竹、星苹果、嘉宝果、腰果；蔬菜中的西芹、结球莴苣、石刁柏、四棱豆、莳萝、黄秋葵；花卉中的荷兰郁金香、风信子、观赏凤梨、大花蕙兰、蝴蝶兰、日本樱花；观赏树木中的红槭、落羽杉、湿地松、加拿利海枣、假槟榔、火焰树等。近些年又新引进了抗烟草花叶病毒和抗青枯病的番茄，抗烟草花叶病毒的辣椒，以及甘蓝、白菜、芥菜的胞质雄性不育品种等。

位于四川省的华西亚高山植物园曾从英国爱丁堡植物园引回了英国各个时期从中国引种过去的植物资源 306 种，包括繁花杜鹃、凸尖杜鹃、大王杜鹃等 70 种杜鹃原始种。对于国外资源保存单位长期以来从中国引去的中国植物资源特别是珍稀植物，我们应当努力争取把它们引回故土，促进生物多样性。总的来说，为推动我国对国外农业新技术和新产品的引进、消化、吸收和利用，以及重点扶持动植物新品种的引进工作，国家自 1994 年起实施了 "948" 计划，收到了良好的效果。这期间引进了大量园艺植物新品种，有些已经在生产上推广应用，或是作为育种材料用于品种改良。

（三）新品种选育与推广成效显著

新中国成立以来，全国各地通过各种育种途径选育的园艺植物新品种数以千计，主产区的主要果树、蔬菜作物品种已更换过 3~4 次，有效地发挥了优良新品种在园艺生产中的作用。国家科学技术委员会（现科学技术部）和地方政府在 "六五" 至 "十三五" 期间，集中对粮、棉、油、茶、蔬等作物的新品种选育和育种技术进行了联合攻关，育成的优良丰产、多抗、优质新品种达数百个，在农业产业结构调整和作物生产上发挥了巨大的作用。例如，占全国蔬菜上市总量 40%左右的白菜，针对其病毒病、霜霉病等病害经常流行，大流行年份减产 50%以上，局部地区甚至绝产的现实情况，1983 年国家科学技术委员会和农牧渔业部（现农业农村部）组建了 "白菜抗病新品种选育协作攻关组"，"六五""七五""八五" 期间育成优良的抗病品种（系）38 个，推广面积达 35.27 万 hm^2，增加效益 9.12 亿~10.12 亿元，筛选出单抗资源 672 份、双抗资源 173 份、三抗资源 39 份；"黄瓜抗病育种协作攻关课题组" 共育成抗 3 种以上病害、优质、丰产的品种 20 个，先后通过省（自治区、直辖市）或全国品种审定，推广到 27 个省（自治区、直辖市），覆盖了全国露地同类品种种植面积的 60%~70%，保护地推广面积在早熟杂交品种中首屈一指，累计推广 13.33 万 hm²，新增经济效益 4.8 亿元，大大减少了农药污染，筛选出从单抗到多抗（5 种病原体）的资源 115 份。蔬菜方面还培育了一大批优良的甘蓝、白菜、甜椒的雄性不育系、黄瓜的雌性系及番茄抗病品种等，显著地促进了杂交种的选育和杂种一代种子的大规模商品化生产。据不完全统计，全国已有 20 多种蔬菜育成优良杂交品种 400 多个，推广面积达 200 万 hm² 以上，多数增产效应在 20%～30%。

"十五"期间，果树和蔬菜育种技术研究首次被列入国家高科技研究发展项目，重点支持现代生物技术特别是分子育种技术在农作物品种改良上的应用，使我国在现代育种技术研究与应用上的落后局面有所改变，提高了育种技术水平和品种水平。经过多年的努力，果树在苹果、梨、桃、柑橘、葡萄等的常规育种上取得了显著成效，在柑橘类中选出的有四川的锦橙优良品系、湖南的浦市无核甜橙和湖北的桃叶橙等优良实生单株；从尾张温州蜜柑中选出成凤 72-1、宁海 73-19、象山石浦 73-3 及本地早熟柑橘罐藏用的优良品系；在苹果的芽变中，除从元帅苹果系选出浓红型和紧凑型的优良单系外，还从国光苹果系中选出浓红型芽变，从金冠苹果、青香蕉苹果和印度苹果中也均发现了紧凑型变异。果树杂交育种工作也取得了显著成效，如苹果选育出了辽伏、胜利、秦冠、华冠、金红等；梨选育出了晋酥、中梨 1 号、中华玉梨、脆香蜜、翠冠等；葡萄选育出了北醇、晨香、玉手指、蜜光、华葡玫瑰等；桃选育出了京玉、雨花露、迟圆蜜、云署 1 号、皖农 1 号等一系列新品种，在生产上发挥了重要作用。

我国观赏植物育种是在 20 世纪 80 年代后期开始起步的，基础比较薄弱。由我国选育的用于大规模商品化生产的新品种还较少，在菊花、月季、仙客来、秋海棠、兰花和几种木本绿化树种方面的新品种选育取得一些成果。在菊花原有盆栽品种的基础上，育种家培育出了春菊、夏菊、秋菊和冬菊切花新品种及地被菊品种。上海市园林科学规划研究院育成早菊杂交品种 14 个，于国庆节前后开花，色艳、型美、植株挺拔；北京市园林绿化局东北旺苗圃用人工杂交、多次回交等方法育成了 160 多个小菊品种；仲恺农业工程学院育成切花菊杂交品种 20 多个。木兰科植物在国家林业和草原局植物新品种保护办公室获得授权的新品种达 73 个，其中浙江嵊州市木兰科新品种研究所育成了飞黄、红运等玉兰品种；中国科学院华南植物园育成了木莲新品种镛粉、镛红和嫣红及木兰品种绿衣紫鹃。中国科学院武汉植物园用中国原产的莲花和美洲原产的黄莲杂交育成了世界第一个黄色、重瓣、大花的莲花新品种友谊牡丹莲。山东菏泽老花农周保文育成世界上第一个绿花的芍药品种绿宝石。江苏无锡的庄若曾父子育成的杜鹃新品种桃绒，花瓣里外重叠 13 层 80 余瓣，是世界上迄今发现的花瓣最多的杜鹃品种。广东业余水生植物爱好者李子俊自主培育的睡莲新品种侦探艾丽卡在 2016 年国际睡莲新品种比赛中获得亚属间杂交种睡莲冠军和年度最佳新品种睡莲冠军的双项大奖，并成为首个在此类比赛中获奖的华人。另外，在梅花的优质和抗寒育种、月季抗逆品种选育等方面，也取得了不小的成就。上述事例从侧面反映了我国在种质资源、生态环境资源、人力和文化传统资源等方面的优势。园艺植物育种事业的健康发展，有赖于政府的支持、企业的参与和育种工作者的努力。

（四）育种理论和育种方法的研究取得一定成效

品种选育工作的快速发展与育种基础理论水平的研究密不可分。改革开放以来，育种家对园艺植物主要经济性状的遗传规律进行了研究，积极开展多倍体诱变、辐射诱变及克服远缘杂交障碍等现代育种技术的研究，对杂交亲本的选择选配、利用杂种优势的技术手段、扩大杂种材料的遗传基础均起到积极的作用。在组织培养、细胞培养等方面，我国较早地通过花粉或花药培养获得了苹果、柑橘、葡萄、白菜、萝卜、黄瓜、茄子、番茄、辣椒、甜菜、牵牛花、水仙、芍药等 40 多种园艺植物的单倍体，其中辣椒、甜菜和白菜等的单倍体植物为我国首创。对苹果、柑橘、葡萄、桃、马铃薯、大蒜、姜等的分生组织脱毒培养，对苹果、葡萄、草莓、甘蓝、花椰菜、芥菜、百合、水仙等的离体快繁均获得成功。苹果、梨、枣和猕猴桃等的三倍体胚乳细胞已培育成苗。以近缘野生种与栽培种为亲本，应用原生质体融合技术获得了具有抗虫、抗病、抗旱、耐盐碱、抗高温等优良性状的四倍体再生植株。例如，经过原生质体融合、选择与再生，获得了茄子近缘野生种与栽培种的种间体细胞融合四倍体再生植株、不结球白菜胞质杂种、白菜型油菜与甘蓝体细胞杂交融合种、番茄与类番茄种间杂种、胡萝卜种内胞质杂种、能再生出菌丝体和子实体的平菇种内杂交株。柑橘植物的原生质体培养和体细胞杂交也已获得成功，且获得了柑橘类及其近缘植物的种间和属间各种体细胞杂种。另外，利用辐射诱变技术成功培育出了不结果的悬铃木、少花药或无花药的百合切花品种。

我国在植物基因工程及多种分子标记技术应用于研究园艺植物的分类、演化、遗传及品种、杂种亲缘及纯度鉴定等方面均取得了可喜的进展。已经构建番茄、甘蓝、胡萝卜、黄瓜等 20 多种蔬菜作物的图谱，为研究蔬菜育种奠定了良好基础。至少已有 35 个科 120 多种植物转基因获得成功，包括苹果、葡萄、柑橘、番木瓜、猕猴桃、草莓、番茄、马铃薯、胡萝卜、生菜、菠菜、甘蓝、花椰菜、大白菜、黄瓜、西葫芦、豇豆、辣椒、百合等园艺植物，有些已进入大田试验，在提高园艺植物对病虫害、除草剂的抗性，改良品质，贮藏保鲜及雄性不育等方面展现了诱人的前景。华中农业大学的叶志彪采用反义基因技术创建了转基因耐贮藏番茄新种质，并选育出了转基因耐贮藏的杂种一代新品种华番一号（1998 年审定品种），1997 年通过了国家农业生物基因工程安全委员会可商品化生产的安全性评价，是我国第一个获得批准可商品化生产的农业转基因产品。利用传统的育种方法与现代分子技术结合，叶志彪团队通过标记辅助选择将多个抗病基因聚合而选育出华番 2 号、华番 3 号、华番 11 号、华番 12 号等番茄新品种。而在近些年，利用常见的农作物作为生物反应器，生产药用蛋白、工农业用酶类、人用或者动物用疫苗及其他一些医药成分等方面的研究开始成为植物基因工程研究的热点。

目前世界上仅少数国家掌握返回式卫星技术，我国航天科学家和农业科学家充分利用这一优势，将航天这一最先进的技术领域与农业这一古老的传统产业相结合，在航天育种领域取得了一系列的开创性研究成果。自 1987 年以来，我国空间科学家和农业生物学专家多次利用返回式卫星、神舟系列飞船和高空气球等，广泛开展农作物、微生物等航天育种研究，搭载了 70 多种植物、500 多个品种的近 50kg 种子，涉及粮、棉、油、蔬菜、瓜果、牧草和花卉等植物。经国内 23 个省（自治区、直辖市）的 70 多个研究单位多年的地面选育，已培育出一批高产、优质、抗病新品种、新品系和一大批种质资源，从中还获得了一些有可能对产量和品质等经济性状有突破性影响的罕见突变株。这些各具特色的优良新种质、新材料可广泛应用于常规育种和杂种优势育种，将对作物产量和品质等主要经济性状的遗传改良产生重大影响。从我国第一个太空种子品种在 1998 年通过省级审定，至今已育成 70 多个农作物优异新种质、新品系并进入省级以上品种区域试验，其中已通过国家或省级审定的新品种或新组合有 35 个，已经推广了超过 160 万 hm^2，增产粮食大于 10 亿 kg，实现社会经济效益超过 14 亿元。贵州省油料研究所于 2005 年将耐辐射作物油菜杂选 1 号不育系 156A-3 送入太空处理后，在变异材料的基础上培育出了两个可增产10%以上的油菜良种，并在长江流域广泛推广种植。刘录祥等从粒子生物学、物理场生物学和重力生物学等不同角度研究了高能单粒子、混合粒子、零磁空间和微重力等航天环境各因素的生物诱变特性，开创了地面模拟航天环境诱变作物遗传改良的新途径、新方法。

（五）种业法律制度逐渐完善

种子是发展现代农业、保障国家粮食安全的基础，建立激励和保护原始创新的种业法律制度是"打好种业翻身仗"的关键。党中央、国务院高度重视种业发展和知识产权保护。《中华人民共和国种子法》（以下简称《种子法》）于2000年12月1日起施行，2004年8月进行了第一次修正，2013年6月进行了第二次修正，2021年12月进行了第三次修正。随着《种子法》的实施，我国种业已确立开放的、公平竞争的市场机制，形成全国统一开放的种苗市场，出现国有种子公司、农业科研单位、大专院校、集体、个体等多种营销组织并存的种苗营销格局，种苗市场呈现蓬勃向上的态势。反过来，活跃的种苗营销市场、植物新品种知识产权保护的加强促进了种苗产业集团的形成和壮大。国家农业部根据《种子法》的有关规定，分别颁布了《主要农作物品种审定办法》《农作物种子生产经营许可管理办法》和《农作物种子标签和使用说明管理办法》三个配套规章，这是我国种苗产业管理制度的重大改革，是我国栽培植物育种及种苗生产经营近50年改革与完善的最大成就。

第三次修正后的《种子法》从2022年3月起开始施行，此次修法重点是聚焦种业知识产权保护，主要涉及三个方面内容：第一，扩大植物新品种权的保护范围及保护环节。修正后的《种子法》第二十八条扩大了植物新品种权的保护范围及保护环节，将保护范围由授权品种的繁殖材料延伸到收获材料，将保护环节由生产、繁殖、销售扩展到生产、繁殖和为繁殖而进行处理、许诺销售、销售、进口、出口及为实施上述行为的储存。第二，建立实质性派生品种制度。《种子法》第二十八条、第九十条提出建立实质性派生品种制度，明确了实质性派生品种的定义，规定了实质性派生品种以商业为目的利用时，应当征得原始品种的植物新品种权所有人的同意。第三，完善侵权处罚赔偿和行政处罚制度。为提高对侵害植物新品种权行为的威慑力，将惩罚性赔偿数额的倍数上限由三倍提高到五倍；将法定赔偿额的上限由300万元提高到500万元；对生产经营假劣种子行为加大了行政处罚力度。当前格局分散的种子行业只有经历"制度变革"和"技术变革"才能加速发展，让真正有能力、有意愿、有担当的育种原始创新优势企业受益，从而保持研发动力，提高育种水平。《种子法》及其配套规章的颁布实施及修订，规范了种苗选育者、经营者、管理者、使用者的行为，保障了他们的合法权益，同时促进了我国种苗产业向纯商业性质转变，按市场机制运作，步入产业化发展的快车道，形成了较为完善的品种选育与营销体系。种业的振兴发展是一个系统工程，需要从全链条各个环节合力推进。往后我们依然要大力推动自主创新，强化种业知识产权保护，抓紧培育具有自主知识产权的优良品种，从而推进种业振兴。

第三节 园艺植物育种的发展趋向

伴随着科学技术的不断进步，技术手段多样化，在未来园艺植物育种研究中，更多的生物育种技术被开发和利用，加上航空航天事业的快速发展，航空诱变技术不断进步和成熟，未来育种技术必将朝着多样化、国际化方向发展，使得人类培育更加丰富、品质更加优良的资源成为现实，形成以常规育种为基础，多种现代育种技术相结合的育种技术体系。

未来的育种工作必须主动适应市场经济发展的需要，不了解市场需求的育种者是盲目的育种者，不符合市场需求的种植材料不能成为合格品种。要树立质量观念和竞争观念，没有高质量和良好信誉就无法参加竞争。没有竞争优势的育种单位就无法生存和发展。要树立效益观念、信息观念和风险观念，使盲目的引种、育种、繁种和营销行为受到有效遏制。要树立法治观念，使育种者在市场竞争中能自觉地以法律、国务院颁布的《中华人民共和国植物新品种保护条例》和各种有关种苗市场管理法规约束自己，并以此作为自我保护的有效手段。

一、突出新的育种目标

我国是世界第一园艺植物生产大国，也是第一消费大国。广阔的市场、多样化的需求为育种者提供了宽广的舞台。2008年以来，我国建立起了相对稳定的国家现代农业产业技术体系，这是我国园艺植物育种扬帆远航的基础。园艺植物育种将朝着下列方向发展：第一，满足不同人群和不同用途的需求，培育个性化、多样化的品种；第二，未来农产品的发展方向是优质、绿色、安全，所以需培育品质优、抗性强、耐贮运及满足机械化、省力化栽培的品种；第三，综合运用现代生物学等各种先进技术提升育种效率，培育新品种的时间将逐步缩短。培育"高产、优质、高效"的品种一直都是园艺植物育种的总体目标。但随着经济的发展，市场竞争变得越来越激烈，园艺植物育种目标在产量、品质、成熟期及抗逆性等原有目标的基础上也凸显出新的变化。

（一）提高营养成分

从饮食健康的角度考虑，园艺产品中的蛋白质、氨基酸、维生素、多糖、膳食纤维、次生代谢物组分（如黄酮、类胡萝卜素、萜类）及 Ca、Fe、Se 等矿质元素均是人体必需或对人体有益的营养物质或活性成分，提高这些营养成分的含量无疑将是今后新品种选育的重要目标。这些性状的改善在之前的常规育种中通常未被重视或难以实现，但随着人们对植物代谢机制的深入了解及现代生物技术的不断发展，通过调控一个或少数几个基因也许就使其成为可能，如提高了维生素 A 含量的黄金大米及矿物质含量更高的水稻等。

（二）延长保鲜时间

采后保鲜是园艺生产的重要环节，利用物理、化学手段对水果蔬菜进行保鲜，不但需要昂贵的经济成本，还不可避免地面临污染、腐烂等损失。有资料显示，我国每年果蔬的采后经济损失约占整个产值的30%以上。因此，采后保鲜是一个重要性不亚于提高产量或延长成熟期的重大问题。由于园艺产品的采后寿命与其内在的物质代谢、激素合成与释放等遗传因素相关，多为基因表达的结果，因此通过遗传改良手段调控其成熟和衰老进程是完全可能实现的。这在番茄等果实上已有成功的应用。

（三）增强对保护地栽培的适应性

近几年来我国园艺植物的保护地栽培，尤其是温室大棚蔬菜、花卉和果树生产发展很快。原来露地生产的品种常难以适应保护地栽培，这就给园艺植物育种提出了新的要求，即对保护地生态条件如弱光黑暗和高温多湿环境的适应性。例如，百合的露地栽培品种 Enchantment 和 Connecticut King 都曾因花型美观艳丽、高产而深受欢迎，但在保护地栽培后，它们在光照较弱的温室（6000lx）里，开花率仅有 36%。后来育成了新品种 Pirate 和 Uncle Sam，在同样光照条件下开花率可达 96%，从品种上解决了这个切花生产中的重大难题。节约能源、降低成本已成为北方保护地花卉育种的重要目标。据报道，荷兰新育成的菊花品种对昼/夜温度要求，已从过去的 18℃/15℃ 降为 12℃/10℃，一品红从过去的 28℃/25℃ 降为 14℃/12℃。黄瓜保护地专用品种要求具备以下性状：在深秋和冬季低温、弱光下能形成较高的产量；在后期出现 32℃ 以上的高温时，能保持较高的净同化率；对保护地易发病害如枯萎、霜霉、白粉、黑星、角斑、疫病等有较强的抗耐性；株型紧凑，叶较小，叶量不过大，分枝较少，主侧蔓结瓜，结瓜性强。

（四）提高对机械化生产的适宜性

园艺植物要适应机械化生产，必须对一些性状如株型紧凑、秆强不倒、生长整齐、成熟一致、大小均匀、长短一致、果皮韧性强、结实部位适中等进行改良，以适宜于机械化耕作和收获。

总之，育种目标的总趋势是培育高产、优质、多抗、专用型的品种。产量是育种的最基本要求，高产是育种家一直追求的目标。在保证产量之后各国均开始重视园艺植物的外观、整齐性及产品的贮藏寿命等。为了提高经济效益，以最小的成本获得产量高且品质好的品种成了当前园艺植物育种的目标之一。为了提高产量和品质，不仅要考虑产量、品质的构成性状，而且要考虑它们的生理基础，因此提高品种的光合效率、光合产物的利用率及理想株型的育种等也引起育种界的重视。同时，生态育种、高光效育种日益迫切。化肥农药的大量使用，不仅增加生产成本，而且严重污染生态环境，同时农药残留影响了人体健康及园艺产品的品质，因此，培育抗虫抗病的品种乃至兼抗、多抗的品种也成为当务之急。在人口增长、耕地减少、生态环境恶化的情况下，未来多数植物将需要在目前认为不适合的区域进行种植，因此抗旱、耐寒、耐弱光、耐涝、耐盐渍等逆境抗性育种越来越受到重视，多抗基因聚合育种技术的发展成为必然趋势。另外，市场需求的多样化，促使育种目标的多样化和专用化，蔬菜有温室大棚专用型品种、抗旱耐热品种、加工盐渍品种、水果型品种；马铃薯有鲜薯出口品种及高淀粉、高蛋白、高纤维素优良品种；观赏花卉强调花形、花色、叶色、株型、芳香型等多个方面；还有选育适于机械化作业的品种、节省劳动力的品种、针对产品不同的用途和加工方式分别选育专用及兼用品种等。

二、重视种质资源的研究

园艺植物的种质资源是可用于园艺植物育种的遗传物质，是园艺植物保存和改良利用的物质基础。人们可以直接利用种质资源创造出园艺植物新品种，也可以将其作为杂交亲本，进一步综合亲本的有利基因来改良现有的园艺植物品种，或作砧木材料而间接加以利用，或通过诱变等方法来创造新的基因类型。

（一）种质资源的作用

1. 种质资源是育种工作的物质基础 优秀的园艺品种必定来自优秀的亲本，而正确地选择优秀的父母本就是正确地选择种质资源，如果现有的种质资源中没有目标性状，则无论进行多少次育种试验，其后代中均不可能出现所需要的性状。园艺育种归根到底就是由种质资源决定的。理想的种质资源越丰富，对各园艺品种的性状越熟悉，则后代培育出优秀新品种的概率就越大。大量事实证明，育种工作者的突破性成就，取决于关键性种质资料的发掘和利用。

2. 种质资源是地球生命的基础，是人类赖以生存和发展的根本　人类每天吃的食物、穿的衣服、使用的工具等，基本上都是由种质资源直接或间接提供的。丰富的种质资源是地球生命的基础，各种各样的生物种类及其所拥有的基因及它们赖以生存的生态环境共同构成了生物的多样性，对于生态系统的平衡起到了重要的作用。园艺植物种质资源通过光合作用产生能量，给人类及其他生物的正常活动提供了能量。

3. 种质资源是培育新品种的基础　种质资源是利用和改良动物、植物、微生物的物质基础，更是通过各个途径实施育种的原始材料，这在很大程度上决定了育种的效果，而原始材料的选择又依赖于所掌握种质资源的广度和对其所了解的深度。现代育种实践表明，种质资源的发现、研究和利用在植物育种成就中起到了决定性作用。没有好的种质资源，就不可能育成好的品种。

4. 种质资源是宝贵的自然财富　随着人们生活水平的提高，对园艺植物的品质、食用价值等方面的要求也逐渐变高。育种工作人员希望得到更多更好的种质资源来满足人们的需要。事实证明，育种的突破性成就取决于关键基因资源的发现和利用，而这些基因往往是稀少的、不易察觉的。因此，尽可能地广泛收集和深入研究种质资源，才能充分发挥出种质资源的作用。

（二）保护种质资源的迫切性和重要性

1. 保护种质资源的迫切性　植物种质资源的多样性包含生态系统多样性、种间多样性和种内遗传多样性三个不同水平，其中生态系统多样性是种间和种内多样性的前提。现在植物种质资源在三个水平上均面临严重危机。

农业现代化育种事业蓬勃发展，园艺工作者和育种家在品种改良方面投入了更多的努力，开发出了更多符合市场需求的园艺品种，丰产性、抗病性、适应性及品质方面也得到了进一步的提高。而这些目标实现的基础就是拥有足够多的种质资源，每一个优质新品种的育成几乎都离不开种质资源的开发和利用。例如，我国本土的芍药属植物多为白色、粉色、紫色，而原产于欧洲的芍药属植物则为鲜红色、黄色、紫黑色等饱和度较高的颜色，于是欧洲育种家利用这些原生种培育出了众多具有红色、珊瑚色、香槟色等花色的品种，更受园艺爱好者的喜爱，观赏价值也得到了进一步的提高。与此同时，"绿色革命"在取得巨大成就的同时，也带来了严重的消极后果，那就是灭绝了成千上万珍贵的种质资源和地方品种。随着无性繁殖法的发展，越来越多靠播种繁殖的园艺植物品种转变为营养系品种，一方面从园艺生产者的角度来说，这无疑能够大幅提高经济效益，改善人们生活；但另一方面也使得很多品种的基因型被少数的基因型所替代。逐渐变得规模化的园艺植物生产方式，让很多对人类生产有益的植物品种被留了下来，而那些不能为人们产生价值的品种则被丢弃，直到灭绝。过度单一地利用同一品种，会导致该物种的其他种质资源消失。专家估算农业方面种植单一型作物，导致病虫害蔓延，每年造成的经济损失高达 25 亿美元。因此，保护和抢救种质资源的工作是非常迫切的，种质资源的收集、保存及研究也是必须要重视的。

2. 保护种质资源的重要性　种质资源是发展园艺生产和开展园艺植物育种工作的基础。现代园艺植物生产和消费的需求日益增高，使得园艺工作者需要在品种改良方面投入更多，从而使园艺植物品种在丰产性、抗病性、适应性及品质方面得到进一步提高。而这些目标的实现,取决于所掌握的各种种质资源。事实证明,当代植物育种中的每一重大成就、突破性品种的育成,几乎都是与种质资源方面的重大发现和开发利用分不开的。例如,20世纪50年代,全世界小麦遭遇了严重的条锈病侵害,我国科学家通过在普通小麦品种中引入牧草的野生基因,育成了抗病性强的小偃系列品种。从19世纪末到20世纪中叶,美国栗疫病、大豆孢囊线虫病先后大发生,使栗和大豆受到严重摧残,最后引入中国板栗(Castanea mollissima)和北京小黑豆使这些病虫害得到了有效控制。因此,种质资源是人类的宝贵财富,种质资源的拥有量及研究水平也是衡量一个国家或育种单位育种水平的重要标准之一。

种质资源是育种事业成就大小的关键,育种的突破在很大程度上将取决于种质资源研究的广度和深度。随着园艺生产的规模化,种质资源多样性正在不断减少。为此,各国都非常重视对种质资源的调查、搜集,档案的建立,资源库的建设,以及对资源进行研究、创新和保护。许多国家都建立了一定规模的种质资源库,对利用价值高的种质资源进行合理的交换、开发和利用将会大大加速育种进程。发达国家已建立起了较完善、规范化的资源工作体系,如美国农业部、日本农林水产省、韩国农村振兴厅、中国农业科学院都设置专门机构,负责各类作物种质资源的考察、搜集、保存、评价工作,以及建立管理资料档案、种子种苗检疫、更新繁殖、分发、交换等制度法规,使种质资源工作和育种工作密切联系,充分和及时地满足育种的需要。种质资源的发掘、研究、创新与利用将会达到一个新水平。例如,对已有的种质资源进行全面的包括分子水平的研究,以确定其利用价值;主要园艺植物的全部基因图谱的绘制;利用基因操作、转基因技术创造新的种质(包括种、属、科之间及动物、植物、微生物之间的基因转移),世界范围内的资源交流更加广泛。

三、重视育种新途径、新方法的研究

育种目标确定以后,就要根据园艺植物的育种特点、品种现状,确定采取的育种途径,以获得符合目标要求的新品种。园艺植物育种工作主要是从现有种质资源及其他变异材料中直接选择利用,进行种质资源调查、引种、选择育种,以及在现有资源的基础上通过人工创造变异和选择获得新的品种类型。

(一)植物种质资源调查

植物种质资源(germplasm resources)是园艺植物育种的物质基础。开展种质资源调查是对现有种质资源直接选择利用的基本途径,通过调查可能会发掘出长期蕴藏在局部地区而未被重视和很好利用的品种类型。因此,种质资源的调查、搜集、鉴定等工作是育种的基础。我国园艺植物种质资源极其丰富,长期以来形成了许多优良的地方品种和某些变异类型,除符合育种目标的可以直接利用外,许多都可以在进一步育种中间接利用。某些地方品种的经济性状基本符合要求,对当地自然条件的适应性和抗逆性较强,选择其中更为优良的单株就可直接繁殖推广。从野生植物中可以发掘出有抗性、优质的资源,在育种上有很大的利用潜力。有一些野生植物还可驯化(domestication)栽培,为园艺植物的生产增加了新的种类。

现在,随着育种技术和科学技术的提高,除长期适应自然的野生资源、园艺植物近缘野生物种外,人工创造的育种资源也越来越多,比如地方品种、育成品种、转基因资源等。例如,自交不亲和型甘蓝型油菜,是通过自交亲和型甘蓝型油菜与自交不亲和型白菜型油菜杂交,再连续套袋自交后得到的。2004年,我国科学家将重复ACO基因转入康乃馨,使得插花期延长。我国科学家通过基因编辑技术产生并选育的水稻早熟品种,比普通水稻品种提前

7d开花，显著缩短了抽穗时间，提早丰收。通过野生资源调查方式挖掘优良资源并使其逐步发展成为产业的首推猕猴桃。猕猴桃品种的88.9%来自资源发掘。除猕猴桃外，东北的蓝靛果、山西的欧李和南方的八月瓜也是野生资源发掘和驯化的案例。

（二）引种

引种（introduction）工作是在本地区资源调查与地方品种整理的基础上进行的，是从外地引进新品种或新作物及各种种质资源的途径。可以根据其他地区的园艺植物品种类型在该地条件下性状的表现，引入相似条件地区进行栽培，鉴定它们在当地的适应性和栽培价值。此途径简单易行、快速见效。在引入的品种类型中，有的可直接用于生产；有的需要经过驯化，改变其本身的遗传性以适应新环境；有的可作为杂交育种的亲本加以利用。如果引种得当，对解决当地生产上的品种急需问题能达到较好效果。

引种筛选是世界各国解决品种急用的途径。我国果树产业中，相当一部分品种来自引种筛选。特别是在1994~2006年，在国家的支持下，通过引进苹果、柑橘等果树品种，丰富了我国的品种资源。从引进的资源中，筛选出了十分优秀的品种，并在产区广泛推广。例如，从日本引进的富士苹果，目前仍然占我国苹果栽培面积的大部分。如今，引进的脐橙、杂柑品种在柑橘产业中发挥着重要作用。严格来讲，引种不属于遗传改良范畴，但引种在产业发展中具有重要作用。

（三）选择育种

选择育种（selection breeding）是利用现有品种或类型在繁殖过程中的变异，通过选优汰劣的手段育成新品种的方法，是一种改良现有品种和创造新品种的简单而有效的育种途径。以现有品种在繁殖过程中产生的自然变异为基础群体，按照育种目标筛选优良基因型材料，经过比较鉴定，以株系或家系的形式最终形成新品种，推广到生产中。在人类进行杂交育种以前，所有栽培作物的品种都是通过选择育种培育而来的。选择贯穿于所有育种途径之中，无论是引种、杂交育种、杂种优势育种、诱变育种，还是现代生物技术育种。

选种包括实生选种和芽变选种。实生选种是普遍开展杂交育种之前的主要方法，像金冠、元帅、国光等苹果品种，南果梨、砀山酥、鸭梨等梨品种，康能玫瑰、莎加蜜、高尾等葡萄品种，大久保、奉化玉露等桃品种都是早期群众性实生选种的产物。过去，农民家种植的果树多数通过实生繁殖，因此，从农家品种选择和提纯复壮，也属于实生选种的范畴。在新疆杏品种选育中，主要通过此途径获得了一批品种。但是随着育种技术的不断发展，实生选种不再是果树育种的主要方法。

芽变选种主要是利用体细胞变异或嫁接产生的嵌合现象，从果园中直接选出优良的变异类型，进而成为品种。芽变是从果树的突变中进行鉴定、选择培育新品种的方法，也是果树育种常用的技术。苹果树产生芽变的概率很大，变异幅度较大，芽变选种是培育苹果新品种的重要方法，目前在元帅系苹果中已发现160多种芽变，从富士系、元帅系的芽变中选育出的品种均超过10个，在金冠类、国光类、红玉类、嘎啦类的芽变中也选育出多个苹果品种。我国的柑橘品种多数通过此途径选育，柑橘77.5%的品种来自芽变，远高于果树的平均水平，如早红、赣南早等脐橙品种均是通过此途径选育的。特别是早红脐橙是嫁接产生的嵌合体，或称为嫁接杂种。实生选种、芽变选种及野生资源发掘均属于利用自然变异。通过芽变选育的梨品种约占14%，红南果、大果黄花、川花梨品种都是通过芽变选育的梨品种。葡萄通过芽变选育的品种多达 50 个，包括成熟期变异、果型变异、果实及颜色变异、果实无核变异等，巨峰、玫瑰香、夏黑的一些芽变品种，已在生产中推广、种植。因此，对于易发生突变的树种来说，芽变选种是重要的育种技术。

（四）杂交育种与杂种优势利用

杂交育种（cross breeding）分为有性杂交（sexual hybridization）和现代生物技术育种中的体细胞融合（体细胞杂交）（somatic hybridization）。通常所说的杂交育种主要是指前者，它是根据品种选育目标选配亲本，通过人工杂交的手段，把分散在不同亲本上的优良性状组合到杂种中，对其后代进行培育选择，比较鉴定，获得遗传性状相对稳定、有栽培和利用价值的新品种的一种重要育种途径。由于选用亲本的亲缘关系远近不同，有性杂交育种可分为近缘杂交育种和远缘杂交育种（wide cross breeding）。前者所用的杂交亲本是属于同一物种范围内的类型或品种，而后者则是超出一个物种范围的种间或属间的杂交。远缘杂交一般利用近缘种或野生种某一性状的优良基因，通过人工杂交形成新的种质，再作为有性杂交育种或杂种优势利用的亲本。

园艺植物与其他许多生物类似，杂种一代在生活力、生长势、繁殖能力、适应性、产量、品质等方面表现出比双亲优越的现象，即杂种优势（heterosis）。园艺植物杂种一代常常表现出植株变高、叶面积增大、生长势增强等优势。利用这种杂种优势现象进行新品种选育，就是杂种优势利用，也称杂种优势育种（heterosis breeding）。它是许多园艺植物新品种选育常用的途径。

杂交育种是根据育种目标，选择配制亲本，通过有性杂交实现遗传重组，以获得新的基因型（品种或品系），是果树育种的主要方法。我国在桃、梨、葡萄等果树杂交育种中取得了较好的成绩。在育成的果树品种中，通过杂交育种培育的品种，如生产中广泛栽培的苹果品种秦冠是以金冠和鸡冠杂交育成的，华红是以金冠和惠杂交育成的，还有华硕、瑞香红、秦脆等品种都是通过杂交育成的。我国目前主栽的梨品种中，早酥是以苹果梨为母本、身不知为父本杂交育成的，黄冠是以雪花和新世纪杂交育成的，玉露香、翠冠等品种也是通过杂交育成的。生产中栽培较多的巨峰、夏黑、巨玫瑰、华葡紫峰等葡萄品种，中油蟠 9 号、中蟠 19 号、黄金蜜桃 1 号等桃品种也都是通过杂交育成的。杂交育种主要涉及基因的分离、组合和互作，多年生无性繁殖果树作物杂交后杂种后代性状广泛分离，大多数经济性状为多基因控制的数量性状，果树品种都是非加性效应比例很大的基因型，因此，果树的杂交育种既是组合育种，也是杂种优势育种。杂交育种技术是果树育种的主要技术，在我国果树新品种培育中发挥了重要作用。

（五）诱变育种

诱变育种（mutation breeding）主要用于园艺植物自然群体不能发现或不能通过杂交育种和杂种优势育种等途径获得目标性状的新品种或新种质的创造上。它以电离辐射和化学诱变为主要手段，以基因突变或染色体结构变异为基础；以秋水仙素为主要诱变剂的多倍体育种则是以染色体数量的成倍变异为基础。近年来在航空航天育种和离子注入育种领域所取得的成就，也为诱变育种开辟了新途径。诱变育种可解决多种独特的育种问题，可以作为一种有效的辅助育种手段而应用。例如，苹果品种宁光和宁富是从 ^{60}Co-γ 射线处理过的国光自然杂交种子中选出的；东垣红是从 ^{60}Co-γ 射线处理过的金冠自然杂交种子中选出的；以 $^{60}Co-\gamma$ 射线处理金矮生的休眠枝，处理后高接，选育出无锈苹果新品种岳金。在巴梨自然杂交种子发芽过程中用 $^{60}Co-\gamma$ 射线照射，获得单系苗木，经鉴定筛选育成梨品种晋巴梨，用 $^{60}Co-\gamma$ 射线对清香梨休眠枝条进行处理，获得了 1 个果实综合性状超过亲本的突变体。用秋水仙素溶液处理玫瑰香葡萄的生长点，获得果粒显著增大的四倍体玫瑰香；用秋水仙素溶液处理葡萄杂交种子，培育出四倍体葡萄新品种秋黑宝、早黑宝等。利用 $^{60}Co-\gamma$ 射线对观赏桃休眠枝条进行辐照，选育出 6 个观赏价值较高的观赏桃变异新品系。用 CO_2 激光诱变早熟水蜜桃砂子早生，育成沙激 1 号和沙激 2 号两个水蜜桃新品种。诱变育种程序简单、速度快，但诱发变异的方向和性质难以掌握，因此，在现代果树育种中的应用较少。

（六）现代生物技术育种

现代生物技术育种（modern biotechnology breeding）包括植物组织培养（plant tissue culture）技术和分子育种（molecular breeding）。组织培养技术是在无菌和人工控制的条件下，对植物的原生质体、细胞、组织和器官进行离体培养，并控制其生长的一门技术，它为现代作物育种创造变异体、脱毒原种、繁殖体，以及从远缘种、属中导入优良基因提供了可能的条件。例如，原生质体培养可以克服远缘种、属间的有性杂交不亲和性，获得细胞杂种；花药培养是单倍体育种的主要途径；茎尖培养是获得无病毒植株的关键技术等。

分子育种是借助于分子生物学手段进行植物新品种的选育或种质资源创造的过程。分子育种技术给园艺植物提供了一条重要的品种改良途径，目前可分为植物基因工程（plant genetic engineering）和分子标记辅助育种（molecular marker assistant breeding）。植物基因工程是把不同生物有机体的 DNA 分离提取出来，在体外进行酶切和连接，以构成重组 DNA（recombinant DNA）分子，然后转化到受体细胞（大肠杆菌）中，使外源基因在受体细胞中复制增殖，再借助生物或理化方法将外源基因导入植物细胞中，进行转译或表达，以达到改变生物细胞遗传结构、使其产生有利性状的目的。由于目的基因控制的性状明确，在导入植物细胞后，可预知赋予植物的性状，因此具有定向改良植物的特点。分子标记是指能够反映生物个体或种群之间特定差异的 DNA 片段，能直接反映 DNA 水平的差异，常用的分子标记有随机扩增多态性 DNA（random amplified polymorphism DNA，RAPD）、简单重复序列（simple sequence repeat，SSR）、限制性片段长度多态性（restriction fragment length polymorphism，RFLP）、扩增片段长度多态性（amplified fragment length polymorphism，AFLP）、序列特异性扩增区（sequence characterized amplified region，SCAR）、单核苷酸多态性（single nucleotide polymorphism，SNP）、表达序列标签（expressed sequence tag，EST）等。分子标记辅助育种技术的应用弥补了作物传统育种方法中选择效率低、育种年限长的缺点，在后代群体优良基因型的辅助选择中起着重要作用。

上述各种育种途径见效速度有快有慢，解决问题有难有易，需要条件有简有繁，在实际工作中应结合园艺植物育种目标，根据实际的需要和可能的条件来确定一项方法或综合几项方法，以达到预期的目标，为生产提供高产优质和稳产的优良品种或新种质。

生物技术育种是常规育种方法的延伸和补充，两者互补互辅，常规的育种方法与生物技术方法相结合，代表了植物育种科学发展的方向，生物技术将引发植物育种科学领域的技术革命。利用分子遗传标记育种技术，对有重要农艺性状的目标基因直接进行选择，在选择基础上做分子标记连锁图谱，再与遗传图谱、物理图谱结合起来，就能更好、更快、更直接地开展园艺植物遗传育种，实现从传统育种向现代分子育种的快速过渡。

常规的育种方法年限长、效率低，且在很多方面有一定的局限性。近年来，细胞工程、染色体工程、基因工程和分子辅助育种等新的育种途径和方法逐渐受到重视。同时，现代化的仪器设备的应用，改进了鉴定手段，提高了育种效率。利用先进的仪器设备对大批量的小样品进行快速准确的定性和定量鉴定，对含量极少的成分进行微量和超微量的分析；利用扫描和透射电镜观察植物的组织、细胞结构的解剖学性状；利用电子计算机等技术分析处理大量数据资料等，这些极大地提高了育种的效率和精确度。

植物育种最初通过表型观测进行选择育种，该方法操作简单易行，但受基因与环境（基因间互作、环境条件、基因型与环境互作）等方面的影响，表型选择育种效率不理想。分子标记辅助选择育种（molecular marker assistant selection breeding，MAS）技术利用基因型数据对表型进行选择，对标记与性状进行遗传连锁分析，实现相关数量性状位点（quantitative trait loci，QTL）的定位。

目前，基因组辅助育种技术，包括以基因组信息辅助选择育种、转基因生物育种等技术为基础的分子辅助育种技术在果树复杂数量性状遗传改良中得到成功应用。随着分子生物学的发展和高通量测序技术的进步，园艺植物育种技术也得到了长足的发展，目前主要的育种技术包括常规育种、现代生物技术育种、分子标记辅助选择育种及基因组辅助育种等。在过去的几十年里，园艺植物遗传改良取得了显著进展，特别是近年来一些新的生物技术育种方法（如快周期育种技术）及基于基因组学的育种技术的应用，能够有力推动果树育种进程。分子标记从 RFLP、SSR、AFLP、RAPD 等多种类型，逐渐发展变化到以方便、稳定和高通量为主的基因组及 SNP 标记。园艺植物全基因组测序的完成为分子设计育种策略提供了生物信息基础。基于基因组学的全基因组关联分析（genome wide association study，GWAS）和基因组选择（genomic selection，GS）在育种中开展相关研究，能够为园艺植物育种提供重要的理论支撑。因此，基于基因组信息辅助选择育种、转基因生物育种等技术在果树育种中的深入研究和开发利用，将加快果树新品种的精准选育，大大缩短育种周期，提高育种效率，也将成为现代园艺植物育种的重要技术。目前，基于分子标记研究果树性状相关的遗传变异主要通过连锁作图、基于候选基因关联分析和全基因组关联分析（GWAS）及全基因组选择（GS）。连锁作图与 GWAS 相结合，可以更有效地解析位点效应。GWAS 和 GS 在果树遗传研究中取得了一些进展，通过桃的重测序及重要农艺性状的 GWAS 分析，鉴定得到了控制果实无酸及果形相关的基因，以及控制果实重量和可溶性固形物的区域。在苹果上，筛选到影响苹果果实大小的相关位点区域及候选基因，利用有性杂交分离群体，结合 SNP 分析，在苹果上定位到了 7 个控制糖酸比的位点。

基因编辑技术能够定点编辑基因组来实现基因序列特异性的遗传改造，并可以通过遗传分离等方法获得不含转基因元件的遗传改良株系。我国育种家在西瓜、大白菜、番茄等蔬菜作物的基因编辑上取得了重要突破，基因编辑技术已成功用于矮牵牛、牵牛花、菊花、百合、蝴蝶兰和夏堇等花卉。虽然我国在这一技术上处于第一方阵，但离实际应用还有很大的差距。确定合理的目的性状、阐释性状的功能基因和提高编辑效率仍然是分子育种面临的挑战。在技术上必须跟进前沿，向更广泛的纵深发展，不断创制满足园艺产业发展需求的抗除草剂、雄性不育、持久抗病、营养强化等新种质，推动园艺植物育种技术跨越式发展。

细胞工程技术的进步，也提高了育种效率。这些技术主要为细胞融合、胚胎抢救、试管繁殖与微芽嫁接等。我国已形成了一套完整的细胞融合培育无核柑橘品种的技术体系。20 世纪80年代，细胞融合技术研究在我国取得成功，先后在柑橘、猕猴桃和苹果等果树上开展了研究。在柑橘上建立起了一套完整的原生质体培养和融合再生技术，创造了一批柑橘种间和属间体细胞杂种，与二倍体杂交经过胚胎抢救得到一批三倍体无核柑橘类型。再进一步发展为通过细胞融合转移胞质基因，创造出原生质体融合培育二倍体无核胞质杂种的新育种路径。研究人员将温州蜜柑与HB柚进行细胞融合，获得了转温州蜜柑细胞质雄性不育（CMS）的二倍体柚无核品种华柚2号，成为世界第一例通过细胞融合直接创造的植物新品种。胚胎抢救技术有效地克服了胚胎败育或果实成熟而胚胎尚未发育完全等问题，在果树育种中得到了广泛应用。在桃、杏和葡萄等果树的早熟品种选育中，该技术发挥了重要作用，取得了很好的效果，如桃的品种春雷，葡萄沪培1号和沪培2号就是通过胚胎抢救选育出来的早熟品种，果实发育期约为55d。选育的早熟桃新品种90%采用了该技术。柑橘中采用胚胎抢救技术主要是解决珠心胚干扰问题，培养出了一批三倍体无核株系。试管繁殖技术也就是离体繁殖技术主要应用于种苗和珍贵材料的繁殖和保存中，在香蕉等果树中广泛应用。该技术通过离体培养，解决了过去草本果树繁殖效率不高而且传病的问题。如今，几乎全部香蕉苗都通过该技术繁殖。微芽嫁接及试管嫁接是在离体条件下，将微小的芽原基（尚无维管束分化的茎尖组织）嫁接在无菌的试管播种用的砧木上，达到脱除病毒"提纯复壮"的目的，在柑橘等果树中得到应用。人们在实践过程中，将试管不易生根的材料通过试管嫁接，或直接将试管不生根（无根）的茎芽嫁接在柔嫩的砧木上（类似于胚芽嫁接），用石蜡带包扎或用夹子适度固定嫁接口。可以促进试管材料或实生播种材料的生长，加快育种进程，提高育种效率。

纵观育种技术的发展历程，每一次技术的革新均与基础理论的突破密切相关。分子生物学、生物信息学、基因组学、蛋白质组学、代谢组学等理论进展催生了新型生物技术，并正在全面影响园艺植物育种的理论与策略。

第一，高通量分子标记检测系统和工程化单倍体等技术逐渐成熟，会提高分子标记辅助育种和聚合育种的速度及精度。表型组学、人工智能、育种信息系统等的发展会促进园艺植物育种体系的完善和优化。

第二，数量性状位点的定位、基于基因组学的全基因组关联分析（GWAS）、高通量转基因和多组学联合等技术的集成应用将有助于解析基因的遗传效应、基因的功能和功能基因克隆、基因之间及基因与环境间的互作等信息。

第三，纳米转化和基因编辑等技术的集成应用将促进传统转基因技术升级和细胞器基因组编辑技术的成熟，从而加快单性结实、自交亲和与自交不亲和、雄性不育系、雌性系、持久抗病、营养强化等突破性种质创制。

四、实行多学科协作的综合育种

随着社会的发展及人们对品种特性要求的提高，以及育种潜力的提高，想要培育理想的品种变得越来越难。要培育出优质、抗病、综合性状好的突破性品种，必须开展包括育种、病理、品质、生理、栽培等多学科的科研与教学，加强各生产部门之间的协作。结合园艺植物当前的育种情况，一要加强光合生理特性的研究，包括源、流、库的协调，高光效的内部生理特性和理想株型及提高群体光合生产效率，改善同化产物的运输速率和分配功能途径等。二要加强主要性状遗传规律的研究。园艺植物随着源、库结构的改变，必然涉及众多方位的遗传改良和众多优良基因的聚合。由于基因间多层次的复杂关系，许多涉及生产力性状的遗传规律有待深入研究，同时应着重加强种质资源的引进、鉴定与评价的研究，抗病、抗虫、抗逆性机制的研究等。

实行多学科合作，能够更好地开展园艺植物抗病性的研究。例如，以各个园艺植物生产区的各个研究所为主要的承担单位，植物病理学家、分子生物学家、组织培养专家和育种专家共同承担育种的任务，这种多学科协作攻关，共同培育抗病品种的方法能够很好地确保育种工作的高效性及更好地保证所培育品种的抗病性。

实行多学科合作育种，能够起到目标一致、分工明确的作用。在实际生产过程中，能够针对某一个或一类主要病虫害进行研究，从危害情况、发生规律、防控措施、选育品种等各个环节开展研究，并最终完成品种的选育和配套措施的集成。此外，各个研究部门之间还能够将研究成果和数据进行资源共享，相互之间均可以借鉴和参考，为后续育种工作更好地进行奠定基础。

未来的育种工作将不仅局限于育种从业人员，更多对育种环节起到辅助作用的其他专业人员也可以加入其中。实行多学科协作的综合育种，采用现代化的研究分析手段，重视品种资源的研究，重视育种新途径、新技术的研究。对于解决复杂的育种难题，包括种质资源的评价、筛选，杂种后代的鉴定、选择，品系、品种的比较鉴定等，应根据需要组织育种、遗传、生理、生化、植保、土肥、栽培等不同学科的专业人员参加，统一分工、协同攻关是提高效率的最有效的方式。园艺植物育种是一个周期长、投入多、风险大，但对发展现代化农业举足轻重且回报率非常高的事业。只有全方位、多角度地了解所要育种的植物特性，才能对园艺植物育种事业起到推动作用。

思考题

1. 园艺植物育种学的定义和任务是什么？
2. 什么叫品种？它有什么特性？
3. 将优良变异体（系）繁育成一个表型一致、稳定、可应用于规模经济栽培群体的途径有哪些？
4. 优良品种的作用有哪些？
5. 为什么我国是农业资源大国，却不是园艺植物生产大国？
6. 通过具体实例说明，在改进遗传特性和栽培环境两个途径方面，二者谁的作用更大？

第二章 园艺植物的繁殖方式及其育种特点

园艺植物的繁殖方式不同，其遗传特征就不一样，因而相应采取的育种程序和方法也不同。此外，园艺植物品种根据其群体遗传组成，可分为纯系品种、杂交种品种、群体品种和无性系品种。获得不同类型品种的育种途径和选择方法也有所不同。

园艺植物的繁殖方式是植物在长期的进化过程中，由于自然选择和人工选择的作用形成的。园艺植物的种类非常多，繁殖方式和授粉习性多样，有些植物能同时采用不同的方式繁殖。了解园艺植物的繁殖方式及后代的遗传特点，分析其与遗传改良的关系，可以帮助育种者在植物性状的改良及种子生产中，采用合适的方法和程序。

第一节 园艺植物的繁殖方式

园艺植物的繁殖方式可以分为有性繁殖（sexual propagation）和无性繁殖（asexual propagation）两大类。通过雌雄配子结合，经过受精过程，最后形成种子繁衍后代的，称为有性繁殖；不经过两性细胞受精过程的方式繁衍后代的，称为无性繁殖。

一、有性繁殖

有性繁殖是植物繁殖的基本方式。根据参与受精的雌雄配子的来源和自然异交率的高低，又可分为自花授粉（self-pollination）、异花授粉（cross-pollination）和常异花授粉（often cross-pollination）。

（一）植物授粉方式的确定

植物的授粉方式分类，是根据植物在自由授粉条件下异交率的高低而定的，植物的花器构造、开花习性及传粉方式等都会影响其授粉方式。因此，首先可根据植物的花器构造、开花习性等进行初步的分析判断。在花器构造上，如两性花，雌性和雄性器官生长在同一朵花内，即雌雄同花，有利于自花授粉，如菜豆、番茄、桃和柑橘等；单性花，有雌花和雄花之分，又可分为雌雄同株异花（monoecious）（如瓜类、荔枝、板栗等）和雌雄异株（dioecious）（如菠菜、芦笋、番木瓜、猕猴桃等），有利于异花授粉。在开花习性上，有些植物在花冠未开放时就已经散粉受精，如豌豆、菜豆和凤仙花等，称为闭花受精（cleistogamy），是典型的自花授粉。有些植物在花冠张开后才散粉，因而增加了异花授粉的机会，如辣椒、黄秋葵等常异花授粉。有些植物具有雌雄蕊异熟（dichogamy）的特性，如核桃、栗、荔枝等是雌雄同株异花异熟的果树，油梨为雌雄同花异熟果树。此外，开花时间长或开花角度大有利于异交，开花时间短或开花角度小可减少异交。

自然异交率可以通过遗传试验来准确判断，通常是选择受一对基因控制的相对性状作为遗传测定的标记性状，以具有隐性性状的品种为母本，将父本、母本等距、等量隔行种植，任其自由传粉结实，然后将母本植株上收获的种子播种，进行后代苗期性状的测定。如果测定的性状为种子性状，表现花粉直感，则当代母本植株上收获的种子（已是 F_1）可直接进行测定，计算出 F_1 中显性个体出现的比率，就是该植物品种的自然异交率。

$$自然异交率（\%）=（F_1 中显性性状个体数/F_1 个体总数）\times 100\%$$

也有人把上述结果乘以 2，作为实际的自然异交率。这是因为同品种的植株间也有同样的自然异交机会，只是由于性状相同而不能测定出来而已。

一般认为，自然异交率不超过 5% 是典型的自花授粉植物；自然异交率为 50%～100% 的是典型的异花授粉植物；常异花授粉植物的自然异交率介于两者之间，一般为 5%～50%。但有学者认为这一比率偏向自花授粉，使用常自花授粉植物这一名词更合适。

（二）有性繁殖的主要授粉方式

1. 自花授粉 由同一朵花内的雌雄配子结合的授粉方式称为自花授粉，通过自花授粉方式繁殖后代的植物是自花授粉植物，又称为自交植物，蔬菜如菜豆、豇豆、生菜、茼蒿、番茄、茄子等，果树如桃、石榴、火龙果等，花卉如凤仙花、鸡冠花、百日草等。这类植物的花器构造和开花习性的基本特点是：雌雄蕊同花、同熟；开花时间较短，甚至闭花授粉；花器保护严密，其他花粉不易飞入。上述这些特点，决定了自花授粉植物自交率都很高。

2. 异花授粉 不同植株的雌雄配子相结合的授粉方式称为异花授粉，以异花授粉方式繁殖后代的植物称为异花授粉植物，又称为异交植物。在自然条件下，主要依靠风、昆虫、水等媒介传播花粉，自然异交率在 50% 以上。异花授粉植物根据花器构造特点，有 4 种类型，包括雌雄异株、雌雄同株异花、雌雄同花但自交不亲和、雌雄同花但雌雄不同期成熟或花柱异型。

在某些植物中还发现或能创制两种特殊的有性繁殖方式，即自交不亲和性（self-incompatibility）和雄性不育（male sterility）。在自然条件下，自交不亲和系和雄性不育系只能通过异花授粉的方式来繁殖后代。

3. 常异花授粉 一种植物同时依靠自花授粉和异花授粉两种方式繁殖后代的方式称为常异花授粉，这种植物称为常异交植物。这类植物通常以自花授粉为主，也进行异花授粉，是自花授粉植物和异花授粉植物的中间类型，其自然异交率为 5%～50%。常异花授粉植物花器结构和开花习性的基本特点是：雌雄同花；雌雄蕊不等长或不同时成熟；雌蕊外露，易接受外来花粉；花朵开放时间较长等。常异花授粉植物的自然异交率，常因其花器构造、植物品种和环境条件不同而有相当大的差别。

自然界中不存在绝对的自花授粉植物，品种间、植株间在异花授粉比率上都存在一定的变异，选择可以提高或降低它们的异花授粉比率。同样，也不存在绝对的异花授粉植物。外界环境特别是花期及花前的环境条件，也会在一定程度上影响植物的授粉习性，如高温下自花授粉的番茄柱头容易伸出花药筒，接受异花花粉。

在育种中，经常会使用自交、异交两个术语，其含义与自花授粉、异花授粉略有不同。自交除包括自花授粉外，还包括雌雄异花的同株授粉。由于营养系品种内个体间基因型相同，株间异花授粉在亲缘关系与亲和性方面和自花授粉完全相同，所以也属于自交范畴。

二、无性繁殖

无性繁殖是一种不经过两性细胞受精过程而繁衍后代的方式，可分为营养繁殖（vegetative propagation）和无融合生殖（apomixis）两类。广义的无性繁殖还包括组织培养（tissue culture）。

（一）营养繁殖

利用植物体营养器官的再生能力，使其长成新的植物体，称为营养繁殖。主要利用营养繁殖后代的植物称为无性繁殖植物。由营养繁殖的后代，在一般条件下由母体的体细胞分裂繁衍而来，不通过两性细胞的结合产生，保持了其母体的性状而不发生或极少发生性状分离现象。许多植物的植株营养体部分具有再生繁殖能力，如植株的根、茎、叶和芽等营养器官及其变态部分。很多果树及花卉植物利用这种方式繁殖。一方面，有些植物在一般条件下不通过两性细胞的结合产生后代，但在一定条件下，也可以进行有性生殖，从而可以开展实生选种；另一方面，实生选种获得的优良单株，又可以通过营养繁殖方式固定，以保持其优良种性。

（二）无融合生殖

植物的雌雄性细胞不经过正常受精和两性配子的融合过程而直接形成种子以繁衍后代的方式，称为无融合生殖。无融合生殖在高等植物中是一种普遍存在的现象，目前有30多科300多种有无融合生殖现象。无融合生殖有多种类型，根据胚胎学特征，无融合生殖可以分为以下几种。

1）无孢子生殖（apospory）。大孢子母细胞或幼胚败育，而由胚珠体细胞进行有丝分裂直接形成二倍体胚囊，最后形成种子。

2）二倍体孢子生殖（diplospory）。大孢子母细胞不经过减数分裂而进行有丝分裂，直接产生二倍体的胚囊，最后形成种子。

3）不定胚生殖（adventitious embryony）。由胚珠或子房壁的二倍体细胞经有丝分裂形成胚，同时由正常胚囊中的极核发育成胚乳而形成种子。

4）孤雌生殖（parthenogenesis）。胚囊中的卵细胞未和精核结合，直接形成单倍体的胚。有时，胚囊中的助细胞和反足细胞（配子体的体细胞）在特殊情况下，也能发育为单倍体或二倍体的胚。

5）孤雄生殖（androgenesis）。进入胚囊中的精核未与卵细胞融合，直接形成单倍体的胚。具单倍体胚的种子后代，经染色体加倍可获得基因型纯合的二倍体，否则表现高度不育。

根据实生后代的特性，无融合生殖又可分为兼性无融合生殖（facultative apomixis）和专性无融合生殖（obligate apomixis）两类。兼性无融合生殖是指所产生的后代（群体）中既有通过无融合生殖方式得到的，也有通过精卵融合即杂交方式得到的后代，如柑橘类的多胚中只有一个胚是通过正常受精而成的，其余胚均为珠心组织的体细胞进入胚囊发育的不定胚；而专性无融合生殖是指所产生的后代全部是通过无融合生殖方式得到的。多数无融合生殖的植物属于兼性无融合生殖类型，专性无融合生殖类型很少。

第二节　不同繁殖方式园艺植物的遗传特点及其与育种的关系

一、自花授粉植物

自交是近亲繁殖中最极端的一种形式，自花授粉植物具有以下遗传行为特点。

1）由于长期自花授粉，加上定向选择，自花授粉植物品种群体内绝大多数个体的基因型是纯合的，而且个体间的基因型是同质的，其表型也是整齐一致的。这种表型和基因型的一致性，是自花授粉植物遗传行为上的一个显著特点。通过单株选择或连续自交产生的后代，在表型和基因型上都表现相对一致，一般称为纯系。即使个别植株或个别花朵偶然发生自然杂交，也会因连续几代的自花授粉，而使其后代的遗传组成很快趋于纯合。以一对杂合基因型（Bb）的个体为例，在没有选择的前提下，杂合体（Bb）会随着自交代数的增加而纯化，如自交 4 次后，纯合基因型就占 93.75%。如果某性状是由 n 对独立遗传的基因控制时，自交 r 代时，可以按 $(1-1/2^r)^n$ 的公式计算群体内纯合型个体的频率。

2）在自花授粉植物群体中通过人工选择产生的纯系的一致性，在以后各个世代中，不通过人工选择都能较稳定地保持下去。因此，在一定时间内和一定条件下它们在遗传行为上表现出相对稳定性，这是自花授粉植物优良品种得以较长期保存下去的重要原因，也是这类植物遗传行为上的另一个显著特点。选择育种法是自花授粉植物常用的育种方法之一。

3）自花授粉植物具有自交不退化或退化缓慢的特点。达尔文关于"杂交一般是有利的，自交时常是有害的"论点，是自然界动植物繁殖过程中存在的普遍规律。但自交有害是相对的，在一定条件下自交可转化为有利的繁殖方式。植物的自花授粉方式是在长期的自然选择作用下，为了适应自然生态环境，产生和保存下来的对于种的生存和繁衍有利的特性。

自花授粉植物的基因型纯合也是相对的。自花授粉植物也有一定的自然异交率，通过自然异交可产生基因重组或由于环境条件的改变而发生基因突变，以及在长期进化过程中由微小变异发展而来的显著变异，都是自花授粉植物在自然条件下产生变异的主要原因。通过人工选择再度分离纯系，这些产生的变异又趋于纯化。自花授粉植物除利用自然变异进行选择育种外，杂交育种是目前最有效的方法，还可利用杂种优势。这类植物虽然自然异交率低，但在良种繁育时也应注意适当隔离，以防自然异交和机械混杂。

二、异花授粉植物

在长期自由授粉的条件下，异花授粉植物的群体是来源不同、遗传性不同的两性细胞结合而产生的杂合子所繁衍的后代。群体内各个体的基因型是杂合的，各个体间的基因型是异质的，没有基因型完全相同的个体。因此，它们的表型多种多样，没有完全相似的个体，这种个体内的杂合性和个体间在基因型与表型上的不一致性，是异花授粉植物遗传行为上的一个显著特点。由于异花授粉植物群体的复杂异质性，从群体中选择的优良个体，后代总是出现性状分离，表现出多样性，优良性状难以稳定地遗传下去。为了获得较稳定的纯合后代和保证选择效果，必须在适当控制授粉的条件下进行多次选择。这是异花授粉植物遗传行为和育种方法的又一特点。异花授粉植物强制自交或近亲交配产生的后代比原来随机交配后代生长势弱，称为近交衰退（inbreeding depression）。近交衰退程度在不同种类间有很大差异，如白菜、胡萝卜，表现显著的近交衰退，而大部分瓜类植物没有明显的近交衰退现象。Porter 曾对西瓜品种 Klondike 进行连续 4 代自交，发现生长势及产量均未见明显衰退；Cumming 等对南瓜品种 Humbard 进行连续 10 代自交，也未发现有明显衰退。为避免或减轻自交对生活力下降的影响，对异花授粉植物群体进行改良时，多采用多次混合选择法。自交虽使生活力衰退，但同时也使性状趋于稳定。通过若干世代的自交、选择，得到纯合的自交系，再进行优良自交系间的杂交，得到具有杂种优势的杂种。这种自交导致生活力显著衰退和杂交产生杂种优势是异花授粉植物遗传行为的第三个特点。利用杂种优势是目前异花授粉植物的主要育种途径。在良种繁育中，要严格隔离和控制授粉，以做到防杂保纯。

三、常异花授粉植物

这类植物以自花授粉占优势，故其主要性状多处于同质纯合状态。另外，在人工控制条件下进行连续自交，与异花授粉植物比较，后代一般不会出现显著的退化现象。常异花授粉植物的育种方法基本上与自花授粉植物相同，采用选择育种和杂交育种是有效的。但由于有一定的自然异交率，群体中的异质程度依自然异交率的高低而异，所以应进行多次选择。进行杂交育种时，应对亲本进行必要的自交纯化和选择，以提高杂交育种的成效。在良种繁育中应注意防止生物学混杂，以保持品种纯度。

四、无性繁殖植物

这类植物一般采用营养器官进行繁殖。由一个个体通过无性繁殖产生的后代，称为无性繁殖系，简称无性系（clone）。无性系是由母体体细胞分裂繁衍而来，没有经过两性细胞受精过程。无论母体遗传基础的纯杂，其后代的表型与母体完全相似，通常也没有分离现象。这样，一个无性系内的所有植株在基因型上是相同的，而且具有母体的特性，这是无性繁殖植物遗传行为上的一个显著特点。因此，无性繁殖植物的种性可以通过无性繁殖得以保持。可以采用与自花授粉植物一样的选择方法进行选择育种。

通常情况下，这类植物不能开花或开花不结实。在适宜的自然条件和人工控制的条件下，无性繁殖植物也可进行有性繁殖，从而进行杂交育种。一般在杂种一代就发生分离，这是亲本本身是杂合体所致；杂种一代也会表现杂种优势。因此，在杂种第一代便可选择具有明显优势的优良个体，并进行无性繁殖将其优良性状及优势稳定、固定下来，成为新的无性系品种。这样，将有性繁殖和无性繁殖结合起来进行育种，是改良无性繁殖植物的一种有效方法，也是较其他类型植物杂交育种所需年限较短的主要原因。

兼性无融合生殖种能够通过有性杂交把父本基因传递给后代，所以对其后代选择是有效的。专性无融合生殖种通常不产生有性后代，除偶然发生突变外，一般情况下选择无效。但是专性无融合生殖在杂种固定上具有重要意义，使得杂种生产不需要特殊的隔离条件、雄性不育系及恢复系，从而降低制种成本及提高种子纯度，并避免了有性生殖的并发症，如不亲和性障碍，以及病毒在典型无性繁殖植物中的转移。

第三节 园艺植物品种的类型及育种特点

一、园艺植物品种的类型

（一）纯系品种

纯系品种（pure line cultivar，又称自交系品种、定型品种）是指从突变个体及杂交组合中经过多代自交和选择育成的基因型纯合的群体（个体基因型是纯合的，群体同质）。花粉、花药培养或通过单倍体诱导系诱导获得的单倍体植株，经自然或人工诱导染色体加倍成定型品种也属于纯系品种，如青椒新品种海花 3 号。按规定纯系品种的理论亲本系数应不低于 0.87，即具有纯合基因型的后代植株数应达到或超过 87%。纯系品种主要是自花授粉植物的育成品种。

（二）杂交种品种

杂交种品种（hybrid cultivar）是指在严格选择亲本和控制授粉条件下生产的各类杂交组合的 F_1 植株群体。这种群体的个体基因型是高度杂合的，群体是同质的，表型整齐一致，杂种优势明显。但群体不能稳定遗传，F_2 发生基因型分离，产量下降，因此，一般只利用 F_1 的杂种优势。早期杂交种品种多限于雌雄异株或同株异花植物，如菠菜、瓜类、四季海棠等，以及花器较大、人工杂交一朵花能得到较多种子的种类，如茄果类等。后来雄性不育系及自交不亲和系的育成和应用，解决了杂交制种的问题，使不少花器较小、单果种子较少的完全花植物，如白菜、洋葱、胡萝卜、三色堇、矮牵牛等也相继育成杂交种品种。

（三）群体品种

群体品种（population cultivar）的遗传基础比较复杂，群体内的植株基因型是不一致的。因植物种类不同，群体品种又可分为4种类型。

1. 异花授粉植物的自由授粉品种　异花授粉植物的自由授粉品种是在生产过程中植物品种内植株间自由随机传粉，包括杂交、自交和姊妹交产生的后代群体。这种群体个体基因型是杂合的，群体是异质的，但保持一些本品种的主要特征区别于其他品种。例如，菜心、广东的白瓜、菠菜等异花授粉植物的地方品种都是自由授粉品种；部分花卉、果树采用实生繁殖的群体品种也属此类群体品种。

2. 异花授粉植物的综合品种　异花授粉植物的综合品种是由多个自交系，采用人工控制授粉和在隔离区多代随机授粉而形成的遗传平衡的群体。群体遗传基础复杂，个体基因型杂合、个体间异质，但具一个或多个代表本品种的特征。

3. 自花授粉植物的杂交合成群体　自花授粉植物的杂交合成群体是由自花授粉植物两个或两个以上纯系品种杂交后，繁殖、分离而逐渐形成的一个较稳定的混合群体。这种群体实际上是由多个不同的纯系组成的一个混合群体。目前，生产上应用自花授粉植物的杂交合成群体的极少。

4. 多系品种　多系品种是由若干纯系品种或品系近等基因系的种子按一定比例混合成的播种材料。常见的多系品种可以用自花授粉植物的几个近等基因系的种子混合组成。在抗病育种中，将携带不同抗性基因的品种，用回交法同时转移到一个栽培品种中去，育成一个农艺性状相似又兼抗多个生理小种的多个近等基因系，然后混合在一起，组成一个多系品种。目前主要在小麦、水稻上应用。例如，我国育成的小麦抗赤霉病、抗白粉病近等基因系组成的多系品种。多系品种也可用几个无亲缘关系的自交系，把它们的种子按预定的比例混合而成。

（四）无性系品种

无性系品种（clonal cultivar）是由一个无性系或几个相似的无性系经过营养器官的繁殖而成的。无性系品种的基因型由母体决定，表型也和母体相同。薯芋类蔬菜、很多花卉和果树品种都是无性系品种，如马铃薯、生姜、花叶芋、鸢尾、大丽花、荔枝、龙眼等。

无性系品种在繁殖过程中常会出现细胞突变，导致两个或两个以上遗传成分不同的组织在同一植株或器官中存在，形成嵌合体品种，在花卉及果树中比较常见。

以上品种类型中，第一类是生产上普遍应用、最常见的纯系品种和自由授粉品种，它们常合称为常规品种,是通过常规杂交育种或系谱法选育而成的。第二类是杂交种品种,是通过杂种优势育种育成的。第三类是无性系品种,来自营养系选择育种或营养系杂交育种。

二、各类品种的育种特点

(一) 纯系品种的育种特点

纯系品种(自交、常异交植物)是优良的纯合基因型植株的后代,对纯系品种的基本要求是基因型高度纯合和性状优良、整齐一致,其育种特点如下。

1) 利用自然变异,采取自交和单株选择相结合的育种方法。自花授粉植物靠自交繁殖后代,选出优良基因型的单株,其优良性状就可稳定地遗传下去,获得遗传稳定的纯系品种。常异花授粉植物由于自然异交率较高和基因的杂合性,常采用连续多代套袋自交结合单株选择,进行纯系品种的选育。

2) 人工创造丰富的遗传变异,在变异丰富的大群体中进行单株选择。纯系品种遗传基础比较狭窄,如果现有品种及其变异类型不符合要求,则需采取人工杂交和诱变等方法丰富变异类型,在性状分离的大群体中进行多代单株选择,最终才能选育出优良品种。

3) 利用生物技术创制纯系品种。利用自然变异或者人工创造变异,再通过连续多代自交选育纯系品种的方法花费的时间较长,应用生物技术可以极大地缩短时间。早期通过花粉、花药培养获得单倍体植株再诱导其加倍,花粉、花药培养能否成功与基因型有关。近年来,利用自然发现或通过基因编辑人工创制的单倍体诱导系作为父本,与母本杂交后能够产生一定比例的母本单倍体,这些单倍体均不携带来自父本的染色体组,再对染色体加倍形成纯系品种,这一方法无明显的基因型依赖性,表现出很好的通用性。

(二) 杂交种品种的育种特点

杂交种品种基因型高度杂合、性状相对一致,具有较强的杂种优势,育种特点如下。

1) 选育重点是选择杂交亲本(自交系、三系或二系)。目前应用杂种优势主要利用自交系间杂交种(自交植物的纯系品种,即相当于异交植物的自交系),因为自交系间杂交种优势最强。杂交种品种的育种包括两步:一是自交系的选育(有些植物还包括不育系、保持系、自交不亲和系的选育),连续自交加人工选择;二是杂交组合的组配。

2) 配合力测定是杂交种品种选育的重点内容。关键是自交系和自交系间配合力的测定。配合力测定是杂交种育种的主要特点。

3) F_1 杂交种子生产的难易影响杂种优势利用。F_1 杂交种子生产时对影响亲本繁殖、配制杂交种种子的一些性状应加强选择。例如,母本自身的产量、母本雄性不育性的稳定性、父本花粉量的多少、两亲本花期的差异等性状,都应注意选择,使种子生产成本降低。

4) 杂交种品种的应用要建立相应的种子生产基地和供销体系。

(三) 群体品种的育种特点

群体品种的遗传基础比较复杂,群体内植株间的基因型是不同的。异交植物的自由授粉品种内每个植株的基因型都是杂合的,不存在基因型完全相同的植株。自交植物多系品种内包括若干个不同的基因型,最终成为若干纯系的混合体。群体品种育种特点:创建和保持广泛的遗传基础和基因型的多样性;对后代群体一般不进行选择;对异花授粉植物群体,要在隔离条件下，多代自由授粉，以打破基因连锁，达到遗传平衡。

（四）无性系品种的育种特点

无性系品种的基因型是杂合的，植株间都是整齐一致的，育种特点如下。

1）采用有性杂交和无性繁殖相结合的方法，固定优良性状和杂种优势。利用杂交重组产生遗传变异，由于亲本是杂合体，因此 F_1 就发生分离。在 F_1 实生苗中选择优良单株进行无性繁殖，把优良性状和杂种优势固定下来。

2）利用芽变育种，芽的分生组织发生突变称为芽变。芽变育种是无性系品种育种的另一种有效方法。国内外都曾利用芽变选育出一些马铃薯、果树等无性系品种。

思考题

1. 简述有性繁殖植物的类型及各自的授粉习性。
2. 无性繁殖方式有哪些？
3. 简述不同繁殖方式园艺植物的遗传特点及其与育种的关系。
4. 论述园艺植物品种的类型及其育种特点。

第三章 园艺植物育种对象和目标

园艺植物种类繁多，因此在选择育种对象时必须综合考虑市场需求、种质资源优势及产业发展趋势等因素。园艺植物的育种目标涉及产量、品质、成熟期、对环境胁迫及病虫害的抗性、对保护地和机械化栽培的适应性等几大性状，其中产量和品质是不同植物种类和不同种植区域的共同要求，但品质的具体内涵会随着社会和产业发展需求的变化而发生变化；而抗性和成熟期等则因不同地区、不同气候环境及不同生产方式的变化而具有不同的侧重。

第一节 选择育种对象的主要依据

育种对象（breeding object）指的是需要遗传改良的园艺植物种类，包括果树、蔬菜、花卉及观赏树木等。育种的最终目的是选育适应生产和市场两大要素的优良品种，促进园艺产业优质、高效发展。因此，园艺植物育种对象的选择是在考虑植物遗传可塑性的基础上，充分利用现有园艺植物资源材料，尤其是结合当地生产特点和资源优势，改善当前品种的农艺性状或经济性状，满足生产和市场需求。育种对象首先应选择市场对新品种有迫切需求、栽培面积较大的重要园艺植物；其次是当地有一定产业优势和资源基础，在生产和消费上有较大比例或市场有需求的特色园艺植物种类。

一、市场对新品种的迫切需求

园艺产品生产包括品种培育、田间生产、商品化处理及市场销售等几个环节，经济效益最终由市场需求决定，即既要"卖得掉"又要"卖得好"。改革开放后，我国农产品中首先放开的就是园艺作物，这使得我国园艺产业较早地走向了市场化。因此，在选择育种对象前需要对市场需求的实际情况做深入调查，掌握消费需求最新动态并科学预测发展趋势。比如，近年来世界花卉市场的主导品种由过去的月季、菊花等传统品种逐步变为月季、菊花、百合、香石竹、唐菖蒲、大花蕙兰等，盆栽植物则以凤梨科植物、杜鹃花等为主，总体看世界花卉需求趋势向新品种、高档次、优品质转变。近年来我国的水果进口量逐年递增，主要包括香蕉、龙眼、火龙果及大樱桃等。在考虑市场需求的同时还应关注品种本身的更替周期、消费习惯变化及同类植物的育种动态等因素，避免不必要的重复或浪费。

二、重要性状最接近育种目标

从遗传规律和育种效率考虑，种质资源本身的重要性状与育种目标性状越接近就越有利于实现育种目标、缩短育种时间、提高育种效率。遗传可塑性（genetic plasticity）是指生物体的遗传特性发生适应性变异的潜在能力，某一植物产生遗传性改变的能力有限，因此在选择育种对象、确定育种目标及制订育种策略时要充分考虑其现实的可能性和育种效率，不可盲目，更不能异想天开。在干旱地区选择抗旱性强的野牛草、狗牙根、结缕草等草种作为育种对象才最有可能选育出抗旱草坪草品种；在通过杂交育种选育无核葡萄品种时，应选择无核品种作父本进行杂交；抗病育种时应优先选择那些本身具有一定抗病能力的材料作为亲本等。当然，受不同性状调控基因位点的连锁、分离难易程度的影响，育种目标的实现并非育种对象性状的简单组合，应根据后代表现制订充分详尽的育种计划。

三、充分利用本地特有种质资源

为充分发挥种质资源优势，育种对象首先应选择资源相对集中和稳定的园艺植物种类，最好其起源中心或主产区在我国，并具有良好的研究或利用基础。这不仅有利于充分利用其遗传多样性挖掘优异功能基因以提高育种效率和质量，而且前期工作中积累下来的中间试材和育种经验无疑为育种工作的持续性和创新性提供了有力保障。其中，由于本地种质资源对当地的自然条件具有高度的适应能力，对当地的病虫害和自然灾害具有较强的抗性和耐性，并适应当地的生产和消费习惯等特点，从而具有先天的、无可比拟的优势。本地种质资源是指在当地自然条件和栽培条件下，经过长期的自然选择或人工培育所形成的品种或类型，包括古老的地方品种和本地长期种植的改良品种等。本地种质资源可以直接利用或改良后利用，或者作为适应性、抗性或耐性强的育种材料进行系统选择、杂交育种或诱变育种等加以利用，因此充分发掘和利用本地种质资源是园艺植物新品种选育的重要途径。例如，砂糖橘、春甜橘及其系列品种均来源于广东省优异的柑橘地方品种资源；我国蔬菜育种工作者利用当地资源选育出了紫红色长茄、特色辣椒、菜心等系列品种；贵州省利用本地丰富的刺梨资源选育刺梨品种发展成了具有特色和潜力的刺梨特色产业等，均是充分利用本地资源的成功案例。

第二节　园艺植物育种的主要目标性状

育种目标（breeding objective）是指在一定的自然、栽培和经济条件下，计划选育的新品种应具备的优良性状指标，即对育成品种在生物学和经济学性状上的具体要求。育种目标指明了计划育成的新品种拟在哪些性状上得到改良，达到什么指标，是育种工作的依据和指南，是决定育种成败与效率的关键。开展植物育种工作前，首先必须确定合适的育种目标，只有有了明确而具体的育种目标，育种工作才会有明确的主攻方向，才能科学合理地制定品种改良的实施方案、技术方法和进程重点。

确定育种目标时应坚持问题导向和目标导向相结合，一方面要解决当前产业发展突出的问题，另一方面还要立足长远，考虑未来产业发展的需要，甚至是引领产业发展的关键问题。园艺植物育种目标一般包括产量、品质、成熟期、对环境胁迫的适应性及对保护地栽培和机械化生产的适应性等几大性状目标，可以根据资源条件、生产和市场需求及将来产业发展方向等设定一个或几个目标，指导育种工作的进行。

一、产量

产量是效益的基础，因此丰产稳产是园艺植物育种的基本性状要求。产量通常是指一定时间内单位面积上获得的目标产物的总量。产量可分为生物产量和经济产量，前者指一定时间内单位面积全部光合产物的总量，后者指其中作为商品利用部分的收获量；经济产量与生物产量的比值称为经济系数（coefficient of economic），经济系数高说明有机物质利用率高。生物产量是经济产量的基础，但有时两者也是矛盾体，如果树或果菜类营养生长和生殖生长之间的关系，需要协调发展才可能实现增产的目标。不同园艺植物的经济系数差别较大，用于园林装饰的观赏植物可以整个植株乃至群体为利用对象，其经济系数可达100%；部分绿叶蔬菜的地上部分均可作为商品利用，其经济系数也很高。而果树、其他大部分蔬菜、切花等园艺作物的经济系数则相对较低，且不同品种及类型间的差异也较大。经济系数通常情况下可以作为高产育种的选择指标。

产量的高低与产量构成因素有关，大多数园艺作物的产量构成因素较为复杂，果树或果菜类的单株产量与单株平均总枝数、结果枝比例、果枝平均坐果数、平均单果重及后期落果率等有关，且各构成因素之间常常呈相互制约的关系，难以同步增长；多年生果树的丰产性还包括早果性及结果的大小年等因素。因此，根据具体作物产量构成的主要因素进行选择，往往比直接根据单株产量进行选择更能反映株系间的丰产潜力。此外，部分园艺作物会分批结果，在生产上就会采取分批采收的方式，总产量即为各期产量的总和，但由于通常情况下早期产品价格较中后期更高，因此该作物的早期产量是比总产量更为重要的选择指标。例如，春番茄、火龙果育种时，前期产量越高经济效益就越好等。

农业生产上对品种产量性状的要求还包括其大面积推广时在不同地区、不同年份能够保持连续而均衡的增产作用，即稳产性。环境因素和品种自身适应性强弱均会影响产量的稳定性，因此，稳产性决定了品种的推广面积和使用寿命。

二、品质

品质是园艺植物育种的重要目标，在现代园艺生产中甚至已经逐渐上升为比产量更为重要、更为突出的目标性状，是如今园艺产品市场竞争力的主要体现。园艺产品的品质按产品用途和利用方式大致可分为感官品质、营养品质、加工品质和贮运品质等。

感官品质是指通过人体感觉器官感受到的品质指标的总和。感官品质通常包含植株或产品器官的大小、形状、色泽等由视觉、触觉所感受的外质和由嗅觉、味觉、口感感受的香气、风味、肉质等内质。观赏类园艺植物常以外质为主，如花卉的花型、花色、单/重瓣、叶形、叶色、彩斑及株型等，而果品、蔬菜常以内质为主或内质与外质并重。虽然感官品质评价受人们传统习惯的影响，有较多主观成分，但不同种类园艺产品的感官品质特征可由多个感官指标来界定，并形成了相应的感官指标体系或行业标准，育种过程中品质评鉴时可以参考借鉴。例如，华北型黄瓜的优质指标通常包括果面平滑少刺、少蜡粉或光泽度高、果色深绿均匀、无黄色条纹，口感无苦涩味、脆嫩清香，胎座不中空，把短便于包装运输等；室内观叶君子兰以叶片短、宽、厚，叶色浓绿、叶脉突起明显为上品等。人们对观赏植物外观品质的多样化和新奇性状的需求远胜于其他种类，如黄色、绿色等罕见色系的凤仙花品种，具有芳香味的仙客来、金鱼草品种，具有麝香味的山茶品种，墨兰、墨菊、黑玫瑰、黑牡丹、黑色郁金香等稀世品种，均具有极强的市场竞争力。此外，随着利用方式和消费习惯的改变，人们对园艺产品感官品质的评价也会发生相应的变化。例如，我国月季育种最初多以花大色艳为贵，但不宜用于切花，为适应用途改变和市场需求，现在多以花型中等、花瓣紧凑、色泽柔和为育种目标。部分国家由于饮食习惯的变化，人们从原来喜欢偏甜的水果转为喜欢甜中带酸的品种等。

营养品质通常指产品中各种营养素的总和，其高低根本上取决于产品中含有的人体必需营养素的种类及含量、相互间的比例关系及对人体需求的满足程度。营养素可以简单地分为有机营养素和无机营养素，其中有机营养素主要包括蛋白质、脂类、维生素、碳水化合物和膳食纤维，无机营养素主要包括水和矿质元素。此外，园艺产品中对人体有益的生物活性物质，包括维生素、酚类化合物、类胡萝卜素、萜类、生物碱等几大类型，可能是其特殊品质和营养价值的体现，确定育种目标时更应有针对性地考虑，如柠檬中的有机酸、蓝莓中的花青素、刺梨中的维生素 C 及三萜类物质等。由于部分园艺植物中也含有一些对人体有害的成分，如十字花科蔬菜普遍含有硫代葡萄糖苷（glucosinolate），虽然有越来越多的研究表明其代谢产物具有抗氧化、抗癌、调节肠道菌群等多种生理功能，但部分有害硫代葡萄糖苷（如 2-羟基-3-丁烯基硫苷）如果浓度太高会对健康产生负面影响，出现诸如食欲降低、甲状腺肿大、甲状腺激素水平降低、肝肾功能异常等不良症状；其他如黄瓜、甜瓜中形成苦味的葫芦素，菠菜叶片中较高含量的草酸和硝酸盐等。因此，营养品质的评价不仅要考虑园艺产品中对人体有益的营养及保健成分，同时也要考虑到其中不利或有害的物质。

加工品质指产品适合加工的有关特性。例如，罐桃品种必须符合黄肉、不溶质、黏核等三个基本原料特性，制汁的柑橘品种要求出汁率高、不含苦味成分，酿酒葡萄品种要求含糖量高，加工番茄品质的优劣主要取决于果实的茄红素和干物质含量等。

贮运品质指从田间生产到消费环节，园艺产品采收后通常需要经历一定时间的贮藏和运输，其最终影响园艺产品的销售价格和使用价值。新鲜园艺产品采收之后仍具有生命力，代谢活动仍会继续进行，加上运输过程中的振动胁迫，在贮运过程中其产品品质，如色泽、香气、口味、质地和营养价值等不可避免地会发生变化，外观可能会出现萎蔫、硬度下降甚至腐烂变质等。贮运过程中能否最大程度保持园艺产品固有品质特性由园艺作物种类、品种、成熟度及贮运条件等因素共同决定。

三、成熟期

由于园艺作物通常以鲜活产品形态供应销售，大多数种类都不易贮运，只有通过选育早、中、晚不同成熟期的品种以尽量满足周年供应的消费需要。因此成熟期对许多园艺植物来说都是重要的目标性状。对于品种成熟期相对集中的作物种类，育种时更应注意早、晚熟品种的选育，以提高市场竞争力。早熟性不仅利于减免生长后期可能遭受的自然灾害带来的损失，而且提前上市的早熟产品通常具有更高的销售价格，从而产生更高的经济效益。但是早熟品种由于生育期（或果实发育期）较短，往往产量和品质无法兼顾。因此制订育种目标时对早熟性的要求要适当，并与丰产、优质等方面的要求相结合。晚熟品种有利于保障季节后期的产品供应，通常也更有利于贮藏保鲜。观赏植物的成熟期主要在于花期的早晚及其延续时间，如菊花花期方面的目标性状是在原有秋菊基础上选育 10 月开花的早菊、12 月开花的寒菊及 6～10 月两次开花的夏菊。草坪植物则要求能保持绿色时间最长的品种类型等。

四、对环境胁迫的适应性

生长在自然环境下的园艺植物不可避免会遇到各种各样的环境胁迫因素，大体上可分为生物胁迫（biotic stress）因素和非生物胁迫（abiotic stress）因素。前者是指对植物生存与发育不利的各种生物因素的总称，通常是感染和竞争所引起的，如病虫害、杂草危害、动物啃食等。后者是指不利于植物生存和生长发育甚至导致伤害、破坏和死亡的非生物环境条件，通常包括温度胁迫、水分胁迫、土壤矿物质胁迫、大气污染胁迫等。温度胁迫分为高温胁迫和低温胁迫，低温胁迫又分为冻害（≤0℃）和冷害（>0℃）。水分胁迫包括干旱胁迫（包括大气干旱和土壤干旱）和湿渍胁迫。土壤矿物质胁迫包含盐碱土和酸性土导致的部分有效性营养元素不足造成的营养饥饿胁迫或某些矿质元素过多引发的毒害胁迫等。大气污染胁迫则是大气中的有害物质对植物生长发育或生理代谢造成的可见或不可见伤害。

非生物胁迫因素，尤其是干旱、盐碱和温度胁迫使得包括园艺产业在内的农业生产面临巨大挑战，作物耐非生物胁迫机制也一直是相关领域的研究热点。合理利用植物对环境胁迫的抗性培育"资源节约、优质高产、环境广适"的新型品种，是园艺植物品种选育的重要目标性状。随着现代分子生物学的不断发展，对于植物（尤其是模式植物）响应非生物胁迫的机制逐渐清晰，其信号感知与转导、基因表达调控途径及激素和转录因子的作用也被逐渐揭示，使得育种者利用生物技术手段提高园艺植物对某些逆境因子的抗性成为可能。加强抗逆基因资源的系统鉴定和不同抗逆性状的高效、智能化整合，将是今后抗性育种的核心内容。

生物胁迫因素中，病、虫危害对园艺植物都有严重影响，由此产生产量和品质下降，化学药剂使用导致生产成本增加、产品安全和环境污染等问题，使得通过遗传改良提升植物本身对病虫的抗性成为园艺植物育种的重要目标。不同园艺植物可能会有多种病害，确定育种目标时应抓主要矛盾，优先选择区域内危害最严重或最普遍的作为对象，比如黄瓜的疫病、枯萎病、辣椒的疫病、柑橘的黄龙病、百香果的病毒病、猕猴桃的溃疡病、软腐病，刺梨的顶腐病，郁金香、百合的凋萎病等，都是迫切需要克服的重点病害。鉴于多数病原都存在生理分化，所以抗病育种时可以针对本地区的主要生理小种或病毒株系选育多抗型品种。园艺植物的害虫较多，如叶螨类、蛾类、食心虫、蚜虫、蚧壳虫、天牛、线虫等均为普遍发生并可对多种园艺植物产生危害的主要害虫，今后加强植物与昆虫互作的生化及分子机制研究、植物保卫物质鉴定及抗虫基因发掘从而选育抗虫品种，无疑是园艺植物重要的育种目标。

作为目标性状的抗逆性并非单独追求抗逆程度，必须和产量、品质等因素相结合，而且一个品种也不可能对所有的逆境因素都具有抗性，只要在某种逆境条件下或病虫害发生时依然能保持相对稳定的产量和品质，就基本实现了育种目标。

五、对保护地栽培和机械化生产的适应性

近年来，我国园艺作物的保护地栽培技术和栽培规模发展和增长很快，通过温室、大棚等设施可以提供园艺作物生长发育所需的温度、光照、水分和土壤等环境条件，从而实现提早或延迟成熟，并具有避雨、防虫等作用。与传统露地栽培相比，栽培设施会导致一系列生态因素发生变化，如光照减弱、高温高湿、土壤盐类聚集或酸化等，这给品种适应性提出了新的要求。为适应保护地栽培环境，品种除具有丰产性、抗逆性、高品质等基本要素外，最好还满足耐弱光、耐高湿，树体小、树型紧凑，花粉量大、自花授粉能力强，需冷量小、休眠时间短，果实发育期短、果实早（中）熟等特殊要求。如露地栽培的百合品种在温室的弱光条件下开花率只有36%，后来育成的新品种 Pirate 和 Uncle Sam 提高了对弱光的适应性，开花率可达96%。黄瓜保护地专用品种要求秋冬季低温弱光下产量高、后期高温下耐热品质好、抗病耐病性强、株型紧凑等。设施栽培草莓或葡萄品种最好具有对低温需要量小、休眠期短、抗病及果实早熟等特点。保护地栽培的樱桃品种要求休眠期短、果实早熟及树型矮化紧凑等。

农业机械化是运用先进适用的农业机械装备，改善农业生产经营条件、提高农业生产技术水平和经济效益的过程，包括生产作业机械化、产品运输和加工机械化及农业基本建设施工机械化等。农业机械化是降低劳动力成本、适应集约化生产和经营的必然要求，是农业现代化的必由之路。虽然目前我国机械化水平还不高，而且各地区发展不平衡，如生产管理过程中只有整地、中耕除草、开沟施肥、灌溉、病虫害防治、果园运输等几个环节基本上实现了机械化或半机械化，还有许多作业如建育苗圃、疏花疏果、整枝修剪等主要依靠手工操作，

但是园艺作物生产从传统人工作业向机械化、自动化、数字化等方向发展并最终实现管理信息化、作业智能化、生产过程数字化和经营服务网络化等，将是未来的趋势。要适应机械化种植管理，总体上园艺作物品种要求植株整齐不倒伏、株型紧凑一致（或扁平化）且架构简单、成熟期集中，以果实为收获对象的种类还要求结实部位适中、果实大小均匀、果皮韧性强等；对于树体通常较为高大的果树而言，还要求具备植株矮化适于密植、枝梢生长适中适于简化修剪、开花坐果容易、减少人工劳作等特点。

第三节　园艺植物育种目标的特点及制订原则

一、园艺植物育种目标的特点

（一）育种目标的多样性

园艺植物种类、利用方式、消费者需求的多样性及园艺产品多以鲜活形态供应市场等特点决定了其育种目标的多样性，多样性目标的实现有利于满足人民日益增长的美好生活需要。例如，葡萄不同成熟期的鲜食、制干、制罐、制汁、酿造用品种的选育，耐贮运品种的选育，抗寒、抗旱、抗石灰质土壤、抗线虫砧木品种的选育，大果无籽品种的选育，适于设施栽培品种的选育等，其中有不少是大田作物很少涉及的育种目标。又如，菊花按用途分为盆栽、切花和地栽等，各有不同的育种目标，仅盆栽的大菊系就有宽瓣型、球型、卷散型、松针型、丝发型、飞舞型等近20种不同花型，花期从6、7月到12月至翌年1月，以及一年多次开花等。花卉的花色育种目标除常见的白、黄、橙、红、紫等花色外，绿、灰、黑、蓝等罕见色调更是人们追求的目标。切花育种目标主要包括花期长、花瓣厚、耐久养和便于包装运输等。

（二）预见品种的高效性

无论哪一种或哪一类育种目标，其最终目的是选育优良品种并让使用者产生最大的经济及社会效益，促进园艺产业优质、高效发展。因此育种目标的制订在兼顾多方面性状要求的同时更加注重市场对品质的需求，优质蔬菜、水果和花卉品种产品比一般品种产品的价格高出几倍到几十倍，同时在国际市场上也更具有竞争力。在观赏植物中除球根花卉和切花对产量有一定要求外，多数花卉植物在育种目标上基本以优质和特异性为主。微型月季、侏儒型仙人掌等案头微型盆景植物虽然产量较低，但其优异品质和文化特色带来了较高的经济效益。株型矮化的果树品种、适于反季节栽培或机械化生产的蔬菜品种无疑使得生产效率得以提高，必然产生更大的经济效益。

（三）供应市场的季节性

以鲜活产品形态供应市场的园艺生产不可避免会出现生产的季节性和需求的经常性之间的矛盾。为解决这一矛盾，最主要的途径是选育极早熟品种和晚熟耐贮运品种，或者随着设施园艺的迅速发展，选育适于保护地栽培的园艺植物品种以实现采收时期的人为调控。菊花因切花和露地观赏的需要，国际园艺界要求培育对日照长短不敏感、在自然日照下四季均能开花的品种。例如，四川省原子能研究院采用辐射诱变和营养系杂交育种结合起来的方法育成了20多个花期长达半年、能在春夏季开花的菊花新品种，最大程度满足了供应市场的季节性需求。

（四）品种的兼用性

园艺植物不仅可食，还具有药用、观赏和保护生态环境等功能。以往人们对观赏园艺植物的育种目标仅着眼于株型、花色等观赏性状，而对其食用、药用及其他功能重视不够，更少考虑把这些功能纳入育种目标。对食用园艺植物也很少注意它们在观赏、环境保护方面的功能。近年来选育食、赏兼用型品种，以及开发观赏植物其他功能的育种工作已经逐渐引起重视，如花、果兼用梅品种，鲜食、加工兼用树莓、葡萄品种，药、赏兼用银杏品种，药、食兼用刺梨品种的选育等。在现今环境污染日趋严重的情形下，更应特别重视有利于提高环境保护功能的观赏园艺植物新品种的选育，如耐酸雨、耐盐碱、抗重金属污染、高滞尘能力的观赏植物品种或类型的选育等。

二、制订育种目标的主要原则

育种目标是育种工作的依据和指南，它直接涉及育种材料的选择、育种方法的确定及育种年限的长短，而且与新品种的适应区域和利用前景密切相关，是决定育种成败和效率的关键。育种目标一旦确定，在一定时期内应相对稳定，它体现的是育种工作的阶段性方向和任务；同时，育种目标也可能是动态的，因为生态环境和市场需求的变化、社会经济的发展及种植制度的改革都要求育种目标与其相适应。制订育种目标时主要依据的原则如下。

（一）满足市场和生产需要

制订育种目标首先应遵循市场导向和国家宏观调控的原则。经济效益最终由市场需求决定，商品市场反映消费者的需求度，种苗市场反映生产者的接受度。两者既有区别，又有联系。消费者不能接受的品种，其种子、苗木不可能被生产者接受；能够被消费者接受的品种，如果不利于生产栽培管理，如生产过程中对常见的自然灾害适应性差或生产成本过高，也难以被生产者接受。在市场需求方面，除当前需求外，还有市场的潜在需求。育种过程一般需要 7~8 年乃至更长时间，因此必须进行市场调研和科学预测。总之，市场导向的作用在制订育种目标时应予重点考虑。在市场需求充分的前提下，新品种还必须满足生产需要，如适应性、区域耕作制度、产业发展水平、机械化或设施栽培、减少劳动力投入的节约化栽培等要求。

新品种拟推广应用区域的自然和生产条件可能不完全相同，对品种性状的要求会有所差异。为避免在生产上的品种单一化，在制订育种目标时，应考虑品种间的配套利用，如不同播种时期、不同成熟期、不同逆境因素的抗性或适应性等。国内外都有过因品种单一化而加重灾害造成巨大损失的惨痛教训，今后必须注意配套品种的选育。此外，育种目标的制订还要考虑国内外同类品种的竞争，应尽可能制订使自己处于优势竞争地位的目标，而不要盲目追求自己不具备竞争优势的育种目标。

（二）注重经济效益和社会效益

任何作物的育种目标应该在经济学和生物学上都是合理的。按照一定育种目标育成的品种，必须比原有同类品种能为生产者或使用者提供更高的经济效益。例如，与原品种产品价格相近的情况下，产量提高 10%；产量和原品种相近的情况下，由于产品品质优良或成熟期提前，其价格比原品种提高 60%；由于抗病性提高，可以节约防治病害的药剂和人力资源等生产成本 30%等。在上述三种情况的简单对比下，优质育种的目标效益要高于抗病育种和高产育种。实际情况当然要复杂一些,如优质品种可能在产量方面有某种程度的下降,或者在栽培管理方面要求较多肥水,从而增加了生产成本,或者农民购买新品种种苗比原品种需要更多的经费投入等。经济效益有时还要考虑到育种者为育成一个品种的经济投入和可能以某种方式得到的经济回报,育种者权益涉及育种者积极性的调动和整个育种工作的持续发展;同时,推广面积更大的品种,育种者或种苗生产者从繁育新品种得到的经济效益就可能更多。总之,制订育种目标时应把经济效益的高低作为重要依据。成功的育种除给生产者、消费者以某种方式带来经济效益外,还有一些育种目标能产生较大社会效益和生态效益,如改善环境污染或沙荒等。

(三) 平衡客观需要与实现可能性

育种者应该兼具丰富的想象力和科学的预见性。生产实践中客观需要改良的品种性状肯定很多,确定具体目标要根据科学规律进行分析,把客观需要和实现这种需要的可能性结合起来构成一个现实的育种目标。育种目标是否具有实现的潜力,与育种者自身的科学理论素养和实践经验、技术力量、可利用的种质资源及必要的实验条件、设施、经费等均有密切关系。其中,育种者掌握种质资源的多寡及是否拥有目标性状的资源,是育种成败的关键。在育种历史上,有不少创新的育种目标是由于发现了优异的种质资源而制订的。例如,无核李品种 Conquest 的选育得益于从法国发现的一种无核 Sans Noyan 李树资源。美国抗栗疫病育种的成功是从我国引进了抗板栗疫病的材料,才使得美国板栗避免了灭顶之灾。此外,选育地和品种拟推广地区的自然环境和栽培条件,以及性状指标高低程度是否适宜等,也都是与育种目标密切相关的因素。比如拟提高我国南方果树的抗寒性,目标应是减轻周期性低温伤害或提升其对高海拔地区的适应性,如果要求把产区向北扩展到非适宜区,则是难以实现的目标等。

(四) 兼顾近期需要与长远利益

育种目标既要着眼于当前需要又要兼顾长远发展。园艺植物的育种周期较长,通常短则 7~8 年,长则 10~20 年,育种者若无长远眼光和长期规划,新品种在短期内可能就因不符合产业发展要求而被淘汰,品种的作用和效益就无法体现,甚至造成浪费。因此,大的育种目标需要进行长期规划,一旦确定一个较长远而复杂的育种目标之后,再制订出分阶段的育种目标,如需要 20 年实现的目标计划中,在 8~10 年内育成若干可能为市场接受的过渡品种等。例如,20 世纪初美国番茄育种目标是以鲜食品种的高产优质、地区适应性和抗病性为主,之后随着加工业的发展逐渐提高了对加工适应性的需求,现全美番茄总产量约有 85%用于加工;随着加工用番茄对机械收获的需求变得迫切,育种目标又转向果实硬度高、耐碰撞、集中成熟、无支架、无腋芽等适于机械收获的品种,整个过程经历了几十年的时间。目前类似于机械收获的育种目标在国内可能还不是那么迫切,但应提前思考我国产业的未来发展趋势。

育种技术的发展,尤其是现代生物技术的日新月异,必然会使园艺植物某些高难度的育种目标得以实现或者育种周期得以缩短,届时短期需要和长远发展之间的矛盾也可以得到缓解。

(五) 处理好目标性状和非目标性状的关系

制订育种目标时应该分析现有品种在生产发展中存在的主要问题,明确亟待改进的目标性状。目标性状集中,则选择压相对较大,育种效率较高;相反,如果目标性状分散,势必会分散精力，延缓育种进度。因此，要把目标性状具体化，抓住主要矛盾，只要能抓住园艺植物中影响品质、产量、使用价值等的重要性状加以改良和提高，就容易出成果。

育种目标除要重点突出外，还要落实到具体组成性状上，而且应尽可能提出数量化的可以检验的客观指标，以保证其针对性和明确性，同时也可为育种目标的最后鉴定提供客观的量化标准。目标性状一般不能超过 2~3 个，而且还要根据性状在育种中的重要性和难度，明确主要目标性状和次要目标性状，做到主次有别、协调改进。如以不同成熟期为主要育种目标，必须适当考虑优选类型在品质、产量方面的表现。因为即使成熟期完全符合要求，但如果没有足以保证经济效益的产量和品质，则新类型也很难在生产上具备应用和推广价值。明确了育种目标中的主要性状之后，才能集中力量寻找理想的亲本资源，选配合理的组合并进而选育出理想的品种。

此外还应该看到性状之间的内在关系。对一个性状的高度追求，有时可能对另一性状产生负面影响，这类相互制约的关系诸如早熟性和品质、产量之间，成熟期与耐贮性之间，品质与抗逆性、抗病性之间的关系等，在各种园艺植物中都有不同程度的表现。如以早熟为主要目标性状，品质为次要目标性状的育种目标，一般在育种过程中会在提早成熟期的基础上改进品质。而且由于早熟性和高产、优质性存在一定程度的负相关关系，通常应适当降低对品质和产量指标的要求。

思考题

1. 如何确定园艺植物育种的对象？
2. 什么是园艺植物育种目标？你认为现代园艺植物育种的主要目标有哪些？
3. 以当地某一主要园艺植物为例制订育种目标，并详细说明原因或依据。

第四章 园艺植物种质资源

种质资源就是种子基因，堪称"农业芯片"，是培育新品种的材料，是重要的战略资源，是综合国力的重要体现，关系国家主权和安全。拥有作物种质资源的数量和质量，以及种质资源研究和创新的深度和广度，直接影响种质资源利用效率和现代种业的可持续发展。因此，种质资源保护和利用已成为世界各国农业科技创新驱动战略的重要组成部分。园艺植物种类丰富，除果树、蔬菜和观赏植物外，还有茶树、药用植物、芳香植物等，不仅是果园、菜园、花园、茶园、药园、公园、庭院等场所的物种基础，更是园艺植物生产，新品种选育，园艺产品采后贮运、加工、营销，以及功能性食品开发、植物有效成分利用的对象。

第一节 种质资源的概念及重要性

一、种质资源的概念和类别

（一）种质资源的概念

所谓种质（germplasm），是指决定生物性状遗传，并将其遗传信息从亲代传递给后代的遗传物质，在遗传学上称为基因。携带种质的载体称为种质资源（germplasm resource），从宏观的角度看，它可以是一个群落、一个植株或某个器官，如根、块茎、胚芽和种子等；从微观的角度看，它也可以是园艺植物的细胞、染色体乃至 DNA、RNA 片段等，它们都具有遗传潜能，具有个体的全部或部分遗传物质。广义的种质资源包括许多不同个体的基因型所组成的群体，园艺植物种质资源包括古老的地方品种，新育成的品种、品系和变异材料，野生种，半栽培类型及野生的近缘植物，它们具有自然进化过程中和人工创造变异过程中形成的各种基因。

（二）种质资源的类别

园艺植物种质资源可以按其种类的自然属性、类别、来源和育种利用等不同特点进行归类。按植物种类的自然属性分类，即按植物学的科、属、种来分类。这种分类方法全世界统一，便于研究与交流，如常见的白菜属于十字花科白菜属，柑橘属于芸香科柑橘属。按类别分类，可划分为果树资源、蔬菜资源、花卉资源、草坪资源乃至桃资源、菊花资源等。

1. 按来源分类

（1）本地种质资源　　指在当地自然条件和耕作制度下，经过长期培育选择得到的地方品种和当前推广的改良品种等。地方品种俗称"农家品种"，是长期人工选择和自然淘汰的产物，对本地的气候、土壤条件及大众的消费习惯有高度的适应性。其基因型丰富，是一种重要的育种原始材料。当前推广的改良品种在适应新的环境方面优于地方品种，但它对本地区的一些特殊不利的自然条件的抗性和耐性有时不及地方品种。

（2）外来种质资源　　指引自其他地区或国外的品种或种质材料，其来自不同起源中心或生态类型，携带有不同于本地种质资源的一些遗传特性，是改良当地品种的宝贵种质资源。也有些来自生态性相近地区的优良品种，经试验适宜本地的品种也可直接推广利用。

（3）野生种质资源 指栽培植物的近缘野生种和有潜在利用价值的植物野生种，是经过长期自然选择生存下来的，具有很强的适应性和抗逆性，还可能具有栽培植物所不具有的重要特性。

（4）人工创造的种质资源 指人工诱变而产生的突变体、远缘杂交创造的新类型、育种过程中的中间材料、基因工程创造的新种质等，这些资源携带有自然界所没有的新种质，虽然不一定能够在生产上直接利用，但都是新品种选育或育种理论研究的珍贵遗传资源。

2. 按育种利用特点分类

（1）主栽品种 指那些经现代育种手段育成，在各地大面积栽培的优良品种，包括本国（地）育成的，也可能是从国外引种成功的优良品种，如我国北方广泛种植的绿肉猕猴桃秦美、翠香、徐香为我国自己选育的品种，而海沃德则是从新西兰引进的品种。主栽品种通常应具有良好的经济性状和较广泛的适应性，是各种育种目标的基本材料。

（2）地方品种 指那些没有经过现代育种手段改进的，在局部地区栽培的品种，还包括那些过时的或零星分布的品种。这类种质资源往往因为优良新品种的大面积推广而被逐渐淘汰。它们虽然在某些方面不符合市场的要求，或者适应性不够广泛，但往往具有某些罕见的特性，如适应特定的地方生态环境，特别抗某些病虫害，或适合当地特殊习惯要求，以及具备一些在目前看来还不是特别重要的潜在有利性状。因此在种质资源征集时，应该十分重视地方品种的收集、保存和利用。"十二五"期间，科学技术部设立了国家科技基础性工作专项项目，开展了中国野生农家品种果树种质资源采集、保存与特异优良基因的挖掘等工作，共收集了苹果、梨、桃等14个树种，1680份地方品种资源。

（3）近缘野生种和原始栽培类型 指与栽培作物近缘或介于栽培品种和野生类型之间不同程度的过渡类型。有些是现代作物的原始种或参与形成的种，常分布于起源中心附近的某些隔离地段，当地居民作为野果、野菜、野花采集和利用，常具有栽培品种缺少的抗耐特性，可通过远缘杂交及现代生物技术转移到栽培作物中。由于保存不善，不少近缘野生种和原始栽培类型已趋于灭绝。在种质资源考察征集中应特别注意，并采取特别措施加以保护。

（4）育种材料 指育种过程中产生的具有某些专长的杂种株系，诱变或筛选出的专长突变体等中间材料。其综合性状不符合要求，或存在某些缺点不能成为商品化栽培的品种，但是其中有些具有明显优于一般品种或类型的专长性状。由于条件限制或缺少长远的考虑，在育种过程中常把综合性状不符合育种目标的大量杂种予以剔除，其中不乏育种价值较高的类型。

二、种质资源的重要性

（一）园艺植物种质资源是人类宝贵的财富，是满足人类物质生活和精神生活的基础

中国共产党第二十次全国代表大会报告指出，物质富足、精神富有是社会主义现代化的根本要求。我国社会主要矛盾是人民日益增长的美好生活需要和不平衡不充分的发展之间的矛盾。随着社会生产力的提高，越来越多的人不再满足于解决温饱问题，而更注重营养、安全与美味。蔬菜、水果等园艺产品不仅需求量大幅度增加，对这些产品风味、安全性和营养

的要求也不断提高。园艺产品质量的提高,自然离不开种质资源。园艺植物除蔬菜和果树外,还有观赏植物、药用植物和芳香植物。拥有丰富的园艺植物种质资源,并对这些资源进行合理而有效的开发利用,才能不断地培育优良园艺植物品种,满足人民对美好生活的追求。

(二)园艺植物种质资源是推动园艺产业科技创新的源头

纵观园艺植物育种史,尤其是多年生果树,现有的地方主栽品种仍有相当部分是在种质资源调查过程中优选出来的,如贵农5号刺梨、贵长猕猴桃及蜂糖李等,是贵州省果树科技创新的主导产业。蔬菜上的一些关键种质资源,如我国大白菜和萝卜育种中应用的雄性不育系分别是从大白菜地方种万年青帮和萝卜地方品种金花薹中发现的。结合园艺植物育种目标中对产量、品质、抗逆、抗病虫等多方面的课题等着园艺植物育种者去解决,在传统育种方法继续发挥作用的同时,一些建立在现代生物科技基础上的育种技术,也不断受到重视,远缘杂交、细胞融合、基因工程等新技术在园艺植物育种中逐渐得到应用。中美两国均育成了抗番木瓜环斑病毒的基因改良番木瓜新品种,成功防治番木瓜"癌症",目前全世界种植面积超 8000hm^2。随着科技水平的提高,园艺植物可利用的种质资源范围,在一定程度上也越来越广,除不同来源的育成品种和地方品种外,野生植物、栽培园艺植物的近缘种、野生种乃至某些动物和微生物都可成为育种者利用的资源。转 Bt 基因的茄子,2013 年在孟加拉国批准商业化种植并作为食品销售,2019 年种植面积约达 2400hm^2。

(三)园艺植物种质资源是传承中华农耕文明的载体

我国是世界栽培植物的重要起源地之一,土生或史前栽培的植物有237种,其中,蔬菜46种、果树53种、观赏植物19种、药用植物42种、芳香植物19种。先秦时期的诗词总集《诗经》中,记载了近30种栽培植物的名称及类型,包括菰、瓜、葫芦、萝卜、冬葵、莲、桃、李、郁李、栗、榛、枣、酸枣、猕猴桃等园艺植物。菰产于低洼泽地,当时是采收种子,为六谷之一,称为野稻,后由于天然感染黑穗病,茎间组织膨大可食,就成了现在的茭白。猕猴桃在《诗经》中称苌楚,唐代也有"中庭井阑上,一架猕猴桃"的诗歌描述。我国古代文献中还有不少园艺植物专著,如先秦的《橘颂》、晋代的《竹谱》、唐代的《茶经》、宋代的《荔枝谱》、清代的《樶李谱》和《花镜》等。人类社会发展史也是一部农耕文明的传承史。

(四)园艺植物种质资源是国家重要的战略资源,也是衡量一个国家综合国力的指标之一

我国园艺种质资源丰富,是世界园艺种质资源大国。自 2003 年开始,在科技部和财政部的支持下,我国园艺种质资源工作已纳入国家科技资源共享服务平台,面向全国开放共享。国家园艺种质资源库由 2 个国家中期库、21 个国家种质圃和 13 个地方特色资源库(圃)组成,涵盖 198 个园艺种类、637 个植物学种、7.5 万份种质资源,约占国内园艺资源总量的 85%,占世界保存总量的 16.7%,资源保存数量位居世界第二。建成了国家园艺种质资源数据库,包括 280 个子数据库,56 万条记录,数据量 102GB,是世界上最大的园艺种质资源数据库之一。国家园艺种质资源库以果树和蔬菜资源为主。在花卉种质资源库建设方面,2016 年 11 月,国家林业局和中国花卉协会发文公布了我国首批国家花卉种质资源库名单,来自 14 个省(自治区、直辖市)的 37 家花卉种质资源库入选,包括牡丹、梅花、兰花等传统名花,金花茶、野生蕨类等珍稀濒危花卉,石蒜、鸢尾、玉簪等新优特品种和有潜在利用价值的花卉等

种质资源基地，开创了我国花卉种质资源库建设和管理的历史。2020年10月10日，国家林业和草原局公布了第二批33个国家花卉种质资源库名单。

我国虽然是种质资源大国，但还不是种质资源强国，近年来，我国农业种质资源面临的挑战越发严峻，加强保护与利用的紧迫性更加突出。2019年12月30日，国务院办公厅颁发了《国务院办公厅关于加强农业种质资源保护与利用的意见》，这是新中国成立以来首个专门聚焦农业种质资源保护与利用的重要文件，开启了农业种质资源保护与利用的新篇章；其明确了农业种质资源保护的基础性、公益性、战略性、长期性定位。

第二节 园艺植物起源中心与我国主要园艺植物种质资源

一、园艺植物起源中心

栽培植物的原始起源中心是遗传类型多样、分布集中、具有地区特有性状并出现原始栽培种、近缘野生种的地区，又称初生起源中心。还有一部分物种被引入新的地理条件下发生突变或杂交后产生新的类型或品种，形成栽培种和品种的次生起源中心。

最早采用现代科学方法对栽培植物起源进行综合性研究的是瑞士植物学家阿尔芳斯·德堪多（A. de Candolle，1806~1893）。他于1886年发表了《栽培植物的起源》，提出人类最早驯化植物的地方可能在中国、亚洲西南部、埃及以至热带非洲。

苏联植物学家瓦维洛夫（Vavilov，1887~1943）从1920年起通过对60多个国家约20次广泛的考察和搜集，于1926年发表了《栽培植物起源的研究》，把世界栽培植物的起源中心分为8个区。自瓦维洛夫的起源中心学说发表以后，很多学者都对此进行了探讨，并做了补充和修正。苏联的另一位学者茹科夫斯基（Zhukovski）在1968年提出了不同作物的100多个小基因中心，把8个起源中心增加为十二大基因中心。

（一）茹科夫斯基十二大起源中心

1. 中国-日本中心 中国为初生基因中心，日本为次生基因中心，是许多温带、亚热带植物的起源地，是世界上最古老也是最大的栽培作物发源地。起源的果树和木本观赏植物主要有山荆子、湖北海棠、花红、海棠果、三叶海棠、西府海棠、苹果、沙梨、杜梨、白梨、褐梨、秋子梨、中国李、梅、杏、山桃、光核桃、甘肃桃、樱桃、枣、板栗、金橘、枸橘、宜昌橙、香橙、甜橙、宽皮橘、猕猴桃、刺葡萄、核桃楸、银杏、枇杷、杨梅、荔枝、龙眼等；起源的蔬菜和草本花卉主要有白菜、芥菜、山药、萝卜、韭菜、竹笋、莲藕、荸荠、茭白、茼蒿、草石蚕、菊花、百合、黄花菜、莴笋、紫苏等。

2. 东南亚中心 包括中国云南西南部及印度中南半岛、马来群岛、爪哇岛、加里曼丹岛、苏门答腊岛及菲律宾等地。起源的果树主要有面包树、菠萝蜜、芒果、柚、来檬、酸橙、柠檬、长梗蕉、椰子、香蕉、榴莲等；起源的蔬菜主要有姜、冬瓜、黄秋葵、田薯、五月薯、印度藜豆、巨竹笋等。

3. 澳大利亚中心 起源的果树主要有沙漠橘、指橘、澳洲坚果等。起源的观赏植物主要为桉属。

4. 印度中心 印度、缅甸和老挝等地是世界栽培植物的第二大起源中心，主要集中在印度。起源的蔬菜和花卉主要有茄子、黄瓜、苦瓜、葫芦、有棱丝瓜、蛇瓜、芋、番薯、印度莴苣、红落葵、苋菜、豆薯、胡卢巴、长角萝卜、莳萝、木豆、双花扁豆等。起源的果树主要有香橼、印度芒果、椰子等。

5. 中亚中心 包括印度西北部旁遮普和西北边境、克什米尔、阿富汗、塔吉克斯坦和乌兹别克斯坦及天山西部等地，也是一个重要的蔬菜起源地。起源的蔬菜和花卉主要有豌豆、蚕豆、绿豆、芥菜、芫荽、胡萝卜、亚洲芜菁、四季萝卜、洋葱、大蒜、菠菜、罗勒、马齿苋、芝麻菜等。起源的果树主要有塞威氏苹果、红肉苹果、杏、樱桃李、酸樱桃、山楂、扁桃、阿月浑子、核桃、欧洲葡萄等。

6. 西亚中心 包括土耳其和伊朗西北部、外高加索和土库曼斯坦等地。起源的蔬菜有甜瓜、胡萝卜、芫荽、莴苣、韭葱、马齿苋、蛇甜瓜、阿纳托利亚黄瓜等。起源的果树主要有东方苹果、高加索梨、榅桲、樱桃李、刺李、欧洲李、甜樱桃、欧洲酸樱桃、杏、扁桃、西洋山楂、欧洲葡萄、石榴、无花果、欧洲栗等。

7. 地中海中心 包括地中海沿岸的南欧和北非地区，也是世界重要蔬菜起源地。起源的蔬菜和花卉主要有芸薹、甜菜、甘蓝、芜菁、芹菜、石刁柏、莴苣、菊苣、茴香、酸模、食用大黄、薰衣草、月桂等。起源的果树主要有油橄榄、柠檬、酸橙、欧洲葡萄、山李、叙利亚李等。

8. 非洲中心 起源的蔬菜主要有各种薯蓣、紫花扁豆、豇豆、刀豆、木豆、西瓜、甜瓜、葫芦、芥菜等。起源的果树主要有阿比西尼亚芭蕉。

9. 欧洲-西伯利亚中心 大部分栽培植物为引入，起源的果树主要有森林苹果、苹果、山荆子、海棠果、西洋梨、甜樱桃、酸樱桃、矮扁桃、核桃、山葡萄、悬钩子属、穗状醋栗属、麝香草莓等。

10. 南美中心 包括秘鲁、厄瓜多尔、玻利维亚、智利、巴西、巴拉圭等。起源的蔬菜和花卉主要有马铃薯、花生、树番茄、笋瓜等。起源的果树主要有智利草莓、菠萝、番荔枝、牛心果、番木瓜等。

11. 中美中心 又称墨西哥南部及中美洲起源中心，为美洲农业起源地。起源的蔬菜和花卉主要有南瓜、黑籽南瓜、佛手瓜、辣椒、竹芋、樱桃番茄、菜豆、刀豆、西葫芦、龙舌兰、晚香玉等。起源的果树主要有仙人掌、长山核桃、番木瓜、番石榴、牛心果、人心果等。

12. 北美中心 起源的蔬菜和花卉主要有向日葵、菊芋等。起源的果树主要有美洲葡萄、美洲李、沙樱桃、草原海棠、穗状醋栗属、醋栗属、悬钩子属、长山核桃等。

（二）观赏植物起源中心

观赏植物的栽培起源也遵从栽培植物起源的一般规律，但由于观赏植物在生产目标和使用价值等方面具有特殊性，因而也有其自身的栽培起源规律。事实上，前述十二大起源中心对纯粹的观赏植物涉及较少。南京中山植物园张宇和认为，观赏植物有如下3个起源中心。

1. 中国中心 中国是世界上野生植物种类最丰富的国家之一，又具有5000年以上的文明历史，对观赏植物的引种驯化、繁殖栽培、杂交选育由来已久。起源于中国的观赏植物包括梅花、牡丹、芍药、菊花、兰花、月季、玫瑰、杜鹃花、山茶花、荷花、桂花、蜡梅、扶桑、海棠花、紫薇、木兰、丁香、萱草等。中国中心经过唐、宋的发展达到鼎盛。从明、清开始，观赏植物的起源中心逐渐向日本、欧洲和美国转移，形成了日本次中心。

2. 西亚中心 西亚是古巴比伦文明和世界三大宗教的发祥地，起源于此的观赏植物有郁金香、仙客来、风信子、水仙、鸢尾、金鱼草、金盏菊、瓜叶菊、紫罗兰等。西亚中心经过希腊、罗马的发展，逐渐形成了欧洲次生中心，是欧洲花卉发展的肇始。美国也是欧洲次生中心的一部分。

3．中南美中心　　当地古老的玛雅文明孕育了许多草本花卉，如孤挺花、大丽花、万寿菊、百日草等。与中国中心和西亚中心不同的是，中南美中心至今没有得到足够的发展。

从19世纪中叶到20世纪40年代，中国一直是欧洲、美国等发达国家进行植物采集与开发的重要宝库。从20世纪后半叶开始，世界花卉资源开发的重点逐步转移到澳大利亚和南非，如原产于南非的非洲菊、唐菖蒲、马蹄莲、君子兰等，原产于澳大利亚的麦秆菊、红千层、大米花、蜡花等，均成为世界花卉的重要种类。随着人们对新、奇、特花卉的种类和品种的不断追求，南非和澳大利亚有可能成为新兴的观赏植物起源中心。

二、我国主要园艺植物种质资源

（一）我国的主要果树资源

在十二大起源中心中，中国是许多重要果树的起源中心。我国起源的果树有龙眼、荔枝、枇杷、刺梨、杨梅、香榧、山核桃、酸枣等，以及苹果、梨、桃、杏、核桃、葡萄和柑橘等中的一些种在十二大起源中心中未有涉及。

苹果：原产于中国的有20余个种，茹科夫斯基认为基因中心在我国中部和南部，后传播到欧亚大陆，产生了次生基因中心。沙果、海棠果、西府海棠基因中心在华北至西北。山荆子、毛山荆子均产于东北、华北。湖北海棠、河南海棠产于华中、华西。丽江山荆子、锡金海棠产于西南。新疆野苹果产于西北。三叶海棠产于我国和日本。

梨：原产于我国的有14种。常见的栽培品种主要是东北、华北的秋子梨，华北、西北的白梨，华中、华东的沙梨。砧木用的杜梨产于华北，豆梨主要产于华东及华南，褐梨主产于华北，川梨主产于西南。新疆产新疆梨和杏叶梨。

桃：初生基因中心在我国华北，次生基因中心是我国华中、西北及伊朗、意大利、西班牙和美国。毛桃产于陕西、甘肃，山桃产于华北、东北，光核桃产于西藏，甘肃桃产于西北，新疆桃产于新疆。

李：初生基因中心在中国，有些种分布于欧美各国。

杏：初生基因中心在我国西北部，次生基因中心在苏联。我国新疆天山有野生杏林，近缘种有野生于东北的辽杏和华北的山杏。

樱桃：中国樱桃起源于我国中部和西部，与欧洲甜樱桃和欧洲酸樱桃不同。

枣：初生基因中心在华中和华北，亚洲有许多国家分布，再由西亚传至欧洲和美洲。

柿：初生基因中心在我国，次生基因中心在日本。近缘种有两大分布地区，中国中部和伊朗、格鲁吉亚等地。

栗：中国板栗是我国特有的种，能抗栗疫病。

猕猴桃：许多不同种的初生基因中心在我国西南部、西部、中部和北部。

柑橘类：我国是香橙亚科某些野生种的初生基因中心，日本、意大利、西班牙、巴西、美国都是次生基因中心。云南、贵州有野生甜橙，广西有野生橘，云南发现枸橼的新类型和原始的红河大翼橙、马蜂橙，湖南有柑橘属、金柑属的野生种。

枇杷：中国西部有野生种。

龙眼：原产于我国，广东和广西有野生种。
荔枝：起源于我国，云南、广西和海南岛均发现有野生荔枝。
刺梨：起源于我国西南山区，日本有少量分布。
其他起源于我国的果树有山楂、梅、杨梅、银杏、香榧等。

（二）我国的主要蔬菜资源

我国最早的蔬菜，是从先民"尝草别谷"发展而来，如《诗经》中所列蔬菜已有10余种，后经引种驯化栽培，秦汉时期增加到20多种，清代吴其濬《植物名实图考》中所载食用蔬菜已达80余种。现在，我国的蔬菜种类，按植物学分类已涉及35个属180余种，其中50余种起源于我国。起源于中国的蔬菜在生产中占主导地位，南北方利用的蔬菜种类有很大差异，南方蔬菜种类比北方丰富。大宗蔬菜则在全国均匀分布，如萝卜、甘蓝、黄瓜、番茄、茄子、辣（甜）椒、芹菜等在全国各地都作为主要蔬菜，栽培面积大，种质资源也丰富。

白菜：我国原产蔬菜，种质资源丰富，起源中心是长江下游太湖地区，在长期自然和人工选择的演化进程中，全国各地均有分布，只有菜心主产于华南。

芥菜：我国特有的蔬菜作物。中国西北地区是其初生起源中心，四川省是次生起源中心。秦岭淮河以南，青藏高原以东至东南沿海地区是芥菜的主要分布区域。叶用芥菜主要分布在长江以南各省（自治区、直辖市），以四川、云南、贵州、广东、福建、浙江等省品种最多，长江以北各省（自治区、直辖市）虽也有叶用芥菜分布，但品种少，且大多为雪里蕻。

中国萝卜：原产于我国，最初分布于黄河流域中下游，现仍主要分布于山东丘陵和黄淮平原一带，其次为华东及长江中游地区，再次为西南地区。

菜豆和豇豆：广东、广西等以豇豆为主，四川、贵州、山东、河北等是菜豆和豇豆并重，两种豆类种质资源都很丰富，东北以菜豆为主，豇豆资源寥寥无几。

蕹菜：耐高温、高湿，是解决秋淡的主要叶菜，种质资源集中在广东、广西和福建，其次为四川。北方基本无蕹菜资源。

冬寒菜：种质资源集中在湖南、福建和四川，其他各省极少栽培。

中国蔬菜种类之多，是现代世界各国少见的，德国学者柏勒启奈德曾说："世界各民族，所种蔬菜及豆类，种类之多，未有逾于中国农民者。"中国蔬菜资源，对丰富和改进早期其他国家的蔬菜种类有特殊的贡献。早在公元6世纪，中国传入马来西亚等南洋群岛国家的蔬菜有芹菜、韭菜、蒲菜等。中国有许多特色蔬菜，在国际享有较高的声誉，如莴苣、大葱、长山药、茭白、莼菜、竹笋、金针菜、香菇等。

（三）我国的主要观赏植物资源

目前在世界园林中广泛应用的许多著名观赏植物都是我国特有的，如银杏属、金钱松属、银杉属、水杉属、水松属、珙桐属、观光木属、木兰属、丁香属、苹果属、铁线莲属、百合属、龙胆属、绿绒蒿属、萱草属及兰属的多个种，包括梅花、桂花、菊花、荷花、中国水仙、牡丹、黄牡丹、芍药、月季、香水月季、栀子花、南天竹、蜡梅、金花茶、扶桑、紫薇、翠菊等均为我国特有的属、种。

梅在我国已有3000多年的栽培历史，四川、云南、西藏是野梅的分布中心，湖北、江西、安徽、浙江等地为次生中心。20世纪90年代，以武汉和南京等地为栽培中心，全国的梅花栽培品种已有约 300 个。

牡丹在我国已有 1500 多年的栽培历史，栽培牡丹由多种野牡丹杂交演化而来，我国西北及西南部有几个野生种。牡丹的栽培中心唐宋时在长安（今西安）、洛阳，后曾转到四川的天彭和安徽的亳州，明代又转至山东曹州（今菏泽），目前全国约有 500 个栽培品种。

芍药是现代芍药品种群的原种，从秦代开始栽培，内蒙古、辽宁、陕西、甘肃等地尚有野生种。芍药 19 世纪传入英、美，由于西方人的崇尚，形成了次生中心，栽培品种约有 1000 个。

菊花的起源中心在中国，早在 2500 多年前就有栽培、观赏和饮用的记载。栽培菊的起源是多元的，陈俊愉认为四倍体的野菊和六倍体的毛华菊、紫花菊等可能参加了杂交，经多代杂交和人工选育，在东晋（317～420 年）才产生性状较为稳定和色彩丰富的原始菊。我国菊花品种在 20 世纪 80 年代有 3000 多个。

我国的兰属植物有 25 种和几个变种，占世界兰属总数（40 种）的 62.5%。兰以西南地区为分布中心，其中以春兰、蕙兰分布最广，栽培历史悠久，变异类型丰富。

蔷薇属植物在我国有 80 多种，天然分布广泛，以云南、四川、新疆最为集中。北宋时期，我国的月季栽培兴盛，品种繁多，但自明代以后栽培渐衰。欧洲从 19 世纪开始月季的育种工作，月季的育种中心和生产中心逐渐转移到英国、法国、美国和德国等地。我国仅山东平阴成为玫瑰的生产中心。

全世界的杜鹃花属植物有 800 种，我国有 600 种，占世界的 75%。云南、四川、西藏等地是杜鹃花集中分布的地区，约有 400 种，是杜鹃花发源地和现代分布中心。其中，云南种类最多。18～19 世纪，欧美一些国家从我国引种杜鹃花进行育种改良，栽培品种数以千计。其中，英国爱丁堡皇家植物园引种我国杜鹃花属植物 306 种，成为收集中心。我国的收集中心在庐山植物园和四川都江堰的华西野生植物保护实验中心等处。

我国是山茶的分布和栽培起源中心。山茶野生于浙江、江西、四川等地的山岳、沟谷处，浙江、湖南、江西、安徽等地则是栽培中心。云南是云南山茶的分布和栽培中心，广西是金花茶的起源和栽培中心，在南宁还设有金花茶基因库。

我国也是栽培桂花的起源中心，有野生种，在长江流域一带广泛栽培。

报春花属在我国有 390 种，分布中心在云南、四川、西藏等地。英国爱丁堡皇家植物园搜集的我国的报春花达 160 多种，为收集研究中心。

我国有 7000 多年前的荷花花粉化石和 1000 多年前的古莲子，有典籍记载的栽培历史非常悠久，且品种的多样性明显，可见现代莲的起源中心在我国。20 世纪 80 年代，我国莲的收集中心在武汉。

中国水仙起源于地中海和西亚，唐代从意大利引入我国，已有千年的栽培历史，是水仙的次生中心，栽培中心在福建漳州市和上海崇明县。

第三节　种质资源的调查与收集

种质资源的研究内容包括收集、保存、鉴定、创新和利用，在相当长的时期内我国农作物种质资源研究工作重点是 20 字方针，即"广泛收集、妥善保存、深入研究、积极创新、充分利用"。同样，园艺植物种质资源的研究工作也以此为重点。

一、种质资源的调查

在我国的野生植物资源宝库中，有许多独具特色的优异种质材料。与栽培作物相比，许多野生种质资源具有更强的抗性和适应性，因而其分布也更为广泛。在我国，无论终年积雪的大兴安岭还是四季炎热的南海岛屿，无论高海拔的青藏高原还是新疆荒漠，无论干旱贫瘠的太行山地、黄土高坡还是盐碱滩涂、自然水域，都有野生植物资源的分布。

1949年至今，我国在种质资源调查、收集方面做了大量的工作，同时也取得了巨大成效。但由于前期研究水平较低，科研工作受研究条件等因素的影响而滞后，种质资源研究更多地停留在植物学特征、生物学特性的研究上；对基因型的鉴定、核心种质的确定等方面的研究还较欠缺；种质资源研究偏重栽培种，忽视野生种，对栽培资源调查与性状鉴定评价较详细，而对野生资源的种群分布、野生状态下的生产能力、开花结果习性与加工利用的研究很肤浅，影响了种质资源的进一步利用。同时，由于新品种的引进筛选造成不断的冲击，加上荒山丘陵及土地开发进程加快，使野生资源和古老品种流失严重，导致栽培品种的同质化趋势加重。近年来，种质资源流失越来越快，多数农家品种已经绝迹，再不进行抢救性保护和挖掘，地方资源将很快荡然无存。这将导致栽培品种越来越单一，特色品种越来越少。种质资源调查是一个不间断、持续性的工作，只有这样才能掌握特定地域的种质资源种类、分布概况，才能为种质资源的利用途径、前景研究与开发提供准确的基础数据。

种质资源调查的主要内容包括资源所在地的气候、土壤、利用方法等，这为品种的开发利用提供依据；品种资源的种类、类型和近缘植物等；代表植株的形态特征、生长习性、产品器官和生殖器官的特征、栽培要点和繁殖方式等。在调查的同时还要尽可能地采集每个资源的代表植株、花果和种子，制作实物标本，并摄影拍照。调查结束后，应及时对调查材料进行分类、整理和总结，发现遗漏应尽快补充。从最初的一些果树种质资源调查记载来看，以前保存的资料中还存在较多问题，概括起来有：①记载不完全；②品种分类标准不统一；③同物异名或同名异物现象比较多；④品种（尤其是野生品种）资料缺乏。因此，在制订调查内容时应着重考虑以上几个问题，尽量做到不重复、不遗漏，尽可能涵盖种质资源地理分布、生物学特性、物候特性、生境与营养品质等几个方面的内容。

种质资源的调查方法通常根据调查内容而有所不同。对种质资源的基本情况调查，往往可以通过座谈来了解当地的自然条件、作物种类和品种分布，重点了解对生产和育种有关的优良品种的主要性状及栽培方式等。在调查了解的基础上，对符合品种选育要求的优良品种或类型，再进行实地观察记载。选择代表植株，详细记载品种的生物学特性、经济性状、土壤条件和栽培措施等，并尽可能采集标本、拍摄照片、采收种子。而对于野生种质资源的调查则一般采用野外品尝、现场记录、查阅资料和座谈访问相结合的方法。在野外调查中除记录种质资源的植物学信息和生境信息，还可以对各群落的代表性单株和优株进行GPS定位，这样可以很好地解决以后想找回同一份资源的难题，这也是现在野外调查时常用的手段。此外，在网络发达的今天，我们还可以充分发挥互联网的优势，在网上向群众收集种质资源的信息，进而方便调查的展开。

二、种质资源的收集

为了很好地保存和利用自然界生物的多样性，丰富和充实育种工作和生物学研究的物质基础，种质资源工作的首要环节和迫切任务是广泛发掘和收集种质资源并很好地予以保存。

其理由如下。

1）实现新的育种目标必须有更丰富的种质资源。社会的进步对良种提出了越来越高的要求，要完成这些日新月异的育种任务，使育种工作有所突破，迫切需要更多、更好的种质资源。

2）为满足人类需求，必须不断地发展新作物。地球上有记载的植物约有 20 万种，其中陆生植物约 8 万种，然而只有 150 余种被用以大面积栽培，而世界上人类粮食的 90%来源于约 20 种植物，其中 75%由小麦、水稻、玉米、马铃薯、大麦、甘薯和木薯等 7 种植物提供。迄今为止，人类利用的植物资源仍很少，发掘植物资源、发展新作物的潜力是很大的。

3）不少宝贵种质资源大量流失，亟待发掘保护。自地球上出现生命至今，大量的特种资源已不复存在，这主要是物竞天择和生态环境的改变造成的。人类活动加快了种质资源的流失，其结果是造成了许多种质资源的迅速消失，大量的生物物种在濒临灭绝的边缘。20 世纪 30 年代，瓦维洛夫等在地中海、近东和中亚地区所采集的小麦等作物的地方品种及希腊 95%的土生小麦早在 40 年前已经绝迹。我国的一年生野生小麦、野生水稻、野生油菜也难得一见。目前，物种消失的速度比物种自然灭绝的速度快许多倍。这些种质资源一旦从地球上消失，就难以用任何现代技术重新创造出来，必须采取紧急有效的措施来发掘、收集和保存现有的种质资源。

4）避免新品种遗传基础的贫乏，克服遗传脆弱性。遗传多样性的大幅度减少和品种单一化程度的加深必然增加了对病虫害抵抗能力的遗传脆弱性，即一旦发生新的病害或寄生物出现新的生理小种，作物即失去抵抗力。如咖啡的原始种野生在埃塞俄比亚，之后引到阿拉伯；17 世纪，荷兰人把咖啡从阿拉伯引种到印度南部和斯里兰卡；1706 年，又从斯里兰卡引种 1 株到荷兰的阿姆斯特丹植物园；在这个植物园结果后，再将植株上的种子育成幼苗，分种各地，约于 1730 年引入巴西；1860 年，咖啡叶锈病大流行，毁灭了斯里兰卡的咖啡种植业，使其咖啡生产至今未能恢复。又如美国南方玉米种植带，大面积扩种雄性不育 T 型细胞质的玉米杂交种，1970～1971 年受到有专化性的玉米小斑病菌 T 小种的侵袭，致使当年全美玉米总产量减少 15%。

种质资源收集的原则：有明确的目的和要求、多途径收集、严格资源质量、由近及远、工作细致无误。种质资源收集的方法一般有直接考察收集、征集、交换和转引 4 种。

（1）直接考察收集　是指到野外实地考察收集，多用于收集野生近缘种、原始栽培类型与地方品种。直接考察收集是获取种质资源最基本的途径，常用的方法是有计划地组织国内各地的考察收集。除了到作物起源中心和作物野生近缘种众多的地区去考察采集外，还可到本国不同生态地区考察收集。为了尽可能全面地搜集到客观存在的遗传多样性类型，在考察路线的选择上要注意：作物本身表现不同的地方，如熟期早晚、抗病虫害程度等；地理环境不同的地方，如地形、地势、气候、土壤类型等；农业技术条件不同的地方，如灌溉、施肥、耕作、栽培、收获、脱粒方面的习惯等；社会条件不同的地方，如务农技术、游牧等。为了能充分代表收集地的遗传变异性，收集的资源样本要求有一定的群体，如自交草本植物至少要从 50 株上采取 100 粒种子；而异交的草本植物至少要从 200～300 株上各取几粒种子。收集的样本应包括植株、种子和无性繁殖器官。采集样本时，必须详细记录品种或类型名称、产地的自然、耕作、栽培条件，样本的来源（如荒野、农田、农村庭院、乡镇集市等），主要形态特征、生物学特性和经济性状，群众反映及采集的地点、时间等。新中国成立以后曾经组织过数次有计划的直接考察收集，通过这些考察收集到了一大批有特色的种质资源。

（2）征集　　是指通过通信方式向外地或外国有偿或无偿索求所需要的种质资源，征集是获取种质资源花费最少、见效最快的途径。不同层次的机构在资源征集的范围、对象和侧重点虽然有所不同，但应相互密切配合，取长补短。如育种单位的资源征集工作除与国家级、省级机构经常交流资源和信息外，应争取参加和本单位育种任务有关的资源考察征集工作。

征集的重点应优先考虑：①栽培植物的近缘野生种，特别是起源于中国，而育种工作开展较好的种类；②中国特有的作物或某些作物中国所特有的类型；③新驯化和开发的植物种质资源；④濒危种质资源。对考察地区要求优先考虑栽培植物起源中心及多样性丰富地区，特别是尚未深入考察征集，以及生态环境破坏较快或因品种更替较快而资源流失威胁较大的地区，如中国针对长江三峡工程建成后将淹没四川、湖北两省的大面积地区，于1986～1997年多次组织植物种质资源考察队赴库区分组考察，搜集到植物种质资源万余份，大致包括果树314份、蔬菜3497份、花卉422份。园艺植物中的珍稀类型，如紫果猕猴桃、腰带柿、无核李、空心杏、无核柚、冬桃、多雌花丝瓜（一个雌花序可结瓜20多条）、五指茄、樱桃辣椒、无筋四季豆、美洲防风、香儿菜（芥菜的一种类型）、重瓣萱草、重瓣缫丝花、紫斑牡丹等，野生种如龙眼、梨、山楂、杏、枇杷、木瓜、杨梅、东方草莓、大翼橙、柚、葱、芋、百合等。此外，还发现大面积的野生群落，如多处野腊梅的大面积纯林、珙桐100hm^{2}以上的原始林、数千公顷的野葱群落，以及华中山楂、天师栗、鹅掌楸、银鹊树的原始群落。新的种和变种如四川鬼针草、神农美花草、鄂西美花草、神农无柱花，新变型如毛叶蜡梅、白花蜡梅等。这些资源考察和征集对种质资源的分类、起源、演化和育种研究，特别是防止资源流失都有重要意义。

（3）交换　　是指育种工作者可通过交换或购买等方法彼此互通各自所需的种质资源。各国植物园、花木公司、花圃等都印有植物名录，可信函交换或购买，方便快捷、省力省工。例如，广东省农业科学院果树研究所2011年即从比利时鲁汶大学的国际香蕉种质交换中心（ITC）引进种质资源87份，其中具有抗枯萎病特性的育种材料和潜力品种20份。20世纪50年代以来，美国、日本等发达国家及这些国家的大型种子公司，都相继建造了用空调设备控制温度和湿度环境的储藏室来保护种质资源，并很早就建立了种质资源交换、合作和利益分享的机制，从而催生了一批专门培育和改良自交系，通过以特许经营与授权使用的方式与商业种子公司分享商业利益的基础种子公司。种质资源的交换和共享是有条件的，这些条件包括良好的商业环境、诚信的合作伙伴、到位的知识产权保护体制及对于价值共享机制的认同等。

（4）转引　　一般是指通过第三者获取所需要的种质资源。由于国情不同，各国收集种质资源的途径和着重点也有所不同。资源丰富的国家多注重本国种质资源收集，资源贫乏的国家多注重外国种质资源征集、交换与转引。例如，美国原产的作物种质资源很少，所以从一开始就把国外引种作为主要途径。

收集到的种质资源应及时整理。首先，应将样本对照现场记录，进行初步整理、归类，将同种异名者合并，以减少重复；将同名异种者予以订正，给予科学的登记和编号。例如，美国从国外引进的种子材料，由植物引种办公室负责登记，统一编为P.I号（plant introduction）。苏联的种质资源登记编号由苏联作物栽培研究所负责，编K字号。中国农业科学院国家种质库对种质资源的编号办法如下：①将作物划分若干大类。Ⅰ代表农作物，Ⅱ代表蔬菜，Ⅲ代表绿肥、牧草，Ⅳ代表园林、花卉。②各大类作物又分成若干类。1代表谷类作物，2代表豆类作物，3代表纤维作物，4代表油料作物，5代表烟草作物，6代表糖料作物。③具体作物编号。1A代表水稻，1B代表小麦，1C代表黑麦，2A代表大豆。④品种编号。1A0001代表水稻某个品种，1B0006代表小麦某个品种，1C0001代表黑麦某个品种。其次，还要进行简单的分类，确定每份材料所属的植物分类学地位和生态类型，以便对收集材料的亲缘关系、适应性和基本的生育特性有概括的认识和了解，为保存和做好进一步研究提供依据。

第四节 种质资源的保存、评价和利用

一、种质资源的保存

种质资源的保存是指利用天然或人工创造的适宜环境保存种质资源。长期以来，种质资源的保护不够，导致种质资源流失严重。20世纪60年代以来，被人类利用的园艺植物种类逐渐减少和渐趋单一。同时，现有主栽品种往往受到过度保护，一定程度上失去了对自然界病虫、冷热、干湿等环境胁迫的抵抗能力，再加上生态条件的恶化等，不可避免地导致种质资源的流失和抗性的退化。1992年，世界各国签署了《生物多样性公约》，把对种质资源的保护和利用提到了重要议事日程。随着种质资源收集的不断深入，对种质资源的保存也提出了更高的要求。一般来讲，种质资源的保存应包括以下几个方面。

（1）古老品种和地方品种　尽管各种新的改良品种层出不穷，但古老品种和地方品种仍未失去其重要作用，这些品种大多数各有一定特点，在进一步改良品种方面是十分可贵的种质资源。

（2）栽培品种的近缘野生种　这类品种在品种改良上有重要用途，又是重要的砧木资源，具有很强的抗性，是抗病虫害和其他珍贵经济特性的重要种质资源。

（3）野生种质资源　这些资源迄今尚未很好地被发掘利用，在野生植物中有着无限的选择机会，能够从中驯化培育出新的作物种类的潜力很大。野生种质资源经过严酷的自然条件的长期选择，其适应性和抗逆性是最强的，而且还具有栽培品种所缺乏的某些宝贵特性。因而，其在现代植物育种中具有独特的作用，特别是在抗病和其他抗性育种中，由于栽培品种所蕴藏的基因有其局限性，如不从野生植物中发掘新的种质，便很难突破。

（4）目前生产上栽培的重要品种、品系及一些突变型　种质资源保存的主要作用在于防止资源流失，便于有效地研究和利用。国际植物遗传资源委员会（IBPGR）自成立前后就大力推动各国植物种质资源的征集和保存，组建了由近50个国家或国际农业研究机构参加的国际长期库网，征集、保存了作物种质资源近185万份。种质资源的保存方式主要有原生境和非原生境保存。原生境保存是指在原来的生态环境中，就地进行繁殖保存种质，如通过建立自然保护区或天然公园等途径保护野生及近缘植物物种，因此，也称作就地保存。非原生境保存是指将种质保存于该植物原生态生长地以外的地方，包括迁地（移地）保存、资源圃种质保存、种子保存（种质库保存）、离体保存、基因文库保存等。

（1）就地保存　是指在资源植物的产地，通过保护其生态环境达到保存资源的目的。就地保护的主要优点是保存资源的生态系统，保存足够的遗传多样性，使种群得以充分发挥其进化潜力。通常要求几千株保持自我更新能力的群体，要注意对极端环境及远缘群体的保存，它们可能产生有特殊潜在价值的类型。设立自然保护区是就地保存的重要方式。中国第一个自然保护区建立于1956年，改革开放以来，自然保护区进入迅速发展的新时期，数量由

1978年的34处发展到2004年的2194处，面积由7698.0万 hm² 扩展到14 822.6万 hm²。现在，中国自然保护区面积在世界各国中居于第二位，列于美国之后，相当于世界自然保护区总面积的1/15，超过欧洲各国自然保护区面积的总和。几十年来，自然保护区在保护生物多样性、保护和拯救濒危物种资源方面发挥了重要作用。就地保存，是维持植物遗传进化及保存物种遗传特性的最可靠、最安全的方法。但是要保存大量种质，需要耗费巨大的人力、物力和土地资源，而且易受自然灾害、虫害和病害的侵袭，使得种质资源流失的情况时有发生。

（2）迁地保存 常针对资源植物的原生境变化很大，难以正常生长、繁殖及更新的情况，选择生态环境相近的地域建立迁地保护区，有效地保存种质资源。迁地保存的保护策略应包括：①选择生态环境相对多样复杂的、以番龙眼为标志的热带季节性雨林作为迁地保护的生境；②以受威胁程度及经济意义的大小确定优先保护的序列；③尽可能保持资源植物遗传的多样性、稳定性，减少变异性，避免人工驯化，种群大小低限为每一生态型乔木类10~20株、灌木类40~50株、草本类100~200株，实际上考虑到从幼苗到成株过程中难以避免的损失，栽培数量有些达千株以上；④种子来源采用多区多点收集法，以期获得尽可能大的多样性；⑤建立完整的记录系统，包括生境条件，在自然生境中的生长发育状况，种群动态，迁地保护时间、地点、成活率、生长量、物候期等。然而，迁地保护区作为资源植物的"避难所"，通常应尽早返回自然生境之中，即再引种。建立珍稀濒危植物的数据库可为成功地再引种提供科学依据。

（3）资源圃种质保存 一般用于多年生无性繁殖植物、水生植物和其他种子为顽拗型的种类，这些种类不像一二年生草本植物那样可以随时迁移。因此资源圃种质保存的地点选择应慎重考虑，可根据以下几点要求进行规划：①根据资源保护的迫切性及育种需要分批筹建各类园艺植物的资源圃。一般以属为单位建立各类作物的资源圃，如果树上同属蔷薇科的梨资源圃、桃资源圃、苹果资源圃便是按属建圃。②资源圃地点接近多样性中心（以栽培种的多样性中心为主）和主产区，该类全部或绝大部分资源植物种质保存无须特殊的人工保护措施，如苹果圃建立在辽宁兴城，柑橘圃建立在四川、重庆，香蕉圃、荔枝圃建立在广东广州。③交通比较方便，利于对外交流，有比较宽敞且土壤、地势、小气候比较一致的圃地，便于对各种资源进行比较研究。④采用双圃制，每份资源至少有两个资源圃同时种质保存，防止意外损失；圃间在生态条件方面具有差异，使资源评价方面的信息可以相互比较，相互补充。⑤由于资源圃种质保存的栽培品种多属营养系品种，每一品种在资源圃中只能种植少数几株；根据土地及人力，原则上乔木类每份栽植2~5株、灌木和藤本5~20株。建议在资源圃中保存的野生资源也栽培营养系，每个野生种栽植若干个有代表性的株系。

国家果树种质资源圃均设置在适于多数种质正常生长发育的地区，通常是野生果树或栽培品种适宜栽培产区，有着较悠久的历史和资源基础，具有开展研究的条件，包括研究机构、人员配备、设施条件和试验场地等，并且有温室、隔离室、网室、冷藏库等及研究用的必要仪器设备。果树种质资源圃收集保存的材料，包括古老的栽培品种和地方品种，栽培种的野生近缘种、亚种、变种和类型，具有潜在价值而未经利用和改良的野生果树，特有和稀有的树种和品种，具有优良基因型综合性状的栽培品种及某些突变类型。所收集的材料要求能具有遗传基础的多样性，以便进行广泛深入的研究和利用。从1979年开始，农业部与地方（省、自治区、直辖市）投资合办，加上中国农业科学院直属的3个果树研究机构，共同着手筹建苹果、梨、柑橘、葡萄、桃、李、杏、柿、枣、栗、核桃、龙眼、枇杷、香蕉、荔枝、草莓等16个主要树种和云南特有果树砧木资源、新疆名特果树及寒地果树，涉及31科58属的果树种质资源 8900 余份，圃地面积共超过 120hm^2（其中保存圃约 107hm^2，引种观察圃约 14hm^2）。拥有实验室（包括温室、网室）约 5700m^2。

资源圃种质保存有着比较明显的局限性：①易受自然灾害（包括病虫害）的侵袭。由此造成的种质资源丧失现象十分严重。例如，福建的国家龙眼种质资源圃，在 1991～1992 年的大冻害中，有数份种质被冻死亡，其中包括野生龙眼等重要种质。②需耗费大量的人力、物力、财力。③不便于种质资源交流。但采用离体种质保存可克服这些局限性。

（4）种子保存　指以种子为繁殖材料的最简便、最经济、应用最普遍的资源保存方法。种子容易采集、数量大而体积小，所占空间小，节约了人力、物力和土地资源，而且便于贮存、包装、运输、分发、种质资源交流。但是存在以下问题：①种子生活力随着贮存时间的延长会逐渐丧失；②顽拗型种子（如山核桃、菱）和无性繁殖（如甘薯、百合）的植物不宜或难以用种子保存；③采用无性繁殖来保持其优良性状的植物（如大多数果树），用种子繁殖后代会产生变异。

种子保存的种质库通常有三种类型：①短期库，也称为"工作收集"，任务是临时贮存应用材料并分发种子，供研究、鉴定、利用，库温 10～15℃或稍高，相对湿度 50%～60%，种子存入纸袋或布袋，一般可存放 5 年左右；②中期库，又叫作"活跃库"，任务是繁殖更新，对种质进行描述鉴定、记录存档，向育种家提供种子，库温 0～10℃，相对湿度 60%以下，种子含水量 8%左右，种子存入防潮布袋、硅胶的聚乙烯瓶或螺旋口铁罐，要求安全贮存 10～20 年；③长期库，也称为"基础收集"，是中期库的后盾，以防备中期库种质丢失，一般不分发种子，为确保遗传完整性，只有在必要时才进行繁殖更新，库温为－10℃、－18℃或－20℃，相对湿度 50%以下，种子含水量 5%～8%，种子存入盒口密封的种子盒内，每 5～10 年检测种子发芽力，要求能安全贮存种子 50～100 年。

我国已初步建成了种库保存体系，即国家在中国农业科学院作物科学研究所建成的国家长期库、青海复份长期库、10 个作物种质中期库和 43 个国家级作物种质资源圃，初步形成了我国作物种质资源长期保存与分发体系。国家长期库贮藏资源已达 34 万份，数量居世界第一。2021 年国家长期库建成新库，新库有三个特点：一是容量大。总容量达到 150 万份，保存能力目前位居世界第一，可以满足今后 50 年全国农作物种质资源安全保存、鉴定挖掘和新品种培育等重大需求。二是保存方式完备。基本实现了种子的超低温保存，还可以保存试管苗和 DNA，覆盖了世界上所有植物种质资源保存方式。三是技术先进。保存技术达到或者优于联合国粮食及农业组织标准，保存全过程实现了智能化、信息化，种子贮藏寿命可以达到 50 年，超过欧美等发达国家。

（5）离体保存　1975 年，Henshaw 和 Morel 首次提出离体保存植物种质的方法。离体保存可以长期保存植物种质资源，并保持其生活力，既节约了人力、物力和土地资源，还防止了病虫害的传播，便于种质资源的交换和转移。但是在离体保存过程中，需要定期继代培养，易受微生物污染或发生人为差错，可能会出现遗传变异及材料的分化和再生能力的逐渐丧失。离体保存技术最适于保存顽拗型植物、水生植物和无性繁殖植物的种质资源。离体保存常用的方法有常规继代保存、限制生长保存和超低温保存。

1）常规继代保存。即在常规组织培养条件下，通过对培养物不断继代进行资源保存的方式。现多数果树资源的离体保存仍采用这种方式，其优点是方便快捷，短期内即可获得大批组织材料；缺点是长期继代过程中会耗费大量的劳动力，并且会导致材料遗传变异的发生。

2）限制生长保存。该方法包括低温、高渗透压、添加生长延缓剂（或抑制剂）、降低氧分压、干燥等，在实际应用中，经常将多种保存方法综合利用，根据条件和保存目标进行相应保存。

低温保存方法在植物离体保存中具有广泛的应用，由于植物生长一般需要一定的温度，尤其是热带、亚热带植物的正常生长与一定的高温密切相关，该类植物在一定的低温环境中其生长必然受到抑制。低温保存除创造一个低温培养环境外，其他培养条件不变，保存方法简单，但是要制造一个低温环境，需要低温培养箱或低温培养室，对保存设施要求较高。但是，随着低温控制手段的不断提升，低温保存方案在生产和研究领域具有可行性。

高渗透压保存，即在培养基中提高渗透压，从而起到抑制培养物生长的作用，常用的渗透压调节物质有蔗糖、琼脂、惰性物质（甘露醇和山梨醇）。适当浓度的渗透压调节剂可有效限制培养物的生长，但是浓度过高可能导致培养物死亡，反而不利于培养物的保存，因此渗透调节物质的用量需要经过筛选确定。

添加生长延缓剂（或抑制剂）对培养物的生长具有明显的抑制作用，具体施用浓度因培养材料和培养类型而异，用量需要严格试验。常用的生长抑制剂包括脱落酸、马来酰肼、矮壮素、多效唑、二甲氨基琥珀酸酰胺等。此类试剂在使用时一般用量少，故在使用前往往配制成一定浓度的母液并稀释使用，因此需精确称量和熟练掌握药品配制步骤，减少误差带来的影响。

降低氧分压保存方法是在培养容器内降低氧气含量，氧气含量与培养物的呼吸作用具有密切的关系，降低氧分压能够有效控制培养物的生长，延缓植物衰老。但是进行容器氧含量的控制的技术要求较高，一旦控制不好，将不利于培养环境气体的流通，甚至会对培养物产生毒害。

干燥保存法是降低培养物水分含量的方法，与其他保存方法相比，此方法需对培养物进行脱水处理，并要调整培养基组分，如添加适当生长抑制剂，并严格限制蔗糖含量。

3）超低温保存。是指将离体材料包括茎尖（芽）、分生组织、胚胎、花粉、愈伤组织、悬浮细胞、原生质体等，经过一定的方法处理后，在超低温（-196℃液氮）条件下进行保存的方法。生物材料在如此低的温度下，新陈代谢活动基本停止，处于"生机停顿"状态，但还保留着种质细胞的活力和形态发生的潜能，并且排除了细胞的遗传变异。这样就能极大地延长了被贮存材料的寿命，而不发生遗传变异，从而有效、安全地长期保存那些珍贵稀有种质。因此，超低温保存是保持植物培养物遗传稳定性的最好方法。但是超低温保存需要复杂且精细的保存技术，具有较大的保存难度。保存步骤包括培养物的选择、培养物预处理、冷冻处理、冷冻保存、解冻、再培养等，各道程序需严格把握。

（6）基因文库保存　　建立和发展基因文库技术（gene library technology）是面对遗传资源大量流失、部分资源濒临灭绝而进行种质抢救的一条有效途径。这一技术的要点是从资源植物中提取大分子 DNA，用限制性内切酶切成许多 DNA 片段，再通过一系列步骤把其连接在载体上并转移到繁殖速度快的大肠杆菌中，增殖成大量可以保存在生物体中的 DNA 片段。这样建立起来的基因文库既可以在-80℃低温下长期保存该种类遗传资源，又可以通过反复培养增殖、筛选各种需要的基因。

种质资源在发现其利用价值后，及时用于育成品种或中间育种材料是一种对种质资源切实有效的保存方式，如国内用山葡萄作亲本育成北醇、公酿2号；用野菊和家菊杂交育成毛白（毛华菊）、铺地雪（小红菊）等地被菊品种；美国用野生的醋栗番茄、秘鲁番茄作亲本育成对叶霉病高抗品种 Waltham 等。实际上，这些实例都是把野生资源的有利基因保存到栽培品种中，从而可随时用于育种，这种方式就叫作利用保存。

种质资源的保存除资源本身，还应包括与保存交流有关的各种资料构成的档案，主要涵盖：①资源的历史信息，名称、编号、系谱、来源、分布范围，原保存单位给予的编号、捐赠人姓名、有关对该资源评价的资料等；②资源入库的信息，含入库时给予的编号、入库日期、入库材料（种子、枝条、植株、组培材料等）、数量、保存方式、保存地点场所等；③入库后鉴定评价信息，含鉴定评价的方法、结果及年度等。档案按永久编号顺序存放，便于及时补充新的信息。档案资料及时输入计算机，建立数据库，可随时向育种者、资源研究者和社会提供需要的资源及信息。

二、种质资源的评价

种质资源的研究内容包括性状、特性的鉴定与评价，性状遗传规律的研究、分类学及亲缘关系的研究，种质分析与标记研究等。所谓鉴定就是对育种材料作出客观的科学评价。鉴定评价是种质资源研究的主要工作，也是种质资源工作的中心环节，离开了客观的鉴定评价就谈不上对种质资源的有效利用。

首先，应明确种质资源鉴定评价的任务和指导思想，即为当前和未来的园艺植物的遗传改良、为各地区不同育种目标提供有用的资源信息和符合育种需要的种质资源，并在互利的基础上发展国际协作，使资源工作面向现代化、面向世界、面向未来。具体如下：

一是要求评价资料能确切反映特定资源的遗传差异，而不是表型差异。为此在评价内容和项目方面应以农艺及经济性状为主，但必须兼顾用于资源分类鉴别的形态解剖学、细胞学方面的项目和主要非遗传因素的调查项目及用于资源管理方面的记载项目。

二是适应多层次、多学科协作评价的需要。为此必须选用或编制各种主要作物的规范化种质资源评价系统。

三是贯彻《中华人民共和国标准化法》（2017）关于鼓励采用国际标准等有关规定的精神。应充分理解国际植物遗传资源研究所（简称IPGRI）编制的描述符，资源评价系统的框架和特点，并在此基础上逐步改进和完善，而不应各搞一套。

四是在评价内容、项目方面不同地区、单位间除有共性内容外，还可以结合具体情况有所增减，各具不同特点。

五是在评价方法和标准方面应不断改进，做到数量化、分级编码化、简便化和规范化。现有不少评价项目在评价方法和标准方面比较落后，评价时仅凭主观印象，缺乏客观标准，或者有量化的方法和标准但方法过于烦琐，面对数以百计的资源，难以实施，应设法加以改进。

其次，IPGRI自1974年成立以来就致力于资源描述评价内容、项目和方法、标准的规范化。为此组织各方面专家编制出版了80种作物的资源描述符，其中包括苹果、柑橘、葡萄、芸薹、萝卜、番茄、豇豆等园艺植物30多种。不同种类描述符尽管在具体项目上有所不同，但都有着共同的框架和体系，除了前言、术语定义及使用说明和登记卡外，都包括初评和再评资料共五部分。

最后，IPGRI编制出版的描述符对多数项目都规定了比较具体的方法和标准，选取其有代表性的项目介绍描述、评价的方法和标准，也包括一些描述符中未明确规定，但行之有效的方法。

（1）植物学性状的描述

1）质量性状的描述评价：由主基因控制的只有两种表型的质量性状，如葡萄果皮颜色的红色和无色，桃、杏果皮的有毛和无毛等，通常用二型编码法评价，以"－"和"＋"分别表示隐性和显性类型。不完全显性，或其他原因造成显性、隐性间存在中间类型的，如紫茉莉花色在紫花和白花之间有粉红，则用"－""M"和"＋"表示隐性、中间类型和显性类型。有些质量性状在极端类型之间有若干种不同状态，可划分成不同级次编码，评价时选用最适合的编码。

2）数量性状的描述评价包括：①级差评价法，通常用于容易计数和测量的性状，如果重、果径、叶长；②参照品种典型评价法，有些连续变异的性状，难以计算、测量或用文字确切描述的，可用示意图，并列出各类常见典型品种以资参照；③选择归类评价法，有些比较复杂的性状难以根据单一因素排成有序级次，可根据资源变异的多样性分成若干个类别，以便评价时选择最接近的类别编码；④状态归类评价法，因构成因素比较复杂，可按表现的状态作为归类评价的依据；⑤模糊三级评价法，适用于连续变异而又难以实测的性状，如叶背面茸毛的疏、中、密，果实萼洼的浅、中、深或狭、中、宽等。

（2）**生物学特性的评价** 含一系列与经济性状和农艺性状有密切关系的生物学特性，通常采取级差评价法及参照品种典型评价法等。

1）级差评价法。用于可制订比较明确的分组标准的性状。

2）参照品种典型评价法。用于难以制订明确分组标准的性状。将评价资源和参照品种对比，从而确定其分组编码。

3）非生物胁迫评价法。描述符中通常仅介绍在自然情况下或简单人工环境下对种质资源表现敏感性的评价，一般用反应程度分组和参照品种相结合的评价法。

4）生物胁迫敏感性评价法。园艺植物对病虫害敏感性的评价因植物和病虫害的种类、危害部位等情况方法和标准有很大不同。一般有以下几种评价方法：①定性分级评价法，该结果比较稳定可靠，受环境影响不大，但不同器官间感染情况不同，所以要鉴定感染程度最重的部位；②百分率调查评价法，调查感染植株或果穗、果实、叶片占有调查总数的百分比，以感病率的高低评价资源间的敏感性。这种方法比较粗放，一般仅适用于植株间或器官间受害程度差别不大或局部发病对经济价值影响很大的病害，如病毒病害、根部病害及某些果实病害。这种方法可用于田间自然发病调查，也适用于人工接种情况下的敏感性评价；③病情指数评价法，这是一种将普遍率和严重度综合成一个指标的评价方法，应用较为普遍。非生物胁迫和生物胁迫敏感性评价这里仅介绍在自然情况或简单人工环境下由资源工作人员承担的比较简单的评价方法，较为深入细致的评价需要安排专门的试验项目，需要和从事气象、土壤、病虫害等学科的科技人员协同开展。

其他有关生化标记、分子标记、细胞学性状及基因鉴定等方面的评价研究工作需要和从事生化、分子生物学、细胞遗传学等学科的科技人员协同开展，方法、标准方面应参考专门的试验技术文献，这里不一一介绍。

（3）**综合性状评价** 资源评价系统中除单一性状的评价外，还有涉及多项单一性状的综合性状评价，如果实品质评价就包括果实的大小、形状、色泽，果肉的质地、风味、汁液多少等很多单项性状。评价方法常根据不同种类组成性状的相对重要性给以不同的权重，以感官为主进行百分制评定。

（4）**分子标记技术进行种质资源评价** 遗传多样性是生物多样性的重要组成成分，它是种内全部个体或某一群体内遗传变异信息的总和。对园艺植物栽培品种及其野生种质资源的遗传多样性进行评价，可以为园艺植物种质资源的有效开发利用提供基础。因表型性状（形态标记）是遗传（基因）和环境综合作用的结果，以往主要采用比较植物学性状、生物学特性并结合细胞学、孢粉学、同工酶等方法进行种质资源的遗传多样性评价。但因这些方法有其局限性，如从种质资源中发现的有益基因偏少，而且许多有重要经济价值的有益基因与不利基因连锁，使其难以通过上述传统的评价方法来发现，以及对亲缘关系较近的材料不能准确区分等。近十几年发展起来的分子标记技术为种质资源的评价开辟了广阔的前景。目前分子标记技术在种质资源评价中主要体现在以下几个方面：①种质资源的遗传多样性及分类研究；②物种的起源与演化；③绘制指纹图谱；④绘制目标性状基因连锁图、鉴别品种和品系。

三、种质资源的利用

种质资源可以直接利用、间接利用、潜在利用等。如果收集到的种质资源适应当地生态条件，性状优良，具有开发价值和较高的经济价值，就可直接用于生产。如果收集到的种质资源在当地表现不理想或经济价值不高，但有某些明显优良性状，就可作为育种材料间接利用。有些种质资源虽不能直接利用或间接利用，但可能有潜在的应用价值，因此不能抛弃，要加以保存，待进一步研究认识后再加以利用。

（1）种质资源的直接利用　在资源考察中发现和征集到的资源有不少综合性状优良，经过对比试验可以按新品种报审程序直接或经过简单的筛选后在生产中开发利用。果树品种最初的选育大都是从野生果树种质资源驯化栽培而来，尤其在全国种质资源普查后都能发掘出许多优良品种。例如，猕猴桃在1978～1979年全国猕猴桃资源普查时，江西省即在境内的奉新县野生猕猴桃资源中直接选育出了早鲜（79-1）、魁蜜（79-2）、金丰（79-3）等几个中华猕猴桃品种。再如在辽宁、山东等地发现大面积的野生结缕草年产种子1200～6200t，在较低的养护水平下就能再现出较好的坪用效果，现每年都大量用于建坪和出口。当然，种质资源直接利用培育成品种所占比例较小，因为绝大多数资源特别是近缘野生种其综合性状较差或很差，需要通过创新去挖掘其潜在的利用价值。

（2）种质资源创新利用的主要途径

1）从野生资源中筛选出更符合育种目标的株系。如许多野生资源均具有较强的抗寒、抗病虫害等性状，以其作为亲本育种，有望获得抗性优于现有栽培品种的新品种。

2）通过野生或半野生资源和栽培品种杂交化选择1～2代后，使野生性状得到明显改进，育种者利用创新资源可以缩短1～2个世代，从而提高育种效率。例如，大豆的野生种蛋白质普遍比栽培品种高4.5%左右，作为亲本有利于菜用品质和对病虫害及环境胁迫的抗耐性，但克服蔓生性和小粒性需要3～5个世代以上。黑龙江农业科学院豆类资源室以优良的栽培品种黑农26为母本和半野生大豆79-3434-1杂交，经5个世代选育出8-44-2和87-609两个直立性创新资源，百粒重从半野生种的4g分别提高到9.5g和18.0g，蛋白质含量分别为43.98%和45.02%。

3）使某些资源从难以利用转变为便于利用的种质资源。例如，野生草莓由于倍性低（$2n=2x=14$）和八倍体栽培种凤梨草莓（$2n=8x=56$）很难杂交，提高野生草莓的倍性可显著改进其和栽培草莓的不易交配性和杂种育性。沈阳农业大学雷家军用秋水仙素对草莓采取种胚组培和茎尖组培加倍法，从纤细草莓（$2x$）、新疆草莓（$2x$）、日本草莓（$2x$）、黑龙江6号野草莓（$5x$）、哈尼×黄毛草莓（$5x$）、宝交×森林草莓（$5x$）、哈尼×黑龙江21号（$6x$）等资源中获得了85个加倍株系，利用这些创新资源已获得它们和$8x$栽培品种杂交育性良好的杂种材料。又如为了克服远缘杂交不易交配和杂种难育，常用第三种植物作为媒介植物（vector plant），如石竹Mary和香石竹很难杂交，用Mary和常夏石竹品种Night杂交获得的杂种就是一种和香石竹亲和性良好的创新资源。

4）其他创新途径，如辐射诱变、基因转导等凡是可使原有种质资源育种价值有所改进的方法，都可用于资源创新。

种质资源工作是国家建设的基础工作，是植物育种的重要前奏，在提倡广大资源工作者应有无私奉献精神的同时，应对在资源工作方面有重大贡献的项目、人员进行精神和物质上的支持和鼓励，如为国家抢救了许多濒危资源，从国外征集到非常有用的种质，辛勤地从事资源创新，为新品种的育成做了大量重要前奏工作的人员等。当新品种育成者获得一定的荣誉、鼓励和报酬时，资源工作者的劳动常被遗忘和忽视。因此，为鼓励、支持种质资源工作，有必要建立合理的激励机制。

思考题

1. 什么叫种质资源？种质资源如何分类？
2. 种质资源有何重要性？
3. 如何理解茹科夫斯基提出的十二大基因中心？哪些园艺植物的初生和次生起源中心在中国？
4. 如何进行种质资源的调查和收集？
5. 种质资源的保存包括哪些方面？
6. 种质资源保存的方法有哪些？
7. 如何进行种质资源的评价？
8. 简述种质资源的利用方式。

第五章　园艺植物引种

人类最早的植物引种驯化活动可以追溯到距今约 7000 年前的新石器时代，可以说植物引种驯化的历史就是农业发展的历史。植物引种对我国农、林、牧、渔等多种产业的发展和社会进步起重要作用，而且在改善生态环境和乡村振兴领域方面仍然潜力巨大。园艺植物的引种对于丰富我国园艺植物种类、促进园艺植物新品种培养、发展园艺产业也起到重要的作用。

第一节　引种的概念及其重要性

一、引种的概念和类别

植物的任何种类和品种在自然界都有一定的分布范围。人类为了满足自己的需要，把它们从原来的分布范围引到新地区的实践活动叫作植物引种（plant introduction）（景士西，2007）。狭义概念的引种，是指引进外地的优良品种，在本地经过试验以后，直接在生产上栽培利用；广义概念的引种，是指把外地的优良品种、品系或类型引进本地，经过试验，作为推广品种直接在生产上利用或作为育种的原始材料间接利用。通常在生态适应性方面，以引种植物能在引种地正常生长、发育和繁殖后代作为成功引种的基本要求；在经济性状方面，引种要求在新的环境下能基本保持它们在原产区的水平。

根据植物在引种前后是否发生遗传适应性的改变，引种可分为简单引种和驯化引种。简单引种指植物种类（或品种）在其基因型适应范围内的迁移。植物本身的适应性广，或者是原分布区与引入地区的自然条件差异较小，或只需要采取简单的措施即能适应新环境，以至引进植物不改变遗传性也能适应新的环境条件，从而进行正常生长发育。也有将这类引种称为"归化"的。

引种驯化指植物在引种过程中发生某种适应性遗传变异。植物本身的适应性较窄，或者是原分布区与引入地区的自然条件差异很大，以至引种须和实生选种结合，对分离群体进行适应性选择，或采用杂交、诱变等措施来改变植物的遗传特性才能适应新的环境条件，并正常生长发育。驯化引种包括外地植物引入到新地区后对新地区气候、土壤等生态条件适应的乡土化变异和野生植物引种到栽培条件下对人类栽培方式适应的家养化（domestication）变异。我国滇西横断山脉高海拔地带是世界杜鹃花的起源中心，早在 100 多年前英、美等各国植物学家纷纷来华采集标本和种子，繁育选择，培育成很多适应性广泛的栽培品种，美化了世界许多城市和花园，是驯化引种方面的突出成果。20 世纪 70 年代开始我国从美国引进油桃品种，但其在我国种植，风味偏酸，通过与国内桃品种杂交，获得了适合国内市场需要的以甜味为主的油桃新品种。

对于无性繁殖的植物来说，简单引种和驯化引种有明显的区别，前者引入枝、芽或其他无性繁殖材料，而后者则需采用种子。然而对于种子繁殖的植物来说，则不易区分是否发生了适应性变异，因为经过基因重组，种子后代个体间有较大的变异，在新的引种环境下的自然或人工选择都有可能使引种植物的群体发生适应性变异。

二、引种的意义

引种是一条获得优质植物种类的捷径，是植物育种的基本途径之一，在园艺生产中具有重要意义。引种的意义主要体现在以下几个方面。

（一）引种是栽培植物起源与演化的基础

人类的生活方式从游牧时代过渡到农耕时代，主要得益于可食的野生植物驯化栽培。园艺植物是人类为了提高生活和生存质量而驯化的，是与整个作物同步起源、演化和发展的。将野生植物变成栽培植物，是驯化；随着人类的迁徙与社会交往等，这些栽培植物从一地区到另一个地区，是引种；引进新的栽培植物为了适应新的生态环境而发生变异，经过选择使其适应新的环境，成为新品种，也是驯化。这就是栽培植物的演化与发展。随着人类社会的发展，栽培植物品种在不同地区之间相互交换，引种势必在更大程度上干预栽培植物的演化与发展。

（二）引种是快速丰富园艺植物种类的重要途径

植物在地球上的分布不均衡，通过引种可使一些具有重大价值的植物在全世界范围内种植。我国园艺植物资源非常丰富，但也不断从国外引进新品种。据佟大香等（2001）不完全统计，我国的主要栽培作物约600种（粮食、经济作物约100种，果树、蔬菜约250种，牧草、绿肥约70种，花卉、药用作物约180种），其中有近半数或半数都是通过国外引种获得。如果树中的葡萄、西番莲、火龙果等物种是从国外引进的，柑橘中的脐橙、葡萄柚也是由国外引种而来；我国现有的200多种栽培蔬菜中，有50多种原产于我国（包括次生起源中心），国外引进的种类占我国栽培蔬菜种类的80%左右，如番茄、甘蓝、青花菜、芦笋等物种都是从国外引种的；在花卉方面，有引入来自欧洲的金鱼草、雏菊、飞燕草、郁金香等，来自美洲的藿香蓟、波斯菊、一串红、晚香玉等，来自亚洲的鸡冠花、曼陀罗、雁来红、除虫菊等，来自非洲的天竺葵、马蹄莲、唐菖蒲、小苍兰等。只有引种才能如此快速地丰富园艺植物的种类，因此，引种在改善和丰富人们的生活方面发挥着重要的作用。

（三）引种是一条实现园艺植物良种化的捷径

我国园艺植物种质资源丰富，但缺乏优良的园艺品种。因此，在制订引种计划时优先考虑品质优良的品种，尽量弥补我国现有栽培品种的缺陷，达到品种良种化的目的，如近年来引进的柑橘杂柑类品种爱媛系列，葡萄品种夏黑、阳光玫瑰，草莓品种红颜等。2016~2019年，我国年蔬菜种子进口量约9000 t，进口种子约占我国蔬菜总用种的13%，其中高端蔬菜品种，如抗病毒、耐贮运的番茄，彩色甜椒，春夏耐抽薹的大白菜，耐抽薹的萝卜以及水果黄瓜、网纹甜瓜等，进口比例超过50%。我国商品花卉生产中使用的品种大多数是国外培育的，尤其是大宗切花、花坛和盆花品种，如月季、百合、香石竹、多肉植物等。我国台湾省的水果业很发达，其主要原因是非常重视优良品种的引进、选育和推广，仅20世纪60~80年代就进行了三次大规模世界性引种，共计引入167个水果种类、676个品种（余亚白等，2000）。

引种也是地区间良种交流的有效途径。福建、海南、广东等省从我国台湾省引进芒果、木瓜、莲雾、番石榴、青枣等优良品种，丰富了热带、亚热带水果种类品种。南方热带、亚热带地区利用丘陵、山地等地理优势，引种北方温带地区的落叶果树、花卉、蔬菜等，满足了市场的需求，如福建山区引种短低温梨、蓝莓及北方花卉牡丹等，都取得了较好的经济效益。

（四）引种可为其他育种途径提供丰富的种质资源

引种不仅可以充实我国的园艺植物种质资源，还有利于了解国内外育种的新成果和水平，以便及时调整育种的方向和目标。20世纪70年代以来，我国从国外引进蔬菜种质材料2万多份，其中有优良表现的被用于原始育种材料，育成了一大批抗病、高产、优质的蔬菜新品种，如甘蓝培育出超日本春蕾、青花菜培育出超瑞士雪球和荷兰雪球的新品种等，并已经在生产上推广利用。在番茄育种中，引种日本强力米寿在国内生产表现优异，通过一系列试验，最终培育出强寿、中蔬4号、中蔬5号等替代进口的番茄新品种。福建省农业科学院果树研究所以我国枇杷品种解放钟与日本引进的品种森尾早生为亲本，通过杂交培育成早钟6号新品种。该品种具有早熟、果大、抗逆性强等优点，成为枇杷当家品种之一。观赏植物方面，我国育种工作者利用从美国、日本、波兰等国引进的小菊品种培育出许多小菊新品种，包括著名的地被菊品种群和北京小菊品种群。

第二节　引种的遗传学原理

引种的遗传学原理在于植物对环境条件的适应性大小及其遗传特性。根据遗传学原理，植物的表型（phenotype，P）是基因型（genotype，G）与环境（environment，E）相互作用的结果，可用公式P＝G＋E来表示。在引种中，P指被引种植物的表现，即引种效果。G指植物适应性的反应规范（reaction norm），即适应性的宽窄（大小）。E指原产地与引种地生态环境的差异。地球上没有任何两地的环境条件完全相同，E是一个变数，但又是一个定数，因为这种环境条件的差异是可以度量的，而且是比较容易度量的。如果E作为定数，那么G就成为决定引种效果P的关键因素。

植物适应性的大小受到基因型的严格制约。不同的植物种类之间，适应性范围宽的如杂种茶香月季（hybrid tea rose），一些营养系既能在靠近赤道海平面的热带棕榈旁生长，也可在积雪1m厚的地区正常生长；适应性范围窄的如榕树，引种到1月份平均温度低于8℃的地区就不能正常生长。同一种植物的不同品种间也存在适应性宽窄的较大差异，福建省为亚热带季风气候，冬季气候温暖湿润，但夏季高温高湿。引进各地性状优良的14个景天科多肉品种在福州地区进行露地栽培试验，试验结果表明，墨西哥雪球和红钻的越夏成活率最高，达100%，而乌木、乒乓福娘的繁殖有一定的难度（秦建彬等，2019）。

研究表明，植物与生态条件的相互作用而获得的适应是可以遗传的，否则就不会有不同植物适应性的差异。但这种适应性是在长期的自然进化或人工进化（品种改良）过程中逐渐获得的，可能是先发生体细胞的变异，逐渐积累为性细胞的可遗传变异，进而传递给后代。达尔文认为在自然和栽培条件下通过自然选择和人工选择保持新的变异能促进植物驯化。有机体的遗传性不管多强，都能够在改变条件的情况下产生变异，不断出现新的性状。当植物的各个个体在不同的生存条件下发育时就能产生变异，进而形成变种，再用选择的手段就可能获得适应类型的植物。

现代基因组研究和生物技术的发展让人们对植物驯化的遗传基础有了进一步的认识。对玉米野生种和栽培种的研究表明,两个亚种主要有5个表型上的区别,但基因的差异却不仅仅5个。今天我们食用的栽培番茄是由野生番茄驯化而来的,在长期驯化过程中,其果实在重量、颜色、形状等方面发生了显著变化,如现代栽培番茄的果重是其祖先的100多倍。群体遗传学分析揭示了番茄果实变大经历了从醋栗番茄到樱桃番茄再到大果栽培番茄的两次进化过程,在此过程中分别有5个和13个果实重量基因受到了人类的定向选择。最近,科学家们提出了一种"从头驯化"(*de novo* domestication)的策略,即利用基因编辑技术,将现代栽培种的重要驯化基因引入野生种,既能使得野生种与现代栽培种的优良性状聚合,又能保留现有品种在长期驯化过程中已丢失的特性,从而实现野生作物的快速改良,培育出更优良的作物新品种。研究人员利用CRISPR/Cas9基因编辑技术对野生番茄进行了一次性逆向遗传工程操作,共修饰了与现代番茄品种产量和品质相关的6个基因,这些基因涉及番茄的生长习性、果实形状、大小、果实数和营养品质等性状。这种基因编辑使得原本只有豌豆大小的野生番茄果实增大了3倍,每个植株上的果实数量增加了10倍,果实中番茄红素含量比野生番茄增加了1倍,而比现在广泛栽培的番茄品种增加了5倍,从而实现了野生番茄的快速从头驯化。我国研究人员采取多重基因编辑的方法,精准靶向开花光周期敏感性、株型和果实同步成熟控制、果实大小控制和维生素C合成酶等基因,在不牺牲野生番茄对盐碱和疮痂病天然抗性的前提下,将产量和品质性状精准地导入了野生番茄,使得这些野生番茄开花的光周期敏感性被消除,从而不再受到原产地光照环境的限制,同时野生番茄的果实变大,植株变得紧凑,果实数量也大幅增加。

第三节 引种的生态学原理

植物生态学(plant ecology)是研究植物与自然环境、栽培条件相互关系的科学。植物与环境条件的生态关系包括温度、光照、水分、土壤、生物等因子对植物生长发育产生的生态影响,以及植物对变化着的生态环境产生各种不同的反应和适应性。引种的生态学研究,既要注意各种生态因子总是综合地作用于植物,也要看到在一定时间、地点条件下,或植物生长发育的某一阶段,在综合生态因子中总是由某一生态因子起决定性作用。引种时应找出影响引种适应性的主导因子,同时分析需要引入品种类型的历史生态条件,作出适应可能性的判断。因此,引种驯化的生态学原理主要有:综合生态因子、主导生态因子和历史生态条件分析。

一、综合生态因子

任何生态环境中各种生态因子对植物来说并不是单一因子,而是综合作用于植物。一个因子的变化会引起其他因子的变化,彼此相互依存、相互制约。例如,太阳辐射的变化必然引起温度、湿度等因子的变化,植物的光合作用必须有水分、养分和空气(CO_2和O_2)参与才能进行。德国慕尼黑大学林学家H. M. Mayr教授在《欧洲外地园林树木》和《自然历史基础上的林木培育》两本专著中,论述了"气候相似论"的观点:"木本植物引种成功的最大可能性在于树种原产地和新栽培区气候条件有相似的地方。"所谓的气候相似性是指综合的生态条件,即在此条件下形成的典型植物群落。一般来说,从生态条件相似的地区引种容易获得成功,相反则很困难。因此,引种不同气候带的多年生植物,要特别了解其自然分布区,注意对原产地和引种地生态条件相似度的比较。

通常根据园艺植物原产地或主产区气候生态的特点划分不同气候生态型（地区），属于同一气候生态型的不同地区之间由于生态因子相似，即使两地相距遥远，彼此间相互引种，仍较易获得成功。菊池秋雄（1953）将世界果树产区气候生态带大致分为夏干带、中间带、夏湿带三种类型（表5-1）。例如，世界柑橘主要分布在气候温暖潮湿的夏湿带，包括我国长江流域及南部地区（日本南部、朝鲜南部的沿海地区）、美国东南部的佛罗里达州和得克萨斯州等地区，以及气候干燥的夏干带，主要分布于地中海沿岸，包括西班牙南部、意大利、里海沿岸的部分地区及美国的加利福尼亚州一带。同一柑橘生态带内相互引种容易成功，而不同生态气候带之间特定的种类、品种引种则成功概率相对较小。

表 5-1 果树的气候生态划分（引自菊池秋雄，1953）

气候生态划分	代表地区	夏半期雨量（年降水量）/mm	平均气温/℃ 1月	平均气温/℃ 7月	果树种类
夏干带	地中海沿岸地区：西班牙南部、法国、意大利、巴尔干半岛、小亚细亚沿海地区、北非沿海地区	90~270（400~830）	6~9	23~27	欧亚葡萄、西洋梨、欧洲李、甜樱桃、酸樱桃、南欧系桃、欧洲杏、巴西杏、欧洲栗、榅桲、枸橼、柠檬、甜橙、酸橙、无花果等
夏干带	美国加利福尼亚州及俄勒冈州南部	40~80（300~500）	9~13	22	欧亚葡萄、西洋梨、南欧系桃、欧洲杏、欧洲李、核桃、无花果、甜樱桃、苹果、柠檬、脐橙、葡萄柚等
夏干带	伊朗、土耳其、阿富汗、苏联的中亚细亚各地、蒙古国及中国新疆、内蒙古等地	30~66（90~250）	0.8~1.1	28~29	核桃、石榴、苹果、西洋梨、榅桲、无花果、桃、杏、中国李、欧洲李、欧亚葡萄、巴旦杏、阿月浑子等
中间带	中国东北南部，华北各省份，陕、甘、宁、苏、豫、皖的北部，内蒙古、新疆的南部	400~500（450~600）	-5~1	24~27	苹果、秋子梨、白梨、桃、杏、山楂、中国栗、枣、柿、沙果、海棠等
中间带	朝鲜北部	800~1000（900~1300）	-4~2	23~26	苹果、秋子梨、白梨、桃、杏、山楂、中国栗、枣、柿、沙果、海棠等
中间带	日本本州北部各县及北海道	500~800（1000~1200）	-6~1.2	21~25	苹果、秋子梨、白梨、桃、杏、柿、欧亚葡萄、中国栗、日本梨、核桃等
中间带	欧洲大陆东南部、英国、瑞士、德国、法国、波兰、奥地利	300~500（600~900）	0~4	17~19	苹果、甜樱桃、酸樱桃、西洋梨、沙梨、李、杏、美洲葡萄、欧洲葡萄、日本栗、柿、核桃等
中间带	美洲东部大西洋沿岸，华盛顿、纽约、波士顿，往北到加拿大，西部的华盛顿、俄勒冈州各地	东部500（1000）西部200~220（800~1000）	-1.4~1.44	22~24 17~19	苹果、甜樱桃、酸樱桃、西洋梨、欧洲葡萄、桃、油桃等
夏湿带	亚洲大陆中南部：中国长江流域一带，朝鲜半岛南端	800~900（1000~1200）	4~6	27~29	梅、杨梅、枇杷、柑橘类、石榴、银杏、中国栗、锥栗、沙梨、中国李、枣、苹果、沙果、葡萄等
夏湿带	日本南部沿海地区四国、九州及本州南半部	800~1800（1000~2400）	3~5.5	26~27	沙梨、桃、中国李、梅、柿、枇杷、柑橘类、日本栗、美洲葡萄等
夏湿带	美国东南部包括佛罗里达、佐治亚、阿拉巴马、密西西比、路易斯安那、得克萨斯等州	600~1000（1000~1600）	10~18	27~28	温州蜜柑、甜橙、葡萄柚、美洲葡萄、西洋梨、杂种梨等

二、主导生态因子

虽然环境中的各种生态因子对于植物来说是同等重要的，彼此不可替代，但通常有一种或少数几种因子对某种植物的生长发育和生存繁衍具有决定性作用，称为主导因子。温度、光照、水分、土壤等因素是限制园艺植物引种的主要生态因子，对园艺植物引种成败起关键作用。引种时除对植物原产地生态环境进行综合分析外，还应对影响植物生长发育的主导因子进行分析与确定。

（一）温度

温度是影响园艺植物引种成败的最重要的限制因子之一。温度条件不合适对引种植物的不良影响可表现为：满足不了植物正常生长发育的基本要求，致使引种植物整体或局部发生致命伤害，严重时死亡；引种植物虽能生存，但影响其产量与品质，从而失去生产价值。

影响园艺植物生长发育的主要温度因子包括：年均温（mean annual temperature）、临界温度（critical temperature）、有效积温（effective accumulated temperature）、季节交替速度等。

1. 年均温　　园艺植物引种中，首先应考虑原产地与引种地的年均温。年均温是树种分布带划分的主要依据。不同气候带之间引种是比较困难的，需要采取相应的措施。纬度相同而海拔不同的地区，海拔每升高100m，温度降低1℃。同纬度的高海拔地区和平原地区之间相互引种不易成功，而纬度偏低的高海拔地区与纬度偏高的平原地区相互引种成功的可能性较大。我国南方多丘陵山地，可以利用有一定海拔的温度较低山区的气候条件引种高纬度地区植物。不同植物类型对气温变化的适应性也有所不同，有些植物适应性强，可以在不同的气候带生长；有些植物适应性差，则分布范围较窄。因此，植物可以引种的范围也存在一定的差异。

2. 临界温度　　临界温度是植物能忍受的最低温度和最高温度，超越临界温度会造成植物严重伤害或死亡。冬季绝对低温是南种北引的关键因子，如菠萝，一般品种的临界低温为−1℃，广州1951～1970年从未出现过0℃以下的低温，几乎所有的菠萝品种都能适应，而韶关1960～1970年均有持续1～8d的0℃以下的低温，其中有4年出现−3～−2.3℃的低温，故粤北的韶关成为菠萝北引的分界线。陈香波等（2009）以三角梅品种普遍致死温度−3℃为依据，进行了三角梅在我国的温度适宜分布区划。结果表明，我国三角梅最适宜分布区为云南西南部临沧、普洱等地，广西、广东、福建、海南、台湾大部，四川南端及重庆等个别地区；可以露地种植的次适宜分布区包括四川、贵州、湖南、江西南部及湖北的恩施、宜昌，浙江温州等局部地区。

除极限低温外，低温的持续时间，降温、升温速度等也起重要作用。低温引起的另一个伤害是霜冻，特别是果树花期霜冻，常造成严重减产，甚至绝收。冬季开花的枇杷，其花器官及幼果易遭受冻害，是北引的主要限制因子。

高温是植物南引的主要限制因子。大白菜生长的临界高温为25℃，超过25℃，其生命活动受到影响。一二年生蔬菜和花卉，一般可以通过调整播种期和栽培季节，利用保护地（遮阳）栽培以避开高温炎热。但对于多年生果树和观赏树木来讲，引种时必须考虑高温对植物栽培的限制。一般落叶果树生长季节气温如果持续在30～35℃，其生理过程受到严重抑制，尤其是高温碰上高湿条件，常造成某些病害严重发生，严重限制果树、蔬菜和观赏植物的南引。

3．有效积温　　有效积温也是影响园艺植物引种适应性的重要因素，植物对持续温度的逐日积累达到一定温度总数才能完成其生长发育。有效积温能否满足引种植物生长发育的要求，也是南种北引时必须认真分析的因子。在自然条件下，对积温要求高的树种大多分布在纬度较低的地区，对积温要求低的树种则多分布在较高纬度地区。喜温类的园艺植物在10℃以上的有效积温相差在200~300℃地区引种，一般对生长、发育和产量影响不明显。不同成熟期的葡萄品种对积温的要求不同，极早熟品种为2000~2400℃，早熟品种为2400~2800℃，中熟品种为2800~3200℃，极晚熟品种为3500℃以上。因此，引种时可根据当地的积温统计资料来选择满足其积温需要的品种。

有些植物种类北种南引时，引入地区冬季是否有足够低的温度和低温持续时间，以满足其通过休眠或二年生植物春化阶段的需要，常成为引种的限制因子。华南地区引种落叶果树需要短低温品种。福建省农业科学研究院 1997 年从中国台湾引进原产国为巴西的台农甜蜜桃，需冷量只有 54h，需冷量极低及丰产性强是该品种的主要特点。长三角地区有效低温累积的时间范围为 11 月至翌年 4 月，有效低温累积量为 336~2079 寒眠时数（chilling hour, CH），平均低温累积量超过 1000CH 的地区，引种国内中需冷量甜樱桃品种基本可以满足需求（孙菀霞等，2021）。甘蓝是以营养器官（叶球）为产品的蔬菜作物，引种时应特别注意品种冬性的强弱，作为春甘蓝栽培的品种必须选用冬性强的品种，否则易发生未熟抽薹现象。

4．季节交替速度　　季节交替速度也是植物引种的限制因子之一。一般中纬度地区的植物，通常具有较长的冬季休眠期，这是对该地区初春气温反复变化的一种特殊适应性，它不会因气温暂时转暖而萌动。而在高纬度地区的植物，因原产地初春没有反复多变的气候，因此不具备对反复气候的适应性。所以，当高纬度地区的植物引种到中纬度地区后，由于初春天气不稳定转暖，经常会引起植物的休眠中断而开始萌动，一旦寒流再度侵袭则造成冻害。例如，高纬度地区的香杨引种到北京则表现生长不良，主要是北京地区初春温度反复变化所导致的。

（二）光照

光照对植物生长发育的影响主要是光周期（光照时间）和光照强度。不同纬度地区光照时间不同，纬度越高，昼夜长短差距越大，夏季昼长夜短、冬季夜长昼短；而低纬度地区，一年四季昼夜长短的时间相差不大。在高纬度地区，春夏季长日照来得早，夏秋季短日照来得迟；在低纬度地区，春夏季长日照来得迟，夏秋季短日照来得早。长期生长在不同纬度的植物，形成对昼夜长短的特殊反应，这种反应称为光周期现象（photoperiodism）。不同植物对光周期的要求是不一样的。在日照长的时期进行营养生长，到日照短的时期分化花芽并开花结实的植物为短日照植物，如一品红、秋菊花、牵牛花等；反之为长日照植物，如洋葱、胡萝卜、莴苣、唐菖蒲等。还有一类植物对日照长短反应不敏感，在日照长短不同的条件下都能开花结实，如苹果、桃、辣椒、番茄、现代月季等。长日照园艺植物北种南引，往往营养生长好，生育期延长（迟熟），植株开花迟或不开花；南种北引则生育期缩短（早熟），营养生长不良，植株、果实、种子小、低产、易冻害。短日照园艺植物引种时反应与长日照植物恰恰相反。凡是对光照长短反应敏感的种类和品种，通常以在纬度相近的地区间引种为宜。

多数果树对光周期不敏感，如苹果、桃可在纬度差异很大的地区正常生长。柑橘是短日照植物，日照时数为 1200~1600h，柑橘的生长结实性较好。多年生木本植物南树北引时，生长季日照加长，生长期延长，影响枝条封顶或促进副梢萌发，从而减少养分的积累，妨碍组织的木质化和入冬前保护物质的转化，降低了抗寒性；而北树南移，因日照长度缩短，促使枝条提前封顶，过早地封顶缩短了生长期，抑制了正常的生命活动，如北方的银白杨引种到江苏南京地区封顶早，生长缓慢，常遭受严重的病虫感染。

不同园艺植物对光照强度的要求不同。根据植物对光照强度的要求不同，有阳性植物、阴性植物和中性植物之分，如桃、李、杏、蒲公英等阳性植物在开花期如果光照减弱，则会引起开花与结实不良。柑橘喜散射光多于直射光，光照过强或过弱均不利于柑橘的生长发育，柑橘生长的最适光照强度为 12 000～20 000lx，在光饱和点范围内，柑橘的光合强度随光照强度的增加而提高（聂振朋等，2012）。

（三）水分

水分是植物生长发育的重要因子之一，决定着植物群落的分布。降水量在我国不同纬度地区相差较大，其规律是自低纬度的东南沿海地区向高纬度的西北内陆地区逐渐减少。降水对植物生长发育的影响因子包括年降水量、降水在一年内的分布和空气湿度等。

以多年生木本植物为例，降水量的多少是决定树种分布的重要因素之一。例如，地处胶东半岛的昆仑山区，年平均气温仅 12.7℃，年平均降水量达 800～1000mm 及以上，年平均相对湿度达 70%以上，从南方引种杉木时，虽气温与南方各省相差很大，但由于降水和大气湿度相差小而获得成功。在果树引种时尤应考虑引种果树对水分的需求及其耐旱、耐涝的特性。不同树种之间，杏、核桃、无花果、菠萝等需水量较少，抗旱力强；梨、桃、葡萄等次之；柑橘、枇杷、李、梅、樱桃、香蕉等需水量多，耐旱力较弱。

降水量在一年内的分布也影响植物引种的成功与否。油橄榄引入我国已有 50 多年的历史，其原产区地中海亚热带属冬雨型气候，而我国亚热带为夏雨型气候，因此多数地区引种油橄榄表现出经济寿命短、树势早衰现象。

空气相对湿度也是植物引种时应注意的问题。通常阳性树种适于相对湿度较低的环境，而阴性树种适于在相对湿度较高的环境中生长。在园艺植物引种中，从降水多、空气相对湿度高的地区引种到降水少、空气相对湿度低的地区，可通过改善灌溉条件而获得成功；相反，将适应于降水少、大气相对湿度低的地区生态型品种，引种到降水多、相对湿度高的地区，难以获得成功。我国南方降水量较北方多，北种南引，往往会因为降水过多造成落花落果和品质下降，多雨高湿也易引发植物病害发生。

（四）土壤

土壤的理化性质、含盐量、pH 及地下水位的高低，都会影响园艺植物的生长发育，进而影响引种的结果。其中，含盐量和 pH 是影响某些园艺植物种类和品种分布的限制因子。天津从甘肃引种黑果枸杞，黏壤土条件下的黑果枸杞产量为 0.34kg/m^2，而沙土条件下的产量则为 0.05kg/m^2，黑果枸杞植株在黏壤土条件下生长最好（钱滢宇等，2021）。果树中，石榴、无花果、杜梨、毛桃的耐盐性依次减弱。北方植物一般较南方植物耐旱而不耐涝，南引时要注意选用疏松透气的砂壤土，并要注意排水。

在生产中人们可以采用某些措施，对土壤的某些不利因子加以改良，但在大面积情况下这种改良常有一定限度且效果难以持久，所以在引种时仍须注意选择与当地土壤性质相适应的生态型。引种过程中，由于土壤环境的变化，土壤所含矿质元素也与原产地不同。某种元素的缺乏就会影响植物的正常生长。澳大利亚引种辐射松，由于土壤中缺锌和磷而生长不良，施加这类元素后生长明显改善。

土壤影响植物引种效果最主要的因素是酸碱度的差异。我国地域辽阔，南北的土壤差异较大。南方多为酸性或微酸性土壤，北方多为碱性或微碱性土壤。大多数植物能适应从微酸性到微碱性变化的土壤，但有些植物对土壤 pH 的要求较为严格。例如，3 个西北牡丹品种冰山藏玉、金城女郎和绉玫瑰在 pH 6.5~8.5 时生长状态良好，对碱性土壤环境有一定的适应能力，不宜在酸性或强碱土壤环境中生长（王莉莉，2015）。南方酸性土壤中生长的栀子花引种到北方后，由于土壤碱性太大，栽培一两年后叶片渐黄，终至枯死。只有采用专门用硫酸亚铁与麻渣沤制的矾肥水浇灌才能保持土壤酸性，从而保证栀子花的正常生长。果树不同树种间对土壤酸碱性的适应性有较大差异。浆果类果树多适于酸性和微酸性土壤，柑橘类和仁果类果树适于微酸性和中性土壤，核果类果树适于中性和微碱性土壤。对于嫁接繁殖的园艺植物，引种时可通过选用适宜的砧木来增强栽培品种对土壤的适应性。广东省从北方引入的蜜桃两年生嫁接苗生长很弱，改用本地区的毛桃实生苗作砧木后，生长旺盛，果实品质与原产地差异不大。

（五）其他生态因子

引种时还应该考虑某些特殊的限制性生态因子，主要有难以控制的某些严重病虫害和风害等，如浙江、广东及某些柑橘产地的溃疡病，限制了甜橙的引种。我国南方沿海地区经常受到台风袭击，引种必须重视品种的抗风能力。风害严重的地区引种一般香蕉品种，风力达 7 级以上时就会造成植株倾倒，叶片大部分被撕裂，假茎折断的严重灾害；而引种矮脚顿地雷香蕉等矮型品种则风害显著减轻。厚荚相思生长快，抗大风、台风和干旱的能力强，是非常好的可在沿海沙地上适生的树种，可以丰富防护林树种结构，美化海滨森林景观。

在植物长期的生长、发育和演化过程中，有些已经与周围的生物建立起协调或共生关系，如板栗、金钱松有共生菌根，只引种植物而不引菌根是难以引种成功的。

三、历史生态条件分析

植物的适应性不仅与现在分布区的生态环境有关，还与系统发育中的历史生态条件有关。植物的现代自然分布区只是在一定的地质时期，特别是最近一次冰川时期形成的。植物在历史上经历的生态条件越复杂，其适应潜力和范围可能就越大。例如，据古生物学研究，我国特有的水杉在地质年代中，不仅在我国大部分地区有分布，而且广泛分布于欧洲西部、美国、日本等地。只是后来随着气候的变化，大多数地区的水杉逐渐灭绝。20 世纪 40 年代在我国川、鄂交界处发现水杉后，欧、美许多国家都进行了引种栽培，均表现生长良好且适应性强。与此相反，华北地区广泛分布的油松，引种到欧洲各地后却屡遭失败，这可能与该树种过去分布范围窄、历史生态条件简单有关。由此可见，在历史上分布越广泛的植物，其引种潜力越大。

现有植物的分布区并非其历史上分布区的全部，植物对现有生态环境的适应，也不能代表其适应性的全部。例如，原产于华中、华东，适应高温多湿的南方水蜜桃品种群，引入干燥、低温的华北地区后，也能表现出较好的适应性，有的甚至比原产地的果实品质还好。而原产华北、西北的桃品种群就难以适应南方高温多湿的环境。这是因为桃树主要原产温带地区，南方桃品种群可能是在各种自然条件或人为条件下迁移到南方后，为适应当地的环境条件而形成的。南方品种群经历了比北方品种群更复杂的历史生态环境，因而表现出更广的适应性。所以，历史生态条件分析不仅是对"和现时生态条件相适应"引种原理的必要补充，而且也可以开阔引种工作的思路，更有利于我国正确地选择园艺植物引种种类。

在植物进化过程中，进化程度较高的植物较原始的植物，由于其系统发育中所经历的生态条件较为复杂，如乔木类型较灌木类型为原始，木本较草本为原始，针叶树较阔叶树为原始，因此前者均较后者的适应范围狭窄，引种也不如后者易成功。由此可见，凡植物在系统发育中经历的生态条件更复杂的，其适应性的潜在能力更大些，引种也可能更易成功。

第四节 引种原则和引种程序

一、引种的原则

引种是解决当地农林业生产和建设对植物种类、品种需求的一条切实可行的途径。引种工作要在科学的理论研究基础上有计划、有目的地开展，应坚持"既积极又慎重"的原则，并按照一定的步骤进行，注意克服盲目性，尽量避免因盲目引种带来的不必要损失。首先要考虑所引品种的主要经济性状是否符合当时当地的消费习惯和市场需要；其次要了解品种原产地的环境条件和栽培管理水平，判断是否适合本地栽培。例如，欧洲水仙花色丰富，花型多样，其起源于地中海沿岸，适应冬暖夏凉气候，多数引种到福建不能适应夏季高温气候，种球退化，只有部分多花水仙在福建南部地区能够正常生长繁殖。因此，福建南部如引种欧洲水仙，最好引多花品种，而福建北部山区由于有一定的海拔高度，可以引入喇叭水仙等单花品种。

二、引种的程序

引种前，首先要进行引种目标的确定及其可行性分析、引种材料的选择、引种材料的收集与检疫，在认真分析和选择引种植物的基础上，进行引种试验，采取少量试引、边引种边试验和中间繁殖到大面积推广的步骤。

（一）引种目标的确定及其可行性分析

引种首先要确定目标。针对本地区的自然环境条件和现有园艺植物品种存在的问题，确定需要引种哪些种类、品种，从而明确园艺植物引种目标。引种目标确定的最主要因素就是市场需求及其经济效益，首先应考虑当前生产上急需解决的园艺植物的种类和品种问题，以当地市场需求的品种为主攻方向。例如，福建为热带水果种植的北缘地带，引种热带水果（如芒果），需要引进晚熟品种，有较大的经济效益；如果引进亚热带、温带果树，则考虑引进早熟种。

引种可行性的分析就是根据引种原理，分析和预测某种园艺植物在引种地的生长表现，减少盲目性，增强预见性，更好地产生经济效益和社会效益。根据植物的生态型、分布范围，分析原产地和引种地综合生态因子，明确影响引种园艺植物适应性的主导生态因子。外来园艺植物的引种和生产大多需要较大的经济投入和较高的生产技术，所以也要考虑当地的农业经济技术条件和农业发展水平。例如，槭树是世界上著名的观赏树木之一，主要分布于北半球温带地区。槭属在东亚起源之后，向三个方向扩散，其中之一就是通过东亚到北美西海岸。位于美国西海岸的波特兰市槭属种质资源丰富，尤其是杂交槭树优良品种较多。刘毓等（2010）

比较了山东济南与原栽培地美国波特兰市的气候环境条件，分析引种的可行性。从气候相似论进行分析，济南地处高纬，气候条件与属温带海洋性气候的波特兰有一定差别，济南月平均最高温最多要比波特兰高出12.4℃，月平均最低温度均比波特兰低，最多能低6℃，温度可能会成为引进树种成活的限制因子。从生态历史及植物区系理论分析，美国植物区系与我国北温带植物区系有密切联系，表明美国槭属植物具有潜在适应我国温带气候地区生境的能力。因此，在引种过程中，要做好炎热夏季的降温工作和冬季的安全越冬工作，并要逐渐增强引种植物的耐热和抗寒性。

还可以根据中心产区与引种方向之间的关系进行引种可行性分析。向心（向中心产区方向）引种成功概率大于离心引种。例如，在植物的中心产区以北的不同地方进行相互引种时，向南（向心）引种的适应可能性总是大于向北（离心）的引种。中国白梨的分布范围大概在北纬30°～41°，其中心产区是北纬36°～39°，进行白梨引种时，在北纬39°线以北地区向南（向心）引种比向北（离心）引种易于成功，相反在北纬36°以南地区向北（向心）引种比向南（离心）引种容易成功。

（二）引种材料的选择

选择引种材料时应慎重。在引种材料的选择上除遵循选择原则以外，还需要根据前人的引种方法和工作经验进行材料的选择。

1）了解影响引种植物适应性的主导因子，作为引种材料选择的主要依据。例如，洋葱对日照长短比较敏感，应该从纬度相近的地区引种，从高纬度引向低纬度往往造成地上部分徒长，鳞茎发育不良。

2）不同生活型的植物，适应性大小不同。一般来讲，一年生植物大于多年生植物，草本植物大于木本植物，落叶植物大于常绿植物，藤本大于灌木，灌木大于乔木。一二年生蔬菜、草花生长季节短，通过人为调整生长期，改进栽培等措施，可在较大范围进行引种，如北方不耐热的蔬菜引到南方通常改春播秋收为秋播春收。

3）根据植物亲缘关系判断引种材料的适应性。根据引种植物系统发育中，有关亲本类型的生态习性来估计其本身对生态环境的要求及其对引种地的适应可能性。亲缘关系相近的园艺植物常常表现出相似的适应性。

4）从病虫害及灾害发生频繁的地区引入抗性品种或类型。在病虫害和自然灾害经常发生的地区，受长期自然选择和人工选择的影响，往往形成了具有较强抗逆性的品种或类型，如从干旱地区引入抗旱品种。

5）参考适应性相近的种或品种在本地区的表现。例如，桉树的耐寒性稍弱于樟树和油橄榄，而与柑橘类的栽培要求相近，一般认为柑橘能生长的地区可以栽种桉树。

6）借鉴前人引种的经验教训。参考前人已取得的成果与经验，认真了解过去已引种园艺植物的引种方法和引入后的表现，总结成败原因，减少盲目性，提高引种的成功率。

（三）引种材料的收集与检疫

1. 引种材料的收集　引种材料可通过实地调查、交换、邮寄等方式收集。实地调查收集，便于查对核实，防止混杂。同时还可以做到从品种特性典型且无慢性病虫害的优株上采集繁殖材料。收集的材料必须详细登记并编号，登记项目包括种类、品种名称（学名、俗名等）、繁殖材料种类（种子、接穗、插条等，嫁接苗要注明砧木名称）、材料来源及数量、收到日期及收到后采取的处理措施（苗木的假植、定植等）。收集的每份材料，只要来源不同或收集时间不同，都要分别编号，并将每份材料的有关资料如植物学性状、经济性状、原产地生态特点等进行记载说明，分别装入相同编号的档案袋内备查。

2. 引种材料的检疫　　引种是病虫害和杂草传播的重要途径之一。为避免随引种材料传入病虫害或杂草，从外地区特别是从国外引种园艺植物时，必须经过严格的检疫。发现有检疫对象的繁殖材料，必须及时加以消毒处理。除进行严格检疫外，还要通过特设的检疫圃隔离种植，在鉴定中如发现有新的病虫害或杂草，应采取根除措施。

3. 外来生物入侵问题　　目前我国境内造成危害的外来入侵物种共有283种，其中陆生植物170种，其余为微生物、无脊椎动物、两栖类、爬行类、哺乳类、鱼类等。其中54.2%的入侵种来源美洲，22%来自欧洲。这些外来入侵种每年对我国有关行业造成的直接经济损失为200多亿元，其中农、林、牧、渔业损失高达160多亿元，人类健康损失29多亿元。外来入侵种对我国生态系统、物种和遗传资源造成间接经济损失每年达1000多亿元，其中对生态系统造成的经济损失每年高达900多亿元。盲目引种及缺乏对外来物种生态风险评估和早期预警体系等造成我国外来物种入侵蔓延的严重局面。

外来生物入侵（alien biological invasion）指生物由原来生存地经过自然或者人为途径侵入另一个新环境，对入侵地生物多样性造成影响，从而给农、林、牧、渔业生产带来经济损失及对人类健康造成危害或引起生态灾难的过程。外来入侵种（alien invasive species）则是指那些在自然分布范围及扩散潜力以外，对生态系统环境、人类健康、生产、生活带来危害的外来种、亚种等分类单元的生物种类。"外来"的概念与国界无关，主要是针对不同的生态系统，如原产于黄河、长江、珠江等各大水系的草鱼引入云南等地的高海拔水系后，因大量吞食当地鱼类赖以栖息、觅食、繁殖的水生生物，使当地多种鱼类及水生生物绝迹，这个就属于典型的外来入侵种。

为了有效防止生物入侵，必须建立生物安全系统：①建立健全相关的法律法规，实现依法管理。特别要加强农、林、畜牧业等有意引进外来物种的监督管理。建立外来入侵物种的名录、风险评估、引进许可证等制度，在环境影响评价中增加外来入侵物种风险分析的内容，可参考李振宇等（2002）根据现有入侵种的普遍特点制定的评估体系。②建立跨部门协调机制，加强对外来入侵物种的检疫。由环境保护、农林、检疫、海关、交通等部门成立跨部门的外来入侵生物环境安全委员会，负责外来生物的环境影响和生态风险评估工作，从源头控制外来生物入侵，加强检疫封锁，防止有害物种的入侵与扩散，建立早期预警系统和监测报告制度，严防疫情蔓延。③采取有力措施，开展外来入侵物种的治理。采取生物物理防治、生态替代、综合利用等可持续控制技术，对现有外来物种进行有效治理。增强全民防范意识，减少外来入侵种的引入与扩散。减少在旅游、贸易、运输等活动中对外来入侵物种的有意或无意引进。

（四）引种试验

引种试验是引种工作的中心环节。园艺植物引种到新地区后，由于气候条件、病虫害种类、耕作制度等与原产地都不一样，引入以后可能表现不同。因此，必须通过引种试验，对引进的园艺植物在引进地区的种植条件下进行系统的比较鉴定，以确定其优劣和适应性。试验时应以当地具有代表性的优良品种作对照，试验地的土壤条件和管理措施应力求一致，试验采取完全随机区组，并设置重复。一般园艺植物引种试验包括以下4个步骤。

1. 观察试验即少量试引 先对引种的园艺植物种或新品种进行小面积试种观察，用当地主栽品种作对照，初步鉴定其对本地区生态条件的适应性和生产上的利用价值。对于多年生、个体大的果树和观赏树木，每个引入材料可种植3～5株，可结合在种植资源圃或生产单位的品种园种植。在少量引种栽植的同时，可采用高接法将引入品种高接在当地代表性种类的成年树树冠上，以促使其提前开花结果，从而加速多年生植物引种观察的进程。对符合要求的、优于对照品种的园艺植物，则选留足够的种子或繁殖材料，以供进一步的比较试验。对个别优异的植物，还可分别选择，以供进一步育种试验用。

2. 品种比较试验 将通过观察鉴定表现优良的植物种类参加试验区域较大的品种比较试验，严格设置小区重复，以便作出更精确客观的比较鉴定。

3. 区域试验 将表现优异的品种进行区域试验，以测定引进植物适应的地区和范围。试验时间可根据植物类型来定。对于多年生的果树和观赏树木，应采取长期试验；灌木类和多年生草本植物采取中期试验；一年生草本植物进行短期试验（2～3年），以确定引种材料的优劣及其适应范围。

4. 栽培试验与推广 经过品种比较和区域试验后，其中表现适应性好且经济性状优异的引入植物，可进行较大面积的栽培试验，进一步了解其种性，确定最适宜、适宜、不适宜的发展区域。对于经过专家评审鉴定有推广应用价值的引入植物，在遵循良种繁育制度的前提下，制定相应的栽培技术措施，建立示范基地进行推广，使引种试验成果尽快产生经济效益和社会效益。

第五节 主要园艺植物原产地及引种

一、柑橘

柑橘为芸香科柑橘属植物，喜温暖湿润气候，是我国南方的主要经济作物，在我国和世界水果生产中占有重要的地位。我国是世界许多柑橘种类的原产地，但美国、日本等国选育出较多柑橘新品种，我国陆续从美国、日本、澳大利亚、西班牙等国引进适合我国栽培种植的柑橘良种，这些品种和种质资源拉长了成熟期，填补了市场空档，提高了国产柑橘果实的内在品质和外观质量，有效抵御了外国产品对国内市场的冲击，增强了柑橘产品的出口竞争力。

脐橙最早在巴西由Selecta甜橙芽变产生，传到美国命名为华盛顿（Washington）脐橙。后来的一系列脐橙品种基本上都直接或间接来源于华盛顿脐橙的芽变。20世纪初，我国从日本、美国引进华盛顿脐橙。20世纪60～90年代，中国农业科学院柑橘研究所和华中农业大学等科研、教学单位，先后从摩洛哥、美国、日本、西班牙、澳大利亚和南非等国引进脐橙的优良品种、品系，如纽荷尔、朋娜、奈维林娜等，进行品种适应性试验后，在国内脐橙产区推广发展。引进的脐橙品种在赣南经过十多年的比较、驯化，筛选出以纽荷尔脐橙为主的适合南方温暖湿润气候种植的品种，成为现在著名的赣南脐橙。

杂柑类是指甜橙、宽皮橘、柚之间的杂交品种。我国从日本引进清见、春见、不知火等品种在四川、福建等地种植。近年来引进日本爱媛系列杂柑受到欢迎。爱媛38号是用南香与西子香杂交选育出的杂柑品种，果实果面光滑，果皮薄，外形美观，口感细嫩化渣，风味佳，俗称"果冻橙"，是一个早熟杂柑品种，在福建11月上旬成熟；果大，平均单果重192.5g，大者 250g 以上；果实可溶性固形物含量可达 14.0%～15.0%，可食率达 76.8%（余小兰等，2017）。

二、菠萝

菠萝 [*Ananas comosus*（Linn.）Merr.] 又名凤梨，属凤梨科凤梨属，是热带栽培的大型草本植物，原产于中南美洲，主要分布于南北纬30°之间的广大地区，目前全世界有90多个国家种植，其中泰国、菲律宾、中国、巴西、印度是世界五大菠萝生产国。菠萝于17世纪传入我国，18世纪已有种植，主要分布于广东、广西、云南、海南、福建、台湾等省（自治区）。

1908年，中国台湾由东南亚及夏威夷引进卡因种（开英种），1925年开始大规模杂交育种，1935年选育出台农1～8号等8个品系，之后不断有新品种育成，2004年育成台农20号（牛奶菠萝），2005年获得新品种台农21号（即黄金凤梨）。海南等省陆续引进中国台湾菠萝新品种。2013～2015年，海南省农业科学院热带果树研究所首次从中国台湾引进台农22号菠萝种苗，于海南省澄迈县进行引种栽培试验。台农22号菠萝是利用卡因（母本）与台农8号（父本）杂交后选育出来的新品种，其果实风味好，品质受多雨、季节影响较小，具有果型美观、果大、产量高、品质优、食用方便和易栽培等优点，其遗传性状稳定、综合性状优良，适宜在海南各菠萝产区生产（李向宏等，2016）。

金菠萝为美国夏威夷菠萝研究院通过多个亲本经过多年杂交培育的一个优良鲜食品种，2007年海南万钟实业有限公司从菲律宾引种，在海南尖峰镇试种。金菠萝表现为植株高大、生长力强、果肉颜色金黄、果眼浅、果皮薄、香味浓郁、清甜爽口，属高端水果，有较高的经济价值。海南特殊的地理环境和气候条件，不仅适合金菠萝的正常生产栽培，还可以进行反季节种植销售。金菠萝可在多种酸性土壤中种植，如壤土和砂壤土，对土壤有机质含量要求相对较低，但抗涝性弱、自花率低、时间不统一，需要通过喷施试剂调控花期，抗风性较强，适宜在海南推广种植（卢明等，2017）。

三、番茄

番茄（*Lycopersicon esculentum* Mill.）为茄科番茄属。原产南美洲的秘鲁、智利、厄瓜多尔、玻利维亚等地，起源中心为安第斯山高海拔地带。18世纪传入我国，20世纪中叶逐步普及栽培，成为我国主栽蔬菜种类之一。

从生态角度番茄可分为分布于温带北部的低温寡照型、分布于温带中部的温暖型和低纬度的高温多日照型这三种类型。所以，在选择番茄引种地区时，应重点比较两地主要生态因子的差异。我国南方各省夏季高温多雨，番茄青枯病、黄萎病、枯萎病严重，如需引入抗青枯病、黄萎病、枯萎病或耐湿热等性状的番茄品种或材料，应从低纬度的热带、亚热带地区引种。

为了筛选出适宜福建本地种植的靓果番茄新品种，牛先前等（2019）进行引种试验，试验结果表明在TY病毒（黄化曲叶病毒）发病率不高的地区，推荐种植种源源自荷兰的巴菲特和梅赛德斯这两个品种；在TY病毒发病率较高及对该病毒抗性有要求的地区，推荐种植吉达瑞。福建龙岩市农业科学研究所在2019～2020年，以闽西地区主栽品种千禧为对照，对引进的曼西娜、贝蒂、阿鲁、sn-金珠这国内外4个樱桃番茄新品种的物候期、植物学性状、果实性状、产量性状及抗病性等进行观察和调查研究，发现国外阿鲁和国内sn-金珠这两个品种综合性状较好，具有品质优、产量高、抗病性好、甜味足等特点，适宜福建闽西地区蔬菜大棚无土栽培种植，具有很好的推广价值（严良文等，2021）。

四、花椰菜

花椰菜（*Brassica oleracea* L. var. *botrytis* L.）别名花菜、菜花，为十字花科芸薹属甘蓝种的一个变种，起源于地中海东部的克里特岛，19世纪中叶传入我国。其营养丰富，风味鲜美，是我国闽、浙、台等地主栽蔬菜品种之一。近年来我国花椰菜生产发展迅速，已成为世界上花椰菜种植面积最大、总产最高、发展最快的国家。

花椰菜性喜冷凉气候，属半耐寒性蔬菜，不耐炎热及干旱，也不耐霜冻，是很多农户冬季喜欢种植的一种蔬菜品种。由于天气和品种的原因，长期以来花椰菜在南方以秋播冬春收为主。日本雪山为中国种子公司从日本引进的花菜杂种一代，植株生长势强，株型整齐，花柄短缩紧凑，花球洁白、紧实，不易散球。该品种表现抗病、丰产，定植后70～80d收获，单株花球重可达1.5～2.5kg，适宜华中、华东、华北、华南种植。

云南玉溪市峨山县大西村位于滇中高海拔山区，全年平均气温14.5℃，夏季气候冷凉，雨水充沛，光照资源丰富，生态环境好，是发展优质反季节高原蔬菜的理想区域。玉溪市农业科学院经过2年的引种观察，在生育期、商品熟性、生物学性状、经济性状、抗病性、产量和产值的综合比较下，发现在生产上预防好黑腐病的前提下，新高富3号、荷兰富强菜花王、卡拉、利卡1号等4个品种均可在玉溪市扩大推广应用（李艳兰等，2020）。

五、香石竹

香石竹（*Dianthus caryophyllus* L.），石竹科石竹属植物，原产于地中海、南欧及西亚地区，为世界四大切花之一。我国于1910年开始在上海引种栽培，直到20世纪80年代主要以西姆（Sim）系列品种为主要栽培品种。云南农业科学院于1994年从以色列谢米香石竹种苗公司引进大花石竹品种Standard Carnation、多头石竹品种Spray Carnation和石竹梅品种Dianthus Barbatus，取得不错的引种效果。引种的香石竹种苗根系发达，植株健壮，成活率达98%，植株生长快，侧芽萌发率高，能适应昆明的气候条件（熊丽等，1996）；又于2011年从意大利引进希望（Masai Lilla）、蜜月（Basilio）、钛合金（Tico Tico）等14个香石竹品种进行试种观察。结果表明，在14个品种中，希望、钛合金、辉煌、蜜月、梦想及化妆师等6个品种的定植成活率均达到100%，其中综合性状最好且适宜示范推广品种的是钛合金，但该品种对细菌性枯萎病的抗性较差，其次可以推广的是阿里巴巴和梦想，梦想可以增加桃红色品种，可适当推贵夫人。另外，梦想、蜜月和新娘因其枝条、产量、抗性各有突出优点，是良好的育种材料（桂敏等，2011）。

海口是典型的热带高温、高湿、昼夜温差小的气候，与香石竹原产地气候有较大差异。廖雪娟对从荷兰引进的4个单头大花品种Pink Francesco、Domingo、Dallas、Presto进行栽培试种，通过改良土壤的方式使4个香石竹品种适应海口地区的气候，从而实现反季栽培。海口地区进行香石竹反季节生产，10月初定期，翌年2月初开花，可供应春节花市。4个品种香石竹表现为花苞饱满、花色鲜艳、茎秆粗壮、形态匀称整齐、病虫害少（廖雪娟，2011）。

六、一串红

一串红（*Salvia splendens* Ker Gawl.）属唇形科鼠尾草属植物，原产于南美，19世纪引入欧洲，直到20世纪80年代才开始在我国引种栽培。其花色艳丽，装饰效果极佳，具有很高的观赏价值，现在世界各地广为栽培，是使用最多、用量最大的城市绿化植物之一。目前我国的一串红品种多来自国外。李春楠等（2013）对从美国引进的帝王（Emperor）、皇帝（Scarlet King）、丽人（Spicy Girl）、展望（Vista Red）和从英国引进的火凤凰（Firebird）等5个一串红品在杭州地区进行引种试验，结果表明，皇帝和火凤凰的生长速度最快，火凤凰开花最早，丽人和展望表现为植株矮壮，着花密度大，在应用上观赏效果较好。综合来看，展望和帝王比较适宜在杭州地区春季栽培。莎莎、火凤凰、超威和展望等4个进口一串红品种在上海进行引种试验，春夏季栽培中表现各具特点，莎莎属于早花型，株型紧凑，观赏期长，适合早春用花；火凤凰有早花优势，但整齐度一般；超威株型中等，花穗长，观赏性高；展望属于晚花型，具有较强的耐热性，生长势强，株型大（张晓琳等，2020）。

展望系列一串红为矮生品种，冯雪兰（2011）将其引入广西岑溪市栽培，结果显示，矮生品种比高生品种更适合岑溪地区种植，一串红展望在岑溪地区表现为花色纯真，色彩多样，使当地的花坛装饰应用产生了质的变化。

思考题

1. 什么是引种？引种有何意义？
2. 简述简单引种和驯化引种的区别。
3. 简述引种的遗传学原理。
4. 简述引种的生态学原理。
5. 简述影响园艺植物引种的主要生态因子。
6. 简述引种的原则和引种程序。
7. 如何选择引种材料？
8. 以某一种园艺植物（果树、蔬菜、花卉）为例，试述其引种的历史、现状及其未来发展趋势。

第六章 园艺植物选种

利用现有园艺植物的品种、类型或单株在繁殖过程中所产生的自然变异,通过人工选择,选出符合育种目标要求的优变株(系),然后通过比较、鉴定,培育成新品系或新品种的这种育种途径称为选择育种,选择的目标是择优汰劣,将群体内部个体选择出来,繁殖产生后代,其余的淘汰,选择贯穿于整个选种过程,其实质是定向地改变群体的遗传组成。选择育种作为最古老的传统育种方法途径,不仅方法简便实用,也省去了人工创造变异的过程,在园艺植物育种中仍然作为主要育种方法发挥重要作用。选择育种是利用群体内的自然变异。只有在所选群体内存在育种目标所需要的变异时,才能进行选择育种。正常生产条件下,一个无性系品种通过无性繁殖的一定数量种苗,种植初期,相关性状基本一致,保持母本遗传特性。经过较长时间后,受到自然因素、内部条件及栽培条件等因素的影响,种植群体内个别植株或枝条可能发生基因突变等各种变异,而这些变异可为选择优良变异进一步培育新品种提供基础。园艺植物繁殖方式不同,主要变异来源不同,选种可分为芽变选种和实生选种两大部分,对于种子繁殖的园艺植物及芽变选种和实生选种,主要开展实生选种,而对于无性繁殖的园艺植物,则主要进行芽变选种。选种程序主要包括初选、复选和决选等环节。在实际选种中,目标性状的性质、性状变异幅度、性状的遗传力大小、入选率等因素影响选择效果,群体的性状表型值呈正态分布时,选择强度大小取决于入选率,可以通过低入选率以增大选择强度,提高选择效果。

第一节 芽变选种

一、芽变选种的意义及特点

(一)芽变的意义

自然界存在很多诱变因素,植物在生长发育过程中发生突变是自然界普遍存在的现象。芽变是构成芽分生组织的细胞受到外部环境条件和内部条件因素(如光照、温度、辐射和化学物质及栽培因素等)影响自然发生的基因突变或染色体变异等遗传性变异。其中基因突变是芽变的主要变异来源,包括核内基因突变和核外基因突变,染色体变异包括染色体结构变异和染色体数量变异,染色体数量变异包括单倍性、多倍性和非整倍性变异。构成芽分生组织的部分细胞发生基因突变或染色体变异等遗传性变异,发育形成与原来遗传基础不一致的变异芽,芽体分生组织细胞发生的可遗传性变异称为芽变。当变异芽萌发抽生枝梢表现出与原类型不同性状时称为枝变,使用变异枝进行无性繁殖生长成变异植株时称为株变。无论枝变还是株变,均来源于芽变。芽变刚开始发生时,其变异性状还没有表现出来而不易被发现,只有当变异芽萌发成枝或用于无性繁殖而长成新的植株,并在性状上表现出与原品种的性状有明显的变异时,才易被发现,所以芽变总是以株变或枝变的形式呈现。

芽变选种是指对由芽变发生的变异进行鉴定筛选、培育与选择,从而育成新品种的育种方法。广义的芽变不仅包括由突变的芽发育而成的枝条和繁殖而成的单株变异,还包括植物组织和细胞培养过程中产生的变异。芽变选种主要是在无性繁殖植物群体中进行。在无性繁殖植物群体内，除基因突变或染色体变异等遗传性变异外，还普遍存在由各种环境因素或内部生理因素造成的不能遗传的变异，称为饰变（又称彷徨变异）。对这些变异的选择是无效的，这些变异在实际的芽变选种中都会不同程度地影响选择效果。正确区分这两类不同性质的变异，及时有效地剔除饰变，选出真正的优良芽变，是芽变选种的重要内容。

在生产实践中，不论是农家品种或育成的品种，在最初种植时，性状整齐一致，但经长期种植后，由于各种原因，群体内会发生多种多样的变异，这些变异为选择提供了基础。育种过程实际上是发现或创造可遗传的变异，并对这些变异加以选择和利用。芽变选种是国内外对无性繁殖植物群体普遍使用且有效的育种方法，也是历史悠久的传统育种途径。木本果树和花木等园艺植物长期采用无性繁殖，对于这类园艺植物，芽变选种开展至今依然是不可替代的育种方法。园艺植物开展芽变选种历史悠久，在我国西周时期已经有选种、留种技术的记载，宋朝也有用芽变选种方法改进品种的记载，欧阳修在《洛阳牡丹记》中记述了牡丹的多种芽变。《洛阳牡丹记》中记载，"潜溪绯者，千叶绯花，出于潜溪寺……本是紫花，忽于丛中特出绯者……洛人谓之转枝花"。清代已经普遍应用选择育种方法培育新品种。王象晋《群芳谱》中也有芽变选种改良月季花的记载。达尔文的《动物和植物在家养下的变异》中记载，菊花由侧枝或偶尔由吸根发生芽变，沙尔特培育一株实生苗，由芽变产生6个不同类型。世界上现有的300多个香蕉栽培品种，大多数是通过芽变选种获得的，温州蜜柑现有的众多品种（系）绝大多数来自芽变，琯溪蜜柚芽变培育出黄肉柚新品种。据统计，20世纪80年代以来，我国通过芽变选种获得了苹果、梨、葡萄、柑橘、荔枝、龙眼、香蕉、菠萝、枇杷、李等果树新品种300余个，苹果、柑橘、李等果树品种大约有一半来源于芽变选种。20世纪80年代在广东选育的蕉柑芽变品种——孚优选，至今仍然是广东蕉柑产区的主要栽培品种。来源于新高梨和水晶梨的嵌合体的双色梨芽变，从三华李嫁接繁殖群体中选育出大果优质品种兴蜜三华李，在砂糖橘嫁接繁殖群体中选育出晚熟品种华晚砂糖橘，广东省农业科学院果树研究所在贡柑中选育出少核芽变品种——少核贡柑。花卉的芽变选种方面，牡丹、月季、杜鹃、茶花等花木通过芽变选种也获得了很多芽变新品种新类型，如苏家乐等在引自浙江嘉善的开满白花撒玫红条纹的杜鹃花品种大鸳鸯锦上发现有一小分枝上开出一簇鲜艳的玫红色花朵，确认是一个优良的芽变，培育出杜鹃花新品种胭脂蜜，王冬良等在早春大红球中通过芽变选种获得山茶新品种，北京林业大学选育出一批梅花芽变品种、品系，其中有花好看、果好吃的观食两用的种类。芽变是植物产生新变异的源泉，芽变选种不仅能够获得新品种，也在种质创新方面发挥作用。

芽变选种是方法简单、选育周期较短、投入少、见效快的育种方法，省去了人工创造变异的过程，通过连续选优，品种不断改进提高。选育出的优良芽变，即可采用无性繁殖方式稳定遗传，因此在无性繁殖植物的品种改良中应用广泛。通过芽变选种，不仅可以直接选出新品种，也能够获得新的突变型，如沙田柚中发现的早熟（10月成熟）及晚熟（1月成熟），果实紫红的三华李中发现的果实橙黄色突变，不仅丰富原有的种质资源，为育种工作提供新的种质材料，新的突变型也是研究品种来源和亲缘关系的重要材料，具有科学研究和生产应用上的实际意义。芽变选种一般只能对现有品种的个别性状进行改良，简便有效的做法是针对优良品种存在的个别不足，在基本保持其原有综合优良性状的前提下进行优中选优，利用发生变异的枝、芽等进行无性繁殖，选出优系，进一步培育新品种。

(二) 芽变的特点

芽变的实质是植物体细胞内遗传物质发生改变。芽变的变异来源包括染色体数目或结构变异和基因突变（核内基因突变和核外基因突变）等，其中以基因突变（点突变）更为普遍。通常每次突变是个别基因的变异，两个及以上的基因发生突变的概率极其微小。基因突变可能是等位基因或复等位基因的突变，也可能是不同位点基因的突变。由于芽的分生组织是多细胞结构，先是个别或少数细胞发生突变，因此许多芽变类型常呈嵌合体状态，并不十分稳定，常表现出复杂的分离现象。芽变属于自然遗传性变异，变异性状的表现复杂多样，既有形态特征的变异，也有生物学特性的变异。与其他变异相比，芽变具有以下几个突出特点：

(1) 芽变的多样性和多向性　植物体细胞内遗传物质发生突变的方式、位点及类型具有多样性，有染色体数目或结构变异，也有基因突变（核基因突变或核外基因突变），每个基因都有发生突变的可能，因此芽变的类型很多，不仅有质量性状的变异，也有数量性状的变异，既有单一性状的变异，也有综合性状的变异，如植株大小（矮化），叶片形状和色泽，花（果实）大小、形状、色泽，果实成熟期、产量和品质等。例如，在三华李芽变选种中，既发现有植株矮化变异，也有果实形状、色泽等品质性状变异，砂糖橘的芽变既有无核变异，也有成熟期（晚熟）变异。类似芽变的类型不仅在同一种植物不同品种类型、不同单株之间发生，在相近种或属的植物中也会发生，表现出芽变的平行多样性。芽变的方向是不定向的，可以多方向发生。例如，基因 A 可以突变为 a，也可以突变为 a_1、a_2、a_3……同一基因位点上的突变产生多个等位基因。

(2) 芽变的重演性和可逆性　同一突变可以在同种生物的不同群体、不同个体间多次发生，也可以在不同时期发生同一突变，如广东省农业科学研究院果树研究所和华南农业大学分别在不同产地先后都选育出晚熟砂糖橘，我国通过芽变选种在不同产地不同品种中获得了一批柑橘无核新品种，广东省农业科学研究院果树研究所、仲恺农业工程学院和华南农业大学等分别在不同三华李产区选育出高糖低酸变异类型培育成新品种。突变也是可逆的，假如正突变为 $A \rightarrow a$，那么也可能发生 $a \rightarrow A$ 的反突变，通常正突变率一般总是高于反突变率，如月季的花色，有红色花突变为黄色花，也有黄色花突变为红色花的情况。

(3) 芽变的嵌合性　植物的芽体是一个多细胞结构的组织。正常情况下，发生芽变时，起初是个别细胞发生基因突变或染色体变异，极少出现芽分生组织细胞均发生突变的情况。芽的分生组织细胞中个别细胞发生突变，其余细胞未发生突变，这样一个芽的分生组织中就存在发生突变的细胞和未发生突变的细胞，这种结构称为嵌合体（chimera）。多数情况下，芽变发生时芽内只有分生组织的个别细胞发生突变，因此大多数芽变类型呈嵌合体状态。嵌合体状态的芽在萌发抽枝生长过程中，发生突变的细胞与正常细胞相比，往往数量少，生长发育较慢而使突变组织部分经常被掩盖而表现不出来。有些芽变虽不经繁殖，但在其继续生长发育过程中，也可能失去已变异的性状，恢复成原有的类型。因此在实际选种中，需要及时对变异体进行分离同型化。除自然发生芽变嵌合体外，也存在着由嫁接而产生的嵌合体。嫁接嵌合体在国内外均有报道，如福建的改良橙（广东的红江橙）是嫁接产生的一种砧穗嵌合体，该变异在同一株树上结有橙型黄肉、红黄肉嵌合体的果实。这一嵌合体被发现几十年来，不断嫁接繁殖，仍出现性状分离现象。意大利的 Bizzaria 嵌合体、日本的小林蜜柑和金柑子温州均为嫁接嵌合体。

（4）芽变的稳定性　　相对于饰变，芽变是芽分生组织细胞的遗传物质发生变异，不会因环境因素或内部生理因素改变而改变，是能够遗传的，表现相对稳定。一般而言，芽变后代个体间的大多数性状表现基本上能保持母本原有的特点。同时，许多芽变类型常呈嵌合体状态，并不十分稳定，随着枝芽生长表现出复杂的变异分离现象。不同部位的芽分生组织细胞发生变异，嵌合体类型不同，稳定性表现不一样。

（5）芽变的局限性和多效性　　芽变多数是芽分生组织细胞内基因发生突变，通常每次是个别基因发生变异，在同一细胞内两个及以上的基因同时发生突变的概率比较小，因此芽变局限于单一基因的表型效应，芽变选种常常只能够改良一个或少数几个性状，具有明显的局限性。如果突变基因只控制一个性状，变异局限于个别性状上有所变异。如果突变基因是多效基因或其控制的性状涉及几个性状，则芽变就会引发数个性状上的表型效应，具有多效性的特点，如短枝形突变，涉及的枝梢长度、节间长度、植株高度、树冠的冠形及大小都会出现相对应的变异。

二、芽变的细胞学基础和遗传学效应

（一）芽变的细胞学基础

（1）芽分生组织结构　　园艺植物种类繁多，顶端分生组织结构类型有一定差异。解释芽的顶端分生组织结构特征及芽变的细胞学基础的相关学说中，以 Satina（1940）和 Blakeslee（1941）提出的组织发生层学说引用比较普遍。按照组织发生层学说，植物顶端分生组织有几个互相区分的细胞层，可分为 LⅠ、LⅡ 和 LⅢ 三个相对独立的组织细胞层次，不同组织细胞层次分裂方式不同，衍生不同的组织器官不同。LⅠ 层只有一层分生细胞，行垂周分裂，分化衍生为表皮。LⅡ 有一层或多层分生细胞，行垂周分裂，分化衍生为皮层外层及孢原组织。LⅢ 有多层分生细胞，行垂周分裂、平周分裂及斜向分裂，分化衍生为皮层内层、输导组织及髓心组织。正常情况下，三层组织发生层的遗传物质无差异，任意一层发生变异，就会产生突变体。芽变发生在不同组织发生层，以后发育形成不同遗传背景的组织或器官而形成嵌合体结构。

（2）组织发生层与嵌合体　　发生突变的分生组织细胞位置和时期不同，形成的嵌合体结构类型也不同（图6-1）。根据发生突变的分生组织细胞所处的层次及比例不同，可以分为扇形嵌合体和周缘嵌合体。如果一层或几层分生组织细胞部分发生突变，则形成扇形嵌合体，如发生在 LⅠ 层的通常称为 LⅠ 扇形嵌合体（外扇嵌合体），发生在 LⅡ 层的称为 LⅡ 扇形嵌合体（中扇嵌合体），发生在 LⅢ 层的称为 LⅢ 扇形嵌合体（内扇嵌合体）。如果一层或几层分生组织细胞整层发生突变，则形成周缘嵌合体。如果发生突变的分生组织细胞分别位于 LⅠ 层、LⅡ 层或 LⅢ 层，对应的嵌合体可分为外周嵌合体（LⅠ 周缘嵌合体）、中周嵌合体（LⅡ 周缘嵌合体）和内周嵌合体（LⅢ 周缘嵌合体）。除这几种基本的嵌合体类型外，还存在突变细胞处在几个组织发生层，形成更为复杂的嵌合体结构，如内中扇嵌合体（LⅠ、LⅡ 突变）、中外扇嵌合体（LⅡ、LⅢ 突变）、内中周嵌合体（LⅠ、LⅡ 突变）、中外周嵌合体（LⅡ、LⅢ 突变）等多种结构类型。如果芽分生组织细胞全部为突变细胞，则形成同型突变体，这种结构是稳定的。实际中，芽变发生在任一组织发生层，发育形成不同遗传背景的嵌合体结构不仅形成简单的周缘嵌合体和扇形嵌合体，还有比较复杂的周缘嵌合体和扇形嵌合体混合类型。

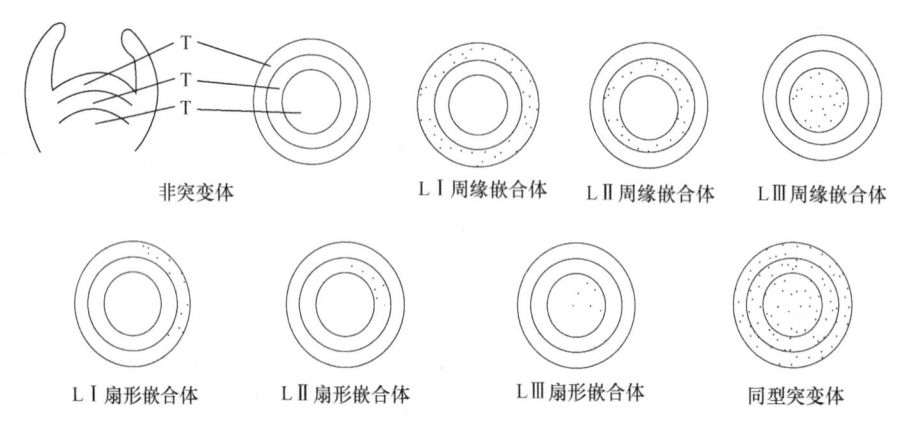

图 6-1　嵌合体结构类型（景士西，2015）

（3）嵌合体的转化　突变形成的嵌合体结构既有发生突变的细胞，也有未发生突变的细胞，这种结构会随着分生组织细胞分裂在衍生不同的组织过程中发生转化。芽内分生组织的个别细胞发生突变后，存在发生突变的细胞与正常细胞在分裂、生长的方面表现不同，相互竞争、相互排挤而导致一方能够表现，另一方被掩盖甚至取代，这种现象也称为"细胞取代"。通常在芽萌发抽枝生长过程中发生突变的细胞组织部分经常被慢慢掩盖甚至取代而表现不出来。周缘嵌合体芽变不同芽位的侧芽的遗传基础相同，在芽萌发抽枝生长过程中，不同部位抽生的侧芽表现稳定。而扇形嵌合体则因侧芽着生位置不同，在长成侧枝时表现不同性状，转化为不同遗传类型的枝条。如图 6-2 所示，扇形嵌合体枝条的侧芽 A 着生在突变位置，转化为周缘嵌合体或同型突变体。侧芽 B 着生在扇形嵌合体分界位置，依然是扇形嵌合体。侧芽 C 着生在扇形嵌合体未发生突变的位置，失去已变异的性状，恢复成原有的类型，形成未突变的侧芽。

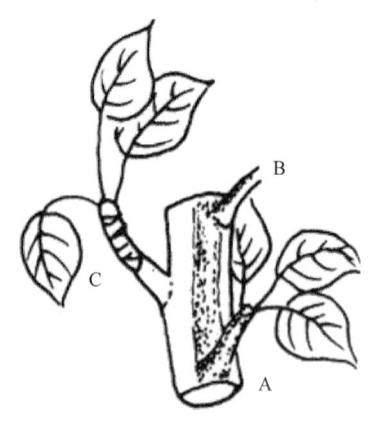

图 6-2　嵌合体的转化
（景士西，2015）

（二）芽变的遗传学效应

芽变大多数是某个基因发生突变，同时几个基因发生突变少见。芽变品种与原品种比较，虽然在个别相关的性状方面表现出明显的差异，但在基因型上通常只有微小不同。来源于同一个无性系的不同芽变品种类型在基因型上也只有微小差别，因此芽变系与原品种之间、芽变系间不同类型差异小，通常相互交配其亲和性表现与自交结果基本相同。在相关种质资源亲缘关系等研究中，可以利用这个特性作为辨别芽变系间亲缘关系的依据。如果是核外基因发生突变，如叶绿体基因突变等，则是通过母本遗传。

芽的不同组织发生层分化衍生不同的组织器官，芽变发生在组织发生层的不同位置，变异性状的遗传效应表现不同，不是所有芽变都能够通过有性繁殖和无性繁殖保持变异。L I 衍生表皮及其附属物如茸毛和皮刺等，如果只涉及 L I 的突变，变异性状主要表现在皮刺的有无等，而不会引起花果相关性状变异，因此发生在 L I 的突变只能够通过无性繁殖保持，如月季的无刺突变，使用种子繁殖的后代都是有刺类型。一旦发现这种突变，可将突变枝剪下进行嫁接或扦插繁殖。LⅡ层分化衍生的皮层外层及孢原组织，孢原组织形成植物的生殖细胞，因此 LⅡ发生的突变性状可通过有性过程或无性繁殖传递给后代。LⅢ分化衍生为皮层内层及中柱，通常发生在LⅢ的突变不会表现出来，只有通过从皮层内层或中柱组织形成的不定芽萌发才能表现突变性状。由于不定芽起源于皮层内层或中柱组织的单个细胞，如果该细胞发生突变，那么不定芽萌发形成的枝芽为同质突变体，可通过有性过程或无性繁殖传递给后代。

三、芽变选种的方法

（一）芽变选种目标

芽变选种主要是在现有良种中在保持原品种的优良性状的基础上开展的优中选优，在一个或几个主要性状上有所改良，改善一个或几个缺点，就可成为更加优良的新品种。不同园艺植物选种目标，应当针对品种改良现状结合品种发展需要，根据芽变选种的特点确定。制订选种目标的原则是在保持原有品种的优良性状的基础上，通过选择修缮其个别缺点，进行优中选优，如沙田柚、贡柑、砂糖橘等柑橘品种通过芽变选种获得无核品种（品系）。南方的荔枝、龙眼、三华李等果树果实在高温季节成熟，采收期短，耐贮性能比较差，采收期集中，对劳力安排、市场销售、加工等方面造成很大压力，选育早熟或晚熟，早、中、晚熟种搭配尤为重要。荔枝、龙眼等果树的选种重点是选育特早或特晚熟、丰产优质、抗寒、焦核等类型。香蕉的选种重点是选育抗寒、抗病等类型。对于橄榄等高大乔木类果树，应选择枝条粗短，树冠紧凑矮小的芽变类型，不但便于果园管理，而且易获得高产、稳产。选种时制订选种目标性状要具体，分清育种目标及其构成性状的主次，制订的当选标准要具体明确，不能太高也不能太低，应当根据不同园艺作物的生物学特性和经济特性确定具体的株选标准，如在三华李丰产大果优质芽变选种时，确定的初选标准是单果重40g以上、可溶性固形物含量14%以上、单株产量70kg以上，通过日常观测与重点时期观测相结合，多看精选，分次选择。制订芽变选种目标时，不仅要重点需要改良的目标性状，也要兼顾非目标性状，只有保持或提高原有良好的综合性状，改良一个或几个缺点，才有可能选育出更加优良的新品种。

（二）芽变选种时期

突变可以发生在生物个体发育的任何时期。在实际的芽变选种时，为提高芽变选种效率，宜根据育种目标采用整个生长发育期日常观测和重点时期选择相结合的方法，以重点时期集中进行选择为主，细致地去观察，从群体中发现芽变的植株或单枝，如对果实经济性状选择，主要是在果实成熟采收期进行，此时果实相关经济性状的变异表现充分，变异容易发现。对抗逆性选择，要在灾害发生期重点进行选择，可以选择出抗逆性强的突变类型。在发病高峰时期进行选种，可以更有效地选出抗病突变体。选择抗寒类型，在受冻的高峰时期及受冻发生后根据各单株抗寒表现进行选种，就能更有效地选出抗寒突变体，如在橄榄芽变选种中，连续多年在低温期间选择，特别是在严重冻害发生后进行田间观测，结合室内分析鉴定，选育出早熟丰产耐寒品种——早嘉橄榄。

（三）变异的分析鉴定

变异的分析鉴定是对选择出的变异单株的结果习性、长势、抗病性等相关性状进行分析鉴定和评价，确定属于芽变还是饰变，也需要对群体的一致性、生产性能等进行鉴定和评价。进行芽变选种，一旦发现变异，首先要根据变异性状表现、环境条件、植株生长状况等进行综合分析，从遗传学、形态学、孢粉学、细胞学（染色体观察）、生物学特性等方面对芽变进行分析鉴定，确定变异是属于真实的基因突变还是染色体变异，剔除非遗传性的饰变。区别基因突变或染色体变异和饰变，最根本的方法是直接检查遗传物质是否发生变异或根据相关性状的遗传进行鉴定。鉴定方法愈是快速简便、精确可靠，选择效果就愈好。芽变分析鉴定基本方法主要包括以下几点。

1. 直接鉴定法

（1）细胞学鉴定　　细胞学鉴定主要适用于染色体变异，能够揭示芽变类型与原品种及其他品种在染色体水平上的差异。一般是通过染色压片或涂片技术处理，观测花粉母细胞、根尖、茎尖细胞等的染色体表现，鉴定染色体是否发生数量变异或结构变异。刘锴栋等利用扫描电子显微镜对6个荔枝品种和6个龙眼品种花粉微形态进行观察，结果表明龙眼、荔枝供试品种的花粉大小和表面纹饰等均有明显差别，花粉微形态特征可作为龙眼和荔枝品种变异鉴定的参考依据。张青闪对红江橙无核突变细胞遗传学研究表明，9个无核（少核）选系中，6个选系存在较高频率的染色体异常配对和异常分离进而使花粉败育。

（2）形态学鉴定　　对枝叶相关性状表现进行观测比较分析，可以鉴定叶片栅栏组织比例、气孔密度、孢粉形态等重要指标。例如，多倍体变异常常表现为果实、花粉粒、气孔等器官和细胞体积的变大，而饰变一般不会引起花粉粒、气孔等器官和细胞体积的改变。形态学鉴定操作简便、直观，但受到环境因素和生理因素的影响比较大，对于基因突变类型，鉴定偏差大。例如，方超等对荔枝9个数量性状进行观测，对各数量性状的表达状态进行分级，作为荔枝数量性状选种鉴定的参考依据。郭明晓对葡萄早熟芽变观察鉴定峰早和洛浦早生的叶片和梢端组织的LⅠ层细胞未发生变异，LⅡ层细胞发生了变异。

（3）生化鉴定　　生化鉴定常用的方法是应用过氧化物同工酶和酯酶同工酶等同工酶分析技术，根据同工酶谱带或酶活性表现鉴别芽变。在乌榄的芽变选种中，发现原品种与芽变类型过氧化物同工酶谱带及酶活性存在明显差异，这可以作为选种鉴定的参考依据。廖明安采用POD同工酶技术，对金花梨芽变单系筛选及分子生物学鉴定，可鉴别出芽变类型。郭明晓对葡萄早熟芽变鉴定研究表明，芽变和亲本中，β-半乳糖苷酶（β-Gal）活性的变化趋势与PG酶和PE酶均不同。同工酶谱带或酶活性受到树体内部生理因素影响比较大，作为芽变生化鉴定也有一定的局限性，可结合形态学、生理特性、解剖学观察及分子鉴定。

（4）分子标记鉴定　　分子标记是遗传物质上差异的反映，不受植物发育环境和生理状况的影响，在植物发育的不同阶段，不同组织的DNA都可用于分子标记分析。芽变大多数是少数基因发生突变，往往是微小变异，差异小，应用分子标记技术能够从分子水平上鉴别芽变类型，不受环境和生长状况的影响。应用分子标记技术鉴定芽变，需要选择适宜的分子标记技术及其引物，能够覆盖基因突变位点。分子标记技术鉴定芽变，可取叶片等作为检测材料提取基因组DNA，选择RAPD、SSR、简单重复序列区间（inter-simple sequence repeat，ISSR）、序列相关扩增多态性（sequence-related amplified polymorphism，SRAP）、SNP等分子标记技术及引物对DNA进行PCR扩增，对扩增产物进行电泳，根据电泳条带差异区分芽变、亲本及疑似芽变类型，具有技术手段多、鉴定准确性高、监测材料类型多、操作比较简便、不受环境及生理因素影响等突出优势，作为芽变品种鉴定的重要手段得到广泛应用。柯玲俊等利用转座子显示技术鉴别柑橘芽变品种，表明5个DNA转座子和4个逆转录转座子可以较好地鉴别柑橘不同芽变品种。胡冬梅等利用 Target SSR-seq 技术鉴定温州蜜柑芽变材料，实现柑橘芽变材料的高效区分。吴泽珍对红富士短枝型芽变的生物学特性研究及 ISSR 鉴定表明，通过单条引物（UBC899）扩增的谱带可准确地鉴别出芽变，王心燕等利用 RAPD 分子标记技术鉴定石硖龙眼芽变系，通过 SRAP 分子标记有效鉴别出早嘉榄芽变，冯涛等利用 SSR、SRAP 分子标记鉴定出桃早熟芽变，孙清明等利用 SNP 和 EST-SSR 两种分子标记技术鉴定了荔枝种质御金球，胡福初等利用 SRAP 分子标记研究了 25 份特早熟、3 份早熟及 2 份中熟荔枝种质资源的遗传多样性，为特早熟荔枝种质资源发掘、评价及新品种培育鉴定提供参考。

（5）性状遗传鉴定　　对性状遗传表现进行分析，鉴定变异的遗传可靠性，排除饰变。例如，菊花芽变的株型、花型大多与原品种相似，只是花色不同，可以利用菊花自花不孕的遗传特性进行鉴定。对于质量性状，如果隐性基因发生显性突变，当代就会表现出来，同原来性状并存，形成镶嵌现象或称嵌合体。例如，月季花的矮生性状由显性基因 D 控制，矮生（微型）品种均含有 D 基因，如果在园地发现矮生植株，环境条件和栽培条件一致，很有可能是矮生突变而不是饰变。对于数量性状，性状表现的连续性，受到环境等因素的影响大，根据性状遗传表现不容易判断是否是芽变，需要结合其他依据分析判断。如果是细胞质控制的雄性不育、性别分化、叶绿素的形成等性状，具有母性遗传特性，这些性状发生变异，就会出现正反交差异，可以根据正反交结果的差异性判断是否是芽变。

2. 移植鉴定法　　饰变是由各种环境因素或内部生理因素造成的不能遗传的变异，与环境因素变化方向一致，而芽变则与环境因素变化方向无明显关系，因此可以把变异植株移植或把变异枝条高接到其他地方，通过改变环境条件区分芽变和饰变这两类不同性质的变异。如果移植或高接后变异依然稳定，就可以确定是芽变，否则就是饰变。例如，在生产园发现一株矮化变异，可以将变异体与原始亲本一起种植在土壤和栽培条件基本均匀一致的条件下，观察比较两者的表现，若变异体与原始亲本不同，仍然表现为矮化，说明它是可遗传的芽变。

3. 综合分析法　　在实际芽变选种过程中，采用直接鉴定法鉴别芽变剔除饰变往往存在一定的局限性。有些突变效应表现明显，容易识别判断；有些突变效应表现微小，较难察觉判断是芽变还是饰变。当目标性状是数量性状并且遗传力较低时，如产量、果实大小等经济性状，直接选择效果往往较差，通常要根据种苗来源、环境条件、各性状之间相关性和变异的稳定性等进行综合分析，分析鉴定各种变异的可靠性，排除饰变。

（1）变异的性质　　如果变异表现为嵌合体结构，就可断定为芽变而非饰变。质量性状不会因环境因素或内部生理因素的改变而变化。如果变异性状属于质量性状，就可断定为芽变。如果变异性状属于数量性状，如果实大小、产量等经济性状的变异，就要结合树体生长状况、栽培条件、环境因素等其他依据进一步分析。亲缘关系相近的物种因遗传基础比较近似，往往发生相似的基因突变。根据一个物种或属内具有的变异类型，就能预见到近缘的其他物种或属也同样存在相似的变异类型。

（2）变异的范围及稳定性　　芽变有枝变及株变等形式，如果变异是枝变且枝上不同侧枝之间有差异，表现出明显的扇形嵌合体特征，可认定为芽变而非饰变。如果同一园区有多个单株出现同一变异，环境条件、栽培条件等基本一致，可排除环境因素或内部生理因素的影响，可认定为芽变。若是单个植株变异，则要结合其他因素分析确定。饰变会因环境因素或内部生理因素的改变而变化，芽变则表现相对稳定，通过连续几年的观测，分析连续几年的环境变化，变异表现稳定就有可能是芽变。

（3）变异的幅度和方向　饰变的变异方向及变异幅度与环境或内部生理因素的作用相关，方向是一致的，变异幅度在环境或内部生理因素范围内，而芽变则不存在直接关系。如果变异幅度超出环境或内部生理因素的作用范围，如果实大小、产量等经济性状，在土壤条件一般、管理比较差的园区发现个别单株果实明显增大，则有可能就是芽变。

（4）性状的相关性　各性状之间存在着不同程度的相关性，通过对与目标性状密切相关的性状进行相关性分析，可以达到目标性状的选择效果，如荔枝的焦核或小核性状，与果形间存在一定的相关性，一般果形短、果顶梢尖者，多为焦核或小核。枝条粗短、节间密往往是树冠紧凑矮小类型的表现，坐果率高的往往是丰产类型。菊花管瓣类的钩环型和散发型品种通常表现为叶柄较长，叶的裂刻较深，叶片在生长期即出现下垂。松叶型品种叶片往往表现为叶柄较短，叶片窄而短，裂刻较深，叶姿较挺立。柑橘的叶片栅栏组织比例、气孔密度等与抗病性（溃疡病）相关。遗传上存在一个基因影响多个性状的"一因多效"，进行芽变的相关性分析时要根据性状的特征具体分析，以比较稳定的基础性状为主，衍生性状、平行性状为辅，如树冠矮化性状，基础性状是枝条节间短、节数多，树冠矮化是衍生性状。在生产园发现树冠矮化变异，如果枝条粗短、节间密，则有比较大的把握确定为芽变。对于由多个不同性状的构成因素组成的产量、品质等复杂综合性状，要通过其构成因素逐一对比分析。如果其中有一个质量性状发生变异，则可确定为芽变。如果其中有一个受环境因素影响比较小的数量性状发生变异，也有比较大的把握确定为芽变。如产量性状，如果是坐果率发生变异，就有可能是芽变。

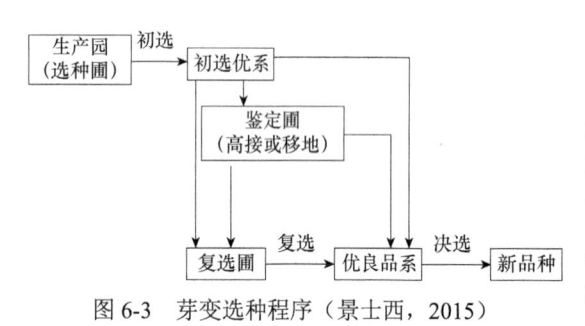

四、芽变选种程序

芽变选种程序如图6-3所示，一般包括初选阶段、复选阶段和决选阶段。初选阶段是在生产园发掘变异、分析变异和突变体的分离纯化。复选阶段是对初选变异进行进一步鉴定比较，筛选出芽变优良株系，并进行区域适应性栽培试验，评价其利用价值与适宜推广范围。决选阶段是按照《种子法》规定，向品种审定机构申请品种登记或评定，或向品种保护机构申请新品种保护等。

图6-3　芽变选种程序（景士西，2015）

（一）初选

（1）发掘变异　根据育种目标，制订好选种目标与标准，对优良品种的个别缺点进行修缮改良，优中选优。发掘变异采用生产管理者报种、科技人员调查访问、普查相结合的方式，在最容易发现经济性状的时期初步选出符合育种目标的变异单株。发现变异单株后，及时对其做标记、编号登记，定株观测鉴定评价，并选择环境条件和栽培条件类似的作为对照株，进行株间综合对比定性分析。芽变普遍存在，而生产园地面积大范围广，为提高发掘变异成效，应当更多地通过宣传等措施，发动熟悉情况的生产管理者积极报种，以获得更多的变异进行鉴定选择。

（2）分析变异　在实际选种时，初选出的变异株数量可能比较多，变异株所处的环境条件和栽培条件也不一样，要根据变异的表现、环境条件和栽培条件，按照变异分析的依据和方法，根据环境条件和栽培条件等因素，对各个变异进行分析评价，定株观测鉴定筛选，剔除饰变。在生育期多看精选，分阶段观察，先剔除能够确认是环境因素和栽培因素引起的饰变。剔除饰变后的变异，应根据不同表现采取不同处理。不能肯定判断是芽变还是饰变的变异类型，可通过移栽或高接处理，消除环境等因素影响后再进一步观察分析。对于变异不太明显、不太稳定的变异，需要继续观察。变异范围小的类型，如个别枝条出现变异，可采用短截修剪或高接等措施处理，扩大变异后再进一步观察分析。对于能够确定是芽变的类型，如果性状表现稳定且优良，其他性状还需要观察评价，可直接进入下一个选种阶段。如果性状表现稳定而优良，且无其他劣变，可直接进入下一个选种甚至决选阶段。

（3）突变体的分离纯化　　芽变通常以嵌合体形式存在，需要同型化分离，使芽变分离、纯合、稳定下来。如果是不定芽和不定根上萌发的枝芽形成的芽变，由于其起源于皮层单个细胞，不定芽及不定根上萌发的芽变为同质突变体，这种芽变类型就不需要同型化分离。对于部分扇形嵌合体，需要纯化为同质突变体。突变体可用短截修剪、组织培养或采用嫁接、扦插等无性繁殖方法分离纯化得到同质突变体。

（二）复选

复选阶段主要任务是对初选获得的芽变突变性状及其稳定性进行进一步鉴定，通过品比试验、区域适应性栽培试验，测定评价其利用价值、适应性和适宜推广的区域范围。

（1）高接鉴定圃　　高接鉴定圃主要任务是对初选获得的突变体进行真实性、稳定性和优良性鉴定，主要是针对初选获得的变异性状表现优良，但还不能肯定是芽变的类型。从芽变植株上将突变枝剪下来，高接于成年树的外围枝上，能够提早开花结果，为变异性状的鉴定提供足够材料，既有利于提早对突变体进行观察鉴定和选择，也可以为扩大繁殖提供繁殖材料。高接鉴定中，突变体和原品种或对照应当高接在同一地块、相同砧木及中间砧木植株上，突变枝高接数量及高接植株数根据鉴定材料数量需要和高接植株大小确定。

（2）选种圃　　选种圃主要任务是根据田间观察评定和室内分析结果，对选出的芽变株系进行全面的比较鉴定和选择，选出表现优良的株系。在选种初期主要是鉴定分析目标性状和突出的性状表现及其稳定性，对未充分了解的性状特别是容易被忽视的微小变异进行鉴定评价，还要对环境条件及栽培条件的适应性表现进行评价，进一步鉴定上述所选株系的优劣，为安排品比试验、区域试验和生产试验提供依据和材料。

选种圃试验环境应保证试验的代表性，土壤条件、地形地貌相对一致，采用相同类型砧木。试验小区面积、栽植方式、株行距及栽种株数根据植株大小确定，每个供试芽变系宜不少于10株。小区多采用随机排列，2～3次重复，并设保护行。按照"DUS"测试内容要求，对突变体进行突变性状的稳定性、一致性和特异性鉴定评价。鉴定选种圃试验一般要进行3年以上。按照品种比较试验要求，田间观察评定和室内分析评价相结合，连续3年以上以单株为单位进行对比观察和综合评价各芽变株系，并以芽变株系为单位建立试验档案，详细记录品种比较试验结果和综合鉴定评价结果。根据鉴评结果，选出表现优良的芽变株系参加区域试验和生产试验。

（3）区域适应性试验和栽培试验　　通过品比试验的芽变株系还需进一步在不同的自然区域进行区域适应性试验，测定其利用价值、适应性，明确适宜推广区域。区域适应性试验要根据参试芽变株系生物学特性，选择2～3个有代表性的生态环境和区域，按照"DUS"测试要求,以原品种或主推品种作为对照品种,在接近大田生产统计的较大面积上进行多年多点试验,对参试芽变株系进行生态适应性鉴定评价。结合区域适应性试验,按照生产要求开展栽培试验,总结出配套栽培技术,为新品种推广应用提供支撑。

（三）决选

在品比试验、区域试验和栽培生产试验中表现突出,遗传性状稳定,产量、品质和抗性等符合推广条件的优异品系,选育单位根据试验结果,对优异品系予以命名,撰写整理品种选育报告、分析测试报告材料,根据《种子法》相关规定,按照程序报请农作物品种审定机构,申请品种登记或评定,或报请新品种保护机构,申请品种保护。农作物品种审定机构组织有关人员进行品种现场考察鉴定,对申请品种进行评审,评定其利用价值及适宜推广区域,通过农作物品种审定机构评审的品种予以公布。评比鉴定认为优良的芽变,经主管部门审定为品种后,方可向生产者提供良种种苗生产推广。

（四）芽变选种程序的灵活应用

在实际芽变选种工作中,应当根据选种实际及芽变的表现等灵活运用选种程序,提高选种效率。如果变异可以肯定是芽变而非饰变,且变异性状稳定而突出,也没有相关性状劣变,综合性状优良,可以不安排在高接鉴定圃和选种圃进行观察鉴定,直接进行区域适应性试验和栽培试验。如果是质量性状变异,表现稳定而优良,没有相关劣变,也可以直接进行区域适应性试验和栽培试验。例如,三华李软枝性属于隐性性状,硬枝性属于显性性状,如果在硬枝性三华李植株群体中发现有软枝性变异,就可认定为芽变而非饰变。变异性状稳定而优良,有足够依据证明是芽变的类型,但其他性状还不够了解,可以不安排在高接鉴定圃鉴定,直接进入选种圃观察鉴定。表现优异的芽变类型,从品比试验阶段开始,可建立良种母树园加速繁殖,以便能及时大面积推广。一些芽变类型可以利用保护地进行一年多代繁殖选择,提高繁殖系数,加速繁殖。进行变异稳定性测定和筛选工作,以及突变性状的综合研究,评定其利用价值。表现优良的芽变类型,在品种比较试验、区域适应性试验和栽培试验阶段,可以结合相关生物学特性观测同时开展适应性试验和栽培试验,在保证试验精确性的前提下,简化试验,提高效率。对于多年生果树、木本观赏植物及目标性状表现较晚的材料,可以通过提早进行相关选择,加速选择的进程,提高选种效率。

五、芽变种质创新与利用

芽变选种主要是在现有良种中开展,选择的对象是大面积推广品种及外地引入品种类型,选育的芽变类型综合性状较好,在一个或几个主要性状上有所改良,就可成为更加优良的新品种在生产上推广应用。芽变选种不仅能够选育优良新品种,也能够获得有利用价值的芽变新类型,增加新的种质,在种质创新方面有积极意义,可以为育种工作提供素材。因此,芽变也是种质创新的重要途径之一。根据变异体的利用价值、性状表现特点及其稳定性,芽变的利用方式主要有：①直接利用,有生产推广价值的突变类型,性状表现稳定,可以培育成为新品种。②间接利用,突变类型不一定能够作为优良新品种在生产上直接推广应用,但变异性状表现符合人类的一定目标,其遗传性表现稳定,可以作为杂交亲本等育种材料加以利用。例如,选出的抗逆、抗病的突变体,品质不一定优良,在抗性育种上具有重要价值。早熟突变在产量、品质等方面不一定表现突出,但能够较好地满足市场供应需要,可以作为育种材料在产量、品质等方面进一步改良，就可以培育优良的早熟品种类型。③潜在利用，一些芽变类型，达不到生产应用要求，或性状表现不够稳定，或变异不够显著，但有潜在利用价值，可以通过扦插、嫁接、压条或组织培养等方式保存，促进变异向有利的方向发展，稳定变异性状，使微小的变异逐渐发展成为显著的变异，作为新的种质资源进一步研究利用。

第二节 实生选种

一、实生选种的概念和意义

实生选种是指利用园艺植物在实生繁殖过程中，在自然授粉条件下，后代植株个体因基因重组或基因突变所产生的品种内或品种间遗传物质的交流和突变，从而产生各种可遗传的自然变异，并通过一次或多次定向选择，达到改良品种群体遗传组成或获得优良新品种的一种育种途径。它主要适用于采用实生繁殖的蔬菜、花卉及果树，也适用于在生产中采用营养繁殖的果树和木本观赏植物的实生群体。这些实生群体可以是偶然自然授粉产生种子后萌发形成的，也可以是人为有意识地采集自由授粉得到的种子经播种形成的，但需要注意的是这些群体的获得方式与人为选择亲本进行杂交获得的后代群体有着明显的区别。

在所有的育种途径中，实生选种是历史最悠久的一种选育种途径。我们的祖先很早就通过这一育种途径，在长期的生产实践中把许多野生植物种类驯化成半栽培乃至栽培园艺植物，进而培育出许多优良的品种和类型。尽管早期的实生选种对改良群体遗传组成或某一性状而言，进展是缓慢的，效果也不明显，但经过无数世代实生选种的积累增进，最终取得了惊人的成效。例如，沿用实生繁殖的野生型核桃，核壳坚硬且厚，内褶壁发达，取仁非常困难，而经过多代实生选种获得的纸皮核桃和绵核桃，其核壳薄如蛋壳，用手指即可捏碎并取出完整的核仁。

现代育种体系中，杂交育种成了主要的选育种途径，但实生选种仍发挥着重要作用。现代园艺植物生产中仍有相当一部分果树、蔬菜、花卉的优良品种是通过实生选种获得的，如桂味、糯米糍、妃子笑等荔枝品种，解放钟、大五星、软条白沙、白玉等枇杷品种，福山包头大白菜，章丘大葱，还有华南地区种植的菜心、芥蓝等蔬菜品种，我国著名的烟龙紫、黑花葵、丹皂流金等牡丹品种。近年来，一些新品种如荔枝的仙进奉、井岗红糯、冰荔等，枇杷的新白1号、贵妃、新白8号等，以及一些稀有果树种类的品种，如菠萝蜜的常有菠萝蜜、四季菠萝蜜、红肉菠萝蜜、海大1号菠萝蜜、海大2号菠萝蜜、海大3号菠萝蜜等，全部都是通过实生选种获得。由此可以看出，在未来的园艺植物育种工作中，实生选种仍然是不可忽略的重要育种途径。

与其他育种途径相比，实生选种利用的是自然变异，省略了人工创造变异的过程，由于变异类型是在当地条件下形成的，经受了当地各种不良环境的考验，对当地气候、土壤有较好的适应性，也能很好地满足当地的消费习惯，因此，选出的新品种或新类型可以很快在本地区推广应用，具有投资少、见效快的优点。尽管如此，我们仍需要看到实生选种的不足：实生选种利用的变异来源于基因突变或自然授粉条件下基因重组导致的自然变异。由于基因突变本身变异频率较低，有利变异就更少；而自然授粉条件下产生的基因重组，带有很大的随机性，因此有目的地选育新品种困难大、效率低，单纯通过实生选种已不能满足园艺产业发展对新品种的需求。

二、实生变异的特点

（一）变异的普遍性

与营养系的芽变相比，实生变异的发生更加普遍。在园艺植物的实生后代中，由于基因重组（自交或异交），很难在后代群体中找到两个基因型完全相同的个体，特别是在高度杂合的果树种类中尤为常见。同样，基因重组，导致实生变异性状多，且变异幅度大，在实生后代中几乎所有的性状都发生不同程度的变异，除园艺植物中高度自交植物种类之外，所有有性繁殖植物品种群体和无性繁殖植物的实生后代常表现为异质群体（即个体间基因型不一致）、群体内个体基因型杂合，由此产生多种多样可遗传的变异，不仅包括了质量性状的变异，也包括了数量性状的变异，其中数量性状的变异最为丰富。

（二）变异的连续性

数量性状的变异常呈连续变异的特点，因数量性状具有变异连续性。例如，塔里木大学植物科学学院调查伏脆蜜枣的24株实生后代果实性状时，发现可溶性固形物、维生素C、糖及酸的含量等方面存在较大的变异，其中平均果重最轻的仅为2.31g，而最重的高达24.68g，二者相差十多倍（曹格等，2022）。

（三）变异的积累性

数量性状往往受到基因显性作用、上位性作用和加性作用控制，当植株个体基因型处于杂合状态时，前两者作用得以加强，而当植株个体基因型处于纯合状态时，加性作用得以固定。因此，无性繁殖的园艺植物若进行一代或几代的实生繁殖，其后代群体大多数因无性繁殖固定的显性和上位性作用产生的优良性状的表现值会迅速降低，如苹果实生后代的果实重量会逐代降低；而有性繁殖园艺植物在多代的实生繁殖过程中，可通过基因纯合来固定有利基因，提高基因的加性效应，从而使某些数量性状表现值得以加强，如豆角的长度等。

三、实生选种原理

（一）选择的作用

1. 人工选择与自然选择的区别和联系　　现代植物育种学认为，植物群体的遗传组成（即群体中各基因型个体所占比例）有五大基本因素：选择、交配方式（自交或异交）、突变、外来基因渗入及遗传漂移（指群体中某些等位基因自然或随机丧失的现象）；其中，选择的作用最为明显。达尔文在他的著作《物种起源》中就明确提出"适者生存，不适者淘汰"的观点，认为选择是生物进化的主要动力。

达尔文将选择分为自然选择（natural selection）和人工选择（artificial selection），自然选择是自然条件对生物个体的选择，把一切不利于生物生存与发展的变异淘汰掉，而保留一切对生物本身有利的变异，最终选择结果使得生物更能适应自然条件，增强了生存能力，如抗病虫或繁殖能力提高；而人工选择是人类根据自身的需求，选择符合要求的个体或类型，其选择结果大多使生物个体或类型朝着有利于人类利用的方向发展。自然选择与人工选择的选择方向有时是一致的，如抗病虫或抗逆等；有时不一致，甚至完全相反，如人类选择利用雄性不育特性育成雄性不育系，很显然该性状不利于植物本身的生存，必然会被自然选择所淘汰。需要指出的是无论如何进行人工选择，其选择的个体或类型都要在自然环境中生长，所以必须接受自然选择的检验，只有能适应自然环境条件的个体或类型，才能在生产上推广；所以，人工选择应在自然选择的基础上进行，充分利用自然选择创造的条件。

对于植物而言，选择的本质就是差别繁殖，即群体中不同基因型个体对后代基因库作出不同的贡献；因此，通过选择能定向改变群体的遗传组成，使得能适应选择条件的个体或类型数量增加，不适应选择条件的个体或类型数量减少，甚至灭绝；而选择的基础就是植物既有遗传又有变异的特点，只有变异的存在才能进行选择，而只有当变异是可遗传时，选择才有效。

2. 选择的创造性与局限性 选择的创造性是指有性繁殖的园艺植物通过多代的连续定向选择，可以获得原始群体内不存在的变异类型或使得某一性状得以加强。比如美国育种学家布尔班克通过连续的定向选择，在开红花的虞美人群体中，选择获得了开白花的虞美人，或在一个果重为 50~100g 的番茄品种群体内，经过多代连续定向选择，获得了果重为 150~200g 的新群体。

选择之所以有创造性，是因为连续定向选择可以积累或重组有利的遗传变异，使其逐渐达到一个较高的水平，即当选群体或品系已明显不同于原群体。变异不会凭空产生，总是在原有性状的基础上产生的，因此，若想通过选择加强某一性状，选择群体的性状基础尤为重要，很难想象在一个性状基础较差的群体中进行选择能获得较好的选择效果。

选择具有创造性，但也不是所有性状的任意组合，也不可能是有利变异的无限积累，任何植物变异范围与程度是有一定限度的。谁也不敢设想有朝一日通过选择，大白菜会变得像蔓生植物一样藤蔓满地，也不会期望番茄的果实会像冬瓜一样硕大，因为长期的系统发育使得现存栽培植物遗传物质不可能在短时间内产生巨大的变化。这种选择的极限在自花授粉作物上的反映更加明显。例如，近代遗传学家约翰逊从市场上买回一些菜豆种子，种植后对豆粒大小进行了连续 6 代的选择，结果发现豆粒重量虽然有所提高，但差异不显著，在后代群体中几乎再也找不到可供选择的变异，为此他提出所谓的"纯系学说"，认为在自花授粉作物的天然混杂群体中，可以选择分离出很多基因型"纯系"，这些基因型"纯系"由于多代自花授粉处于基因纯合状态，能保持后代遗传性状的稳定，除非发生自然变异或偶然的异交，否则无法进行再次的选择。

但是有性繁殖异花授粉的园艺植物的情况较为复杂，这类品种群体的遗传差异大，而且植株本身的基因杂合度高，同时也容易发生随机的天然杂交，使得一定范围内不同植株的等位基因发生经常性交流，遗传性状也容易发生重组，因此，异花授粉植物群体即使经过多代连续自交，其后代群体中仍存在可供选择的遗传变异。换而言之，异花授粉植物几乎不存在选择极限。例如，美国伊利诺伊大学农事试验场著名的玉米油分选择，其原始群体平均油分为 4.88%，变异范围为 3.7%~6.0%，连续选择 69 代后，高油分群体平均已达到了 17.5%，但发现仍有可供选择的变异存在，当然，变异变得越来越难发现，而且变异的幅度也越来越小。

3. 遗传力与选择效果 遗传力是指某一性状受到遗传控制的程度，可以简单地理解为植物某一性状从亲代传递给子代的能力，性状的遗传力大，说明后代该性状相似于亲代的可能性就大，反之亦然。例如，番茄果实颜色比单果重的性状遗传力大，表现为粉红色果实的植株后代的果实颜色一般还是粉红色的，而平均单果重为 200g 植株后代果实平均单果重一般不是 200g。

植物性状遗传力大小为 0~1，当等于 1 时表明表型变异完全是遗传因素决定的，当等于 0 时表型变异由环境造成。关于性状的遗传基础，有以下几点经验可以遵循：质量性状比数量性状遗传力高、隐性性状比显性性状的遗传力高、基因数目少的数量性状比基因数目多的数量性状遗传力高、纯合基因控制的性状比杂合基因控制的性状遗传力高、野生性状比栽培性状遗传力高等。

对质量性状的选择压力常用选择系数 S_c 来表示，它是指被选择的类型和非选择类型所生产的配子或后代差数的乘数。例如，某一病害抗性为质量性状，受一对呈显隐关系（R-r）的基因控制，当显性基因存在时（RR 或 Rr）表现为抗性，而纯合隐性（rr）表现为感病。假定显性个体产生 100 个配子或后代，隐性个体产生 40 个配子或后代，其差数为 $100-40=60$，再把它换成乘数，即为选择系数：$S_c=1-0.4=0.6$。选择系数为正值，其变化为 0～1，选择系数越大，表示选择压力越大。

对数量性状进行选择时，入选群体某一性状的平均值与原群体平均值的离差即为选择差（S_d）。如在一果重变幅为 9～16g、平均单果重为 12.5g 的辣椒群体中选择 2% 的大果单株，这样入选群体平均单果重为 14.5g，其选择差为 $14.5-12.5=2$（g）；如果在原始群体中选 10% 的大果单株，则入选群体的平均单果重下降到 13g，其选择差为 $13-12.5=0.5$（g），由此可见，选择差的大小与入选率成反比，即入选率越高，选择差越小；相反，入选率越低，选择差越大。选择差不能完全遗传给后代，所以选择差只在一定程度上反映了选择效果（R）。

选择效果（R）是指当选植株后代性状的平均表现值与原群体性状平均表现值的差值。如前文所述，由于选择差不能全部遗传给后代，因此后代选择的效果会小于选择差。选择效果的好坏与入选群体的数量成反比，与选择差的大小、性状的遗传力大小及原始群体该性状的变异程度呈正相关。入选群体数量越少，选择差越大或原始群体该性状的变异程度越大，选择的效果就越好。因此，可根据选择性状的遗传特点，采取不同的选择策略，从而提高选择效果。例如，自花授粉植物有性杂交后代，质量性状受环境条件的影响小，遗传力较高，可在早期世代进行选择，就可以获得良好的选择效果；而针对数量性状，由于数量性状易受环境条件的影响或基因加性作用，其遗传力较低，早期世代的选择效果不明显，多经过几代的自花授粉使其大部分基因纯合后，再进行选择，效果就会明显提高。

（二）选择的方法、适用对象及选择效果

在选择育种工作中，除芽变选种可对变异枝条进行选择外，一般是对植株进行选择，育种过程中准确地进行选择，尽早选出基因型优良的植株和淘汰不良的植株，就能提高选择效果，加速选种过程。因此，选择方法显得尤为重要，根据植物的开花授粉繁殖习性、选择性状的遗传特点及选择的目的，可以采取不同的选择方法。

1. 混合选择法和单株选择法　混合选择法是根据植株的表型，从原始群体中选择符合选种目标的优良单株或单果混合留种，下一代混合播种在混选区，并种植标准品种和原始群体作为对照，进行比较鉴定的一种选种方法。生产上采用的片选、株选、果选、粒选等，大多数属于混合选择法，它的优点在于能保持良种的优良特性，防止品种种性退化。根据连续混合选择的次数，可分为一次混合选择和多次混合选择。

混合选择法多适用于混杂严重的有性繁殖异花授粉园艺植物的提纯或结合生产改良现有品种和防止品种混杂退化，同样也适用于新品种的专门选种。

混合选种简单易行，不需要很多土地、劳动力及设备就能很快地从混杂的原始群体中分离出优良类型，具有选种成本低，便于普遍采用的优点。另外，一次混合选择就可以获得大量的种子，能应用到生产上去的同时，也可对混杂严重的农家品种起到提纯复壮的效果；对异花授粉园艺植物而言，自由授粉不会造成由于自交导致后代生活力下降的现象。但由于混合选择是将所有入选单株或单果的种子混合在一起，不能依据后代性状的表现对亲本性状的优劣进行评判，因此选择效果差。

单株选择法又称为系谱选择法或系统选择法，它是根据选种目标，从原始群体中选择优良单株，分别自交留种，下一代分别播种，每一入选单株的种子种植在一个小区内形成株系，进行不同株系间比较，以鉴定出亲本性状优劣的选种方法。该选择方法根据后代的表现判断所选植株的优劣，只有基因控制的部分在下一代才会继续稳定地表现，所以单株选择法又称为基因型选择法。同样的，单株选择法也可分为一次单株选择法和多次单株选择法。

一次单株选择法适用于无性繁殖园艺植物的芽变选种或对现在有性繁殖自花授粉植物品种的改良进而育成新品种及混杂园艺植物的良种繁育；多次单株选择法则适用于有性繁殖园艺植物实生选种和杂交育种。

单株选择是对入选单株后代的表现对入选植株进行表型优劣的鉴定，可以消除环境饰变的影响，提高选择效果。由于采取了严格自交的方式，加速遗传性状的纯合和稳定，选择几代就可以获得遗传性状一致的群体；但是，与混合选择相比，单株选择法技术较复杂，小区占地多，由于采用自花授粉，需设置隔离，成本较高，同时针对异花授粉的园艺植物而言，多代自交其后代常发生生活力衰退的问题。此外，单株选择每次获得种子数量有限，很难将选择的成果立即应用到生产中去。

2. 一次选择法和多次选择法 从原始群体到最终达到选种目标的选种过程中，可能一次选择或多次使用相同或交错使用不同的选种方法，如混合—单株选种法或单株—混合选种法。一次选择法，顾名思义就是指对原始群体只进行一次选择就能达到选种的目标，选种周期短，育种效率高，因只进行一次选择，特别适用于那些通过无性繁殖就能将有利的可遗传的变异稳定下来的园艺植物，如大多数木本果树和木本花卉，同时也适用于质量性状的选择（如果皮颜色）或遗传力很高数量性状的选择（如早熟性）；一些自花授粉常规品种的提纯复壮也可采用一次选择法，如豆类、辣椒等蔬菜常规品种。

多次选择能定向积累有利变异的作用，因此，绝大多数有性繁殖蔬菜和花卉植物新品种的选种往往要进行多次选择才能达到选种目的。

选择的次数与植物种类及选择群体的遗传稳定性有关，大多数多年生果树由于童期的存在，很难进行多次的选择，往往只进行一次选择；而生长周期短的一二生植物，则可以进行多次选择，但当选择群体的遗传稳定一致时，就无法再进行选择。

3. 直接选择和间接选择 直接选择是指对目标性状进行直接的选择，它针对性强，选择效果好。间接选择是对目标性状的构成性状或相关性状进行间接选择的方法。间接选择法的效果通常低于直接选择法，但也有例外，如产量这个目标性状，如果针对产量的构成性状进行选择，其选择效果更好。间接选择还可以在直接选择之前进行，这个在多年生果树中得到了很好的应用，因多年生果树的主要目标性状多集中在果实上。比如大果樱桃的实生选种，要等到所有个体开花结果才能进行选择，通过间接选择可在一年生苗期根据叶基腺体的大小来判断果实的大小，从而在早期就淘汰大量将来是小果型单株，从而节省大量的人力、物力和土地面积，大大降低育种成本。此外，近几年兴起的DNA分子标记辅助育种，也可归为间接选择。

4. 母系选择和集团选择 母系选择是根据选种目标，从原始群体中选择优良单株，不进行隔离，收获种子后，播种成株系，设置对照，进行比较鉴定的选种方法，故又称无隔离系谱选择法。由于无须隔离，操作简单，生活力不易退化；但选择依据主要来源于母本植株，相比于单株选择，选择效果较差。

集团选择是根据植物学特征和生物学特性，从原始群体中将相似性状，如按植物高矮、果实形状、颜色、成熟期、抗性等的优良单株归为几个集团，集团间隔离，集团内自由授粉，种子采收后，按不同集团分别播种成小区，设置对照，以便进行比较鉴定。该方法简单易行，后代生活力不易衰退；通过选择，集团间的差异可以得到加强，集团内一致性的提高比混合选择快，但集团间需要设置隔离，选择效果也是单株选择差。

5. 独立淘汰选择和性状加权选择　　独立淘汰选择是对所选择的每一个性状都设定一个最低入选标准，候选个体只要有一个性状不符合入选标准，其他性状再优良也不能入选。这样，选择出来的单株各方面的性状均表现较好，能收到全面提高选择效果的作用。但这种选择方法容易将一些只有个别性状没有达到标准、其他方面都优良的个体淘汰掉，而选留下来的，往往是各个性状都表现中等的个体，同时，各个性状在经济上的重要性及遗传力的高低也没有给予考虑，因此，此法多适用于综合性状均比较优良群体的选择。

性状加权选择是对选择性状的重要程度和遗传力的高低，分别赋予不同的加权值，对候选个体不同性状的表型值进行加权，然后根据全部性状的加权总分决定取舍。此法综合考虑了选择性状的重要性和遗传力等因素，入选的个体综合性状表现优良，也不会淘汰只有个别性状表现差而大多数性状表现优良的个体。但制订性状加权选择方案较为复杂，要充分考虑各选择性状的经济价值、遗传力大小和性状间的平衡关系，制订合理的加权值和表型值，使其形成易于操作且行之有效的选择标准。

四、实生选种的方法和程序

实生繁殖园艺植物主要包括木本（多年生）和草本（一二年生）种子繁殖植物两大类，由于生长习性的不同，其实生选种的方法和程序存在较大的差别，下面就以木本和草本种子繁殖园艺植物为例，分别介绍实生选种的方法和程序。

（一）木本植物的实生选种

1. 适应范围　　木本植物种子繁殖又称实生繁殖，主要指那些生产上采用实生繁殖的果树种类，如板栗、榛子、核桃等。由于嫁接存在困难，在早期这些果树主要采用实生繁殖的方法，在生产上多属于单产低、管理粗放的树种，这类群体多统称为原有实生群体。另外，由于多数无性繁殖植物（如多年生果树或木本花卉等）基因组高度杂合，即使自交也会导致大量新的基因重组类型，从而获得丰富的可遗传的变异；利用这一遗传特点，凡是能结籽的无性繁殖园艺植物，可对其有性后代通过一次选择获得优株，再采用无性繁殖的方法将优良变异固定下来，就可育成新的品种，这类供选择的群体，多称为新建实生群体。这两类群体都可采用实生选种的方法对原始群体进行改良或获得新的品种。

2. 实生选种的程序　　在确定好选种目标和株选标准之后，就可以开展相应的选种程序。由于实生群体（原始或新建）的不同，其实生选种的程序也不一样。

（1）原有实生群体的选种程序　　我国北方的板栗、核桃等果树长期的实生繁殖，造成群体内个体间良莠不齐、优少劣多、普遍低产及果实性状整齐度差、商品价值低的现象严重，通过实生选种可以利用实生群体中存在的变异，开展群众性的实生选种获得优株，结合推广嫁接技术繁殖法建成无性系品种从而实现快速良种化。1974年在河北迁西召开的全国板栗增产科技座谈会上提出的选种程序是根据各地板栗选种的经验和生产上的迫切要求，依据优种就地利用和边利用边鉴定，在利用中提高的选种原则而制订的选种程序，其他无性繁殖果树的实生选种中也可参考该程序，其选种程序如下。

1）报种和选种。开展群众性选种是提高选种效率的有效途径之一。因此，为了更快更准确地选出优株，必须充分发动群众选种报种，然后组织专业人员对群众报种情况进行现场调查核实，剔除显著不符合要求的单株后，对其余的单株进行编号登记，作为预选树，即初选的候选树。在发动群众选种报种之前，组织群众讨论和明确选种的意义、要求和标准，能大幅度减少因信息不准确导致的误报，提高入选单株的可靠性。

2）初选。由专业人员对预选单株采集样品进行室内调查记载，并对记载资料进行整理和分析比较，同时，对预选单株的产量、品质、抗逆性等性状进行连续2~3年的复核鉴定后，根据选种标准，将其中表现优良且遗传稳定的单株确定为初选优株。在这个阶段，要对初选优株及时嫁接培育较多数量的幼苗（30~50株），一方面可作为选种圃和多点生产鉴定的试验材料，另一方面可满足选出的优株一旦用于大面积推广对接穗的需求。在不影响母株生长的前提下，还可剪取一些接穗，就近高接在一些低产劣树上，在对入选优株高接鉴定的同时，又起到了改造低产树的作用。

3）复选。选种圃中的嫁接苗开花结果后，经连续3年的比较鉴定，连同对母树、高接树和多点生产比较鉴定的资料，对入选优株做出复选鉴定评价结论，这样优中选优，将最优良的单株作为入选品系，并建立可提供大量接穗的母本园。

（2）新建群体的实生选种　新建群体的实生选种只进行一次选择，因此相对较简单。具体的做法是：将采集获得供选材料的种子（自交或天然杂交），播种于选种圃，待其目标性状表现出来之后，根据选种目标，经单株鉴定选择其中表现优良的单株分别编号，然后采用无性繁殖的方法，将入选单株繁殖成营养系小区，同时设置对照进行不同小区间比较鉴定，其中优异者入选为营养系品系。

此法与多年生果树的杂交育种有点类似，均只进行一次的选择，同时，也通过无性繁殖的方式固定有利可遗传的变异；但二者利用的变异来源不同，新建群体实生选种的变异来源于基因重组或突变导致的自然变异，而多年生果树的杂交育种则是人为有目的地选择不同亲本进行杂交，然后在杂交后代中进行选择，虽然变异主要来源于基因重组，但变异均属于人工创造的变异。

（二）草本植物的实生选种

1. 适用范围　种子繁殖的草本园艺植物大多为一二年生植物，与多年生的木本果树或花卉相比，它们的生长周期短，在环境条件适宜的情况下，一年可以完成一个甚至多个生长周期，因此，可以进行连续多代的选择鉴定，提高选择效果。如前文所述，选择的效果与选择群体变异的幅度呈正相关，对异花授粉的园艺植物而言，由于易发生自然异交，其后代群体往往存在丰富的可供选择的变异，因此实生选种是行之有效的获得新品种的途径；而对自花授粉的园艺植物而言，有时由于机械混杂或偶尔的天然杂交，其品种群体也存在可供选择的变异，可以通过一两次的单株选择，就可以改良原始群体或获得新品种，但值得一提的是大多数自花授粉品种群体由于多代严格自交，群体内个体的基因型趋于纯合，表现为群体内变异小，选种效率相对低。

2. 选种程序　种子繁殖的一二年生草本园艺植物的实生选种，从原始材料的收集到选育获得新品种，需经一系列的田间试验鉴定评价，这些田间试验可按一定的流程在各种圃地上完成，这种流程式的田间试验鉴定程序称为选种程序。选种程序的各种圃地包括原始材料圃、选种圃、品种比较试验圃、生产试验与区域试验圃等。

（1）原始材料圃　　原始材料是指供选择的各种栽培植物群体和有关的野生植物。每一个原始材料群体多为 50～100 株，同时设置对照，按选择目标的标准，从原始材料群体中选择优良的单株，留种供选种圃使用。在实际选种工作中，很少设置专门的原始材料圃，可在生产田中直接进行选择。

（2）选种圃　　经过不同的选择方法获得的优良单株后代或优良群体的混合选择后代，可按株系或混选系播种成小区，每小区种植 30 株以上，以当地优良品种或主栽品种为对照，进行有目的地比较鉴定和选择淘汰，从中选优良株系或群体，通过一次或多次的选择，株系内或群体内个体间的遗传趋于稳定一致时，可停止选择，进行下一步的品种比较试验。

（3）品种比较试验圃　　是对选出的优良株系或混选系后代进行全面的比较鉴定，不仅与对照进行比较鉴定，优良株系间或混选系后代间也同时进行比较鉴定。比较鉴定按正规的田间试验进行，保证田间管理水平的一致性；在设置对照的同时，设三次以上重复。在这个阶段，要了解入选的株系或混选系后代的生长发育习性，结合比较鉴定，最终选出综合性状优于对照的一个或几个品系。

（4）生产试验与区域试验圃　　从品种比较圃选出的优良品系，可进入下一步的生产比较试验。在生产比较试验中，种植面积应大于 $666.7m^2$，并以当地的推广品种作为对照。生产试验是新品种走向生产推广前的一个重要环节，可进一步检验新品系的丰产性、遗传稳定性和其他经济性状是否确实优于当地推广品种。

区域试验是在不同生态区域条件下进行品种比较的方法。经品种生产试验选出的新品种，已经确定了在当地的生产价值，但对其适宜推广栽培的范围尚不能做出全面结论，因而要在不同的地区、不同的生态条件下进行区域适应性试验，以确定新品种种植生态区域。区域试验多由当地农业主管部门主持，在所属区域范围内，选择几个有代表性的试验点，以确定待审品系适宜推广的区域范围。区域试验从原理上说是唯一性试验，就是只有品种不同，其他管理条件都相同。为了消除环境差异带来的影响，区域试验设计采用三次重复、随机区组排列的方式安排布置试验。

思考题

1. 名词解释：芽变、芽变选种、嵌合体。
2. 芽变选种有什么突出特点？
3. 如何有效辨别芽变和饰变？
4. 如何分析变异和有效分离纯化变异？
5. 如何运用芽变选种程序？实际选种工作中如何提高选种效率？

第七章 园艺植物有性杂交育种

利用自然变异，通过选择育成新品种，虽然是一条有效途径，但是自然变异发生频率低、变异范围窄且缺乏预见性，因此，有利的自然变异往往需要长期认真地观察、识别和等待才能被发现。有性杂交育种可以人为有目的地通过杂交创造变异，进而通过选择育成新品种，对育种目标的实现增强了预见性，尤其是随着现代遗传学等基础理论的不断发展，有性杂交育种已经成为目前培育新品种最有效的途径之一。本章将着重介绍通过人为有目的地杂交创造变异、通过选择使变异快速纯合，以及培育出遗传性稳定的新品种的原理和方法。

第一节 有性杂交育种概述

一、有性杂交育种的概念和意义

（一）有性杂交育种的概念

有性杂交育种又称组合育种、重组育种或常规杂交育种，是根据品种选育目标选择亲本，确定交配方式后通过人工杂交，将存在于不同亲本中的优良性状组合到杂种之中，然后对其后代进行一系列培育、选择和比较鉴定，最终获得遗传性状相对稳定的定型新品种的一条育种途径。

根据杂交亲本亲缘关系的远近，有性杂交可分为近缘杂交和远缘杂交。前者为同一物种品种间或变种间的杂交，杂交亲和度高，容易获得杂种后代，是各种园艺植物最常用的有性杂交育种方法；后者是指植物学上不同物种、属之间的杂交，或不同生态类型的亚种或变种之间的杂交，杂交亲和性低，往往存在不同程度的生殖隔离，或杂种后代生长发育不正常等现象。通过远缘杂交获得杂种的目的大多是试图利用远缘亲本中某种优良性状，然后再通过回交等手段创制新种质，为组合育种或优势育种提供备选亲本。

广义的有性杂交育种还包括杂种优势育种（杂种一代的直接利用），因为组合育种和杂种优势育种均是将存在于不同亲本的优良性状组合到杂种中。对于一二年生有性繁殖的园艺植物而言，广义的有性杂交育种，即组合育种和杂种优势育种，这两种育种方式仍然是目前选育新品种的主要方法。对于多年生无性繁殖的园艺植物（如果树和观赏花卉等）而言，在组合育种的过程中也包括了杂种优势育种，因为果树和观赏花卉等开展组合育种时所用亲本绝大多数为基因杂合类型，通过杂交后所产生的杂种是两个杂合亲本组合所获得的另外一种新的基因杂合体。一方面，如果该种基因杂合体符合生产需要，可通过无性繁殖推广应用，即杂种一代可直接利用，属于杂种优势育种的范畴；另一方面，如果该种基因杂合体尚不符合生产需要，则可以按照组合育种的程序，通过自交或回交使其产生分离后代，再从中进行选择获得优良单株，最后通过无性繁殖推广应用，这属于组合育种的范畴。

与有性杂交相对应的是无性杂交，如原生质体融合或体细胞杂交等。广义的有性杂交育种中的杂种优势育种及属于生物技术育种范畴的原生质体融合或体细胞杂交将在其他章节专门介绍，本章仅介绍狭义的有性杂交育种。

（二）有性杂交育种的意义

有性杂交育种的历史悠久，早在1865年，孟德尔通过豌豆杂交试验，发现了分离定律和自由组合定律两个基本遗传学规律。1876年，达尔文在总结物种进化的基础上，通过对植物进行广泛的杂交和自交对比试验后发现，大多数的杂交后代表现优于自交后代，并提出了异花授粉有利、自花授粉有害的见解。19世纪，研究者应用杂交的方法培育了大量的果树、蔬菜、花卉及其他植物的优良品种。20世纪初，摩尔根通过果蝇的杂交试验，发现了基因连锁交换遗传规律，进一步为有性杂交育种提供了理论依据。

首先，有性杂交育种的优越之处在于能够人为有意识地创造变异，对杂种后代的变异范围往往可通过亲本的选择选配加以控制，从而使培育新品种更富有创造性和预见性；其次，杂种自交后代分离的变异范围往往比一般品种发生自然变异的范围更广，这为选择有利变异提供了丰富的物质基础。因此，有性杂交育种成为被广泛应用且卓有成效的育种方法。迄今，世界上许多高产、优质、抗病和抗逆的园艺植物新品种都是通过这一途径育成的。例如，我国育成的抗细菌性凋萎病的宁青745号、抗霜霉病的津研系列及耐热、耐霜霉病的夏青3号等黄瓜品种；丰产且适宜罐藏的番茄品种红棉；果特大且外观艳丽、中熟优质、早结丰产的巨美人荔枝品种；早熟、化渣、汁多、风味浓郁的早佳系列枇杷品种；蜜甜低酸、有香气、品质优良的华蜜系列黄皮品种；综合了欧洲蔷薇和中国月季多亲本优良性状、目前全球广泛栽培的四季开花的杂种香水月季品种等。

（三）有性杂交的遗传效果

从遗传机制上说，通过有性杂交可以获得以下三种遗传效果。

（1）综合双亲优良性状　根据孟德尔发现的两个基本遗传规律，通过有性杂交可以将存在于不同亲本中的控制优良性状的基因组合到杂种中，当控制优良性状的基因位于异源染色体上时，通过对杂种后代进行选择可以获得具有双亲优良性状的重组纯合个体，从而培育出新品种。

根据摩尔根发现的基因连锁交换遗传规律，当控制优良性状的基因位于同一条染色体上存在不同程度连锁关系时，也不影响控制优良性状的基因重组，即使控制优良性状的基因与控制不良性状的基因存在一定的连锁关系，即不完全连锁时，通过对杂种后代进行选择仍然有可能获得具有双亲优良性状且淘汰不良性状的纯合个体，从而培育出新品种。

（2）产生新的性状　有性杂交后代改变了基因的组合形式及相互作用关系，根据遗传学规律，基因重组或者非等位基因之间的相互作用关系改变均可能产生新的性状。例如，$CCpp$和$ccPP$基因型的香豌豆花均表现为白花，由于C和P基因独立遗传且存在互补作用，因此它们的杂种一代（基因型为$CcPp$）花色表现为紫色。另外，$AAbb$或$aaBB$基因型的南瓜果实均为圆形，在它们的杂种后代中有$A\_B\_$基因型个体，因A与B基因存在累加作用而表现为扁盘形果实。

（3）产生超亲性状　受数量遗传基因控制的性状，由于基因加性效应的作用，在杂种后代中有时会出现某一个或某几个超过亲本性状的变异。例如，假定两对独立遗传的基因$aabb$纯合体的单果质量为100g，$AABB$纯合体的单果质量为200g，若a与b、A与B对单果质量的加性效应相等，即$a=b=100/4=25$（g），$A=B=200/4=50$（g），那么从单果质量分别为150g的两个品种 *aaBB* 和 *AAbb* 的杂种后代中，将会分离出单果质量分别为200g和100g的不同于双亲单果质量的基因型个体 *AABB* 和 *aabb*。

二、园艺植物主要性状的遗传

性状遗传规律是进行有性杂交种时亲本选择和选配的重要依据，现将园艺植物主要经济性状的遗传表现归纳总结如附录所示，为有性杂交育种亲本选择和选配提供参考。其中，多年生果树杂种的遗传规律可归纳为以下几点。

（1）后代杂种性状分离的多样性　　是杂交过程中基因重组所致。亲本的基因杂合程度越高，后代性状分离越复杂多样；自交结实率越低，遗传差异越大的亲本杂交，后代性状分离也越多样化。

（2）杂种群体经济性状普遍退化　　果树杂种的经济性状，如果实大小、产量高低、品质好坏等都比中亲值低。据统计，苹果44个杂交组合1387株杂种平均果重仅为中亲值的66%。经济性状退化的原因是基因的非加性效应在基因重组过程中发生解体。

（3）杂种群体若干性状的趋中变异　　杂种果实含糖量、果实形状和成熟期平均接近于中亲值，表现为较典型的趋中变异。其原因与经济性状退化的原因一样。

一二年生蔬菜作物亲本普遍存在杂合度较低或者容易纯化等特点，由于受多基因遗传控制，杂种多数性状遗传表现为中间类型，而对于受少数基因控制的质量性状则常表现为显性或隐性遗传。

三、杂交亲本的选择和选配

（一）亲本选择选配的意义

杂交亲本传递给杂种的基因是杂种性状形成的内在物质基础。例如，两个白刺的黄瓜品种杂交所产生的杂种后代是白刺的，原因是两个亲本都具有纯合的白刺基因型，基因型纯合的两个黑刺黄瓜品种杂交所产生的杂种后代是黑刺的。如果两个黑刺品种杂交后代出现白刺的变异，那么它的亲本中必然具有隐性白刺基因的存在。两个感霜霉病的黄瓜品种杂交，其后代一般不会出现抗霜霉病性状的变异。由此可见正确选择选配亲本在有性杂交育种中的重要性。

亲本选择是指根据品种选育目标选用具有优良性状的品种或育种材料作为杂交亲本。亲本选择决定了育种工作的方向。有时目标性状基因在栽培品种中难以找到，如辣椒抗炭疽病基因、苦瓜抗白粉病基因、番茄抗 CMV 基因、高茄红素含量基因、有棱丝瓜抗霜霉病基因等一些抗性和品质基因可在近缘野生种、半野生种或引变材料中寻找，即选作杂交亲本的材料可包括栽培种、半栽培种、野生和半野生类型及引变材料等。亲本选配则是指从入选亲本中选用哪两个或哪几个亲本配组杂交，以及确定配组方式，如决定父母本、多系杂交时哪两个亲本先配组等。

亲本选择选配得当，可以较多地获得符合选育目标的变异类型，从而提高育种工作的效率。亲本选择选配不当，即便选配了大量杂交组合，也不一定能获得符合选育目标的变异类型，造成不必要的人力、物力和时间的浪费。

（二）亲本选择的原则

1. 明确选择亲本的目标性状　　根据品种选育的目标，确定将要当选亲本的性状要求，分清主次，对目标性状要有较高水平，必要性状不低于一般水平。例如，育种目标为抗病、优质时，亲本的抗病、优质目标性状的水平应高，而熟期、株型、产品器官形态等必要性状应不低于一般水平，并能为生产者和消费者所接受。又如罐桃育种中，果肉不溶质（肉质紧密强韧）比果肉黄色重要，在选择亲本材料时，就应优先考虑果肉不溶质性状。

需要注意的是一些重要经济性状，如丰产、优质、熟期等是由多种单位性状构成的复合性状。例如，番茄的丰产性是由株幅（它决定合理密植的程度）、单株花数、坐果率和单果重等单位性状构成的。选育丰产番茄品种时，直接根据单株果大这一性状选择亲本，则可能选得的亲本都是果重较重而果数较少的，用这些亲本杂交就不易得到高产的后代。如果选得的亲本一些是株幅小适宜密植的，一些是果多的，还有一些是果重的，将来组配亲本时，就可能使不同单位性状水平高的亲本配组，从而有可能综合不同亲本的优良单位性状，获得复合性状水平高的杂种后代。因此在选择亲本时要分析研究并明确构成目标性状的单位性状。

2. 掌握育种目标所要求的大量原始材料，研究了解目标性状的遗传规律　　根据育种目标的要求，搜集的原始材料越丰富，则越容易从中选到符合要求的杂交亲本。对目标性状的遗传规律了解得较清楚，就可以在选择亲本时少犯错误。例如，在罐桃育种中，五云桃和冈山500号的表型都是白肉溶质，五云桃的自交后代全是白肉溶质，而冈山500号的自交后代中却有黄肉不溶质类型。很明显这是由于五云桃的两对性状都是同质结合型（$YYMM$），而冈山500号则是杂合的（$YyMm$）。又如在培育辣椒品种时，由于直立向上为单基因隐性遗传，因此如果想培育朝地类型辣椒品种时，父母本不能同时选择朝天类型。

3. 亲本应具有尽可能多的优良性状　　亲本的优良性状多而不良性状少，则便于选配能互补的双亲，否则就需要采取多系杂交，增加工作的复杂性和育种的年限。在考虑亲本具有较多优良性状的同时，需要注意的是一些遗传力高的不良性状，如果亲本常有这些性状，则对后代的改造会增加很多的困难，尤其是一些多年生的果树作物，如橙与枳杂交，枳的苦涩味；大苹果与山荆子杂交，山荆子的小果质劣等。因此，在选择亲本时，应尽量避免选择这些遗传力强的不良性状的材料。

4. 优先考虑一些少见的有利性状和可贵类型　　从单一性状来说，有些有利性状出现较普遍，如抗寒性弱而品质优良的甜橙品种较多，但既抗寒、品质又好的甜橙几乎没有。水蜜桃丰产的品种也不少，但黄肉不溶质又丰产的桃品种则不多。此外抗黑星病、黑斑病和轮纹病的梨品种，抗高温多湿及大粒优质无核的葡萄品种等都是育种资源中的珍品。在果树育种中应特别注意考虑这些品种类型，以便在杂种后代中能选出优质或抗逆性强的新品种。蔬菜作物育种中，如抗青枯病茄子、番茄，抗白粉病、枯萎病苦瓜，持续坐果且均一性好的辣椒、茄子等也属于少见的有利性状或可贵类型，在亲本选择时应予以优先考虑。

5. 亲本优良性状的遗传力要强　　育种实践证明，杂交亲本的同一对性状在遗传给后代的力量方面有强有弱，杂种后代中出现优良性状个体的频率或水平倾向于遗传力强的亲本，如大果番茄与小果番茄杂交，后代的果实大小倾向于小果亲本；黄瓜果实尾端钝形与尾端尖形杂交，后代的果实形状倾向于尾端尖形，这表明小果和尖形性状的遗传力较大。通常野生的或原始类型的性状遗传力大于栽培的，纯种性的性状遗传力大于杂种性的，本地稳定表现的性状遗传力大于不稳定表现的，母本的性状遗传力大于父本的，成年植株、自根植株性状的遗传力大于幼年、嫁接植株的，少数基因控制的性状遗传力大于多基因控制的性状。在选择亲本时，应该选择优良性状遗传力强、不良性状遗传力弱的亲本，使杂交后代群体内优良性状个体出现的概率增加。

6. 重视选用地方品种 地方品种是本地长期自然选择和人工选择的产物，对当地的自然条件和栽培条件有较好的适应性，产品也符合当地的消费习惯，对存在的缺点较为清楚，育成的品种对本地的适应性也强。不少的园艺植物品种都含有地方品种的血统。例如，天津市农业科学院育成的津研系列黄瓜，亲本之一就是地方品种棒锤瓜。华南农学院（现华南农业大学）与广东省农业科学院合作育成的宁青754黄瓜，亲本之一便是地方品种广州二青。葡萄品种北醇是用欧沙葡萄与当地的山葡萄杂交而成的。梨品种黄花是地方品种黄蜜与三花杂交育成的。

（三）亲本选配的原则

1. 亲本性状互补 性状互补就是杂交亲本双方"取长补短"，把亲本双方的优良性状综合在杂交后代同一个体上。优良性状互补有两方面的含义，一是不同性状的互补，二是构成同一性状不同单位性状的互补。不同性状的互补，如选育早熟、抗病的黄瓜品种，亲本一方应具有早熟性，而另一方应具有抗病的类型。苹果抗病育种中，用金冠苹果作母本和红太平苹果杂交，金冠苹果抗寒弱的缺点可以从父本红太平苹果上得到克服，同样红太平苹果的果型较小、味酸涩、不耐储藏的缺点也可能从金冠苹果方面得到补偿。由这个杂交组合选育出来的新品种金红苹果，具有抗寒性强、丰产性稳定、果型中等和较耐储藏等特点，基本上综合了父母本的优良性状。同一性状不同单位性状的互补，以早熟性为例，一些果菜类品种的早熟性主要是由于显蕾开花早，另一些果菜类品种的早熟性主要是由于果实生长发育的速度快，选配这两类不同早熟单位性状的亲本配组，其后代就有可能出现早熟性超亲的变异类型。

性状的遗传是很复杂的，亲本性状互补相配的后代往往并不表现优缺点简单地机械结合，特别是数量性状表现更是如此。例如，产量、可溶性固形物含量等都是数量性状，选育高产、可溶性固形物含量高的南瓜品种，如果用很高产而可溶性固形物含量很低的品种与产量低而可溶性固形物含量很高的品种杂交，杂种后代一般不会出现产量和可溶性固形物含量都很高的变异。如果选配的这两个性状都有较高水平的，即一个是高产而可溶性固形物含量较低（不特别低），另一个是较低产（不特别低）而可溶性固形物含量较高的亲本杂交，则后代有可能在这两个性状上都达到高亲的水平甚至出现超亲变异。

2. 不同类型或不同地理起源的亲本组配 不同类型是指生长发育习性不同，栽培季节不同或其他性状方面有明显差异的亲本，如菜豆的蔓生型和矮生型、番茄的有限生长型和无限生长型、春黄瓜和秋黄瓜、春甘蓝和夏甘蓝、华南型黄瓜和华北型黄瓜、大顶型苦瓜和长身型苦瓜、辣椒和甜椒、直立株型茄子和开展型茄子等。不同类型亲本的亲缘关系大多比同类型的基因型有较大分化。不同地理起源是指虽一般性状方面可能差异不大，但基因型可能已与同地区的品种间有较大分化，对自然条件的适应性也有较大的差异。例如，广东省农业科学院经济作物研究所（现广东省农业科学院蔬菜研究所）育成的夏青3号黄瓜品种，一亲本是从日本的黄瓜品种中选育出来的雌性系75，另一亲本则是广州地区品种瑰青，两亲本的地理起源较远，育成的夏青3号适应性也较广。果树方面，北京植物园用欧洲葡萄中的玫瑰香（含糖量18%）和我国东北原产的山葡萄（含糖量15%）杂交，获得的杂种平均含糖量为20%，最高达24.9%，不仅显著高于中亲值（16.5%），而且显著高于高值亲本，出现超亲的变异。用不同类型或不同地理起源的亲本相配，后代的分离往往较大；易于选出理想的性状重组系，当然并不是不同类型相配都一定优于同类型相配，或不同地理起源相配都优于同地区内品种相配，其实质在于亲本基因型差异的程度和性质。

3. 以具有最多优良性状的亲本作母本　由于母本细胞质对后代有较大影响，在有些情况下，后代性状较多倾向于母本。因此用具有较多优良经济性状的亲本作母本，以具有需要改良性状的亲本作父本，杂交后代出现综合优良性状的个体往往较多。例如，当育种目标是提高早熟优品种的抗病性时，抗病性是需要改良的性状，选配亲本时应该用品质、早熟性和其他经济性状都符合要求的不抗病品种作母本，用抗病品种作父本。当栽培品种与野生类型杂交时，通常都用栽培品种作母本，野生类型作父本。本地品种与外地品种杂交时，常以本地品种作母本。

4. 根据性状的遗传规律选配亲本　育种目标性状如果属于质量性状，那么双亲之一必须具有这一性状，否则杂种后代就不能期望出现这种性状。遗传学阐明，从隐性性状亲本的杂交后代内不可能分离出有显性性状的个体，因此当目标性状为显性时，亲本之一应具有这种显性性状，不必双亲都具有。当目标性状为隐性时，虽双亲都不表现该性状，但只要有一亲本是杂合性的，后代仍有可能分离出所需的隐性性状，可是这样就需要事前能肯定至少一亲本是杂合性的，这一点并不是经常能办得到的。因此，选配亲本时应该至少有一亲本要具有该隐性目标性状。例如，番茄果实各部分的成熟一致性常与幼果无绿色果肩呈正相关，而幼果无绿色果肩对绿色果肩为隐性。为了育成果实各部分成熟一致的品种，选配的亲本中应该至少有一亲本是幼果无绿色果肩的。

遗传学也阐明，细胞质也具有遗传传递能力，凡是受细胞质基因控制或影响的性状，正反交就会得出不同的结果。有人研究了黑龙江、辽宁、吉林、陕西等几省的果树研究所的苹果杂种正、反交表现后，发现在果实成熟期和树体抗寒性两个性状中表现了明显的母性遗传优势。蔬菜中果菜类作物的株型遗传往往也倾向于母本一边。因此在选配亲本时，也应注意正、反交的差异。

5. 用普通配合力高的亲本配组　普通配合力又称一般配合力，是指某一亲本品种或品系与其他品种杂交的全部组合的平均表现。一般配合力的高低取决于数量遗传的基因加性效应，基因加性效应控制的性状在杂交后代中可出现超亲变异，通过选择可以稳定成定型的优良品种。选择一般配合力高的亲本配组有可能育出超亲的定型品种。但是一般配合力的高低目前还不能根据亲本性状的表现估测，只能根据杂种的表现来判断。因此，需专门设计配合力测验或结合一代杂种选育的配合力测验，分析了解亲本品种或品系一般配合力的高低（将在杂种优势育种章节详细介绍）。也可根据杂交育种记录了解常用的亲本品种，这些品种的一般配合力通常较高。

6. 注意品种繁殖器官的能育性和杂交亲和性　在选配亲本时，应注意选择雌性器官发育健全、结实性强的种类作母本，雌性器官不健全、不能正常受精或不能形成正常杂交种子的品种类型，不能作母本，如一些无籽葡萄、无籽苹果、无核蜜柑和无核梨等。同样作为父本，花粉育性必须正常，果树中雄性不育的现象很普遍，如葡萄中雄蕊反转的品种有早生白、布列顿、白鸡心、黑大粒、贝丽等；梨的品种如古高梨、京白梨、大香水、延边小香水、满园香；桃品种如上海水蜜、白桃、砂子早生、五云桃等花粉萎缩，不能产生正常花粉，都不能作为父本。苹果属中的锡金海棠、三叶海棠、湖北海棠等及树莓内的一些无融合生殖种，雌雄器官都发生退化，种子一般由珠心细胞不经受精过程发育而成，通常不能作为杂交亲本。

在亲本选配时还应注意到父母本之间的杂交亲和性，有时虽然亲本的雌雄器官发育都正常，但由于雌雄配子间相互不适应而不能结籽。凡是自交结实率高的种类如桃、葡萄等都不存在品种间杂交不亲和的现象，而自交结实率低的种类，如梨、甜樱桃等常出现品种间杂交不亲和的现象，尤其是在亲缘比较近的品种间。例如，菊水和20世纪、祇园品种间就存在杂交不亲和现象，因为菊水（20世纪×太白）和祇园（20世纪×长十郎）都是20世纪的直系后代。芽变品种与其原品种间由于遗传基础十分相似也存在交配不亲和现象，因芽变只是少数一两个基因发生突变。还有一种是正交亲和但反交不亲和，如李品种间杂交晚橘×创桥、统领×剑桥，正交可以正常结籽，反交则很难或不能结籽。甜樱桃中存在群内品种间杂交不亲和现象。有人研究甜樱桃按互交不亲和可分为十多个品种群，凡属于一个品种群内的不同品种间杂交，均表现明显的不亲和现象，如品种深紫、大紫一号、大紫二号、若紫等，属于同一品种群，它们之间互交，无论正反交均很难获得杂交种子。

此外，还应注意一些杂交效应上的因素。例如，品种间由于着果能力及每果平均健全种子数差异悬殊，因此在不影响性状遗传的前提下，常用坐果率高而种子发育正常的品种作母本。辽宁省果树科学研究所在进行元帅苹果和鸡冠苹果的杂交时，以元帅苹果作母本杂交100个花序，每序2朵，得杂交果实17个，杂交种子138粒。而反交时以鸡冠苹果作母本，则杂交种子数显著增多；杂交70个花序，每序2朵，得杂交果实117个，杂交种子910粒。另外，从杂交技术的角度考虑，以晚花类型或生长物候期较晚的北方品种作为母本较为方便等，都应在亲本选配时予以考虑。

四、有性杂交的方式和技术

（一）有性杂交的方式

为了把亲本的优良性状综合到杂种后代中去，必须经过人工杂交这一过程，人工杂交有多种方式，最常用的是两个亲本品种间的成对杂交。当单交达不到育种目标时，可进行回交、多系杂交或多父本混合授粉杂交。

1. 单交 参加杂交的亲本是两个，又称为成对杂交。例如，A和B两个品种杂交以A×B表示，写在左方的A是母本（♀），写在右方的B是父本（♂）。仍然是这一对亲本，如果以B为母本，A为父本，则表示为B×A，这一组合方式是A×B的反交，A×B就是正交。正反交组合是相对的，如只配A×B或只配B×A一个组合，就只有正交而无反交了。在细胞质不参与遗传的情况下，正交和反交杂种后代的性状表现是一致的。但是细胞质参与遗传时，杂种的性状倾向于母本。

单交的方法简便，杂种的变异较易于控制，但是由于只受两个亲本基因型的影响，后代性状变异的幅度较小，选择的可能性就会受到一定的限制。

2. 回交 将在本章第三节中详细介绍。

3. 多系杂交 参加杂交的亲本是3个或3个以上，又称复交或复合杂交。按照第三个（含）以上亲本参加杂交的次序又可分为添加杂交和合成杂交。

（1）添加杂交 先用两个亲本进行成对杂交获得单交种，再用单交种或从其后代中选出综合双亲优良性状的个体，与第三个亲本杂交，其杂种或后代还可再与第四个、第五个……亲本杂交，具体流程如图7-1所示。

添加杂交用式子表示可简写为［（A×B）×C］×D。每杂交一次可添加一个亲本性状。添加的亲本越多，杂种综合的优良性状越多，但育种年限也会相对越长。有性繁殖的蔬菜植物在进行添加杂交时，以 3 个亲本为多。因为这些蔬菜植物杂交后，要通过多代自交选择，将主要目标性状纯化，才能最终育成定型的品种。3 个亲本进行的添加杂交也称三交。例如，沈阳农学院（现沈阳农业大学）育成的早熟、丰产、矮秧、大果的沈农 2 号番茄就是用三交法育成的，它综合了壳东脱斯他契的早熟、直立、矮生性，矮红金的果实发育快、矮生、果色一致、果型良好和比松的早花、矮生性，育成过程如图 7-2 所示。

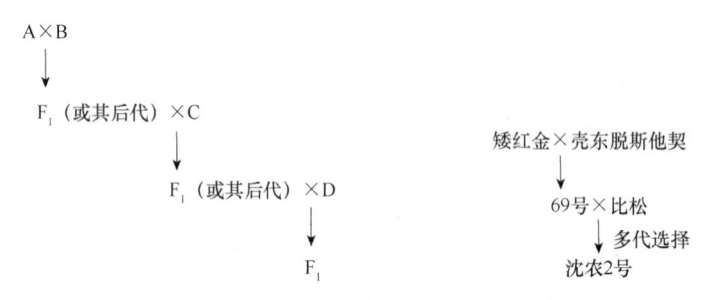

```
A×B
 ↓
F₁（或其后代）×C
        ↓
    F₁（或其后代）×D
              ↓
              F₁
```

图 7-1　添加杂交示意图

```
矮红金×壳东脱斯他契
        ↓
      69号×比松
        ↓
      多代选择
        ↓
      沈农2号
```

图 7-2　沈农 2 号番茄育成过程

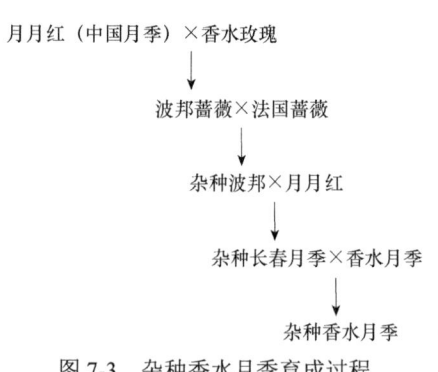

```
月月红（中国月季）×香水玫瑰
          ↓
    波邦蔷薇×法国蔷薇
              ↓
         杂种波邦×月月红
              ↓
         杂种长春月季×香水月季
              ↓
             杂种香水月季
```

图 7-3　杂种香水月季育成过程

对于无性繁殖的果树和花卉植物则较宜于采用较多的亲本杂交。因为杂交后只需从杂种后代中选择综合性状优良的单株进行无性繁殖固定，就可以育成具有较多优良性状的无性系品种。这样，不会增加太长的育种年限，不存在杂种后代性状纯化稳定的问题。而通过多亲杂交，则能较快地获得具有更多优良性状的无性系育种。例如，广泛栽培的杂种香水月季就是通过多亲添加杂交育成的，其育成过程如图 7-3 所示。

该杂种香水月季通过添加杂交的方式，把中国月季和法国蔷薇多亲本的优点综合到杂种中来，使它具有四季开花、香味浓郁、花色花型丰富、花梗长而坚硬等多种优良特性。

先、后参加杂交的亲本在杂种细胞核中所占的遗传组成比率是有差异的。当三亲添加杂交时，第一、二亲本的核遗传组成各占 1/4，而第三亲本占 1/2。四亲添加杂交时，第一、二亲本各占 1/8，第三亲本占 1/4，而最后亲本仍占 1/2。由此可见，最后一次参加杂交的亲本性状对杂种的性状影响最大。一般把综合性状好的或具有主要育种目标性状的亲本放在最后一次杂交，这样后代出现具有主要目标性状的个体可能性就较大。当育种目标的遗传力有高有低时，为防止遗传力低的性状在添加杂交时被削弱，一般用遗传力高的先杂交，低的后杂交。

当单交亲本之一的优良性状为隐性时，F_1 隐性优良性状不能表现出来，应将 F_1 自交，从 F_2 中选出综合亲本优良性状的个体，再与第三亲本杂交。

（2）合成杂交　参加杂交的亲本数量为 4 个，先进行成对杂交获得两个单交种，两个单交种间再进行杂交。这种杂交方式可简写成（A×B）×（C×D），如图 7-4 所示。

苏联园艺育种家米丘林育成的苹果品种创纪录的凤凰卵就是利用该杂交法育成的，如图 7-5 所示。

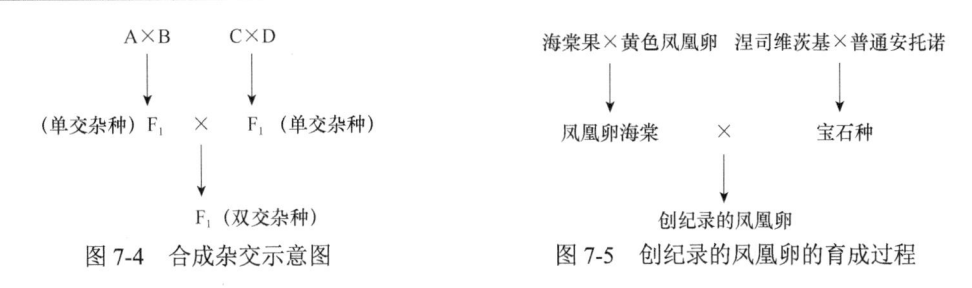

```
A×B        C×D                    海棠果×黄色凤凰卵      涅司维茨基×普通安托诺
 ↓          ↓                           ↓                        ↓
(单交杂种)F₁ × F₁(单交杂种)              凤凰卵海棠        ×        宝石种
            ↓                                      ↓
        F₁(双交杂种)                            创纪录的凤凰卵
      图7-4 合成杂交示意图                 图7-5 创纪录的凤凰卵的育成过程
```

这种交配方式理论上在双交杂种中，亲本 A、B、C、D 核遗传组成各占 1/4。有时为了加强杂交后代内某一亲本的性状，可以使该亲本重复参与杂交。例如，（A×B）×（A×C），A 的核遗传组成在杂种中占 1/2。合成杂交与添加杂交相比，可以在短期内综合多数亲本的优良性状，若目标性状是隐性，也应使单交杂种自交，从分离的 F_2 中选出综合性状优良的个体进行不同单交种 F_2 间的杂交。

多系杂交与单交相比，最大的优点是将分散于多数亲本上的优良性状综合于杂种之中，大大丰富了杂种的遗传性，有可能育成综合性状优良、适应性广、多用途的优良品种。

多系杂种后代变异幅度大，故杂种后代的播种群体要大，一般 F_1 的群体应在 500 株以上，以增加出现综合多数亲本优良性状个体的机会。

4. 多父本混合授粉杂交 该方式实际上也应属于多系杂交的范围。具体做法是选择两个或两个以上的父本花粉，将它们混合授予同一母本植株上，可用 A×（B+C+D+……）表示，该方式可以减少多次杂交的麻烦且收到综合的效果，可有助于解决远缘杂交不育性的问题，提高杂交亲和性和结实率，甚至改变后代遗传性状，如福建农学院（现福建农林大学）利用南丰蜜橘作母本，柚子加适当雪柑作父本杂交，获得了性状多样的后代。

（二）有性杂交前的准备

1. 制订有性杂交育种计划 杂交之前应先充分考虑好杂交工作的各个环节，以便达到杂交目的，因此有必要拟订有性杂交育种计划。该计划应包括这些内容：育种目标、杂交亲本的选择选配、杂种后代的估计、杂交任务（包括组合数与杂交花数）、杂交进程（如花粉采集与杂交日期）、操作规程（杂交用花枝与花朵选择标准、去雄、花粉采集与处理、授粉技术要求等）及杂交记载表格等。

2. 了解花器构造和开花习性 园艺植物的种类较多，花器构造和开花习性也各异，故在杂交进行之前，应了解其花器的构造特点和开花习性，以便确定采集花粉和授粉的时期及采取相应的杂交技术。

一朵花中具有雄蕊和雌蕊的花属两性花，如蔬菜作物中的番茄、茄子、辣椒、大白菜和甘蓝等；果树作物中的桃、葡萄等；花卉植物中的月季、山茶等。

一朵花只有雄蕊或雌蕊的花属单性花，雌花和雄花生在同一植株上叫作雌雄同株异花，如蔬菜中的瓜类作物，果树中的核桃、板栗、柿子等；雌花和雄花分别生长在不同植株上的叫雌雄异株，如蔬菜中的石刁柏、菠菜，果树中的银杏、杨梅等。

开花的习性因不同的种类和品种而异，开花早晚也受环境因子的影响。甚至同一花序内开放的顺序也不同，如苹果是中心花先开，即离心开；梨是边花先开，即向心开。两性花的同一花内或同株上的雌雄蕊有异熟现象。有些自花授粉植物，花朵开放前就已授粉，即闭花受精，如豇豆等豆类植物。

花的传粉方式有虫媒和风媒两种。虫媒花一般花瓣鲜艳、味香、具有蜜腺等，以引诱昆虫，并且花粉粒大而少，有黏液。风媒花通常无鲜艳的大花瓣、香味和蜜腺，但可能具有大的或羽毛状的柱头，以利于接受空气中的花粉。风媒花一般紧密，花粉多、花粉粒小，能在空中飘浮。针对这些特性，属风媒花作物杂交时，应用纸袋套上隔离，而虫媒花作物则可用纱网袋或铁纱笼育种室隔离。

3．杂交用具的准备　　杂交主要用具有：去雄用的镊子或特制的去雄剪、储粉瓶和干燥器、授粉器、塑料牌、放大镜、铅笔、70%乙醇、隔离袋、覆盖材料和缚扎材料等。

（三）有性杂交技术

有性杂交技术按一定的次序进行，最终获得目的杂交种子。各种园艺植物具体的杂交技术操作是不同的，但总体的要求和技术程序则是基本相同的。将其技术程序介绍如下。

1．亲本种株的培育和杂交用花的选择　　从已确定入选的亲本类型中，选出典型、健康无病、生长势强的植株作为杂交植株，一般选10株。

在选定的杂交植株中，进一步选健壮的花枝和花蕾，疏去过多的或未进行杂交的花蕾、花朵、果实和花枝，以保证杂交花、果、种子生长饱满充实。一般桃长果枝留3～4朵花；唐菖蒲每枝留4～6朵花；十字花科、伞形科蔬菜主枝、一级分枝的花杂交；百合科蔬菜选用花序的上、中部花杂交；番茄选用第二穗花序上的第1～3朵花杂交；茄子、辣椒选用门果、对果花杂交；葫芦科蔬菜选用第2～3雌花杂交；豆科蔬菜选用中、下部花序上的花杂交。

杂交种株应严格管理栽培，注意防治病虫害，使其生长发育健壮。

2．隔离　　是为了防止母本的杂交用花接受非目的花粉而发生非目的的杂交；防止父本花朵中的花粉被其他近缘植物的花粉污染而发生非目的的杂交。因此，母本和父本植株上准备用作杂交的花朵应进行隔离。

在人工杂交工作中，多采用机械隔离的方法，即套袋或网室隔离。套袋多选用由轻薄、透光、防水柔韧的硫酸纸或玻璃纸制作成的。袋子的规格及大小，因植物种类和花朵或花序的大小而定。母本花应在开花前及授粉后的雌蕊有效期（即能够授受花粉受精的始期至终期）实行套袋隔离。父本花应在开花前一天直至采集花粉时实行套袋隔离；一些花朵较大的作物如瓜类、牵牛花等隔离可用铝线码（电工固定电线用品）、细铁丝或粗线束夹花冠隔离；一些虫媒花作物可用网室隔离，将杂交亲本定植在纱网内，防止传粉昆虫进入而引起非目的的杂交。为了保证网室的隔离效果，应注意选避风处建造网室；适当扩大种株的定植距离，防止父母本花枝交接；严防传粉昆虫进入，室内发现时立即捕杀。

3．花粉的采集、储藏和生活力测定

（1）花粉的采集　　从具有典型性状的父本植株上，采集将要开放的发育良好的花蕾和花枝，在室内取出花药，置于铺有纸的培养皿中，再将培养皿放于干燥器中。一般在室温下，经一定时间后花药开裂，再将散出的干燥花粉收集于小瓶中，贴上标签，注明品种，置于干燥器中备用。

许多园艺植物，尤其是蔬菜植物多在花朵花药成熟时，直接采摘父本的花，对母本进行授粉，但应在父本花朵采摘前进行隔离。

（2）花粉的储藏　　有时因为父母本不育或父母本相距较远，需要对花粉进行妥善处理，以在一定时间里保持花粉的生活力。

花粉寿命的长短因植物种类不同而异。梨、柑橘的花粉采集后在室温干燥条件下可保持

2~3周，葡萄、枇杷2个月，而柿的花粉在同样条件下只能保持2d的生活力，茄子花粉干燥至水分含量低于10%的条件下可以在-80℃下储藏2~3年。一般在自然条件下自花授粉植物花粉寿命比异花授粉植物短，花粉寿命除遗传因素外，还与温度、湿度和光照条件有密切的关系。据亚达姆斯的试验，苹果花粉在干燥的条件下，可保存3个月，如放在温度2~8℃、湿度80%的条件下，仅5个星期即失去生活力。桃和梨的花粉在温度0~2℃、湿度25%的条件下可保存1~2年，一些热带、亚热带果树，如荔枝、菠萝等花粉生活力保存期短，一般不宜久藏，最好随采随用。

花粉储藏就是将花粉采集后阴干至不黏为度，除去杂质，分装在小瓶中，数量为瓶容量的1/5为宜，瓶口用双层纱布对孔，贴上标签，置于底部盛有无水氯化钙等吸水剂的干燥器内。干燥器应放在阴凉、干燥、黑暗的地方，最好放在1~2℃的冰箱内储藏。

（3）花粉生活力测定　测定花粉生活力有很多方法，下面主要介绍4种。

1）直接授粉法。将花粉直接授在母本雌蕊柱头上，然后统计结实数和结子数。此法的缺点是所需时间较长且易受气候条件的影响。

2）形态鉴定法。在显微镜下观察花粉粒的形态，根据形态判断其花粉的生活力。一般畸形、皱缩、无内含物的花粉没有生活力。

3）培养基人工萌发法。将花粉播在1%~2%（质量分数）的琼脂与5%~15%（质量分数）蔗糖配制成的固体培养基上，或10%~20%（质量分数）蔗糖水溶液培养基上，并保存在15~20℃、湿度90%以上的条件下，经一段时间后镜检花粉发芽率及花粉管生长情况，据此判断花粉生活力。各种园艺植物花粉人工萌发对培养基配方的要求是不同的，如蔗糖的浓度、pH、微量元素或维生素用量等。

4）染色法。包括碘反应法、氯化三苯基四氮唑（TTC）法、醋酸洋红法、过氧化氢、联苯胺和α-萘酚反应法等。碘反应法是利用碘-碘化钾染色，它只适用于鉴定不含淀粉的不育花粉，不适用于含淀粉的不育花粉。TTC法是一种鉴定去氢酶活性的组织化学反应。可育的新鲜花粉有去氢酶活性，不育的或衰老的花粉则丧失去氢酶活性。碘反应法、TTC法和醋酸洋红法是测定花卉及蔬菜植物生活力常用的方法，果树及观赏树木上则常用过氧化氢、联苯胺及α-萘酚反应法。经这些试剂作用后被染色者为有生活力，不着色者为无生活力。染色法的优点是比较快捷，但比较间接。

4. 去雄授粉　去雄是摘除两性花作物母本花中的雄性器官，防止因自花授粉而得不到杂交种子。广义的去雄还应包括用物理、化学方法杀死雄蕊或花粉，以及摘除雌雄异花同株作物上的雄花，拔除雌雄异株作物田中的雄株。在园艺植物尤其是蔬菜植物的有性杂交育种中，通常采用人工去雄。去雄一般在开花前一天进行，即在母本花药未开裂散粉前彻底把雄蕊去掉。去雄时应注意防止损伤雌蕊。

授粉就是将父本花药中的花粉授在母本雌花的柱头上。可直接把去掉花瓣的父本雄花中的花药触涂在母本雌蕊的柱头上，也可用毛笔、海绵球、棉球、橡皮头、泡沫塑料头等细软物蘸取预先采集好、盛于器皿中的花粉涂抹于柱头。授粉的时期一般在雌、雄花开放的当天最好。因为这时是雌蕊和雄蕊花粉活力最强的时期，这时期授粉可提高杂交结实率和杂交种子数量。但因各种因素的影响，有时一些园艺植物授粉可以提前或推后一天进行，仍可收到一定数量的杂交种子。

更换授粉的父本系统前，须用70%（体积分数）乙醇消毒授粉用具、手指等，以免发生下一组合的非目的杂交。

5. 标记和登记 为了防止收获杂交种子时发生错乱，必须对杂交的花枝和花朵作标记。

为了明确区分，应采用挂牌标记。母本花去雄后，在其基部挂上标牌，牌上应记以组合名称、母本株号、去雄日期，授粉后记以授粉日期和授粉花数，果实成熟后同标牌一起收下，并在标牌上记以收获日期。标牌以用塑料牌为好，可防止风吹雨淋后破碎脱落。牌上的内容应用铅笔标写，以保证收获时字迹清晰。

另备有性杂交登记表，登记项目见表 7-1，供以后分析总结用，并可防止母本植株上标牌脱落或丢失后而无从查考。

表 7-1 有性杂交登记表

组合名称：

母本株号	去雄日期	授粉日期	授粉花数	去袋日期	果实成熟日期	结果数	结果率/%	有效种子数	平均每果种子数	备注

6. 杂交后的管理 杂交后的最初几天内应检查纸袋等隔离物，如脱落、破碎则可能发生了意外的杂交，这些杂交就无效了，应重新补做。雌蕊的有效期过去，就不可能发生意外的杂交，此时可以除去隔离物，通常蔬菜作物在杂交后 5～7d 可除去隔离物。果树作物在除袋的同时，可对杂交结实率作第一次检查，生理落果后进行第二次检查，即有效结实率的检查，在果实将要成熟前套上纱布袋，防止采前落果。

杂交的母本种株要加强管理，创造有利于杂交种子发育的良好条件，多施磷、钾肥，注意防治病虫害、鼠害和鸟害等，及时摘除没有杂交的花果，必要时可摘心去侧蔓（枝）等，以确保杂交果实发育良好。

7. 杂交种子（果实）的收获和储存 果实达到生理成熟时应及时采收杂交果实。一些成熟后种子容易脱落的作物更应及时采收，如蔬菜中的十字花科芸薹属、豆科、百合科和菊科等，花卉中的牡丹、凤仙等。在果树中有些种类过分成熟会影响发芽率，如早熟桃品种、樱桃等。这些作物的果实成熟时或将近成熟时应及时采收。一般杂交果实采收后应置于避风干燥的地方后熟数日后再进行脱粒。

在收获过程中，应注意防止不同杂交组合错乱和混杂。如发现杂交果实的标牌丢失或字迹模糊不清而无法核对时，应按照"宁缺毋滥"的原则予以淘汰。

根据品种特性，种子脱粒后应晒干或阴干，及时装入袋内，袋外注明组合名称、采收日期并编号登记，袋内放入相应的标签，然后把这些杂交种子置于低温、干燥、防鼠的条件下储藏，有些种子易受虫害侵入，储存前应先用杀虫剂处理。

有些园艺植物如牡丹、月季及果树中的荔枝、柑果类失水后会影响种子发芽，采收果实后，应及时脱粒、水洗、沙藏或立即播种。

（四）提高有性杂交效率的方法

一般说来，蔬菜作物种内品种间的有性杂交都是高度亲和的，都可顺利地获得较多的有效杂交种子。但是一些园林的观赏树木及一些果树作物品种间的杂交往往也会出现程度不同的有性杂交不亲和现象。为了提高人工有性杂交效率，以获得尽可能多的生活力高的杂交种子，下面这些方法可供参考。

1. 提高杂交受精的可能性

（1）利用雌蕊不同年龄时期授粉　　有些作物雌蕊的不同年龄时期对花粉的亲和力不同。因此，可以在雌蕊不同的发育日期进行多次授粉，可能会提高其杂交亲和性而获得杂交种子。

（2）采用正反交　　正反交有时表现出受精结实方面的差异，特别是多倍性类型间杂交常有这种现象。有时通过正反交可以解决杂交不亲和性。

（3）调节亲本花期　　有时两杂交亲本品种的成熟期不同，使得花期不能相遇，可通过调整播种期、摘心、打蕾、控制肥水管理或采用植物生长调节剂进行处理，如用赤霉素处理牡丹、山茶、小茶梅、杜鹃、仙客来等能提早开花，使得父、母本的花期一致从而能顺利进行杂交。

（4）异地采粉或花粉储藏　　同种植物由于南方花期早于北方，通过异地采集花粉，也可使本地花期不遇的品种授粉；通过储藏花粉，也可实现不同花期亲本间的杂交。

2. 提高杂交结实率和杂交种子数

（1）提高杂交结实率　　尽可能选杂交结实率高的品种作母本。选通风、光照条件良好、生长健壮、无病虫害的植株作杂交母树，再在这样的母树上选健壮的发育良好的花枝进行杂交，未杂交的花果要及时摘除。去雄授粉、套袋等操作过程中应尽量避免伤及花朵和花梗，尤其是伤及雌蕊。

（2）提高杂交种子数　　用不同成熟期的品种杂交时，应用晚熟的品种作母本，因为往往成熟期晚的种子较早熟的种子充实，生活力高而且发芽率也高。授粉时应授予较多的具生活力的花粉，必要时可进行重复授粉。一般雌、雄蕊开花的当天其生活力最强，开花当天授粉效果也较好。

（3）提高杂交工作效率　　为在一定时间内杂交更多的花朵，提高其杂交工作效率，在确保杂交质量的前提下，可考虑采取这些措施：①对自交不实的母本植株，可进行不去雄的杂交，如菊花；②在大蕾期进行授粉；③为省去人工去雄烦琐的劳动，采用化学去雄；④采用去花冠去雄法便于操作且可不用套袋；⑤用稀释的花粉授粉，可节省花粉用量，利用喷雾器授粉等可不同程度地提高工作效率；⑥虫媒花植物，可用尼龙纱罩盖整株杂交树，防止天然杂交，可减少对每一朵花的套袋手续。

第二节　杂种后代的处理及培育

通过有性杂交所得到的杂种，仅仅是基因重组的育种原始材料，要使这些材料变成供生产应用的品种，必须对这些杂种材料及其后代进行多代自交纯化（无性繁殖的果树植物除外）、选择及一系列的试验鉴定（如品种比较试验、区域试验、生产试验等）。

一、杂种后代的处理

主要是采取有效的方法对杂种后代进行选择，一二年生有性繁殖园艺植物与多年生无性繁殖园艺植物在对杂种后代的选择处理方面有较大的差异，下面分开予以介绍。

（一）一二年生有性繁殖园艺植物杂种后代的选择

1. 系谱选择法 系谱选择法又称为单株选择法，是最常用的杂种后代选择方法。这种选择法多应用于自花授粉植物的杂种后代，其一般工作程序如下（图7-6）。

（1）杂种第一代（F_1） 分别按杂交组合播种，两旁播种母本和父本，以鉴别假杂种和积累F_1遗传变异的资料。每一组合播种几十株。自花授粉蔬菜植物的品种间杂交的F_1及异花授粉自交系间杂交的F_1性状表现都整齐一致，只根据组合表现淘汰很不理想的组合，中选组合内一般不进行株选，只淘汰假杂种和个别显著不良的植株，其余的植株按组合采收种子。由于隐性的优良性状和各种基因的重组类型在F_1还未出现，故对组合的选择不能过严。

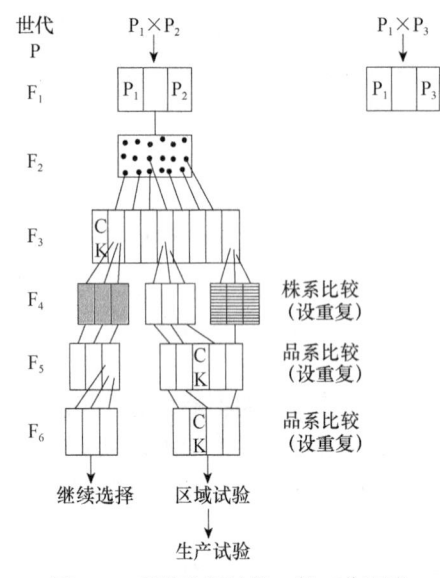

图7-6 系谱选择法的一般工作程序

多系杂交的F_1，异花授粉蔬菜植物品种间杂交的F_1的处理，与自花授粉作物单交的F_2相同。不仅播种的株数要多，而且从F_1起在优良组合内就进行单株选择。

（2）杂种第二代（F_2） 将F_1的种子按组合分别播种。F_2是性状强烈分离的世代，这一世代种植的株数要多，尤其是数量性状，以保证F_2能分离出育种目标期望的个体。理论上F_2的种植株数可作如下估算：

$$X=2.5\times 4^r \times \left(\frac{4}{3}\right)^d \text{ 或 } X=4\times 4^r \times \left(\frac{4}{3}\right)^d$$

式中，X为需种植的株数；r为控制目标性状的隐性基因对数；d为控制目标性状的显性基因对数；2.5是概率为0.05的常数；4是概率为0.01的常数。

假设期望获得的综合优良性状个体是由3对隐性基因和4对显性基因控制的，则

$$X=2.5\times 4^3 \times \left(\frac{4}{3}\right)^4=2.5\times 64\times 3.16=505.7$$

即种植506株F_2有95%的可能出现1株期望的个体，如果要获得3株这样的个体就要种植1518株。一般在育种的实际工作中，由于受到各方面条件的限制，难以种植太多的株数，但每一组合的杂种F_2种植株数不应少于几百株。株数太少，理想的个体可能分离不出来，在下述情况下，F_2的群体应较大些，每组合不少于1000~2000株：①育种目标要求的性状较多或连续时；②某些目标性状是由多基因控制的；③多系杂交或远缘杂交的后代；④优良组合的。在育种工作中，应预先根据选育目标和F_2及以后世代可能种植的总株数拟定配制的组合数和留选的组合数。

适当播种对照（标准品种）品种，据此选择优良单株。对F_2先进行组合间比较，淘汰一部分主要性状平均值较低且没有突出优良单株的组合。从入选的优良组合中选择优良单株。

F_2的株选工作至关重要，是一个关键的世代。后继世代的表现取决于F_2入选的原始单株，选择得当，后继世代的选择可继续使性状得到改进提高，否则后继世代的选择难以改进提高。

因此，F_2的选择要慎重，选择标准也不要过严，以免丢失优良基因型。因显性效应和环境条件的影响，对数量性状，尤其是遗传力较低的性状（如产量、营养成分含量等）不宜进行选择，而主要针对质量性状和遗传力高的性状（如植株生长习性，产品器官的形态、色泽、成熟期等）进行单株选择。在入选的优良组合内多选一些优良单株，但也不宜过多，否则会影响后续世代的工作量，一般入选株数为本组合群体总数的5%～10%，次优组合入选率可适当少些。原则上，下一代种植的株系数可多些，而株系内的株数可少些。

异花授粉作物品种间或多系杂交的F_2，如果属于同一组合的株系较多，可根据株系表现选留少数优良株系，再从中选择较多单株继续自交留种。

（3）杂种第三代（F_3）　F_2入选优良单株分别播种一个小区，每一小区，即每一单株的后代成为一个株系，每一株系种植几十株。每隔5～10个株系设一对照小区。

从F_2选出的优良单株内，有些可能是多数性状符合要求，但还有一些性状没有达到目标水平；有些从表面看来各性状都符合要求，但其后发现有些性状因环境饰变，不能遗传或继续分离而未能稳定遗传。所以F_3和以后世代的培育选择任务是：在继续进行株系间和个体间比较鉴定的基础上，迅速选出具有综合优良性状的稳定纯育系统。F_3也是对产量等遗传力低的数量性状开始进行株系间比较选择的世代，故从F_3起要注意比较株系间的优劣，按主要经济性状和一致性选优良株系，然后在入选的株系内针对仍分离的性状进行单株选择。入选的株系可多些，每一株系内入选的单株数可少些（每株系内一般入选6～10个单株），以防优良株系漏选。

如在F_3中发现比较整齐一致而又优良的株系（这种情况比较少见），对自花授粉作物可去劣后混合留种，下代升级鉴定；对于异花授粉作物则在去劣后进行人工控制的株系（系统）内株间授粉，然后混合留种。若决定淘汰的株系内发现个别单株表现突出，也可选留，但不宜过多。

（4）杂种第四代（F_4）　F_3入选优良单株分别播种一个小区，每一小区，即每一单株后代又成为一个株系（系统），来自F_3同一株系（即同属于F_3一个单株的后代）的F_4株系为一株系群，同一株系群内各株系为姐妹系。不同株系群的差异往往较同一株系群内姐妹系的差异较大，各姐妹系的综合性状往往表现相近。因此，F_4应首先比较株系群优劣，从优良株系群中选优良株系，再从优良株系中选择优良单株。

F_4的小区面积应比F_3大。每小区种植约60株，设二次重复，以便较准确地比较产量、品质和抗病性等性状。

F_4中如开始出现主要经济性状表现整齐一致的稳定株系，那么优良株系可以去劣后混收，升级鉴定。优良稳定的株系群中若各姐妹系表现一致，也可按株系群去劣后混收，升级鉴定。这样选得的品种较同一株系选得的品种遗传基础广泛，对异花授粉作物还可防止生活力衰退，有可能获得较高的产量和较强的适应性。

F_4升级鉴定的株系内发现特优的单株可继续进行单株选择，下代单播成系，继续选择提高。

（5）杂种第5代（F_5）及其以后世代　入选的单株分别播种，各自成为一个株系。它们的种植方式和选择方法基本与F_4相似，但小区面积要适当增大，尽量应用可靠的方法直接鉴定性状，F_5多数株系已稳定，所以主要是进行株系的比较和选择。随着杂种世代的推进，优良系越来越集中于少数优良株系群，而不是停留于分散状态。在F_5后一般以株系群为单位进行比较和选择。首先选出优良株系群，从优良株系群中选出优良株系混合留种，升级鉴定。同一株系群表现一致的姐妹系，可以混合留种，升级鉴定。如果在F_4或F_5发现突出的优良株系，可在继续进行比较选择的同时，分一部分种子进行品比试验，以加速新品种的育成。

F_5 还不稳定的材料需继续单株选择，直到选出整齐一致的株系为止。应该指出，纯是相对的，即主要经济性状表现基本上整齐一致能为生产所接受。过分要求纯，不但延长育种年限，而且还会导致群体的遗传基础贫乏，往往会使生活力和适应性降低。因此，当得到主要性状整齐一致的优良株系时，就应停止单株选择，按株系或株系群混合留种成为优良品系。优良品系经品比试验、区域试验和生产试验等品种试验程序肯定后即可成为新品种，在生产上推广应用。

常异花授粉、异花授粉的园艺植物杂种后代进行系谱选择时，需分株套袋防止因杂交而达不到系谱选择的效果。异花授粉作物除套袋外，还要进行人工自交，才能得到 F_2 及其以后世代的种子。

异花授粉作物一方面套袋自交纯化，另一方面又要防止生活力衰退。为了防止生活力衰退，可采用连续 2～3 代单株自交后，在同一株系内进行株间异交或相似的姐妹系交配。此外，还可采用母系选株法，即既不套袋，也不人工强迫其自交，让其株系内植株自由传粉，再从株系内选出优良的单株。该选择法的选择效果要比系谱法差，因为它只是根据所选单株的表型来决定，不能控制其所选单株的遗传背景。

2. 混合-单株法 该法适用于株行距小的自花授粉作物的杂交后代的处理。其程序如图 7-7 所示，从 F_1 开始分组合（或不分组合）混合种植，一直到 F_4 或 F_5。对于繁殖系数低的作物如豆类，最初几代可以把上一代植株上所收种子全部种植以加速扩大群体。对豌豆和矮生菜豆等直播非支架种类的群体最好能有几万株，架菜豆和番茄等支架或育苗种类的群体至少也应有四五千株，在 F_4 或 F_5 以前有时完全不加选择，但通常是在这些世代中针对质量性状和遗传力高的性状进行混合选择。到 F_4 或 F_5 进行一次单株选择，入选的株数几百株，尽可能包括各种类型。F_5 或 F_6 按株系种植，每一株系的株数较少，10～20 株，最好设两次重复。严格入选少数优良株系（约 5%），升级鉴定。

这种方法的理论依据是：自花授粉作物的杂种后代经几代繁殖后，群体内大多数个体的基因型已近于纯合，在分离世代保持较大的群体，为各种重组基因型的出现提供了机会。

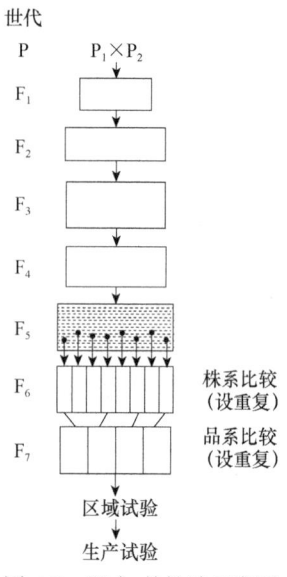

图 7-7 混合-单株法示意图

此法的优点是：第一，由于分离世代的群体大，到 F_4 或 F_5 进行一次单株选择，不会丢失最优良的基因型，又可以只经一次单株选择，就得到不再分离的株系；第二，选择效果有时不低于系谱法；第三，方法简便易行；第四，大群体处于自然选择下，易获得对植物有利性状的改良；第五，对分离世代长、分离幅度大的多系杂种的选择效果较好。

缺点是：第一，不同基因型个体的繁殖率和后代成活率是不同的，实际上，经过几代混合种植后，群体内各种纯合基因型的频率并不是均等的，必然是那些对当时当地自然条件和栽培条件适应性最强的基因型占的比例最大。因此这种选择法对于那些人工选择目标和自然选择目标不一致的性状，就有在混合种植过程中丢失的可能。第二，未加选择地过度分离世代，后代中存在许多不良类型。第三，杂种种植的群体必须相当大，选择世代所选的株数要多（下代的株系数也就很多），所以试验规模大，如规模缩小，就会使优良基因丢失。第四，对入选株系的历史、亲缘关系无法考察，缺乏历史表现和亲族佐证，因而株系配合较系谱法难。

这种方法往往得到非育种目标的意外优良重组类型。

（二）多年生无性繁殖园艺植物杂种后代的选择

这类园艺植物对杂种的选择处理与上述一二年生有性繁殖园艺植物有显著的差别。主要表现在两个方面：一是由于这类园艺植物多为异花授粉，其品种的遗传组成也比较复杂，杂交后基因重组，其杂种会出现多种多样的类型，往往杂种第一代就出现了分离，故选择就在 F_1 进行并用无性繁殖固定下来；二是由于这类园艺植物的生长周期较长，多样性的性状不可能在幼年阶段全部表现出来，要经过一段生长过程才能逐渐出现，因此杂种植株至少要经过3~5年，甚至10年以上的观察、记载、分析、比较，才能作出鉴定，故选择的年限较长。下面提出对多年生无性繁殖园艺植物杂种选择的一些基本原则和方法。

1. 多年生无性繁殖园艺植物杂种选择的基本原则　多年生无性繁殖园艺植物杂种选择的基本原则有以下4个方面。

（1）选择贯穿于杂种培育的全过程　对杂种的选择，应从种子开始，历经种子发芽、实生苗生长发育、开花结果，直到确定优良的单株成为新品系的整个过程，都要根据育种目标进行正确的选择。

（2）侧重综合性状、兼顾重点性状　杂种必须在综合性状上表现优良，才有可能成为生产上有价值的品种。此外，有些杂种虽然综合性状表现一般，但个别性状，如品质等表现十分突出，这样的杂种材料也应选留，作为进一步育种的材料。

（3）直接选择和间接选择相结合　杂种实生苗生长早期的某些性状往往与结果期的某些性状存在相关，若相关的性状能早期鉴定分析，就能在结果期之前进行间接的选择，但间接选择的局限性比较大，因此应着重在杂种进入结果期后的直接选择。

（4）经常观察与集中鉴定相结合　杂种在生长发育过程中，不同时期有特定的性状表现，因此必须经常观察鉴定，尤其对于所需记载的性状更是如此。但是如果在病害或冻害发生时期，以及在起苗期或定植期，根据具体要求进行集中鉴定，能更有效地提高选择效率。

2. 多年生无性繁殖园艺植物杂种选择的方法　对多年生无性繁殖园艺植物杂种的选择可在两个时期开展，一是结果前（花期）的选择，该期选择主要是根据一些表型和某些相关性状进行选择，初步淘汰一些表现不良的杂种，以减少杂种数，节省土地和劳力；二是结果期（花期）的选择，该期的选择可直接根据产量、果实外观、花的色泽、大小及其他经济性状进行选择，这一时期的选择具有决定性意义。

（1）杂交种子的选择　不同园艺植物的种子形态是不同的，一般选择那些充实饱满、色泽好、充分成熟、生活力强的种子，种子的特征与未来果实的性状及花果特性有一定相关性，要求所选的种子能预示将来能发育成优良植株。

（2）杂种幼苗的选择　杂交种子播种后，可以观察到杂种苗个体间在发芽和发芽势上的差异。这种差异可由生理上或遗传上的不同引起。如果种子发育不良而延迟发芽的，一般可以淘汰，但对某些由于在遗传型上具有萌芽迟的特性的幼苗则应该保留，因为种子萌芽迟者，一般其实生苗萌芽也迟，与开花晚的特性呈相关性。晚花类型常可避免晚霜危害，是良好的特性，因此不可轻易淘汰。

在幼苗阶段应淘汰那些生长弱、发育差、畸形及感病的幼苗。在移植到苗圃时根据幼苗的生长情况和形态特征，选择子叶大而厚、下胚轴粗壮、生长健壮并分等级依次移栽。对特殊优异的小苗应该做出记号分别栽植。此时不能进行过严的淘汰。

（3）杂种实生苗的早期选择　　对杂种实生苗的选择，主要是在定植前的育种苗圃阶段进行。育种苗圃是播种苗床到育种果园之间的过渡阶段。不同果树树种从播种到定植所需年份不同。在杂种苗圃内的选择可分生长期和休眠期选择，选择时主要根据器官的形态特征和某些生长特征，应特别注意抗病性和抗寒性的选择。

（4）杂种实生苗的相关选择　　为了提高实生苗的选择效率，在结果前的生长发育过程中，除根据苗期直接表现的特征性进行选择外，还必须根据苗期的某些性状与开花结果的相关性进行早期选择鉴定，苗期选择可预先选择有希望的类型，淘汰不良的类型，以减少供选的杂种数量，有利于加强管理和加深研究，提高育种效率。

（5）杂种幼树的选择　　从育种苗圃选拔的实生苗，定植到育种果园后，就开始对杂种幼树进行一系列选择。主要包括生长势、对各种病虫害的抵抗性及其抗逆性，根据需要还可以鉴定物候期和其他特性。对于一些有特殊性状表现的单株应加强记录，作为重点观测对象。

（6）杂种实生树花期的选择　　观赏树木花是主要的观赏部位之一，此时期的选择也是关键性的。花期选择的主要内容包括实生树初花的年龄、初花期、萌花期、单花寿命、花期长短、花型、花色、花的重瓣性、花的大小等。

（7）杂种实生树结果期的选择　　开花结果前对杂种所进行的选择只是淘汰一些表现不良的杂种植株和根据一些相关性状进行预先选择。杂种进入开花结果期后，可以对杂种的经济性状进行直接选择，具有决定意义。此期选择的性状主要有：花期、花器特征、果实成熟期、果实的外观性状和风味品质、生长结果习性和产量，以及生长势、抗病性和其他抗逆性等，还包括某些育种目标中提出的特殊育种性状。

经过3~4年的对杂种性状的全面研究鉴定，获得开花期、成熟期比较确切的资料后，就可以反映出单株间在遗传上的差异。根据不同成熟期将杂种依次排列，在一定的成熟期分期范围内，挑选优级的单株，并与同期成熟的标准品种比较，用来衡量杂种的利用价值，再结合产量、生长势、抗病性等重要经济性状，选拔出在综合性状上优良的单株，进行进一步的比较试验，特别优异的可以先进行高接繁殖鉴定。

二、杂种后代的培育

杂种后代的性状表现受内外因素的影响，内因是遗传物质——基因。外因除受选择方向和方法影响外，主要还受到培育杂种后代环境条件的影响，因为杂种后代的性状形成并不是由于杂种同化了培育条件，而是在一定培育条件下杂种的性状得以充分表现，从而提高了人工选择的可靠性，并由于自然选择的作用提高了品种的适应性。所以品种性状的形成与培育条件的关系是很密切的，下面对杂种的培育提出一些应注意的基本原则。

（1）培育条件应均匀一致　　为了提高选择效果，不同组合、系统的杂种后代应在相对一致的农业条件下培育，将环境条件的影响降到最低限度，使遗传性的差异充分暴露出来。这就要求试验地肥力应均匀，一天内完成播种、定植工作（至少完成一个重复），施肥、灌溉、中耕、防治病虫害等农业措施应尽可能一致。

（2）培育条件应与育种主要目标相对应　　选育丰产、优质的品种，杂种后代应在较好的肥水条件下培育，使丰产、优质的性状得以充分表现，提高选择的可靠性，如果在贫瘠的肥水条件下培育，杂种丰产、优质性状不能表现出来，也就无从进行选择。选育适于保护地栽培的品种，杂种各世代或其部分世代应在保护地或与保护地相似的生态条件下培育选择，提高人工选择的效果并通过自然选择淘汰不适应保护地生态因子的杂种后代。选育抗病品种应在发病严重的地区（块）和季节培育杂种后代。这些培育条件实际上是选育抗逆性强的品种的自然鉴定条件。

（3）根据杂种性状发育的规律进行培育　　杂种的某些性状在不同年龄时期、不同环境条件下，有着不同的表现和反应。培育条件应适应这个特点。例如，在抗寒育种时，杂种的抗寒力一般幼年时期比较弱，随着年龄的增加而得到加强。因此在幼年期要给予合适的肥水条件，再结合保护和锻炼，才可能在选择抗寒性的同时对其他性状进行选择。否则幼苗因不耐寒而全部冻死，也就无从选择了。

（4）提高杂种实生苗的成苗率　　一些果树及观赏树木通过人工杂交所得到的杂交种子数量有限，尤其像核果类杂交种子少，早熟种出苗率不高，而且一般在培育过程中还要不断淘汰，所以不易获得大量杂种后代。要获得几个主要育种指标都表现优良的单株，只有在杂种群体较大时才有可能，因此应采取措施提高杂交种子系数，提高种子出苗率和成苗率。

（5）促进实生苗提早结果　　木本植物的果树和观赏树木生长发育周期较长，如银杏、杨梅需9~10年，最短的桃、李、枣、葡萄等也需要3~4年的童期才能进入开花结果期。所谓童期就是从种子萌发到实生苗具有正常开花潜能这一段时期。因此应采取适当的农业措施缩短杂种的童期，促进杂种实生苗提早结果，以加快育种速度，提高育种效率。

促进杂种实生苗提早结果可从两方面来考虑。一是培育杂种的自然环境条件，即温度、湿度、光照、土壤和地势等。这些环境因素在不同程度上影响实生苗的生长发育，从而影响开花结果的迟早。其中温度似乎是最重要的因素，因此，在果树生长适应的范围，"北种南育"有利于提早结果。二是采用各种合理的农业技术措施。这些措施主要有：①栽植杂种植株的距离要适当。根据各种果树及观赏树木作物的特性，适当加大栽植距离，使光照、通风和环境营养条件良好，有利于实生苗的提早结果。②提早播种育苗。可利用人为的方法促使果实后熟和通过休眠或是人工打破休眠，争取提早播种，以缩短从种子采集后到正常播种期的时间。③尽量减少移栽次数，以免损伤根系。可以加速生长，从而提高杂种早期开花植株的百分率。④采用清耕法和给予良好的营养条件。有人研究用清耕法培育苹果实生苗7年时，茎干粗度和开花百分率都显著高于生草法。根据果树等木本植物实生苗生长发育规律，以及不同时期对营养条件的不同要求，施以不同的氮、磷、钾等营养元素，注意微量元素对刺激成花的作用。⑤修剪和枝条处理。修剪低级枝序上长出的过密枝条，以利通风透光，主枝不进行短截修剪，以免减弱生长。对枝条采取吊、拉、撑和弯等措施，调节枝条的生长和树势，积累花芽分化所需的营养物质，从而有利于提早结果。⑥环状剥皮。实生苗生长至3~5年时进行环状剥皮，可以使茎干或枝条的割伤以上部位增加碳水化合物的积累，从而有利于花芽分化。⑦高接。从一年生的实生苗上采取接穗进行高接，可以促进生长，形成高位枝序，有利于积累营养，促进花芽分化和提早结果，如种芽高接的脐橙在第5年结果，而实生树则需11~12年。⑧利用矮化砧木。矮化砧木嫁接杂种实生苗，不仅能够适于密植，而且有利于杂种的提早结果，如有人利用锡金海棠的无性系砧木嫁接繁殖苹果一年生实生苗，3年后有15%树开花，4年后有53%开花，而相邻栽植的25株实生苗对照树无一开花。⑨应用生长调节剂。生长调节剂可促进实生苗提早开花结果，报道对果树实生苗提早结果的生长调节剂有：赤霉素（GA）、生长抑制剂阿拉（Alar）、矮壮素（CCC）、乙烯利和胡敏酸等。⑩采用综合的农业技术措施。这些措施包括肥、水、病虫害防治等一系列的配套措施，以提高栽培管理水平，促使实生苗生长健壮，尽快达到开花结果所需的临界高度，并形成大量有效叶系，有利于实生苗的提早开花结果。

第三节 回交转育

回交转育（backcross breeding）是杂交育种的一种特殊形式，它是通过多次回交和选择，达到改良品种的一种育种方法。它为育种家提供了一种较为精确地控制杂种群体、改进品种个别性状的有效方法。回交最早出现在19世纪中叶，主要应用于性状遗传的研究。20世纪20年代以后，逐渐被应用到品种改良工作中。回交是改良综合性状优良但存在个别性状缺陷的品种，如改善对某一种病害抗性方面的一个有效的途径。

一、回交转育概念及其对后代的影响

（一）回交转育概念

回交（backcross）是指两个品种杂交后的子一代个体再与亲本之一杂交的方法。回交所得的子代称回交子一代（BC_1）。将回交子一代再和同一亲本杂交，所得后代称回交子二代（BC_2），以 BC_1F_1、BC_1F_2 分别表示回交一次的一代和回交一次自交一次的二代，以此类推。回交代数可多可少，以是否达到预期目标为度。回交法常用于改良某一推广良种或育种材料的个别缺点，这种采用连续回交改进品种个别性状的育种方法，称为回交转育。用于多次回交的亲本称轮回亲本，如图7-8中A品种称轮回亲本。因为轮回亲本是有利性状（目标性状）的接受者，又称受体亲本；只参与第一次杂交的亲本，如品种B称非轮回亲本，它是目标性状的提供者，故又称供体亲本。多次回交使回交后代的性状与轮回亲本基本一致，这种回交叫饱和回交。

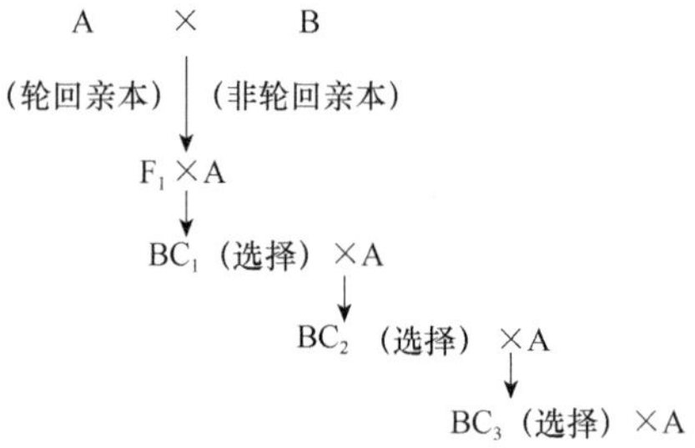

图7-8 回交转育进度示意图

（二）回交对后代的影响

回交与自交的作用一样，通过回交可以使杂合基因逐代减少，纯合基因相应增加。

1. 连续回交使后代的遗传组成逐渐趋于轮回亲本 每次回交后选择具有供体优良性状的个体继续回交，随着回交次数的增加，后代个体的轮回亲本的性状逐步增强。经过4~5代的回交就能获得既有供体的优良性状，又在其他经济性状方面与轮回亲本十分相似的个体。

2. 增加杂种后代内具有轮回亲本性状个体的比率 由于连续回交比连续自交能够增加后代群体内轮回亲本基因型的比率，因此，采用回交方法所需种植的群体规模比采用自交方法要小，且更容易选出具有育种目标性状的个体。

回交后代的基因型纯合严格受到轮回亲本的基因控制：杂种与轮回亲本回交一次，可使后代增加轮回亲本1/2的基因组成，多次连续回交其后代将基本上回复为轮回亲本的基因组成。

以杂交父本作轮回亲本连续回交，可导致核代换效应。

二、回交转育方法

回交转育方法是将缺少某一两个有利性状而综合性状优良的品种作轮回亲本,用另一个具有某一两个受体所缺少的有利性状的材料作非轮回亲本,所提供的有利性状最好是显性单基因控制的。回交过程中,从回交一代开始,每代都从杂种中选择具有供体有利性状的个体与轮回亲本杂交,如此继续进行多次,直到最后得到所有性状与受体相似,但增加了从供体转来的有利性状的后代时为止,再进行1~2次自交(如果目标性状为隐性性状,不必自交),选出被转移性状为纯合的个体,进而育成新品种。在理论上每回交1次,杂种后代所含轮回亲本的遗传成分将递增一半,一般经5~6次回交,其后代的主要性状已接近轮回亲本。但如轮回亲本的主要性状涉及的基因数较多,则回交次数要适当增多。

(一)回交转育的步骤

回交转育的程序由杂交→回交→自交纯化→比较试验几个部分组成。

1)杂交:根据育种目标和亲本选配的原则,选择轮回亲本A与非轮回亲本B杂交,产生杂种F_1。

2)回交:F_1同轮回亲本A回交,产生回交一代BC_1。从回交后代中选择具有目标性状(非轮回亲本)和综合性状优良(轮回亲本)的植株与轮回亲本连续回交4~6代,至性状似轮回亲本。

3)自交纯化:经过数次回交后,大多数性状已聚合成和轮回亲本相同的纯合体。但对于显性目标性状来说还不一定是纯合体,必须自交1~2代才能纯合。

4)比较试验:按常规进行品种比较试验、区域试验、生产试验。

1. 显性单基因的导入 如果目标性状由显性单基因控制,回交转移比较容易,可结合选择连续回交,如图7-9所示。通过回交,把非轮回亲本中B的抗病基因(RR)转移到不抗病(rr)的轮回亲本A中。

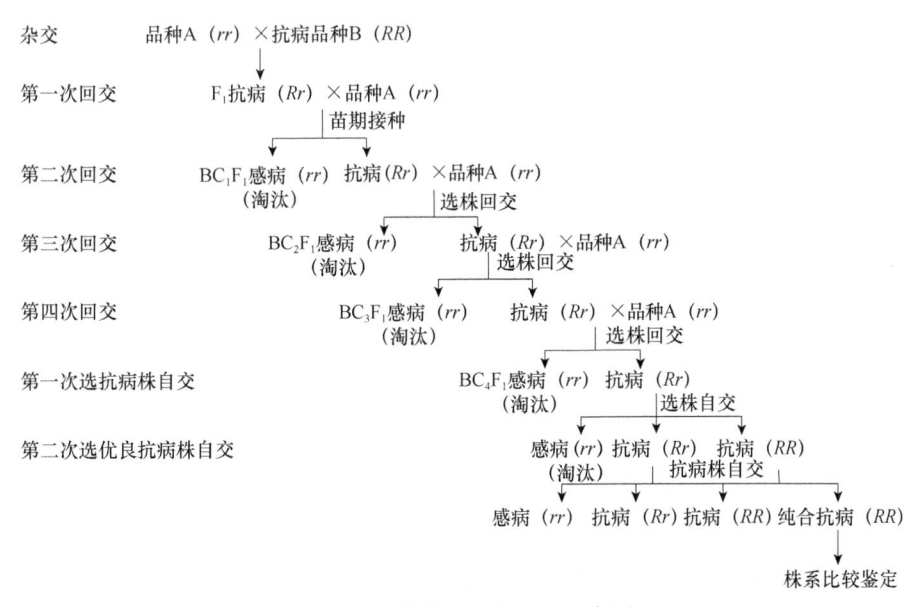

图7-9 显性单基因的导入示意图

2. 隐性单基因的导入　　如果要导入的抗病基因是隐性（rr），与轮回亲本 A（RR）回交，回交后代分离为两种基因型 RR、Rr，含有抗病基因（隐性基因）的杂合体（Rr），表型上鉴定不出来，可采用以下两种方法处理。

1）回交后代自交一代，选择具有目标性状的植株回交（隔代回交自交法），让回交后代自交一次，从分离后代中选抗病株（rr）与 B 回交，因回交世代均需自交一次，使回交转育进程延长一倍，如图 7-10 所示。

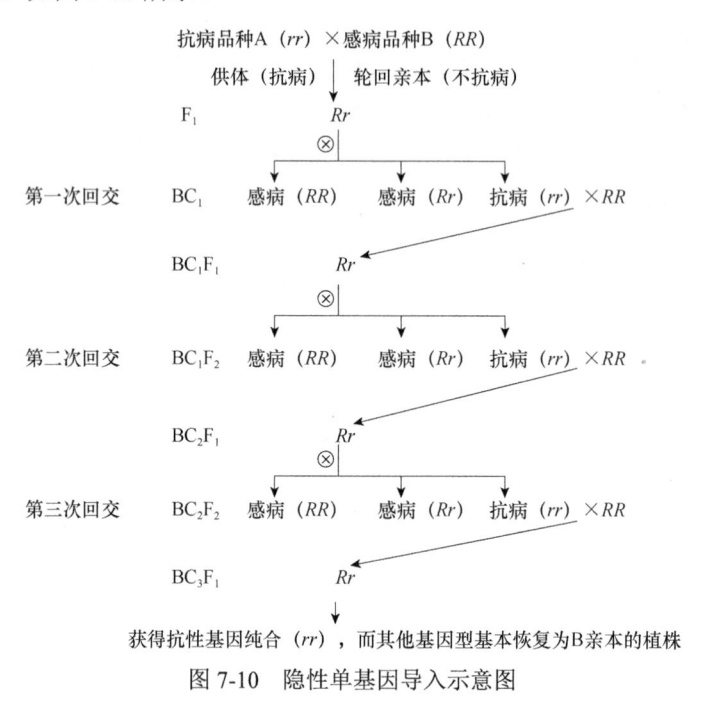

```
                抗病品种A (rr) × 感病品种B (RR)
                供体（抗病） │ 轮回亲本（不抗病）
        F₁                   Rr
                             ⊗
                    ┌────────┼────────┐
第一次回交   BC₁   感病(RR)  感病(Rr)  抗病(rr) × RR
                                              ↓
        BC₁F₁                Rr
                             ⊗
                    ┌────────┼────────┐
第二次回交   BC₁F₂  感病(RR) 感病(Rr)  抗病(rr) × RR
                                              ↓
        BC₂F₁                Rr
                             ⊗
                    ┌────────┼────────┐
第三次回交   BC₂F₂  感病(RR) 感病(Rr)  抗病(rr) × RR
                                              ↓
        BC₃F₁                Rr
                             ↓
       获得抗性基因纯合（rr），而其他基因型基本恢复为B亲本的植株
```

图 7-10　隐性单基因导入示意图

2）半株回交、半株自交法（扩大回交株数，连续回交）。如图 7-11 所示，由于纯合显性（RR）与杂合显性（Rr）区分不开，则可采取另一种方法，即不管植株是纯合（RR）或杂合（Rr）都进行回交，但回交的株数多一些，并且在每一回交植株上留 1~2 个自交枝（如甘蓝）。下一代，回交和自交后代相邻种植。凡是自交后代分离出抗病株者（rr），其相应的回交后代必带抗病基因，可以继续选株回交和自交。凡自交后代不分离者，其相应的回交后代即可淘汰。

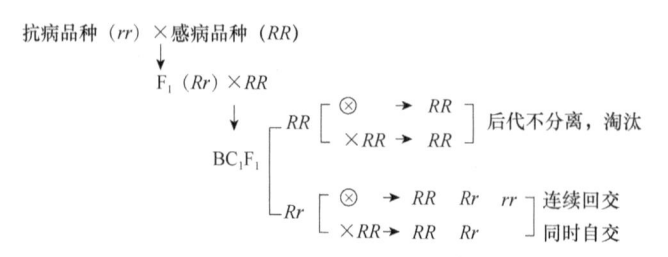

```
         抗病品种（rr）× 感病品种（RR）
                  ↓
             F₁ (Rr) × RR
                  ↓
                  ┌ RR ⎡ ⊗    → RR           ⎤ 后代不分离，淘汰
                  │    ⎣ ×RR  → RR           ⎦
         BC₁F₁ ──┤
                  │    ⎡ ⊗    → RR  Rr  rr  ⎤ 连续回交
                  └ Rr ⎣ ×RR  → RR  Rr      ⎦ 同时自交
```

图 7-11　半株回交自交法

（二）回交的次数

回交次数以轮回亲本的特征特性基本得到恢复为准，一般结合选择回交 4~6 次即可。根据实际情况可灵活掌握：①双亲差异小时，回交的次数可少些；②目标性状基因与不良基

因连锁时，增加回交次数。

（三）回交需要的株数

回交转育的特点是回交群体较杂交育种群体小得多。为了保证回交的植株带有需要转移的基因，每一回交世代必须种植足够的株数，见表 7-2。

表 7-2 回交需要的株数

需要转移的基因对数		1	2	3	4	5	6
带有转移优良基因的植株的预期比例		1/2	1/4	1/8	1/16	1/32	1/64
概率水平	0.95	4.3	10.4	22.4	46.3	95	191
	0.99	6.6	16.0	34.5	71.2	146	296

独立遗传时：回交一代群体中至少出现一株期望基因型，并规定出现概率为 α；则一株也不出现的概率为 $1-\alpha$。P 为杂种群体中合乎需要的基因型比率。而群体中一株期望型也不出现的概率应当是 $1-P$ 的连乘积，即

$$1-\alpha=(1-P)^m$$

两边取对数得

$$m=\frac{\log(1-\alpha)}{\log(1-P)}$$

式中，m 为所需种植的最小株数；α 为概率水平 99%、95%。

从表 7-2 可以看出以下几点。

1）一对显性基因：在回交转育中，如果非轮回亲本转移的性状是一对显性基因（AA），轮回亲本相应基因型为 aa，F_1（Aa）同 aa 回交，回交一代的植株有两种基因型 Aa、aa，为 1∶1，即带有优良基因 A 的植株（Aa）是 1/2。在这种比例下，要使回交一代中有一株带有 A 基因的可靠性达到 99%，回交一代的株数不应少于 7 株；以后回交世代也应如此。

2）如果需要转移的目标基因为两对，则回交一代的植株数不应少于 16 株。在实际回交转育工作中，株数必须超过估算的理论值，特别是在目标性状基因为隐性或与不良基因连锁时。所以，育种工作者在回交转育过程中，应适当加大回交群体，至少要超过这一估测数。

三、回交转育的应用

回交转育是杂交育种的一种特殊形式，它提供了一种较为精确地控制杂种群体、选育改良品种的方法。这种育种法具有明显的优点，一是目标明确，只针对目标性状进行选择，背景将随回交世代的增加而恢复。二是利于控制杂种群体，育种群体可远小于杂交育种群体，便于不同季节、地点的加代，加速育种进程。三是育种年限短（与杂交育种比），原本就是对推广品种的个别性状改良，所以，育成品种易于推广。但是其局限也非常明显。一是难于综合改良，育成的品种可能跟不上生产需要。二是改良多基因控制的数量性状效果差，工作量大。

（一）用于改良品种的个别缺点而保持其优良性状

对于综合性状优良而存在个别缺陷的品种，回交改良是有效的手段。例如，优良品种容易感染某种病害，可将抗病品种作为非轮回亲本，以原品种作轮回亲本，将抗病基因导入原

品种中，育成抗病且具有原品种全部优良性能的新品种。采用这种育种方法，已经育成了许多新的优良品种。

例如，针对鸡冠花栽培品种抗病性较弱，高青青等（2011）用栽培鸡冠花（*Celosia cristata*）（红冠、黄冠 2 个品种）与近缘野生种青葙（*C. argentea*）杂交（包括正反交），授粉当天用 30~50mg/L GA$_3$＋20mg/L NAA 的激素液处理，明显提高了杂种获得率和饱满种子率。应用矮黄冠与杂种回交，在回交后代中发现花序性状、叶片大小、分枝及植株高度等性状变异很宽广的材料。通过定向选择培育，经 7~9 代自交选育成株型较高、多分枝红色穗状花序的千穗红，多分枝塔形红色或黄色的红塔林、黄塔林等新品系；矮秆冠状或多穗型的矮火炬、矮红冠新品系及冠状、穗状相聚的众星捧月，冠状、穗状和凤尾状三结合的红三元新品系。这些新品系具有野生亲本抗病性强的优点，抗病性明显比栽培品种强。

（二）杂种优势利用中，不育系和恢复系的回交转育

在杂种优势利用中，回交是创造不育系、转育不育系和转育恢复系的主要方法。通常是利用雄性不育材料作母本，采用测交和连续回交，育成不育系及其相应保持系。

选用已有品种或杂交后代的优良品系，以一两个不育系作为母本，进行测交。观察测交杂种的育性表现。对表现为完全不育的杂种，其相应父本即可作为转育不育系的材料。选育不育系的方法是回交，即以不育系为母本与准备育成不育系的材料为父本，授粉杂交。第一代选不育株，再从相应父本行选株授粉回交，如此反复进行 4~5 代。母本的细胞核就被父本的细胞核所代换，育成一个与父本性状完全相同的不育系。

郎丰庆等（2021）利用已经育成的绿皮绿肉（GA）、红皮白肉（RA）萝卜雄性不育系材料作母本，用曲阜心里美萝卜自交系等材料作父本，配制杂种一代，杂种一代表现雄性不育的组合，用父本回交，经多代回交，结合肉质根性状选择，经过 2a 4 代回交选择，育成了不育性稳定遗传的心里美萝卜不育系（XA）和保持系（XB）。通过配合力测定，XA 在与心里美萝卜配制杂交组合时，F$_1$ 表现稳定，在肉质根性状、产量、肉质色等方面具有较强的配合力。

以优良的品种或品系与不育系测交，测交杂种表现为完全恢复的，其相应父本即为恢复系（如果该父本是一个自交系），可作为配制杂交种的父本加以利用。如果测交杂种育性尚不稳定，可从父本群体中选择若干株，分别测交，即可选出恢复性状稳定的恢复系。园艺作物中，许多种类的产品器官为根、茎、叶等营养器官而并非果实（种子），F$_1$ 杂种不需要开花结实，所以，配制 F$_1$ 杂交种时，父本系并不需要是恢复系，如萝卜、白菜、甘蓝等，杂交一代只需要营养器官品质、产量符合育种目标即可。

（三）用于远缘杂交，克服杂种不育

回交既可以克服远缘杂交的不育，还可以控制杂种后代性状分离。当栽培种与野生种进行杂交时，野生种的性状往往在杂种后代中占优势，后代分离强烈，如果用不同的栽培品种与 F$_1$ 连续回交和自交，便可克服野生种的某些不利性状，分离出具有野生种的某些优良性状并较稳定的栽培类型。例如，盖钧镒（1982）以大豆栽培种×野生种后，用栽培种回交 2 次，便克服了野生种的蔓生性、落粒性。孟金陵等（2003）从 1998 年开始，将甘蓝型油菜和白菜型油菜杂交，甘白种间杂种后代变异很丰富，如苗期出现了叶片缺绿型、皱缩型和叶片丛生型。随后利用甘蓝型油菜进行回交，结合表型选择和染色体数目检测，获得了一系列导入有

白菜 A 染色体组的甘蓝型油菜新种质。

（四）回交导入系的构建与应用

回交导入系（backcross introgression lines，IL）又称染色体片段导入系（chromosome segment introgression line，CSIL）、染色体片段代换系（chromosome segment substitution line，CSSL），是利用回交及标记辅助选择手段构建而成的材料。经过多代回交，后代材料在轮回亲本的遗传背景下只包含一个或少量供体亲本染色体片段，其余的遗传背景都来自轮回亲本（图 7-12）。因此，导入系与其受体亲本之间的表型差异都可认为是导入片段引起的。鉴于该材料具有一致的遗传背景这一优点，近年来在作物的遗传研究及育种研究中得到了广泛应用，可作为 QTL 分析的重要材料。同时，多代回交有利于打破优异基因与不良基因的连锁，优异基因导入整体表现优良的轮回亲本材料中，进而实现对育种材料的改良。

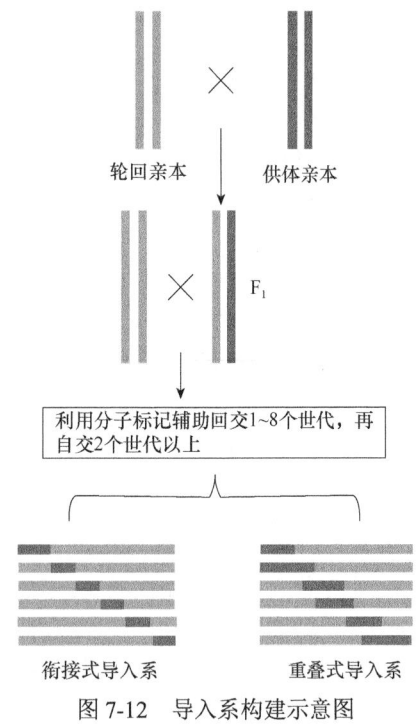

图 7-12 导入系构建示意图
（陈庆山等，2020）

番茄是最早构建导入系的作物，早在 1992 年，Eshed 和 Zamir 就利用栽培番茄（*Lycopersicon esculentum*）与野生番茄（*L. pennellii*）杂交，再与栽培番茄回交，然后自交 6 代，采用分子标记辅助选择构建导入系，最终获得 120 个导入系，覆盖整个野生番茄基因组，这项研究开启了作物中导入系构建与应用的先河。Doi 等（1997）构建了一套 91 个株系的水稻回交导入系，这是水稻研究中报道较早的导入系构建工作。我国的水稻导入系构建工作开展得相对较晚，但却得到了长足的进展，目前整体研究水平处于世界领先地位（陈庆山等，2020）。

（五）选育近等基因系，合成多系品种

在抗病育种中，将携带不同抗性基因的品种，用回交法同时转移到一个综合性状好的品种中去，育成一个农艺性状相似，又兼抗多个生理小种的近等基因系，还可以将这些近等基因系混在一起，组成一个多系品种。

张红等（2021）以青麻叶大白菜抗根肿病材料 G57 作为供体亲本，具有优良性状的感病材料 H227 作为轮回亲本，利用分子标记前景及背景选择的方法，分别从分子标记筛选的群体数量及开展轮回亲本背景选择的最初世代等方面加以研究，探究了影响筛选效率的几个重要因素。结果发现，各回交群体样本量为 18 时，目标单株的筛选效率最佳；同样本量下，从 BC_2F_1 起开展背景筛选，获得理想单株的概率最高，群体内变异系数最小。试验通过对植株遗传回复率的分析，探索了适宜青麻叶大白菜根肿病的高效分子选育技术体系，加速了青麻叶大白菜抗根肿病近等基因系的构建进程。

第四节　远缘杂交育种

远缘杂交最重要的意义在于可以打破种属间自然存在的生殖隔离，把两个物种经过长期

进化积累起来的有益性状重新组合,以形成新的产量、品质性状和对病、虫、寒、旱、涝等胁迫的抗(耐)性等。因此远缘杂交育种在创造植物新类型、新性状和获得有应用价值的新品种方面意义重大,并且在许多植物上已经发挥了重要作用。同时,远缘杂交在物种的起源、进化、发育、遗传、变异等生物学理论问题的研究上,也具有重要的指导意义。

一、远缘杂交的概念

远缘杂交(wide cross 或 distant hybridization)一种是指动植物在分类学上属于不同的种、属或科之间的杂交,它们又可分别称为种间、属间和科间杂交,另一种是地理上远缘的种族、不同生态类型和系统上长时期被隔离的亚种之间的杂交,这类杂交可区别于前一类而称为地理上的远缘杂交。

二、远缘杂交在育种工作中的作用

(一)创造丰富的变异类型

远缘杂交可以把不同种、属的特征、特性结合起来,突破种属界限,扩大遗传变异,使后代变异类型更加丰富。

以花卉的色彩为例,由若干个种杂交起源的花卉,如唐菖蒲、香石竹、大丽花等花色艳丽多彩,而由单一物种起源的花卉,如香豌豆、旱金莲等花色比较单调少变。野牡丹、细叶野牡丹、毛稔、印度野牡丹是不同的种,进行种间杂交发现:毛稔×野牡丹杂交后代性状分离严重,株高、冠幅、叶片大小的性状变化较大,花量比亲本多;细叶野牡丹×毛稔杂交后代株高、花径在两亲本之间,叶片比亲本大,花量比亲本少,部分子代出现雄蕊瓣化现象;印度野牡丹×毛稔杂交后代株高、冠幅介于父母本之间,叶片大小、茎的颜色接近母本印度野牡丹,花朵较大,花期长,极少数出现雄蕊瓣化的现象。

鹿子百合与山百合杂交后代与鹿子百合回交一代就可获得花瓣大而反卷、花色带红的美丽新品种。

(二)改良栽培品种品质

远缘杂交是作物遗传改良的重要途径,可以把野生种的优良性状向栽培种转移,如野生种中干物质含量及某些营养物质含量较高,可通过远缘杂交改良栽培品种的品质。达斯卡洛夫(Daskaloff)用栽培番茄与秘鲁番茄(*Lycopersicum peruvianum*)进行远缘杂交,育成了富含维生素C的早熟品种,果实干物质含量达7.0%~11.0%,糖含量达5.0%~6.8%,而一般番茄品种中干物质含量为4.0%,糖含量为2.0%。崔成等于2013~2014年通过甘蓝型油菜作母本与芥菜远缘杂交,选育出硬秆且含油量较亲本有显著提升并符合双低标准的后代,结果表明,通过远缘杂交的物质渗入,扩大育种资源的多样性,对提升甘蓝型油菜的抗病、抗倒伏能力、品质具有重要意义。

(三)提高作物的抗逆性

很多植物的野生类型在长期自然选择下形成高度的抗病性和免疫力,对恶劣气候条件(如高温、寒冷、干旱、高湿等)的抵抗能力很强。通过远缘杂交利用野生类型的高度抗病性和对环境胁迫的抵抗能力来改善栽培品种。刘园(2013)以国内外12份野生茄和20份栽培茄为试验材料，采用 5 种杂交授粉方法，进行种间杂交，得到 12 个不同的远缘杂交 F_1，从中选出 4 个不同的 F_1 与其父母本进行抗寒性测定，发现 4 个远缘杂交 F_1 均比其母本栽培茄的半致死温度低，抗寒性更强；其中 3 个 F_1 比父本野生茄抗寒性更强。远缘杂交 F_1 在可溶性糖、可溶性蛋白质、维生素 P 含量方面都表现为双亲的中间型。

（四）创造新类型的植物雄性不育系

在植物育种上，利用杂种优势提高作物的产量和品质是最有效的方法，而雄性不育系制种是杂种优势利用的主要途径。在一代杂种优势育种中，利用雄性不育系可以简化制种过程，选育具有自主知识产权和优良性状的新品种。

芸薹族物种是新型细胞质雄性不育基因的宝贵来源，其雄性不育性状主要来自自然突变，萝卜 Ogura cms 就是 Ogura 在日本鹿儿岛发现的天然萝卜细胞质雄性不育类型，Bannerot 等（1974）用欧洲萝卜品种与其测交，并在欧洲萝卜品种中发现了恢复基因，且找到了其保持系。Bannerot 等（1977）还用重复回交的方法将萝卜 Ogura cms 成功导入甘蓝，然后又转移到甘蓝型油菜中，通过连续回交选择最终育成了甘蓝型油菜不育系。

（五）创造新物种

远缘杂交是创造植物新种类和作物新品种的重要途径。通过远缘杂交，可以打破物种种属之间的隔离，把两个或多个物种经过自然界长期积累起来的有益特性，在人为杂交条件下重新组合，使其形成新的类型和新种。

人类最早利用远缘杂交创造新物种的例子是用野生的心叶烟（$2n=24$，GG）与普通烟草（$2n=48$，TTSS）杂交，F_1 加倍后，创造了结合两个亲本染色体组的异源六倍体新种（$2n=72$，TTSSGG）。

张双双等（2021）等以白菜（*Brassica rapa* ssp. *chinensis*，AA 基因组）为母本，以起源于非洲对黑腐病免疫的埃塞俄比亚芥（*Brassica carinata*，BBCC 基因组）为父本进行远缘杂交，通过胚挽救方法获得了 ABC 基因组杂种植株。杂种植株营养体粗壮高大，杂种优势明显。从人工合成 ABC 植株与白菜回交的群体中筛选出高抗或免疫黑腐病的株系，抗性可以遗传。

江建霞等（2019）以 3 个白菜型油菜材料为父本、3 个芥蓝材料为母本，进行人工远缘杂交，授粉 2 周后的胚珠进行离体培养，获得了远缘杂交的异源单倍体植株。用秋水仙素泡根处理诱导染色体加倍，杂交后代植株的许多性状介于两亲本之间，营养生长旺盛，植株长势明显强于双亲，分枝增多，可为甘蓝型油菜育种提供优异的亲本材料和种质资源。

（六）诱导母本产生单倍体

虽然远缘花粉在异种母本上常不能正常受精，但有时能刺激母本的卵细胞自行分裂，诱导孤雌生殖，产生母本单倍体。Kasha 等（1970）首次报道了普通大麦（*Hordeum vulgare*）和球茎大麦（*H. bulbosum*）杂交，在胚形成前球茎大麦亲本染色体消失，从胚拯救中获得大麦单倍体植株。目前，利用远缘杂交技术诱导孤雌生殖已有效应用到小麦、大麦、玉米、甜瓜、南瓜等 20 多种植物中。通过小麦（*Triticum aestivum*）与玉米（*Zea mays*）、波斯小麦（*T. turgidum* var. *carthlicum*）与御谷（*Pennisetum americarum*）、小麦与拉草（*Gunnera tinctoria*）、小麦与墨西哥类蜀黍（*Euchlaena mexicana*）、黄瓜（*Cucumis sativus*）与甜瓜

（*Cucumis melo*）、桑叶瓜（*Cucumis ficifolius*）与甜瓜（*Cucumis melo*）、笋瓜（*Cucurbita maxima*）与南瓜（*Cucurbita moschata*）杂交已成功培育出大量的单倍体植株。远缘杂交是小麦获得单倍体的最常用方法。刘小娟等（2019）利用不同来源的白茅（*Imperata cylindrica*）花粉给小麦授粉，诱导出单倍体胚，得胚率为17.02%～35.44%，通过胚拯救培养，不同授粉组合均获得了单倍体植株。

（七）探索植物的进化和起源

杂交被认为是高等植物基因组进化和新物种形成最为重要的进化方式之一，二倍体和多倍体杂交育种是新物种形成的重要来源。有证据表明，自然界生物的起源、演化途径和历程虽极其复杂，但很多物种都是通过天然的远缘杂交演化而来的。进行人工远缘杂交，后代中可再现物种进化过程中所出现的一系列中间类型和新种类型，为研究物种进化历史和确定物种间亲缘关系提供依据，有助于进一步彰显某些物种或类型形成与演化的规律，进而利用这些规律创造新物种。

早在1936年，日本学者盛永和韩国学者禹长春等通过总结前人的实验结果，并在细胞学研究的基础上，提出了禹氏三角假说（图7-13），把芸薹属植物分为基本种或称原始种（original species）[包括芸薹（*Brassica rapa*）AA $n=10$、甘蓝（*B. oleracea*）CC $n=9$、黑芥（*B. nigra*）BB $n=8$ 等3个二倍体种]及复合种或称次生种（secondary species）[即芥菜（*B. juncea*）AABB $n=18$，甘蓝型油菜（*B. napus*）AACC $n=19$ 和埃塞俄比亚芥（*B. carinata*）BBCC $n=17$ 等3个异源四倍体种]，并把它们的种间亲缘关系用三角形来表示，称为禹氏三角（U's triangle）。其中，3个复合种是由3个基本种经过相互杂交而来的。

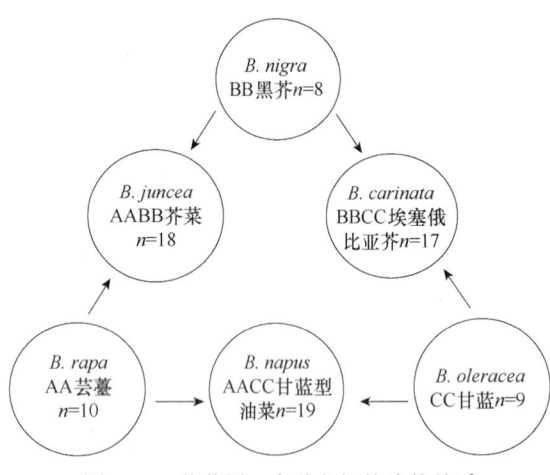

图7-13 芸薹属6个种之间的遗传关系

甘蓝型油菜可能是甘蓝与白菜型油菜杂交后染色体加倍形成的异源四倍体，$2n=38$。芥菜型油菜是白菜型油菜与黑芥杂交后染色体加倍形成的异源四倍体 $2n=36$。Röbbelen（1994）利用原生质体融合技术获得了白菜型油菜与甘蓝的种间杂种，人工合成了甘蓝型油菜，证实了甘蓝型油菜的自然进化过程。Narasimhulu 等（1992）利用原生质体融合技术又获得了黑芥与甘蓝的种间杂种，第一次获得了人工合成的埃塞俄比亚芥。

赵志刚（2014）以芸薹属植物青海大黄油菜和黑芥为研究对象，对其常规杂交后，通过离体胚培养获得的杂种种子经 MS 培养基诱导培养成苗，获得了青海大黄油菜与黑芥的杂种 F_1 植株，形态上表现为中间类型。通过细胞学鉴定，杂种 F_1 植株的细胞染色体数为18条，为母本青海大黄油菜（$2n=AA=20$）和父本黑芥（$2n=BB=16$）的配子染色体数之和；SSR（simple sequence repeat，简单重复序列）分子鉴定进一步表明，该杂种植株为真杂种。研究表明，杂交授粉后22d取材进行胚培养最易成功。

三、远缘杂交的遗传特点

远缘杂交的亲本之间其遗传关系相对较远,杂交的一方缺乏另一方的遗传信息,导致在杂交过程中会出现各种障碍,可以分为受精前障碍(pre-zygotic barriers)和受精后障碍(post-zygotic barriers),从而不能得到杂种或杂种不能继续繁育,其表现有杂交不亲和、杂种衰亡和杂种不育。

(一)远缘杂交的不亲和性及其克服方法

1. 远缘杂交的不亲和性 物种间存在的生殖隔离(reproductive isolation)使得远缘有性杂交不亲和成为育种中利用远缘种质的第一个障碍,即雌雄配子不能结合形成合子,表现为远缘杂交不亲和性(incompatibility of distant hybridization),或称不可交配性(noncrossability)。一般而言,双亲之间亲缘关系越远,杂交越不容易成功,所以,远缘杂交获得成功的,以种间、亚种间杂交居多,属间杂交次之,科间杂交成功的则极少,当然也有个别亲缘关系较近的反而比亲缘关系较远的难以杂交。远缘杂交不亲和常见的有:①花粉不能在异种柱头上萌发;②花粉管可以萌发但不能伸入柱头;③花粉管能进入柱头,但生长缓慢,甚至破裂;④花粉管虽正常生长,但由于长度不够等原因而不能到达子房;⑤花粉管能到达子房,但雌雄配子不能结合受精而形成合子等。这种配子的不亲和,会发生假受精现象,即精细胞未进入卵细胞或者精细胞虽然进入卵细胞中但未能和卵核融合,却促进了卵核的分裂,形成孤雌生殖的现象。障碍程度可分为花柱上部抑制和下部抑制,前者在授粉 12~24h 出现,花粉只形成很短的花粉管;后者则出现在授粉 3~4d 后,花粉管只能到达母体植株花柱 1/2 处(图 7-14)。

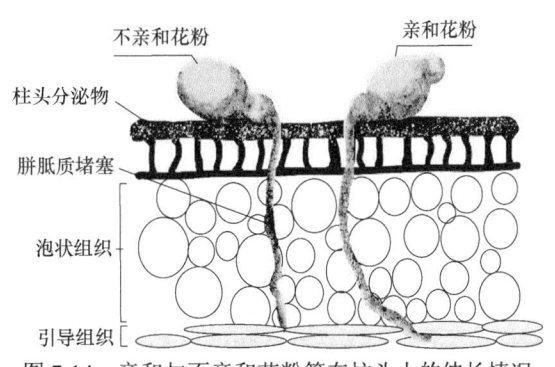

图 7-14 亲和与不亲和花粉管在柱头上的伸长情况示意图

2. 远缘杂交的不亲和性克服方法

(1) 亲本染色体加倍 将双亲或亲本之一的染色体加倍成多倍体后再杂交是克服远缘杂交不亲和很有效的方法。这种方法在很多远缘杂交中获得了成功,原本亲和性较差的材料,加倍后亲和性显著提高。白菜型油菜×甘蓝的组合获得杂种的频率一般只有 0.02%~0.5%,而甘蓝×白菜型油菜的组合则无法获得杂种。将白菜型油菜与甘蓝染色体分别加倍后相互杂交,杂交亲和性显著提高,正反交均能获得杂种。仅加倍其中一个亲本,也可以提高杂交成功率。早在 1927 年,卡伯琴科(Kapneqehko)报道,二倍体甘蓝与白菜、油菜、芥菜等不易杂交,但四倍体的甘蓝则易于杂交成功。

(2) 适当选择选配亲本 大量事实证明,当两个物种间进行杂交时,利用两个物种的不同变种或品种测交,并进行正反交,确定适当母本是克服远缘杂交难交配性的一项有效措施。因为同一个种不同变种或品种在细胞、遗传及生理等水平上的差异,相应的配子亲和力也有差异,因而参与远缘杂交不同亲本组合会表现出不同的杂交结实率。吴定华于 1963~1990 年曾先后用 13 个番茄栽培品种(系)作母本和 10 个番茄野生种进行远缘杂交,结果发现其中醋栗番茄、多毛番茄、小花番茄、契斯曼尼番茄等的亲和性,包括孕性、育性等均远高于秘鲁番茄和智利番茄。

早在 1952 年，日本水岛氏报道，在芸薹属远缘杂交中，芥菜与黑芥种间杂交，紫高菜（芥菜）与加州褐子（黑芥）杂交的结实率为 0.78%，而卷心刈菜（芥菜）与加州褐子（黑芥）杂交的结实率仅有 0.07%。故而，在两个远缘杂交亲本内多选一些不同的品种相互配组，可以提高远缘杂交的成功率。

进行远缘杂交时，同一组合的正反交，杂交亲和性往往存在较大差异，有些组合存在单向亲和性。实践证明，用栽培种、染色体数多或倍性高的品种及杂种植株或幼龄的植株作母本，远缘杂交成功的概率较大。此外，参与杂交的双亲细胞质不同，往往正反交结实率有很大差异。

沈阳农业大学（1996）对草莓种间杂交的研究表明，低倍性种作母本结实率很低或完全不能结实，而当把父母本倍性提高，而且以倍性相对较高的种作母本则结实率高。北京林业大学在山茶花远缘杂交育种时，以云南山茶（$2n=6x=90$）为母本，山茶（$2n=2x=30$）为父本时结实率为 8.7%，其反交的结实率只有 2.7%。

徐爱遐等（1999）对甘蓝型油菜与芥菜型油菜的杂交亲和性进行比较研究，分别配制芥菜型油菜×甘蓝型油菜（简称芥×甘）和甘蓝型油菜×芥菜型油菜（简称甘×芥）种间正反杂交组合，结果发现，以芥菜型油菜作母本，甘蓝型油菜作父本配制的正交组合比较容易得到较多的杂种种子，而以甘蓝型油菜作母本进行的反交很难得到完整的杂种种子，芥×甘杂交组合的平均结实数/花为 2.64 粒，而甘×芥杂交组合的平均结实数/花为 0.10 粒。与正交组合相比，其结角率下降 30.8%，每角结实数和每花结实数分别下降 94.5% 和 96.2%。

(3) 采用特殊授粉方式

1) 混合授粉法。利用不同种类花粉间的相互影响，改变授粉的生理环境，可以解除母本柱头上分泌妨碍异种花粉萌发特殊物质的影响。混合花粉可以是若干种远缘花粉的混合物，也可混入经杀死的母本花粉及混入未经杀死的母本花粉，混合花粉成员数，一般认为以 3~5 个为宜。当混合未经杀死的母本花粉时，应对杂交后代进行鉴定，以确定是否为远缘杂种。例如，冯午（1953）在结球白菜与羽衣甘蓝远缘杂交中，在上午给结球白菜授以羽衣甘蓝花粉，隔 4~5h 后再授以结球白菜花粉，从 45 个结子果荚中得到一粒杂种种子并长成杂种植株。北京林业大学（1986）在山茶花远缘杂交中，用山茶中的五宝和星桃两品种花粉，外加部分经高剂量射线杀死的防城金花茶花粉给防城金花茶授粉，效果良好。

2) 重复授粉法。是指在同一母本花的蕾期、开放期和花朵即将凋谢等不同的时期，进行多次重复授粉，以利用雌蕊不同发育程度、受精选择性的差异，促进受精结籽。有人认为第一次花粉还起到开路先锋的作用，促进了随后授粉的成功。

3) 射线处理法。山川邦夫（1971）报道，用 γ 射线辐射花粉或柱头，能克服番茄的栽培种和野生种种间杂交的难交配性，如用 γ 射线处理花粉授粉者获得了 1.8% 的杂种，而用未经处理的花粉授粉者，只获得了 0.19% 的杂种。

4) 提前或延后授粉。母本柱头对花粉的识别或选择能力，一般在未成熟和过熟时最低。所以，提早在开花前 1~5d 或延迟到开花后数天授粉，可提高远缘杂交的结实率。

5) 媒介法。利用亲缘关系与两亲本都较近的第三个种作为桥梁，先与某一亲本杂交产生杂种，然后用这个杂种再与另一亲本杂交。"桥梁种"起到了性媒介的作用，从而改善结实情况。

M. Besley（1943）报道，用普通番茄×秘鲁番茄得到 32 粒种子，只有 4 粒发芽；先用醋栗番茄作桥梁种，与普通番茄杂交得到的杂种再和秘鲁番茄杂交得到 152 粒种子，有 82 粒发芽，并且 F_1 的育性和稔性都比普通番茄×秘鲁番茄的杂种有显著提高。

在菊花中芙蓉菊（*Crossostephium chinense*）和栽培菊直接杂交很困难，但通过先与大岛野路菊（*Chrysanthemum crassum*）杂交，再用它们的杂种与栽培菊杂交，则很容易收获到种子，而且杂种后代中携带有芙蓉菊的基因组。

6）利用新的生物技术。随着植物生物技术的不断发展，新的生物技术已被应用到克服远缘杂交不亲和性上，如试管离体受精、花柱嫁接、体细胞杂交等。

利用试管进行人工离体受精（*in vitro* pollination），即在无菌条件下，将放在培养基上的雌蕊或裸露的胚珠及花粉分别进行培养，待花粉萌发后，使其在培养条件下完成受精作用。这也是克服受精前生殖障碍的有效方法之一。

花柱嫁接是将父本花粉授在同种植物的柱头上，然后在花粉管尚未完全伸长之前切下柱头，移植到异种的母本花柱上，或先进行异种柱头嫁接，待 1～2d 愈合后授粉。这种方法对于技术要求较高，操作较困难，实际应用不多。

Xu 等（2021，2022）研究发现，胚胎败育是植物远缘杂交生殖障碍的主要形式，解析了植物胚胎发育正调控转录因子 CmLEC1 和负调控转录因子 CmERF12 在菊花远缘杂交中胚胎败育的分子机制，过表达 CmLEC1 转基因菊花能促进杂交胚胎的正常发育，显著提高远缘杂交结实率。调控 CmERF12 的表达，在拟南芥中也得到了证实，在拟南芥中异源过表达 CmERF12，会显著降低拟南芥的结实率。该研究表明，采用基因工程技术对调控胚胎发育的单个关键基因进行操作，就可提高远缘杂交结实率，为克服远缘杂交生殖障碍提供了一种新的方法和思路。

7）花柱截短。即将母本花柱切除或剪短，直接授上父本花粉。早在 20 世纪 60 年代，Myodo 和 Emsweller 就应用切割花柱授粉来克服远缘杂交不亲和性，此后，Hopper 等及我国谢松林等（2010）均采用花柱短截的授粉方式研究百合种间不同组合的杂交育种工作，并取得了很好的效果，获得了百合属种间杂种。

（二）远缘杂种的夭亡、不育及其克服方法

1. 远缘杂种的夭亡、不育　　远缘杂交所形成的受精卵，由于与母本的生理机能不协调，不能发育成健全的种子，有时种子健全，但不能发芽或发芽后不能发育成正常的植株，或虽能长成植株，但不能受精结实获得杂种后代，统称为远缘杂种的夭亡和不育。造成这种生理机能不协调的原因，包括核质不协调，细胞物质合成受阻；染色体不平衡，如数目不同、结构差异；从而引起杂种夭亡、杂种不育、杂种不易稳定。具体表现可分为三种情况：第一种情况是受精后幼胚不发育或中途停止，有的是胚乳过早解体从而使胚的发育过程中因不能得到充足的营养而"饿"死；第二种情况是杂种胚的前期发育正常，但是在杂交种子接近成熟时杂种胚败育；第三种情况是杂种有胚，但不发芽或者形成的幼苗弱小畸形，苗期死亡不能形成植株。

2. 远缘杂种的夭亡、不育的克服方法

（1）胚挽救（embryo rescue）技术　　远缘杂交而受精后由于杂种胚、胚乳和子房组织之间缺乏协调性，幼胚不发育或中途停止发育，这是远缘杂交育种工作的瓶颈。通过胚挽救技术，在杂交幼胚败育前进行离体培养可以避免远缘杂种胚败育以获得杂种植株。胚挽救技术广泛运用于水稻、小麦、玉米等粮食作物及蔬菜、花卉、果树等园艺作物的远缘杂交育种

中。胚挽救技术包括子房培养、胚胎培养和胚珠培养三种主要方式。

杂种胚如果是在其发育的后期败育（一般是心形胚以后），可将幼胚从胚囊中取出放在培养基上进行人工培养，从而克服因胚乳不能正常发育或营养物质向胚运输的通路被阻引起胚缺乏营养造成的杂种衰亡。也可以从外部补充活性物质，如萘乙酸溶液处理子房可以弥补内源活性物质的不足而得到杂交种子。当2个种之间存在严重的不可交配时，可以寻找与2个亲本都能杂交的另1个物种作为桥梁进行3个种之间的杂交，使不能直接杂交的两种的基因组最终组合在一起。还可通过培育健壮的杂交亲本，使杂交亲本的雌雄配子体贮存丰富的营养物质以利于胚的发育。

早在1959年，日本学者Nishi S、Kawata J和Toda M（西贞夫、川田穗一、户田韩彦）运用胚培养的方法，克服了甘蓝与白菜远缘杂交的不孕性，获得了种间杂种。曾爱松等（2021）以3份携带 *CRb* 基因的抗根肿病大白菜抗原CCR1、CCR2和CCR3为母本，与15份不同类型的甘蓝纯系进行远缘杂交，用胚胎拯救法获得的成苗率达到田间直接授粉的19倍、5倍和35倍，最低也比田间直接授粉高5倍。Deng等（2011）分别应用胚珠培养和幼胚培养获得了菊花的不同属间远缘杂交种。一般来说，处于不同发育阶段的胚在培养时的技术要求和难度不一样，发育早期的幼胚处于完全异养的状态，对营养和环境的要求很高，故培养的胚愈小愈不易成活，太晚的胚又易于降解，所以胚拯救的最佳时间应该是在降解前尽可能晚一点的时期，可通过石蜡切片连续观察受精后的胚珠发育进度确定。

（2）杂种或亲本染色体加倍　　当远缘杂交的双亲染色体组或染色体数目不同而缺少同源性，致使F_1在减数分裂时染色体不能联合或很少联合，不能形成足够数量的、具有生活力的配子而造成不育时，通过杂种染色体加倍获得双二倍体，便可有效地恢复其育性。付绍红等（2012）利用地方白菜型油菜品种资源雅安黄油菜与常规甘蓝型油菜进行种间杂交，对F_0种子在培养基上利用秋水仙素进行加倍处理，在一定程度上克服由于染色体数目不配对、自交不亲和等现象带来的影响，提高杂交后代自交结实率，获得正常的F_2植株。

崔轶男（2018）以白菜品种Chiifu和甘蓝品种金早生（JZS）进行远缘杂交。利用胚挽救技术得到异源二倍体（allodiploid，AD1）后，又采用秋水仙素加倍的方法得到了异源四倍体（allotetraploid，AT1）。陈洪高等（2007）利用萝卜（品种HQ-04）与白花芥蓝杂交，用秋水仙素使F_1幼苗染色体加倍获得了萝卜-芥蓝异源四倍体。Paulmann（1988）等用萝卜和甘蓝属间杂种为实验材料，通过秋水仙素加倍手段获得异源四倍体，再以该异源四倍体为桥梁与甘蓝型油菜杂交，成功地将萝卜的细胞质雄性不育基因及恢复基因转移到了甘蓝型油菜中。

（3）回交法　　染色体数目不同的两亲本杂交所得的杂种往往不育或不实，但其产生的雌、雄配子并不都是完全无效的，其中有些雌配子可接受正常花粉受精结实，或能产生有生活力的少数花粉。这种情况可利用亲本之一对杂种进行回交，以获得少量杂种种子，同时也可逐步恢复远缘杂种的育性。如果远缘杂交亲本是栽培种与野生种，则在回交时宜采用栽培种作回交亲本。梁正兰（1992）以栽培陆地棉为母本与比克氏棉野生种杂交，杂种高度不育。用陆地棉栽培种对杂种回交3次，回交后代减数分裂趋于正常，并从中选育出带有比克氏棉红花性状的陆地棉种质。

祝朋芳等（2011）对胞质不育大白菜×羽衣甘蓝进行了连续回交，结果表明，BC_2亲和指数为2.45，仍有较强的生殖隔离，但连续回交到BC_4时，亲和指数提高到6.17，不亲和性已逐步被克服。

（4）延长杂种的个体生育期　　远缘杂种的育性有时也受外界条件的影响，延长杂种生育期，可促使其生理机能逐步趋向协调，生殖机能及育性得到一定程度的恢复。可采用无性繁殖或利用某些作物的多年生习性或人工控制温度、光照条件等延长杂种的生育期，以逐步恢复杂种的育性。例如，孙善澄（1979）以普通小麦与天兰偃麦草进行远缘杂交，杂种表现高度不育，通过延长生育期，能明显地提高杂种的结实率。

（5）逐代选择提高稔性　　远缘杂种后代的育性恢复，有一个生理协调的过程，有些远缘杂种 F_1 结实率很低，但后代植株育性会逐步恢复，通过多代连续选择后，便可达到自然结实的水平。例如，甘蓝型油菜×白菜型油菜杂交，经过 2 到 3 代选择，育性即可恢复正常。

此外，瘦小、皱缩等不容易发芽的杂交种子，要为其创造良好的发芽及生长条件，以及将杂种幼苗嫁接到根系发达的亲本幼苗或其他品系上，都可以提高杂种后代的结实性。

（三）远缘杂种后代分离的广泛性和不确定性

远缘杂种后代常出现比近缘杂种更为复杂的多样性，杂种遗传性极不稳定，有强烈的动摇性。近缘杂种第一代的类型一致，而远缘杂种第一代即可出现形态特性的多样性。某些禾本科植物的远缘杂种有时同一植株的一部分分离像母本，而另一部分分离像父本。有时这种多样性在最初几代不出现，而到了较晚的世代突然出现多样性。远缘杂种后代的分离，大致可归纳为以下 3 个类型。

（1）综合性状类型　　杂种具有两个杂交亲本的综合性状，但是不稳定，随着有性繁殖代数的增加，将继续发生分离。

（2）亲本性状类型　　杂种的性状倾向于原始种或亲本。其中包括受精过程的刺激形成无融合生殖等原因所产生的非杂种。

（3）超出亲本种的类型　　由于杂种的产生类似于"突变"性质的差异，出现了新的性状，有的成为另一个新种植物。但至今为止，对于远缘杂种的分离规律性研究还不够深入。

例如，黑刺梨（$2n=32$）与桃（$2n=16$）之间的杂种，后代染色体有 $2n=32$、$2n=24$、$2n=16$ 等。具有 $2n=32$ 的实生苗性状与黑刺梨相似，而 $2n=24$ 的实生苗，则有很多变异，有些与一个亲本相似，有些与另一个亲本相似，甚至有些与李属的其他种相似。

据报道，小萝卜×结球甘蓝的 F_1 植株营养体为两亲本中间型，花色似小萝卜，角果上部似萝卜而下部似甘蓝；体细胞染色体数为 18；F_2 的染色体组发生了"剧烈分离"，$2n$ 分别为 24、27、30、32、34、36、54；多数是双二倍体（$2n=36$）或三倍体（$2n=27$），少数为非整倍体。

雷家军（1997）报道，用不同倍性草莓种间杂交其后代倍性变化较大，包括 $4x$、$5x$、$6x$、$7x$、$8x$、$9x$。分离类型丰富，虽然表现出极大的"疯狂"性，但随着繁殖代数的增加，各种畸形类型、中间类型及超亲类型逐渐减少，而亲本类型逐渐增多，最后得到的杂种又回复到双亲各自的特性上，所以表现出趋亲分离。

（四）远缘杂种后代的鉴定和选择

对于以营养体为商品的无性繁殖园艺植物，无论在哪一代出现理想优良个体，即可用营养繁殖应用于生产。然而对于有性繁殖的园艺植物必须根据育种目标和所用亲本材料，采用不同的选择方法。

1. 远缘杂种的鉴定　　由于远缘杂种的分离具多样性，对杂种及其后代进行早期鉴定与选择是十分重要的。鉴定远缘杂种的真伪，除采用形态学比较的方法外，还应进一步采用现代技术手段，如电镜技术、同工酶分析技术、分子标记技术、核型分析技术等，通过综合多方面的分析结果，才能比较准确地鉴别杂种的真伪。例如，赵世伟等（1992）应用电子显微术成功地对金花茶×茶梅的远缘杂种进行了鉴定。在柚与橙的杂交中，可以通过 GOT 同工酶的分析加以鉴别，GOT-1 的 F 等位基因为柚类所有，橙类中不存在，而 GOT-1 的 S 等位基因则存在于橙类和橘类中，真正的柚橙杂种，则其 GOT-1 的基因型为 FS。

李胜男等（2021）通过苹果（Malus）和梨（Pyrus）的全基因组序列比较分析，基于两者间的插入缺失位点，设计 InDel 特异性分子标记，结合 PCR 检测，筛选出 6 对特异性强、重复性好且扩增条带清晰的特异性分子标记。其中，3 对标记引物来自梨的基因组，3 对标记引物来自苹果的基因组，可有效检测两者间的差异。利用上述 6 对特异分子标记对 3 组苹果和梨属间杂交后代的 311 株个体进行鉴定，结果表明，7 株后代可同时扩增出苹果和梨特异条带，确定为属间杂交种，占总杂交后代的 2.3%。

2. 远缘杂种后代选择 一般在 F_1 先用集团选择法，待出现明显分离再选单株。选择的原则是 F_2、F_3 群体要大；不宜在低世代淘汰组合；对低世代材料选择标准要宽；应用回交法或复交法进行再加工；歧化选择，即将分离群体中的两极端类型个体选出来，再进行随机交配形成新群体。

如要改进某一推广品种的个别性状，而该性状是受显性基因控制、遗传力高时，就可采用回交法。Frey（1982）认为要改进栽培品种的某一缺点，利用栽培品种与具有该目标性状的野生种杂交，然后从其杂种后代中选择带有该性状的中间类型个体与栽培品种回交是行之有效的方法。

思考题

1. 名词解释：回交转育、轮回亲本、非轮回亲本、饱和回交、近等基因系、多系品种、远缘杂交、远缘杂交不亲和性、远缘杂种的不育性、胚挽救技术。
2. 什么是回交转育？回交转育有哪些用途及有何局限性？
3. 简述回交转育的基本技术。
4. 如何借助回交法转移显性和隐性基因？
5. 简述远缘杂交育种的作用。
6. 简述远缘杂交不亲和性的克服办法。
7. 简述远缘杂交杂种夭亡和不育的克服办法。
8. 简述远缘杂交后代疯狂分离的克服办法。

第八章　园艺植物杂种优势育种

杂种优势是生物界的普遍现象，杂种优势利用是目前植物育种中最重要、最常用的一种方法，在植物育种中占有重要地位。通过选择和培育园艺作物杂交亲本，配制杂交组合，进行配合力测定和品种比较鉴定，获得杂种一代品种的育种方法称为杂种优势育种（heterosis breeding）。由于杂种优势育种既能利用植物的杂种优势，又能使植物育种者很好控制亲本种源，可快速实现园艺良种商品化和保证种子质量，因此，深受育种者的重视。本章将介绍园艺植物杂种优势育种的有关原理、方法及杂交种子生产技术。

第一节　杂种优势概述

一、杂种优势的概念及遗传机制

（一）杂种优势的概念

杂种优势（hybrid vigor, heterosis）是指两个遗传性不同的基因型亲本杂交所产生的杂交种，在生活力、生长势、抗逆性、适应性和产量等方面超过其双亲的现象。杂种优势与人工选择方向一致者称正向优势，相反者称负向优势。

杂种优势的表现是多方面的，如外观表现为生长势增强、产量增加和抗病性增强等；在生理代谢上表现为光合速率提高、抗逆能力增强、干物质积累增多等。由于环境因子和基因互作影响，杂种优势表现程度不同，其组合表现也不同，优势有强有弱，不是所有的杂交一代都存在杂交优势，同一杂交组合在不同环境下种植，优势的表现也不一样。

与杂种优势相对应的是自交衰退（inbreeding depression）。自交衰退也是生物界普遍存在的现象。自交衰退一般表现为生长势变弱、植株变小、抗病性和抗逆性减弱、产量降低、白化苗、雄性不育等不利性状，但是不同植物衰退的程度表现不一样，一些异花授粉植物自交后都会发生不同程度的衰退，如十字花科作物衰退较快，一些瓜类（如甜瓜、西瓜等）则衰退较慢。对自花授粉作物而言，自交衰退不明显或基本不衰退，是因为自花授粉作物在进化过程中，一些不适应的自交植株被自然淘汰了。

在自交的前期阶段，衰退较快，随着自交代数的增加，衰退趋势变缓。随着自交代数的增加，群体内纯合体的比例就会增加，因此，在自交中晚期后代中加以选择，也会选出不再衰退的、性状稳定的自交系。

自交衰退与基因的纯合体同时产生，而杂交使基因杂合化，产生杂种优势。自交衰退与杂种优势都是纯合体和杂合体的基因互作效应值不同而产生的，这种效应值的差异通常称为显性程度。异花授粉作物由于长期异交，一些不利的隐性基因有较多机会以杂合体的形式保存下来。一旦自交，隐性不利基因纯合就会表现出衰退现象。

（二）杂种优势的遗传机制

基因杂合后，为什么能产生杂种优势？学者围绕杂种优势的遗传机制进行了研究，但是至今还没有一个完善、统一的解释。目前有关杂种优势的遗传假说主要有3个，即显性假说、超显性假说和上位性假说。

1. 显性假说 基本理论认为杂种优势由等位基因间显性效应和非等位基因间显性效应的累加作用决定。该假说认为显性基因对生长发育有利或效力较高，隐性基因对生长发育有害或效力较低。杂交使亲本之一（母本）的某些有利显性基因掩盖了亲本之二（父本）等位的不利隐性基因；同样，父本的另一些有利显性基因也掩盖了母本等位的不利隐性基因。从而使杂种的显性基因数量多于任何一个亲本，故表现出杂种优势。

就控制某一性状的多个非等位基因间的相互关系而言，它们之间的效应可能是相加、相减、互补或互制，但是对优势起作用的是互补作用。而等位基因间的关系着重在基因本身的效应值和相对表现力，只要 A 的效应值高并对 a 有抑制的表现力，则 Aa 等于或接近 AA，等位基因的杂合对优势表现来说不重要。杂交主要就是为了在更多的位点上获得显性基因，显性基因越多，则杂种优势越明显。

显性假说的核心就是 F_1 优势尽可能多地利用了不同亲本在不同等位基因位点上显性作用的结果。不同性状的显性互补能得到较大优势。

2. 超显性假说 该假说认为杂合的等位基因之间不仅有显隐性关系效应，还存在互作关系效应。杂合体 Aa 的效应值有可能大于纯合体 AA 或 aa 的效应值。但是一些自花授粉作物的 F_1 不一定超过它的亲本系统，由于互作效应有大有小，杂合体 Aa 表现不一定优于纯合体 AA 或 aa。超显性假说还认为非等位基因之间也存在超过累加作用的互作效应，如两个等位基因分别产生不同的产物，或分别控制不同的反应，杂合体能同时产生两种产物或进行两种反应，因而表现超过双亲。也有人认为超显性是由于杂合体能产生杂种物质，即纯合体 AA 只能产生一种物质，aa 产生另一种物质，杂合体 Aa 不仅能产生上述两种物质，还能产生第三种物质。

该假说的核心是杂合的等位基因和非等位基因之间存在复杂的互作关系，而不是单纯的显隐性关系。这种复杂的互作效应，才能产生超过纯合基因型的效应。这种效应可能是各等位基因本身的功能，它们分别控制着不同的酶或不同的代谢过程，产生不同的产物，从而使杂合体同时产生超过双亲的功能。

3. 上位性假说 显性和超显性假说都将杂种优势归为单因子效应，实际上位点间的上位性，即基因与基因间的互作，对杂种优势的形成有重要影响，Cockerham（1954）提出基因效应和互作的多因子遗传模型，认为非等位基因之间存在广泛的上位性效应。Jinks 和 Jones（1958）首次将上位性效应列入研究杂种优势的线性模型中。Mather 和 Jinks（1971）对该模型进行了修正，将三元互作的上位性效应列于其中。Minvielle（1987）提出了一个双基因互作模型，该模型推导出在无显性效应的情况下，通过多基因互作也可以产生杂种优势。Yu 等（1997）认为显性和超显性不是杂种优势形成的主要原因，位点间的上位性可能起更为重要的作用；各类型位点间的上位性（AA、AD 和 DD）都有出现，几乎所有鉴定出与杂种优势有关的单位点效应的位点都参与了上位互作，涉及上位性互作的位点数要比单位点效应的位点数多得多（方智远，2014）。

杂种优势有时候并不单纯取决于核基因，还与细胞质和核互作有关，特别是在远缘杂交时表现比较明显，另外，环境条件的因素影响也较大。

实现杂种优势必须具备两个前提条件：一是亲本的基因型在杂合体中必须彼此协调（亲缘关系太远，遗传机制不相互协调，无法产生杂种优势）；二是亲本的基因群组合具有互补性，在杂合子中能相互促进，彼此协调。

二、杂种优势的度量方法

杂种优势的强弱，可以通过配合力的大小来估算，比较简便的估算是直接用亲本和 F_1 的平均值来计算。杂种优势的度量目的是比较不同组合和不同性状之间，它们的基因效应中可以利用但不易固定遗传部分的大小，以评估开展优势育种的实用价值，为亲本选择提供依据。控制某种性状的基因效应中可以利用但不易固定的部分大小，往往不与 F_1 性状平均值大小成比例。同时在考虑多个性状时，由于各性状使用的度量单位不同，也不能直接用各性状的 F_1 值作为选择亲本组合的依据。因此杂种优势的度量方法必须普遍适用于各性状和各种度量单位，具有简便性。通常所用的杂种优势简便度量方法主要有以下几种。

（一）超中优势

超中优势又称中亲值优势。这是以中亲值（某一性状的双亲平均值）作为尺度衡量 F_1 平均值与中亲值之差的方法。计算公式如下

$$H = [F_1 - (P_1 + P_2)/2] / [(P_1 + P_2)/2]$$

式中，H 为杂种优势；F_1 为杂种一代的平均值；P_1 为第一个亲本的平均值；P_2 为第二个亲本的平均值。

当 F_1 等于中亲值即 $MP = (P_1 + P_2)/2$ 时，$H = 0$，为无优势。这种方法 H 值通常为 $0 \sim 1$，只有当 $F_1 \geq 2MP$ 时，$H \geq 1$，这种情况一般比较少。这种方法的不足是：它与根据配合力或遗传力估算的显性度相比往往偏低。这种度量方法的实用价值不大，因为如果双亲相差比较大，F_1 即使超中优势比较强，也有可能低于大值亲本，如果没有超过大值亲本，则没有推广价值。

（二）超亲优势

超亲优势又称高亲值优势。这是用双亲中较优良的一个亲本的平均值（P_h）作为尺度，衡量 F_1 平均值与其之差的方法。计算公式如下

$$H = (F_1 - P_h)/P_h$$

该方法的计算结果可直接反映杂种的利用价值。这种度量方法比较实用。如果 F_1 不超过优良亲本就没有必要用杂种，直接用该优良亲本即可。因此用该法可直接衡量该杂种的推广价值。

该方法适用于对组合优势的评价，主要取决于某一种性状（如产量）的情况。如果利用该方法对多个性状进行综合评价，则入选的是 F_1 值超亲性状多的组合，但是即使某组合有多个性状超亲，只要有一个重要性状很差，则该组合也不一定适用于生产实际。当 $F_1 = P_h$ 时，$H = 0$，则无优势，因而不能度量不超亲的优势。

（三）超标优势

这是以标准品种（生产上正在应用的同类最优品种）的平均值（CK）作为尺度衡量 F_1 与标准品种之差的方法。计算公式如下

$$H = (F_1 - CK)/CK$$

这种方法更能反映杂交种在生产上的推广利用价值。因为标准品种是当时当地大面积栽培的最好的品种。如果所选育的杂交种不能超过标准品种就没有利用价值。但是，这种方法不能提供与亲本有关的遗传信息。即使对同一组合同一性状来讲，如果所用的标准品种不同，H值也会不同。这种方法衡量的杂种优势不具有遗传学上的价值。

（四）离中优势

离中优势又叫平均显性度，是以双亲平均值之差的一半作为尺度衡量F_1优势的方法，是以遗传效应来度量杂种优势的方法。计算公式如下

$$H=[F_1-(1/2)(P_1+P_2)]/[(1/2)(P_1-P_2)]$$

如果将公式中的F_1、P_1和P_2用遗传效应来表示，即F_1为h，P_1为d，P_2为$-d$，则公式可改写为

$$H=\{h-(1/2)[d+(-d)]\}/\{(1/2)[d-(-d)]\}=h/d$$

式中，h为显性效应；d为加性效应。加性效应是可以稳定遗传的；显性效应是基因型处于杂合状态时才表现的，不能稳定遗传下去。这种方法的计算结果反映了杂种优势的遗传本质。

三、杂种优势育种与常规杂交育种的异同

杂种优势育种与常规杂交育种的相同之处：都需先收集、选择种质资源，与选配亲本进行杂交，并经过品种比较试验、品种区域试验等验证新品种的增产潜力、稳定性和适应性，报请品种管理部门审定、认定、评定或登记。

其不同之处有以下几方面。

（1）利用的基因效应不同　　常规杂交（重组）育种利用的主要是加性效应和上位效应，是可以固定遗传的部分。杂种优势育种利用的既包括加性效应和上位效应，又包括显性效应和超显性效应，其中后两者不能稳定遗传。

（2）育种程序不同　　常规杂交（重组）育种是先杂交，然后自交分离选择，最后获得基因型相对纯合的定型品种，其育种程序是"先杂后纯"。杂种优势育种是在选择和培育相对纯合亲本的基础上配制杂交种，将杂交种直接在生产上应用，其育种程序是"先纯后杂"。

（3）种子生产方法不同　　常规杂交育种育成定型品种繁育程序比较简单，每年从种子田或者生产田内去杂去劣后，自交混合收获种子，即可供下一年播种使用。杂种优势育种选育的杂交种品种不能在生产田留种，必须专设亲本繁殖区和杂交种繁殖区，每年需要利用亲本生产杂种一代种子应用于生产。

四、杂种优势的利用概况

植物杂种优势是18世纪中期首先在烟草上发现的。达尔文从1866年开始研究植物自花和异花受精现象，在玉米上发现"异花受精一般对后代是有益的，而自花受精常常对后代有害"。Shull（1914）首次提出了"杂种优势"的术语和选育单交种的基本程序。最早在生产上应用杂种优势的是多年生无性繁殖植物。许多园艺作物杂种优势能否被利用主要取决于能否找到合适的杂交制种手段。Pearson（1932）首先提出了利用自交不亲和系配制甘蓝杂种一代；Jones等（1943）最早利用细胞质雄性不育系生产洋葱杂种一代。目前，世界各国杂交种品种的使用率越来越高，在蔬菜作物中，番茄、白菜、甘蓝、黄瓜、胡萝卜、洋葱、菠菜、

茄子、冬瓜、节瓜、有棱丝瓜、苦瓜等商用品种已经基本实现杂优化。林木和观赏植物的杂交种品种也在逐年增加,一年生草本花卉金鱼草、三色堇、紫罗兰、樱草、蒲包花、四季海棠、藿香蓟、耧斗菜、雏菊、锦紫苏、石竹、凤仙花、花烟草、丽春花、天竺葵、矮牵牛、报春、大岩桐、万寿菊、百日草及羽衣甘蓝等的杂种一代种子已用于生产。我国自20世纪50年代开始园艺植物杂种优势利用的研究,特别是选育出了一系列的自交不亲和系、雄性不育系、雄性不育两用系、瓜类的雌性系等,大大促进了我国杂交一代蔬菜品种种子的大规模商业化生产和应用。目前,我国利用杂交优势的蔬菜作物已经扩大到30多种,如甘蓝、白菜、番茄、茄子、辣椒、黄瓜和西瓜等杂交种品种已大面积应用于生产,总体上蔬菜杂交种比率超过了90%。在华南地区的一些特色蔬菜,如有棱丝瓜、苦瓜、瓠瓜、节瓜、冬瓜、紫红茄等大部分是杂交种,菜心、芥蓝的杂种优势利用得到了快速发展,但是目前菜心、芥蓝还有许多地方品种在生产上占据主要地位。

杂种优势成功利用到蔬菜育种中,加快了蔬菜育种进程,自20世纪80年代以来,许多主要的蔬菜品种更新换代的速度加快,杂交种每5年更新一次,到目前我国的杂交蔬菜品种更新了3~4代,特别是辣椒、黄瓜、番茄、大白菜、结球甘蓝、茄子等杂交种更新快。同时杂种优势成功用于蔬菜育种,导致世界种业结构也发生了改变,种子公司在蔬菜种子商业化中的作用也越来越显著。20世纪70年代,美国的实用专利、植物专利和品种保护三重知识产权保护体系逐步建立,激励私人企业投资,从而大大促进了种子公司充实研发力量从事蔬菜新品种的研发和扩大杂交种子所占的市场比例。

杂交种品种种植面积迅速扩大的原因,一方面是杂种优势所带来的增产增收作用;另一方面是开发杂交种品种,育种者可以通过控制杂交亲本而有效地保护自己的权益。

但是在园艺作物中,杂种优势的表现受自然条件和栽培条件的影响,优势的有无和强弱不是绝对的,而是有条件的,杂交不等于优势。不是任何两个亲本杂交都能产生优势,有的表现出劣势。异花授粉作物自交系之间的杂种优势比品种间的杂种优势强。

杂种优势的利用受到各种因素的限制,一代杂种是否具有利用价值,主要取决于其实际经济效益和生产杂种种子成本之间的相对效益。如果由增产及其他优点获得的收益抵不上生产杂种而增加的成本,则这个一代杂种就没有什么实用价值了。另外,影响一代杂种制种成本的主要因素是去雄和授粉所需的劳动力、单花结籽数及生产上单位面积的播种量。

对于一些自花授粉的作物,如豆类作物,本身的花器官复杂导致去雄授粉困难,单位面积播种量又大,至今仍然无法利用一代杂种;而对于一些单花结籽少的异花授粉作物,也必须找到节省人工去雄的方法,才能使杂种一代应用于生产。同时异花授粉作物在育成和保存杂种亲本系统方面也比较费工,所以也不是所有异花授粉作物都已经应用了杂种一代。如果一个杂种一代综合经济性状表现特别优良,在种子市场中具有明显的竞争优势,即使其制种成本高、价格也比一般品种高很多,仍然能够获得较高的相对经济效益。

五、杂种优势的预测和固定

（一）杂种优势的预测

在田间试验杂种优势,需要耗费大量的人力、物力和时间,而且限于实际条件,一次很难测定很多组合,因此如果在亲本配组之前,根据亲本的情况能够预测杂种优势大小,有目标的配制杂交组合,就可以减少配制组合数和品种试验的工作量,提高育种效率。不少研究者利用生理、生化和分子生物学方法对杂种优势预测进行了研究,主要有以下几种方法。

(1) 酵母测定法　　Matzkov 等(1961)用亲本的提取液对酵母生长刺激作用上的差别来分析预测杂种优势。具体是用热水浸煮法,从植物组织中得到提取液(干物质与水的比例为 1:50)。测定时,先在试管中放入啤酒酵母菌悬浮液 20mL,然后加入 0.5mL 植物组织提取液,在 28~30℃温箱中培养 24h,用比浊法测定酵母菌的生长情况。如果两个材料提取液的混合液刺激酵母生长的速度大于单个材料提取液的刺激作用,则用这两个材料配组得到的 F_1 可能具有较强的杂种优势。李继耕(1964)用此法预测玉米的杂种优势,符合率达 82.9%。一些研究者在甘蓝、油菜上的杂种优势预测符合率达到 66.7%。

(2) 线粒体互补法　　McDaniel 等(1966,1971,1972)从大麦的杂交亲本中分离出线粒体,将两亲本线粒体混合,测定混合物的呼吸率 ADP/O(每微摩尔 ADP 转化为 ATP 所需氧的微摩尔数),如果混合物的呼吸率高于两亲本单独线粒体的呼吸率,则可能有较强的杂种优势。不同研究者得出的结论不一样,有的认为此方法准确率高;有的认为不同作物、同一作物不同品种之间的反应有较大差异,线粒体互补和杂种优势无明显相关。

(3) 同工酶分析法　　如果两个亲本的同工酶谱不一样,则它们配组所得的 F_1 可能有较强的杂种优势。一般认为以同工酶预测杂种优势快速、简便、重复性好,取样量少不伤植株是一种值得深入探讨的方法。研究得最多的是酯酶和过氧化物酶等,但是外界环境因素对同工酶谱的影响比较大,会影响结果的准确性。

(4) 分子生物学方法　　利用分子标记技术,分析杂交亲本之间遗传多样性的差异,估算遗传距离,按照亲缘关系远而优势强的原则,预测杂种优势大小。杂种优势与分子标记位点之间有一定的相关性,同时亲本与杂种一代在基因表达上也存在一定差异,利用分子标记预测杂种优势已在玉米、水稻、油菜等作物上展开研究,其相关性无一致性结论,并且有一定局限性,但是从分子水平解析杂种优势形成机制及其预测原理是一条有价值的、值得探讨的途径。

上述方法虽有一些实验证据,但是其可靠度还未达到可以应用的程度,有待于进一步探索。

(二) 杂种优势的固定

杂种优势表现明显,只能利用 F_1,从 F_2 以后优势减弱,必须年年制种,增加了制种成本,使杂交种品种的种子价格高于常规品种。若能将杂种优势固定下来,可以提高杂种优势的利用价值。有关杂种优势固定的研究方法主要有以下几种。

(1) 染色体加倍法　　根据显性假说,AA 与 Aa 的效应相等。F_2 之所以优势下降是因为 F_2 中出现了 25%的 aa 基因型。如果将 F_1(Aa)加倍成 $AAaa$ 变成双二倍体,这种双二倍体自交留种,下一代 AA 和 Aa 基因型的比例仍相当大,如果是一对基因,$aaaa$ 基因型的个体只占 1/16(6.25%)。因此,用此法可以部分固定杂种优势,但随着自交留种代数的增加,基因型为纯合隐性的个体会逐渐增加。Aa 配子仍然保持了杂合性,但多倍体结实率低、晚熟,限制了该方法的使用。

(2) 无性繁殖法　　杂交种品种利用嫁接、扦插和离体培养等进行无性繁殖,就可以不改变播种材料的杂合基因型,从而固定杂种优势。实际上,无性繁殖植物一直在用此法固定杂种优势。由于多数有性繁殖植物不容易进行无性繁殖,或是成本过高,比每年重新配制杂交种的费用还高,因此利用起来比较困难。

(3) 无融合生殖法　　无融合生殖是由二倍体的胚胎、未经减数分裂的珠心、珠被的二倍体发育而来的。从形态学讲是种子，而实际上是无性繁殖的一种特殊形式。柑橘类、葱属、苹果属、黑莓、无花果、水稻及多种花卉常存在无融合生殖。无融合生殖也可以通过选择、诱变、远缘杂交等方法获得。可提高无融合生殖率，成为一个可以遗传的稳定性状，用于杂种优势强性状的固定。

（4）平衡致死法　　有些染色体片段处于杂合状态时表现为正常的性状，处于纯合状态时，表现为植株致死。存活下来的个体都有杂种优势，这些杂合体在有性繁殖后代中能够保持杂种优势，因此，利用该法可以固定杂种优势。

上述几种方法都未在生产上大量应用。因此，杂种优势的固定有待于进一步研究。

第二节　杂种优势育种一般程序

一、植物繁殖方式与杂种优势利用

植物繁殖方式不同，其后代遗传特点不一样，在杂种优势的利用方法上也有差异。

（一）自花授粉作物杂种优势利用特点

自花授粉作物由于长期进行自花授粉，品种的基因型一般都接近纯合。要使双亲纯化，只要对原始群体进行一次单株选择，即可使品种内各单株的基因型纯合。再根据其经济性状和配合力大小选配亲本，其所得杂种一代性状也较为整齐一致。在亲本的选育和保存方面比异花授粉作物简单。

（二）异花授粉作物杂种优势利用特点

异花授粉作物一般天然异交率高，遗传基础复杂，群体内株间差异较大。要使异花授粉作物基因型纯合，必须人工授粉，强迫自交，然后根据育种目标对主要经济性状进行选择和淘汰，育成基因型纯合、主要经济性状优良和配合力高的优良自交系。只有这样的自交系才能作为杂种一代的亲本加以利用。

（三）无性繁殖植物杂种优势利用特点

凡是采用无性繁殖的园艺作物，通常是杂合体。只要通过品种间杂交产生杂种，在广泛变异的F_1群体中选择经济性状优良、杂种优势强的单株，就可以通过无性繁殖，形成一个优良的无性系，成为一个品种。因此，无性繁殖的作物杂种优势利用，实际上包含了组合育种和优势育种。其育种程序是利用杂合体亲本品种经过选择和选配后杂交，获得杂合体杂种，通过单株选优而后无性繁殖形成无性系品种，如荔枝、龙眼、火龙果等一些品种就是从F_1优良单株选择而来的。无性系品种固定杂种优势，就不需要进行亲本种植和每年制种程序。

二、选育杂种一代的程序

优良的杂交种品种应该是整齐一致的，即一方面要求每代都能生产出具有相似基因型的F_1种子；另一方面，F_1群体内个体间具有相似的杂合基因型。实现上述目标，有赖于亲本系统的纯合。品种间一代杂种主要用于自花授粉作物，对于异花授粉作物，选育一代杂种应该从选育自交系开始。主要步骤是优良自交系的选育、自交系配合力的测定、配组方式的确定和升级比较鉴定等。对于一些园艺作物，有的还可以利用自交不亲和系和雄性不育系开展优势育种，对于严格自交不亲和的植物，如雏菊、熊耳草等，因不能得到自交种子，可用近交系配制杂交组合。

此处以利用自交系配组为例，介绍选育园艺作物杂交一代的程序，具体如下。

（一）选育优良的自交系

自交系是指从某品种的一个单株连续自交多代，结合选择而产生的性状整齐一致，遗传性相对稳定的自交后代系统。一个优良的自交系应该具备以下这些特性：配合力高、抗病力强、产量高（包括选配的杂交组合有较高的产量优势和自交系本身生长发育健壮、产量高、种子产量也高）、多数优良性状可以遗传等。选育自交系，首先必须收集大量的原始材料，原始材料最好是具有栽培价值的农家地方品种、大面积推广的定型品种。因为它们本身的经济性状比较优良，基因型的杂合度不高，选育自交系所需的时间相对较短。若是杂交种，则需花较长的时间，才能获得一个稳定的优良自交系。选育自交系的方法有系谱选择法和轮回选择法。

1. 系谱选择法

（1）原始基础材料的收集、鉴定和选择　　基础材料可以是普通品种，也可以是自交系间一代杂种。同时在原始材料选择时，应注意入选材料要具有目标优良性状，并且配合力高或有可利用的特殊基因；原始材料要优缺点互补。在实践中经常选择以下几方面材料为原始材料。

1）地方品种和大面积推广的常规品种。地方品种的地区适应性强，还有一些优良的性状，如品质好或对某种病害有抗性，可以从中选育出对当地适应性强和品质好的自交系，但地方品种往往存在一些性状退化或产量不高等不足。推广品种是经过选择改良的优良品种，具有较高生产力和更多优良农艺性状，是产生优良自交系的好材料。农艺性状很差的品种除利用其特殊基因外，一般不宜采用。

2）杂交种。该类基础材料往往集中了几个优良亲本自交系的许多有益基因，具有较高的配合力和良好的农艺性状，其遗传基础也较简单。因此，从该类材料中选育自交系，育成的自交系具有综合性状好、配合力高等优点。缺点是自交纯合所需时间长。

3）选株自交。在选定的基础材料中选择无病虫为害的优良单株自交。自交株数取决于基础材料的一致性程度。一般对品种材料应多选一些单株进行自交，自交株后代可种植相对较少株数；对杂种则可相对少选一些植株自交，但每一自交株的后代应种植相对较多的株数。对于株间一致性较强的品种可以相对少选一些单株自交，对于株间一致性较差的品种，多选一些有代表性的单株。一致性好的，通常自交5～10株，一致性差的需酌情增加。每一变异类型至少自交2～3株，每株自交种子数应保证后代可种50～100株。

4）逐代选择淘汰。首先根据目标性状，进行株系间的比较鉴定，淘汰经济性状不良株系，在当选的株系内选择几株至几十株的优良单株继续自交。优良单株多的当选自交系应多选单株自交，但也不能过于集中在少数当选株系内。每个S_2（自交二代）株系一般种植20～200株，以后仍按这个方法和程序逐渐继续选择淘汰，但选留的自交株系数应逐渐减少到几十个。每一自交株系种植的株数可随着当选自交株系的减少而增加。一般经过4～6代定向选择，可以获得纯度很高、主要经济性状不再分离、生活力不明显衰退的优良自交系。自交系选育出来后，每个自交系种一个小区，进行隔离繁殖，系内株间自由授粉。严格防止与其他株系或品种的花粉杂交。

（2）配合力测定　通过以上自交和选择过程获得不同的自交株系后，还应对其配合力进行测定以筛选出配合力高的优良自交系。

一般选育优良自交系的程序如图 8-1 所示。

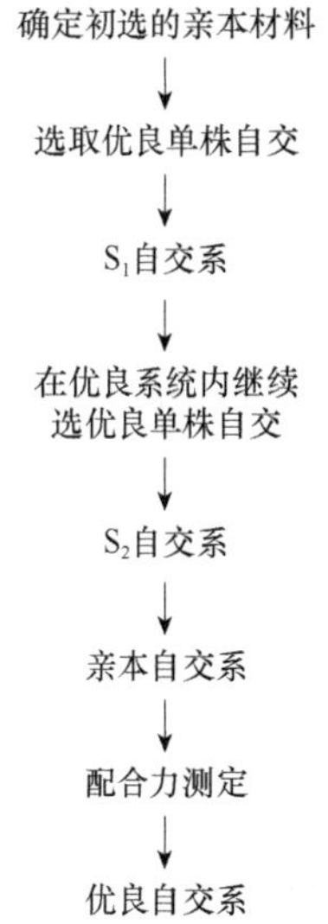

2. 轮回选择法　系谱选择法只能根据自身的性状表现进行选择，选择得到的自交系，与其他亲本配组的杂种后代的表现如何不得而知。通过轮回选择培育的自交系不仅可以根据自身的性状表现进行选择，而且还可以通过选择提高育成自交系的配合力。

根据育种目标，从基础群体中选择优良单株自交和进行配合力测定。根据测定结果，将入选优株彼此互交，从而形成一个遗传基础更加优良的新群体，这个过程称为一次轮回选择。如果不能满足育种目标，可进行多次轮回选择。该方法增加了优良基因型间重组的机会，使优良基因频率不断提高，基因缓慢接近纯合状态。

采用轮回选择法可将分散于杂合群体中的各个体和各染色体上的基因集中，尽量增加选择和基因重组的机会。在初世代，由于植株的杂合程度高，对其选择，效果较好。用作轮回选择的基础材料可以是自然授粉的品种、混合品种，选择相当数量的自交系进行相互杂交的后代、单交种和双交种等。遗传背景窄的材料不宜采用轮回选择法，因为这类材料难以达到改良的效果。根据有无测交、测交种的不同类型及改良遗传内容的目标等，可将轮回选择法分为 4 种类型，具体如下。

确定初选的亲本材料
↓
选取优良单株自交
↓
S_1 自交系
↓
在优良系统内继续选优良单株自交
↓
S_2 自交系
↓
亲本自交系
↓
配合力测定
↓
优良自交系

图 8-1　一般选育优良自交系的程序

（1）单轮回选择法　先在原始群体中，选择优良单株自交，单株留种，株系播种，再进行多系相互杂交，混合留种，这样就完成了一个周期（轮回）。根据育种目标，鉴定入选群体的优劣，再进行第二甚至更多轮的选择。该法适合遗传力高的性状，如抗病性、抗虫性、成熟期、株高等。

（2）一般配合力轮回选择法　是以提高一般配合力为主要目标的轮回选择法。从原始群体中选择优良单株，分别做自交（S）和测交（C）。自交的目的是保留后代，并逐步纯合基因型。测交的目的是鉴定入选单株的一般配合力。第二代比较测交得到的 F_1 的生产性能和其他园艺性状，评选出适宜数量（约 10%）的优良组合，将这些优良组合的母本株自交后代在隔离区随机交配再组合成一个改良群体，至此已完成了一个选择周期，根据选择群体的优劣还可进行若干轮回的选择。

这种选择法是用一个杂合的群体或复合杂交种作测验种与优良单株测交。由于测验种的基因型是杂合的，因此测交组合鉴定的结果，提供了一个加性遗传效应的尺度，反映了所选自交系的一般配合力。因此，该选择法适合选育一般配合力高的自交系，也可用于提高原群体的生产性能。

（3）特殊配合力轮回选择法　特殊配合力轮回选择与一般配合力轮回选择的目的不同。一般配合力的轮回选择是考虑在异花授粉作物中选育出与几个其他基因型配组能产生表现优良和生活力强的后代的优良自交系。而特殊配合力的轮回选择，则是希望通过轮回选择后所获得的自交系在与特定的自交系杂交后，其 F_1 杂种表现出生活力强和高产。两者主要的区别是所用的测定亲本（测验种）不同，一般配合力轮回选择所用的测定亲本是遗传基础比较广泛的自由授粉品种，特殊配合力轮回选择所用的测定亲本是遗传背景比较狭窄的自交系。

如果在测定亲本中使用特定的自交系，那么这个特定自交系的配合力会提高，从改良过的群体中可以选出经过特定自交系测交证明配合力强的自交系。

（4）交互轮回选择法　以两个杂合群体 A 和 B 互为测验种，在两个群体内选择优良单株分别进行自交和测交。以测交结果决定取舍自交株系。入选株系进行一次互交，即完成一次交互轮回选择，根据入选群体性状也可进行下一轮选择。交互轮回选择可以是一次，也可以是多次。

该选择法适宜于某个性状的许多基因位点上有上位性和超显性作用，它包含加性和非加性的遗传效应。交互轮回选择对一般配合力和特殊配合力都有效。并且能同时育成 A、B 两个自交系。它们可培育成 A、B 两者之间的各种类型的杂交种。

一般轮回选择的步骤如下。

第一代：自交和测交。在基础材料中选择百余株至数百株自交，同时，作为父本与测验种进行测交。测验种（tester）是测交用共同亲本，宜选用杂合型群体，如自然授粉品种、双交种等。测交种子分别单独收获贮存。

第二代：测交种比较和自交种贮存。每个测交组合播种一个小区，设 3~4 次重复，按随机区组设计排列。比较测交组合性状的优劣，选出 10%最优测交组合。测交组合的父本自交种子在这一代不播种，用于下一代播种。

第三代：组配杂交种。把当选的优良测交组合的相应父本自交种子分区播种。用半轮配法（只有正交组合，没有反交组合）配成 $n(n-1)/2$ 个单交种（n 指亲本数）或用等量种子在隔离区内繁殖，合成改良群体。用这一改良群体通过连续自交和选择，培育自交系。

从上述轮回选择的程序来看，选择的依据不是自交植株本身的直观经济性状，而是它与基因型处于杂合状态的测交后代的表现。因此，可以反映该自交植株用于配制杂交种的优势潜力。这种方法有利于提高选出亲本自交系的有利基因频率。可以进一步用第一次综合品种进行下一次循环的轮回选择。

轮回选择法的一般程序如图 8-2 所示。

准备作为亲本的材料选株系自交，同时与测验种杂交
↓
播种各测交系和相应的自交系,进行比较鉴定
↓
选出 10 个左右自交后代系进行系间杂交
↓
综合品系（系内自然授粉）
↓
自交分离纯化
↓
亲本自交系

图 8-2　轮回选择法的一般程序

（二）配合力测定

1. 配合力的概念　在杂种优势育种中，常常会发现有些亲本本身表现很好，但所产生的 F_1 并不优良，相反，有些亲本并不特别优良，但与另一亲本杂交的后代却非常优良，这就是亲本的配合力差异所产生的。

配合力是指作为亲本杂交后 F_1 性状表现优良与否的能力，由 Sprague 和 Tatum 于 1942 年提出。配合力分一般配合力（又称普通配合力，general combining ability，GCA）和特殊配合力（specific combining ability，SCA）两种。

一般配合力是指若干个自交系或品种相互杂交，其中每一个自交系或品种与其他自交系或品种杂交所得的 F_1 某种性状的平均表现，通常用离均差表示。

$$\mathrm{GCA}_i = \frac{X_i}{P-2} - \frac{\sum X_{..}}{P(P-2)}$$

式中，X_i 为以 i 自交系为亲本的所有组合性状的数值之和；P 为亲本数；$\sum X$ 为该试验全部组合某性状数值总和。

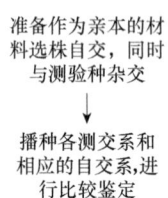

在杂种优势利用中,通过测定一般配合力来选配杂交亲本,可以减少选配杂交组合的盲目性,并且只在选择一般配合力高的亲本基础上再选择特殊配合力高的组合,才能获得最为理想的杂交组合。

如表 8-1 所示,亲本自交系 H 的 GCA 为 0.2,是 H 与 A、B、C、D 4 个亲本配成的 F_1 的平均产量 9.1 与试验总平均产量 8.9 相比的差值。

表 8-1 4 个父本和 5 个母本所配 20 个 F_1 的小区平均产量

亲本	A	B	C	D	平均	GCA
E	9.2	8.9	9.0	8.5	8.9	0.0
F	8.4	9.1	8.7	8.2	8.6	−0.3
G	9.0	9.4	9.6	8.8	9.2	0.3
H	9.1	9.3	9.2	8.8	9.1	0.2
I	8.8	8.8	9.0	8.2	8.7	−0.2
平均	8.9	9.1	9.1	8.5	8.9	
GCA	0.0	0.2	0.2	−0.4		

特殊配合力是指某特定组合某性状的观测值与根据双亲的一般配合力所预测的值之差。或者说,与所有组合的平均值比较,某一特定的杂交组合中表现的产量(或其他性状)较其平均值为优或为劣的结果。特殊配合力可表示为

$$S_{ij}=X_{ij}-u-g_i-g_j$$

式中,S_{ij} 为第 i 个亲本与第 j 亲本的杂交组合的 SCA 效应;X_{ij} 为第 i 个亲本与第 j 个亲本的杂交组合 F_1 的某一性状的观测值;u 为群体的总平均;g_i(g_j)为第 i(j)个亲本的 GCA。

如表 8-1 中 B×I 的 SCA $S_{bi}=8.8-[0.2+(-0.2)+8.9]=-0.1$。

可见,特殊配合力针对特定杂交组合而言,而一般配合力则是针对某一特定亲本而言的。

2. 配合力分析在育种实践中的应用意义　一般配合力主要是由亲本的基因加性效应决定的,特殊配合力则主要是受基因的显性效应和非等位基因互作效应决定的。杂种优势主要是由显性效应和非等位基因互作效应造成的,这就是说某一组合优势的强弱主要取决于该组合的特殊配合力。对于主要取决于一般配合力的性状,可以通过组合育种育成定型品种;对于主要取决于特殊配合力,或一般配合力和特殊配合力都有很大影响的性状,就应该利用优势育种方法选育杂种一代。

通过连续自交选择所获得的自交系,其本身表现固然与用其配成的 F_1 的表现有关,但用它来预测 F_1 的表现不一定准确。因为决定 F_1 杂种优势的非加性效应,只有在基因型处于杂合状态时才能表现出来。因此,有些亲本本身表现好,其 F_1 的表现不一定好。相反,有些 F_1 的优势强,而它的两个亲本本身表现并不是最好的,必须实际配组杂交,进行配合力分析。配合力分析结果出来后,便可确定哪些组合该采用哪种育种方案。一般配合力高而特殊配合力低时,宜用于常规杂交育种;一般配合力和特殊配合力均高时,宜用优势育种;一般配合力低而特殊配合力高时,宜采取优势育种;一般配合力和特殊配合力均低时,这样的株系和组合应淘汰。

3. 配合力分析方法　配合力分析分粗略分析和精确分析两种。通常有以下几种方法。

(1)顶交法　顶交是以普通品种(包括杂种)作测验种,与各个被测自交系(或品种)配组杂交,下一代比较各个测交种产量(或某种性状值)的高低。测交种产量高的组合,其被测自交系(或品种)的配合力高;反之,其被测自交系(或品种)的配合力低。此方法的

优点是配制组合数少，而试验结果便于比较。但也有以下缺点：不能分别测算一般配合力和特殊配合力，所得数据是两种配合力混在一起的配合力；测算结果只代表各被测验者与这一特定测验者的配合力。因此，顶交法适用于早代（如 S_0 或 S_1）的配合力测试比较，以及时淘汰一些配合力相对较低的株系；也适用于测验者为最后配制杂种一代时亲本系统之一的情况。例如，用一个雄性不育系或自交不亲和系作测验者，就有可能从大量自交系内选择配合力最高的自交系，得到优良的杂交组合。

（2）不等配组法　又称无规则配组法或简单配组法。它是把育成的自交系，按亲本选择选配的原则配成若干个组合。通常的做法是优良的自交系多配一些组合，不突出的自交系少配一些组合，从而使得各个自交系实际配成的组合数不相等，故称不等配组法。

优点是方法简单、工作量少。只要每一个亲本配制两个以上的组合，就可计算各亲本的一般配合力和各组合的特殊配合力。

有些自交系所配组合数目过少，使得配合力的计算结果可靠性较差。因此，该配组法适用于亲本材料较多并希望直接从中选出优良组合，而现有条件只能在少数组合之间进行比较的情况。

（3）半轮配法　半轮配法又叫半双列杂交法，将每一个自交系（或品种）与其他自交系（或品种）一一相配，但不包括自交和反交组合。

半轮配法是最常用的一种方法，既可测定一般配合力，又可测定特殊配合力。在进行配合力分析时，可用小区的平均数，也可用单株的观测值作为最基础的数据进行分析。但通过这两者所获得的信息量不一样，用单株观测值作基础数据能获得更多的信息，但计算比较复杂，如果只是获得配合力的结果，用平均分析就可以了。其优点是可以了解某种主要经济性状的配合力，是取决于一般配合力还是特殊配合力，对选择育种途径有参考价值；同时可以较准确地选出优良组合。缺点是工作量大，并忽视了正反交差别。

当用雄性不育材料配组测定配合力时，可以采用这种方法。

（4）轮配法　又叫完全双列杂交法，各亲本相互轮换与其他亲本一一相配，包括全部可能配成的杂交组合的方法。完全双列杂交法又可再分为4种方案：①包括正反交和自交组合；②包括正交和自交组合；③包括正反交组合；④只有正交组合（半轮配法）。轮配法的优点是可以提供较多的信息，即对所研究的亲本的性状遗传规律能够进行较深入的了解，得到精确分析的结果；缺点是工作量过大。该方法较多用于数量不多、纯度较高的几个亲本间，选择最优亲本和组合或作遗传研究。

例如，某种作物5个自交系（A、B、C、D、E），按第一方案共配成25个组合（包括正反交和自交），设4次重复，随机区组排列，共有100个小区，以各小区产量作为计算单位（表8-2）。

表8-2　5个自交系完全双列杂交，4次重复小区产量

X_{ij}	Ⅰ	Ⅱ	Ⅲ	Ⅳ	$\sum X_{ij}$	X_{ij}
AA	21	19	20	24	84	21
AB	36	27	26	25	104	26
AC	28	29	29	26	112	28
AD	18	16	18	20	72	18
AE	22	22	23	21	88	22

续表

X_{ij}	I	II	III	IV	$\sum X_{ij}$	X_{ij}
BA	23	20	25	24	92	23
BB	21	20	22	21	84	21
BC	29	30	28	29	116	29
BD	19	18	21	18	76	19
BE	18	16	19	19	72	18
CA	22	24	23	19	88	22
CB	27	27	25	29	108	27
CC	19	18	19	20	76	19
CD	20	18	21	21	80	20
CE	17	18	16	17	68	17
DA	23	24	24	21	92	23
DB	18	18	19	17	72	18
DC	17	18	17	16	68	17
DD	16	16	18	14	64	16
DE	16	17	15	16	64	16
EA	21	18	23	22	84	21
EB	18	19	18	17	72	18
EC	17	18	16	17	72	18
ED	12	13	12	11	48	12
EE	12	11	13	12	48	12
X_b	500	494	512	494	$\sum X = 2000$	$X = 20$

第一步，进行一般方差分析。表 8-3 的统计分析结果表明，组合间差异极显著，可进一步测验 GCA 和 SCA 等方差分量的显著性。把各组合的平均产量列于表 8-4。

表 8-3 表 8-2 资料的方差分析结果

方差来源	自由度	平方和	方差	F 值
组合	$a-1=24$	$S_a=1856$	$V_a=77.3$	$V_a/V_e=43.6$
区组	$b-1=3$	$S_b=8.64$	$V_b=2.88$	$V_b/V_e=1.6$
随机误差	$(a-1)(b-1)=72$	$S=127.36$	$V_e=1.77$	

表 8-4 表 8-2 资料的组合平均值

	A	B	C	D	E	$X_{i.}$
A	21	26	28	18	22	115
B	23	21	29	19	18	110
C	22	27	19	20	17	105
D	23	18	17	16	16	90
E	21	18	17	12	12	80
$X_{.i}$	110	110	110	85	85	$X_{..}=500$

第二步，配合力方差分析。按下列公式计算平方和。

$$S_g = (1/2P)\sum_i (X_{i.}+X_{.i})^2 - (2/P^2) X_{..}^2$$

$$S_s = (1/2)\sum_{ij}\sum (X_{ij}+X_{ji}) - (1/2P)\sum_i (X_{i.}+X_{.i})^2 + (1/P^2) X_{..}^2$$

$$S_r = (1/2)\sum_{i<j}\sum (X_{ij}-X_{ji})^2$$

式中，S_g 为 GCA 平方和；S_s 为 SCA 平方和；S_r 为正反交效应平方和；P 为亲本数；$X_{i.}$ 为某一亲本的正交各组合总和；$X_{.i}$ 为同一亲本反交各组合总和；$X_{..}$ 为全部组合总和；X_{ij} 为某一组合的正交值；X_{ji} 为某一组合的反交值。计算结果列于表 8-5。

表 8-5 一般配合力和特殊配合力方差分析结果

方差来源	自由度	平方和	方差	F 值
一般配合力	$P-1=4$	$S_g=30.0$	$V_g=77.5$	$V_g/V_e'=116.1^{**}$
特殊配合力	$P(P-1)/2=10$	$S_s=103.4$	$V_s=10.34$	$V_s/V_e'=23.5^{**}$
正反交效应	$P(P-1)/2=10$	$S_r=50.5$	$V_r=5.05$	$V_r/V_e'=11.5^{**}$
机误	$(a-1)(b-1)=72$	$S_e=127.36$	$V_e'=0.44$	

第三步，配合力效应值的计算。配合力方差分析结果表明 GCA、SCA 和正反交效应的差异都极显著，可以进一步按下列公式计算各效应值。

$$u = (1/P^2) X_{..}$$

$$g_i = (1/2P)(X_{i.}+X_{.i}) - (1/P^2) X_{..}$$

$$S_{ij} = (1/2)(X_{ij}+X_{ji}) - (1/2P)(X_{i.}+X_{.i}+X_{j.}+X_{.j}) + (1/P^2) X_{..}$$

$$r_{ij} = (1/2)(X_{ij}-X_{ij})$$

配合力和正反交效应值如表 8-6 所示。

表 8-6 配合力和正反交效应值

S_{ij} / r_{ij}	A	B	C	D	E	g_i
A	−4.0	0.0	1.0	0.5	2.5	2.5
B	1.5	−3.0	4.5	−1.0	−0.5	2.0
C	3.0	1.0	−4.0	−0.5	−1.0	1.5
D	2.5	0.5	1.5	1.0	0.0	−2.5
E	0.5	0.0	0.0	2.0	−1.0	−3.5

第四步，配合力效应值差异性的分析。按下列公式计算各种效应值之间差异的方差。

$$V_{g_i-g_j} = (1/P)\sigma^2; \quad V_{S_{ii}-S_{ji}} = [2(P-2)/P]\sigma^2;$$

$$V_{S_{ii}S_{ji}} = (1/2P)(3P-2)\sigma^2; \quad V_{S_{ji}-S_{jk}} = [3(P-2)/2P]\sigma^2;$$

$$V_{S_{ij}-S_{ij}} = \sigma^2 = (P-1)\sigma^2/P; \quad V_{S_{ij}-S_{ki}} = (P-2)\sigma^2/P; \quad V_{r_{ij}-r_{ki}} = \sigma^2$$

式中，σ^2 为配合力方差分析中的机误方差。

然后用 LSD 法，根据查表所得的 t 值乘以标准差（上述计算所得的方差开方即得标准差）

即得到 LSD 值。进行差异显著性检验（结果略）。

从表 8-6 可见，在这 5 个自交系内，A 和 B 的 GCA 最高。但是，如果从优势育种的要求来看，B×C 的 SCA 远高于 A×B；B 和 C 这一对亲本配组时，B×C 又优于 C×B。

（三）自交系配组方式的确定

配组方式是指杂交种组合父母本的确定和参与配组的亲本数，即选定的杂交亲本哪个作母本、哪个作父本及参与配组的亲本数。经过配合力测验选得优良杂交组合及其亲本自交系后，还需要进一步确定各自交系的最优组合方式，以期获得生产力最高的杂种。根据参与配组的亲本多少可分为单交种、双交种、三系杂交种和综合品种等 4 种配组方式。双交种和三系杂交种都是为了降低杂种种子的生产成本而采用的制种方式。目前，园艺植物中的蔬菜一代杂种以单交种为主。

1. 单交种（single cross hybrid） 是指用两个亲本杂交配成的杂种一代。这是最常用的一种配组方式。其优点是配成的杂交种基因型杂合程度高，杂种优势强，群体内株间的一致性强，制种手续简单，双亲可以作为稳定系统保持，每年可以生产出相同的杂种。缺点是，一些自交系都存在一定程度的生活力衰退，单交种的亲本种子产量有可能很低，成本高。

经过一般配合力测定的优良自交系，用套袋授粉方法，将它们配成可能的单交组合。经过鉴定比较、区域试验等，表现优异者就可在生产上推广应用。

目前，杂交育种除核复等位基因雄性不育系不能利用单交种外，其他应尽量利用单交种；单交种亲本的配组方式应考虑正反交在制种产量上和杂种优势上的差异。应当把握以下原则：①当双亲本身生产力差异大时，以繁殖力强的高产者作母本，可降低种子的生产成本；②双亲的经济性状差异大时，以优良性状多者作母本；③一般用当地表现优良的地方品种作母本，而以需要引入特殊性状的外地品种的自交系作父本；④为利于母本充分授粉，以开花早、花粉量大、花期长的作父本；⑤为便于在苗期淘汰假杂种，以具有苗期隐性性状的亲本作母本。

2. 双交种（double cross hybrid） 是由 4 个自交系先两两配成 2 个单交种，再用 2 个单交种生产杂种一代品种。双交种的主要优点是亲本的种子用量少，可以降低杂种种子的生产成本。同时双交种的遗传组成不像单交种那样单纯，虽然植株整齐度稍差一点，但适应性更强；虽然产量比单交种稍低，但却更加稳产。缺点是与单交种比，其杂种优势和群体的整齐性不如单交种，而整齐度对商品化要求较高的园艺植物十分重要，制种复杂。目前在一些瓜类作物中利用该配组方式生产杂种一代种子。

3. 三系杂交种（three-way cross hybrid） 是指先用两个自交系配成单交种，再用另一个自交系作父本，与单交种（作母本）杂交得到杂交种品种。利用三系杂交种的目的也是由于单交种生活力强、结实率高，可以降低杂种种子生产成本。对于三系杂交种的生产力预测可按双交种同样的原理和程序进行。其与双交种一样也存在杂种优势和群体的整齐度不及单交种的问题。这种配组方式目前只在利用核复等位基因雄性不育系和甘蓝显性雄性不育系生产杂种种子时应用，其他情况尚未应用。

4. 综合品种 将多个配合力高的异花授粉作物作亲本，在隔离区内混合种植，任其自由传粉所得到的品种叫综合品种。综合品种的适应性较强，但是整齐度较差，可连续繁殖 2~4 代使用。由于授粉的随机性，不同年份所获得的种子，其遗传组成不尽相同，因而在生产中表现可能不太稳定。临江儿菜就是这样的品种。

（四）品种比较试验、生产试验和区域试验

经过上述一系列过程育成的一个或多个优良杂交组合，尚不能马上在生产上推广应用，还必须经过品种比较试验、生产试验和区域试验，根据各方面的表现确定是否具有推广价值，或者在哪些地方适合推广。一般利用当地的主栽品种作对照种，选育的品种在产量或其他 1～2 个经济性状显著优于对照组，均可认为有推广价值。

第三节　杂种种子生产

杂种种子生产的任务：一是按照已经确定的具体组合，年年生产杂种一代种子，为生产田提供大量的高纯度的杂种一代种子；二是年年繁殖杂种一代的亲本自交系，为杂种一代制种田提供大量的高纯度的亲本种子。杂交种品种种子生产与常规品种相比，增加了栽植父母本、去雄、采粉、授粉杂交等操作，使制种成本大幅度提高，种子产量低和纯度问题也成为制约许多农作物杂种优势利用的主要因素。实际上，对于具体某种蔬菜作物来说，杂种优势能否被利用，主要取决于杂种优势所带来的增产、增收作用，能否超过杂交制种增加的成本。因此，降低杂交制种成本的技术，就成为杂种优势利用的关键技术。

在选择杂交制种途径的时候，我们主要应考虑两方面因素：一是杂交种纯度，二是杂交制种成本。由于园艺作物种类不同，其开花、结果和传粉习性也不同，适用的杂交制种方法也不同。因此，杂交种子生产的关键技术是保证杂种一代种子的纯度，降低种子生产成本，最大限度地发挥杂种优势在园艺植物生产上的作用。生产一代杂种的原则是杂种种子的杂交率高（最好是 100%），种子生产成本尽可能低。这样生产出来的种子才有竞争力，生产一代杂种的方法，常用的主要有以下几种。

一、人工去雄制种法

人工去雄是一种最原始的制种法，也称简易制种法，用人工除去母本中的雄株，或去掉母本株上的雄花或雄蕊，再任其父本自然授粉或人工辅助授粉，母株上所结种子即为杂种一代种子。当未找到如雄性不育系或自交不亲和系等能简化杂种种子生产的途径，此种方法仍然采用。对于花器官大，授粉一朵花，所结种子数比较多的茄科、葫芦科等园艺作物完全可以采用此法。有些雌雄异株或同株异花植物在开花之前便能区别雌雄花，制种时，把母本行内雄株和母本株上的雄花去掉，任其自由授粉，杂种优势所产生的效益远远超过因制种所增加的费用。人工去雄制种在茄果类和瓜类等作物中广泛应用。

人工去雄制种法的操作依作物种类而异。

（一）雌雄异株的异花授粉植物

菠菜、石刁柏等蔬菜作物，父母本自交系在隔离区内（1500～2000m 不应有同种植物的其他品种）相邻种植，雌雄株的行比为 1：（3～4），当雌株和雄株刚刚能够辨认时，开始拔除母本系内的所有能够产生花粉的植株，包括雄株和两性株，并分几次在雄花开放之前拔除干净，留下纯雌株，任其自由接受父本的花粉。从母本上收获的种子为杂种一代，从父本上收获的种子为父本自交系种子。而母本自交系种子，需另设专门隔离区自然繁殖。

该方法的优点是简便易行、产种量高。关键技术是将母本系统内的雄株拔除干净。每隔2~3d检查拔除一次。从刚能辨认雌雄株开始到雄花开放散粉之前，需检查和拔除7~8次，工作量非常大。尽管如此，也很难及时把这两类植株拔除干净。其结果必然是有一定的假杂种。所以，提高杂种一代种子纯度的较好方法是采用雌株系制种。

（二）雌雄同株异花的异花授粉植物

对于黄瓜、甜瓜、南瓜、冬瓜、节瓜、苦瓜等葫芦科蔬菜，在种植父母本的隔离区内，只需在雌花开放前及时摘除母本系统上的雄花，任其自由接受父本花粉。从母本上收获杂种一代种子，从父本上收获的种子为父本纯系，而母本繁殖另设隔离区。在母本上收获的每一个瓜可得数量可观的种子，繁殖系数一般在100~200倍，便于推广。此法的优缺点与雌雄异株的异花授粉植物简易制种相似。提高杂种一代种子纯度的较好方法是采用雌性系制种。瓜类的雌性系制种已经得到广泛应用，并取得了良好的效果。

（三）雌雄同花的自花授粉和常异花授粉植物

这类植物包括番茄、茄子和辣椒等作物。通过人工去雄、人工授粉生产杂种一代种子。由于番茄是自花授粉作物，因此其亲本的繁殖可不设隔离区，但需注意去杂去劣，保持品种具有高的纯度即可；但辣椒、茄子属于常异花授粉作物，亲本的繁殖最好在隔离区进行。番茄、茄子和辣椒这三种作物，虽然花器小，雌雄同花，人工去雄授粉较为费工，但人工杂交后，坐果率高，单果结籽量多，而育苗移栽用种量少。相对而言，人工授粉的简易制种的成本并不算高，而经济效益十分显著。因此，人工去雄法目前是我国茄果类杂种一代种子生产的主要方法。

（四）雌雄同花的异花授粉植物

如洋葱、胡萝卜等作物，把父母本自交系种植在制种隔离区，任其之间自由授粉，从母本或父、母本植株上同时收获杂种一代种子。父、母本繁殖需另设隔离区。

一般将父母本按1∶1或1∶2的行比种植，自由授粉，如正、反交增产效果和经济性状基本相似，父母本行数可相同。父母本植株上种子可混收、混用；如正、反交F_1都有优势，而主要经济性状差异较大，应分别收种，分别使用；如正交F_1有优势而反交无优势，只能以正交F_1用于生产，则父、母本按1∶2的行比，以提高正交F_1种子产量。

雌雄同花的异花授粉植物的简易制种法，最大优点是简便易行、采种量大、制种成本低。主要缺点是这类植物花器特小或每花结种子少，繁殖系数特别低，杂种一代纯度低。通常假杂种（母本系统内株间异交、自交的种子）所占比例高。严重影响了杂种一代的产量和整齐度。提高杂种一代种子纯度的有效方法是采用雄性不育系生产杂种一代种子。

二、苗期标记性状

利用双亲和一代杂种苗期表现的某些植物学性状的差异，在苗期可以很容易鉴别出杂种苗或亲本苗，用来区别真假杂种且呈隐性遗传的植物学性状，称作苗期标记性状或指示性状。该方法一般用于异花授粉作物。以具有隐性性状的亲本为母本，显性性状的亲本为父本，在苗期去除自交苗。标记性状应具备的条件有两个：①苗期表现出差异，而且容易目测识别；②性状遗传稳定且为单基因控制的质量性状。

通常选用具有苗期隐性性状的品系作母本（如甜瓜的裂叶，西瓜的浅裂叶，番茄的黄叶、绿茎和薯叶，大白菜叶片的无毛等），与具相对应的显性性状的父本进行自由授粉，在杂交幼苗中通过间苗淘汰那些表现隐性性状的假杂种。例如，番茄的薯叶和裂叶是一对质量性状，其中薯叶是隐性，裂叶是显性。如用薯叶系统作母本时，杂种一代中裂叶是杂种，而薯叶是假杂种，应淘汰。这样，番茄在苗期的薯叶表现就是其标记性状。故在自然杂交率不太高或不去雄授粉的情况下，通过间苗拔除假杂种，可使田间杂种率达到90%以上。

苗期标记制种法的优点是亲本繁殖和杂交简单易行，可省去去雄环节，降低制种成本，且能在较短的时间内生产出大量的一代杂种。其缺点是间苗、定苗工作较复杂，需要掌握苗期标记性状，熟练间苗、定苗技术，而且有些蔬菜尚未有典型、明显的苗期标记性状；有些性状虽然较明显，但遗传性比较复杂，也不便应用。

利用苗期标记性状制种时应选育具有某一隐性标记性状的优良自交系作母本，具有相应显性性状的优良自交系作父本，相邻种植。异花授粉作物，既不去雄，也不人工授粉，任其天然授粉。最后从母本系统上收获种子，播种后，在苗期及时拔除群体中具有该隐性标记性状的假杂种植株。

三、化学去雄制种法

虽然利用雄性不育性和自交不亲和性等遗传育种途径可以解决制种问题，是经济省工而行之有效的途径，但育成这类适合于作杂交亲本的系统有时并不容易，利用化学试剂杀雄，同样可以免除人工去雄杂交的工作量。因此，化学去雄制种是节省人工成本的一条途径，近几十年来一直在不断研究探索中。随着新药剂的发现和合成，去雄剂在不断增加，化学杀雄剂应具备的条件：①能杀死雄蕊，使花粉败育，但是不影响雌蕊发育；②处理方法简单，药剂要便宜，杀雄效果稳定；③处理后不会引起遗传性变异；④对人、畜无害。

现已发现的去雄剂有二氯乙酸、二氯丙酸钠（达拉朋钠）、三氯丙酸、二氯异丁酸钠（FW-450）、三碘苯甲酸（TIBA）、2-氯乙基磷酸（乙烯利）、顺丁烯二酸联氨（MH）、二氯苯氧乙酸（2,4-D）、核酸钠、萘乙酸（NAA）、二氯乙基三甲氯化铵（矮壮素CCC）等，作用的效果因植物种类而异。施用方法一般都采用水溶液喷雾法，喷雾时期一般在花芽开始分化前，为了保持较持久的效果，需要间隔适宜时间重复喷药多次。

目前，在瓜类一些作物制种上施用乙烯利诱导雌花，抑制雄花的产生有一定效果，大多数筛选到的化学杀雄剂还存在着杀雄不彻底和易受环境影响等问题，效果不够稳定。一些化学杀雄剂还有一定的副作用，至今很少应用于生产。

四、利用单性株制种法

目前在生产实践中，还利用某些园艺植物自身的性别特点，进行单性株制种。主要有以下两种方法。

（一）利用雌性系制种法

雌性系是指只生雌花不生雄花，且该种性状能够稳定遗传的品系。这种品系在黄瓜、甜瓜、南瓜、冬瓜、节瓜、苦瓜、丝瓜等植物中有发现和利用，尤其是黄瓜、苦瓜、节瓜、丝瓜等利用雌性系生产杂种一代，在国内外已十分普遍。通过一定的选育程序，可以获得稳定的雌性系。利用雌性系作母本配制杂交种，可以免去去雄操作，从而降低杂交制种成本。雌性系的选育有 3 种方法：①从国内外引进雌性系直接利用或转育；②从以雌性系为母本的 F_1 杂种自交分离选育雌性系；③用雌雄株与完全花株或雌全株杂交，可以从后代中分离出纯雌株。获得原始纯雌株后与有优良经济性状和配合力的雌雄株系杂交，F_1 内有一部分为纯雌株和强雌株，一部分为雌雄株。用 F_1 的纯雌株再与雌雄株系回交，直到经济性状和配合力符合要求为止。然后用赤霉素等药剂处理使纯雌株产生雄花，进行两三代自交就可获得优良的雌性系。

黄瓜花的性别类型有 3 种：雌花、雄花和两性花；植株的性别类型有 8 种：纯雌株、强雌株、雌全株、雌雄全株、雌雄株、完全花株、雄全株和纯雄株。对应的群体（系统）性别类型也有 8 种：纯雌株系、强雌株系、雌全株系、雌雄全株系、雌雄株系、完全花株系、雄全株系和纯雄株系。黄瓜利用纯雌株系（或雌株系）配制杂交种时，按 3：1 的行比种植雌株系和父本。由于雌性系不是绝对的无雄花，因此，在雌性系开花前（6～7 片真叶）拔除弱雌性植株。强雌株上如果出现雄花也应摘除。在 F_1 制种隔离区内（1500～2000m 内不应有同种植物的其他品种）任其自由授粉。在母本株上收获的种子即为杂种一代种子。繁殖母本时由于雌性系几乎没有雄花，必须用赤霉素（1000mg/L）或硝酸银（200mg/L）水溶液处理（2 片真叶展开后叶面连续喷洒 2～3 次，每隔 5d 喷一次）诱导其产生雄花，进行繁殖。

（二）利用雌株系制种法

利用雌株系制种的园艺植物主要有菠菜和石刁柏。菠菜雌株系的选育是从优良品种群体中选择优良的纯雌株作母本，以该品种中优良的强雌两性株作父本杂交，其 F_1 就是纯株系（纯雌株占 95%以上）；石刁柏在田间表现的雌株即为稳定的纯雌株（XX）。通过配合力测定选育出优良纯雌株，再经过组织培养方法大量繁殖便可获得雌株系。

菠菜花的性别类型有 3 种：雌花、雄花和完全花；植株的性别类型有 5 种：雄全株、雄两性株、雌全株、纯雌株和二性株（雌雄株）；群体（系统）的性别类型有 4 种：雌雄异株系（雌雄株比多数为 1：1）、二性株系（群体内多数为二性株）、雄株系（雌雄株和雄两性株）和雌株系（纯雌株和少数雌两性株）。菠菜的雌株系一般全为纯雌株，有时有少数雌两性株出现。制种时，雌株系（母本）与父本按 3：1 的行比种植在隔离区内。开花前认真鉴别和去除雌株系中的雌两性株，任其自由授粉，在雌株系上收获的种子即为 F_1 种子。在雌株系选育初期会出现个别雌二性株，用雌二性株给纯雌株授粉，下一代便可得到接近 100%的纯雌株。雌二性株自交后代仍是雌二性株。

石刁柏为典型的雌雄异株植物，雄株的性染色体为 XY 型，雌株的为 XX 型。雄株的经济价值（产量）高于雌株，因此，培育纯雄型品种是丰产、优质育种的重要途径。在自然繁殖情况下，群体中雌雄株各占 50%。如果雄株的性染色体为 YY 型，则为超雄株。用它与 XX 型的雌株杂交得到的 F_1 则全部为 XY 型的雄株。YY 型雄株可以通过花药或花粉培养获得。在制种区按 1：（2～3）的行比种植超雄株和雌株，在雌株上收获的种子为纯雄型品种种子。超雄株可用无性繁殖法保存。

五、利用迟配系制种法

自交迟配，又叫自交受精缓慢，是指同种基因型花粉管在花柱中的伸长速度比异基因型花粉管在花柱中的伸长速度慢的现象。经过一定的选育程序，可以育成自交迟配系统，简称迟配系。利用迟配系配制杂交种，以迟配系为母本，或将两个迟配系间行种植在一个隔离区内，任其自然传粉，从迟配系上收获的种子即为杂交种。利用迟配系配制杂交种的优点是制种成本低，杂交率高。但是，迄今在多数植物中发现的迟配系都不够稳定，易受环境条件影响。目前在大白菜一些杂交品种中采用该方法进行种子的生产。

六、利用自交不亲和系制种法

自交不亲和性是植物的一种遗传性状，广泛存在于植物界。十字花科植物中，约有一半有自交不亲和性。经过连续自交选育，可以育成稳定遗传的自交不亲和系。自交不亲和系花期自交不结籽（或结籽率极低），同系株间相互授粉也不亲和。利用自交不亲和系生产一代杂种种子，将两个自交不亲和系隔行种植，任其相互授粉即可。为了降低杂种种子的生产成本，最好选用正反交杂种优势都强的组合。这样的组合，正反交种子都能利用。如果正反交都有较强的杂种优势，并且双亲的亲和指数、种子产量相近时，则按1∶1的行比在制种区内定植父母本。如果正反交优势一样，但两亲本植株上杂种种子产量不一样，则按1∶（2～3）的行比种植低产（种子产量）亲本和高产亲本。如果一个亲本的植株比另一个亲本植株高很多以至于按1∶1的行比栽植，高亲本会遮盖矮亲本时，则按2∶2或1∶2的行比种植高亲本和矮亲本，以免影响昆虫的传粉。如果正反交杂种的经济性状完全一样，则正反交种子可以混收。

也有采用"不亲和系×自交系"的制种方法，它的优点是只需要选育一种基因型的自交不亲和系，就可以以大量经济性状和配合力好的系统作为父本系，从而使育种过程较为简单，较易育成优良组合。缺点是只能从自交不亲和系植株上收获种子，父本自交系植株上的种子大部分可能是自交种子，因此，杂种种子产量低。

关于自交不亲和性的遗传和自交不亲和系的选育将在后面专门介绍。

七、利用雄性不育系制种法

雄性不育是指两性花植物，雄性器官发生退化或丧失功能的现象。雄性不育是一种遗传性状，按照一定的选育程序，可以育成稳定遗传的雄性不育系。利用雄性不育系配制杂交种，用不育系作母本，可育品系作父本配组杂交。对于异花授粉作物来说，在隔离区内任其自然传粉授粉；对于自花授粉作物来说，进行人工辅助授粉。这样，在不育系上收获的种子，即为杂种种子。利用雄性不育系配制杂交种的突出优点是制种成本低，效果稳定，杂交率高，是一些异花传粉作物杂交种最理想的制种方法。缺点是稳定遗传的雄性不育系选育比较困难，至今还有许多农作物的优异雄性不育系还没有选育出来，是杂种优势利用上的一个热点问题。

关于雄性不育性的遗传和不育系的选育将在后面专门介绍。

第四节　自交不亲和系的选育

两性花植物，雌、雄配子具有正常的授粉受精能力，不同基因型植株之间授粉能够正常结籽，但是花期自交不结籽或结籽率极低的现象，称为自交不亲和性。植株的这种雌蕊对自身花粉和异体花粉进行识别，抑制落在自身柱头上的自身花粉萌发或者生长的特性可以稳定遗传，而且普遍存在于植物界中，涉及70多个科，250个属的植物，一半以上的开花植物都具有此特性。经过多代自交鉴定选择后，可以育成自交不亲和系。优良的自交不亲和系通常同系株间花期自交不结籽或者结籽率极低。可以将两个自交不亲和品系在一个隔离区内间行种植，任其授粉；也可以自交不亲和系作母本，自交亲和系作父本，收获其杂交种种子。用自交不亲和系配制杂交种，可降低杂交制种成本，提高种子纯度。目前在广东，芥蓝的自交不亲和系应用比较缓慢，广东省农业科学院蔬菜研究所于 2010 年才利用芥蓝的自交不亲和系选育出第一个杂交芥蓝品种夏翠。

一、自交不亲和性发生机制

大多数经济作物的自交不亲和性是受同一位点（S）多基因控制的。自交不亲和性是被子植物预防近亲繁殖的一种重要机制，在被子植物的早期进化中起了不可低估的作用。植物界不亲和性的遗传比较复杂，至今得到普遍承认的是最先由 E. M. East 等（1925）提出的"对立因子学说"。它的基本点是：当雌雄性器官具有相同的 S 基因时，交配不亲和，雌雄双方的 S 基因不同时，交配能亲和。

S 基因控制的自交不亲和性可以分为配子体型和孢子体型两种。

（一）配子体型自交不亲和遗传机制

亲和与否取决于花粉本身所带的 S 基因是否与雌蕊所带的 S 基因相同。亲和关系类型有 3 种。

1) 完全不亲和，如 $S_1S_1 \times S_1S_1$，$S_1S_2 \times S_1S_2$；即双亲 S 基因完全相同时，自交完全不亲和。

2) 部分亲和，如 $S_1S_1 \times S_1S_2$ 和 $S_1S_2 \times S_1S_3$；前一组合具有 S_2 一半花粉，后一组合具有 S_3 一半花粉亲和，结果前一组产生 S_1S_2 一种基因型的后代；后一组产生 S_1S_3 和 S_2S_3 两种基因型的后代，即双亲有一个相同的 S 基因，异交有一半花粉亲和，另一半花粉不亲和。由于通常授粉时柱头上花粉数远远超过子房内胚珠数，因此这两种组合自结实率与完全结实的没有多大差别。

3) 完全亲和，如 $S_1S_2 \times S_3S_4$。双亲无相同的 S 基因，因此表现完全亲和。柚子、砂糖橘、火龙果、菠萝、野生番茄等属于配子体型自交不亲和。

（二）孢子体型自交不亲和遗传机制

亲和与否取决于产生花粉的父本营养体而非花粉本身是否具有与雌蕊相同的 S 基因。例如，$S_1S_2 \times S_1S_3$，在配子体型不亲和性中，它为部分亲和，而在孢子体型不亲和性中，是不亲和的。因为 S_3 花粉本身虽然与雌蕊的 S_1、S_2 不相同，但 S_3 花粉可能由于营养体赋予了它 S_1 的产物而导致不亲和。已知甘蓝、大白菜、萝卜、菜心和芥蓝等十字花科植物和菊科、旋花科植物的自交不亲和，即属于孢子体型自交不亲和。

孢子体型不亲和的杂合 S 基因间，在雌蕊和雄蕊方面存在独立、显隐、显性颠倒和竞争减弱关系。独立是指杂合体的两个不同等位基因分别独立起作用，互不干扰。显隐就是两个不同等位基因中只有一个有活性，另一个基因完全或部分沉默。显性颠倒是指在花粉中，S_x 对 S_y 为显性，但在花柱中 S_x 对 S_y 为隐性。竞争减弱是指两基因的作用相互干扰而使不亲和性减弱，甚至变为亲和。根据这 4 种关系，可把孢子体型自交不亲和性分为 12 种类型。如图 8-3 说明了上述 4 种基因间的关系。

综上所述，孢子体型自交不亲和性有下列遗传特点。

1) 常有正反交的亲和性差异（显性颠倒）。
2) 不亲和基因的纯合体是群体的正常组成（由显性颠倒和竞争减弱造成）。
3) 子代可能与亲本双方或一方不亲和。
4) 一个自交亲和或弱不亲和的后代可能出现自交不亲和株。

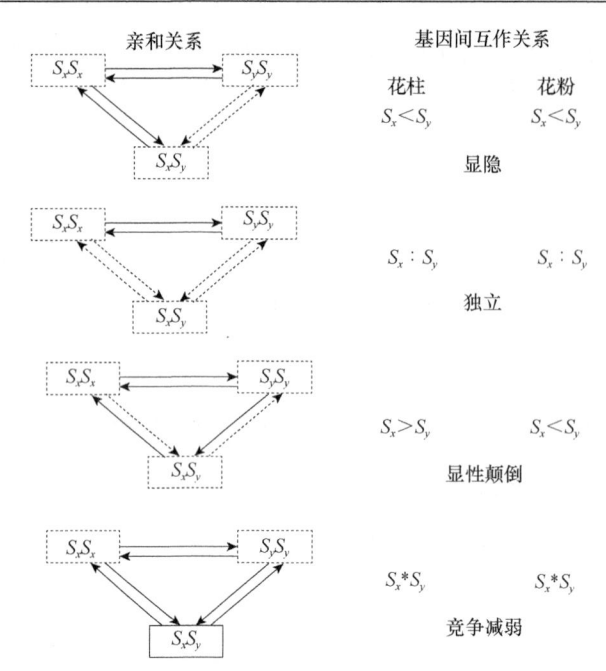

图 8-3　源自同一自交不亲和株的后代三种基因型间的交配亲和关系（治田辰夫，1958）
$\square$. 自交不亲和；$\square$. 自交亲和或弱不亲和；$S_x:S_y$. 独立；$S_x>S_y$. 显>隐；
S_x*S_y. 竞争减弱；┄→. 不亲和；──→. 亲和，父本──→母本

5）一个自交不亲和株的后代会出现自交亲和株。这是由于含有隐性亲和基因时，与显性不亲和基因组合在一起成杂合基因型，经过自交，隐性亲和基因纯合时，便出现了自交亲和株。

6）在一个不亲和群体内可能包含两种不同基因型的个体。例如，设 $S_1<S_2<S_3$，则 S_1S_3 和 S_2S_3 两种基因型个体可以存在于同一不亲和群体内，而 S_1S_3 与 S_2S_3 交配不亲和。

迄今已发现的孢子体型不亲和性主要存在于十字花科（如大白菜、花椰菜、结球甘蓝、菜心、芥蓝和不结球白菜）、菊科、旋花科等作物中。

二、自交不亲和性的生理机制

关于生理机制解释自交不亲和性的学说很多，目前被多数人所接受的主要有两种。

（一）免疫学说

East 等（1929）提出免疫学说，认为植物表现不亲和性时，从花粉管分泌出"抗原"，而在花柱组织中形成"抗体"，从而使花粉管的伸长停止，柱头和花粉具有相同的基因，才能产生这种抗原——抗体系统。

Nasrallan 等（1922）在研究甘蓝的自交不亲和中证实 S 基因决定柱头蛋白的种类，而且认为这种特异蛋白在开花前 2d 合成，蛋白质相同时，自交发生不亲和。

（二）乳突隔离假说（认可反应）

十字花科植物柱头的表皮具有乳头状突起的细胞，外面盖有角质层，被认为是自交不亲和植株自交后阻止花粉管伸长的障碍物质。在扫描电镜下观察，乳突细胞角质层被许多肿块

所覆盖。这种肿块状的角质可以被氯仿所溶解，说明是一种含蜡的物质；在蜡层下面光滑的一层才是角质层，因为这一层是氯仿不能溶解的，当用软刷子授粉时花粉都陷落在乳突细胞之间。例如，油菜在开花前 1~4d，柱头表面会形成一层"隔离层"（特殊物质）。它能阻止自花花粉的发芽，但不妨碍不同基因型花粉的发芽。在自花授粉以后，乳突细胞在第 1h 内保持其原有开头，但在亲和的授粉后 0.5h 内，细胞便崩溃了、变平了，角质变成皱缩的样子，这意味着失水，或许是有利花粉及使花粉管易于通过乳突细胞壁。在花粉粒上可以明显看到一个"标志"，外观像是花粉脑壁同乳突角质接触所致。所以，在亲和组合最初的相互作用就是花粉粒"刺入"乳突细胞角质层的现象可以看作是一种"认可反应"。

据斯平（1985）对甘蓝型油菜的研究表明，胼胝质的多少是亲和与否的标志，不亲和时，乳突细胞沉积大量胼胝质，亲和时，没有胼胝质的沉积或很少。

三、自交不亲和性发生的分子机制

（一）植物配子体型自交不亲和性发生的分子机制

在研究植物配子体型自交不亲和机制中，茄科、蔷薇科、玄参科等植物表现相似的生理反应机制，即其花粉可以在柱头上萌发深入到花柱中，但随后生长受到抑制。这也是受柱头 S 复等位基因座控制，茄科类型 S 基因（S-RNase）和罂粟科的 S 基因已经被分离和克隆。S-RNase 是一种糖蛋白，不同的 S-RNase 糖基数量和糖基化位点各不相同。特异性由蛋白质骨架决定，与糖链无关。S-RNase 的可变区域分布于整个蛋白质框架，HVa 和 HVb 两个高变区可能是特异性的决定部位。Lai 等（2002）在金鱼草 S 基因座中发现一个花粉特异表达蛋白 AhSLF，其具有 F-box 结构域。该蛋白质伴随整个自交不亲和反应的生理反应过程。在矮牵牛中也分离出了花粉 S 蛋白。

花粉 S 蛋白具有 F-box 结构，F-box 是 SCF 复合体中具有蛋白结合酶 E3（介导泛素化降解）活性的组成成分。异花授粉时，花粉 S 蛋白与 SKP1、CDC53 蛋白结合形成 SCF 复合体，而且 S 蛋白也与 S-RNase 非特异性结合，导致 S-RNase 被泛素化降解。自花授粉时，花粉 S 蛋白特异性与 S-RNase 结合，不能与 SKP1、CDC53 蛋白结合形成 SCF 复合体，S-RNase 核酸酶活性降解花粉管生长需要的 RNA，导致自交不亲和性发生。

雌蕊 S-RNase 具有核酸酶活性，是自交不亲和所必需的。自交不亲和反应发生时，自花花粉管中的 RNA 被 S-RNase 降解，导致自花花粉停止生长。S-RNase 如何进入花粉管，目前有两种代表性的假说：膜受体模型和抑制子模型。膜受体模型是指花粉管细胞表面有特异的 S-RNase 结合受体（一般认为是花粉 S 基因产物），自花授粉时，受体与自身的 S-RNase 结合，S-RNase 才能进入花粉管，其中的 RNA 被降解，发生自交不亲和；异花授粉时，其他 S 单元型的 S-RNase 不能进入花粉管，其中 RNA 不被降解，发生杂交亲和。抑制子模型认为花粉管细胞内含有抑制 S-RNase 活性的抑制子（推测为花粉 S 基因产物），所有 S 单元型的 S-RNase 均能进入花粉管，只有当 S-RNase 是自身分泌的时候，抑制子失去了对其抑制能力，产生自交不亲和；当 S-RNase 是不同单元型的 S-RNase 时，抑制子抑制 S-RNase 的降解作用，该花粉管的 RNA 不能被降解，发生亲和授粉。

（二）植物孢子体型自交不亲和性发生的分子机制

在孢子体型自交不亲和研究中，十字花科芸薹属植物的研究较为清楚，其由一个复等位基因座控制，称为 S 基因座。花粉和雌蕊的 S 基因属于两个不同的基因。SRK（S 位点受体激酶）属于雌蕊特异 S 基因，尤其在芸薹属植物柱头乳突细胞特异表达。SLG（S 位点糖蛋白）也属于雌蕊特异 S 基因，是一种可溶性分泌性糖蛋白，只在成熟柱头的乳突细胞内表达。在芸薹属植物中 SLG 的复等位基因座多达 30 个，且在甘蓝柱头乳突细胞中与 SRK 连锁。SCR（S 位点富集半胱氨酸蛋白）是花药特异 S 基因，其编码的富含半胱氨酸蛋白在花药特异性富集。SCR 基因是自交不亲和反应中的特异基因。例如，在自交亲和的甘蓝突变体中没有 SCR。在自交不亲和反应中，当自花授粉时，相同单元型的 SCR 和 SRK 在柱头表皮相互识别，激发信号转导级联反应，泛素介导的蛋白质降解途径被激活，最终导致自花花粉不能在柱头上萌发。

在自交不亲和的复杂过程中，除 S 基因座基因外，还有许多其他的基因参与。利用 mRNA 差异显示和减法杂交鉴定出花粉中特异表达并具有 S 单元型多态性的基因。已鉴定出的其他基因有 ARC1、THL1、THL2 和 MLPK。ARC1 编码的蛋白质是 E3 连接酶的同工酶，它是 CRK 的一种底物，与 CRK 结合后介导泛素化降解过程。THL1、THL2 属于硫氧还蛋白 h 家族，它可能是 SRK 磷酸化的抑制剂。MLPK 是与 SRK 密切相关的蛋白激酶，是自交不亲和反应中的一个重要因子，MLPK 的隐性突变会导致自交不亲和反应消失。

当自身的花粉落到柱头上，花粉分泌的 SCR 与 CRK 的 S 蛋白结合，特异性糖蛋白 SLG 辅助，SRK 构型改变，抑制 SRK 磷酸化的 THL1/THL2 从 SRK 上游离下来，SRK 磷酸化，与底物 ARC1、MLPK 结合，诱发一系列的级联反应，导致植物自交不亲和（图 8-4）。

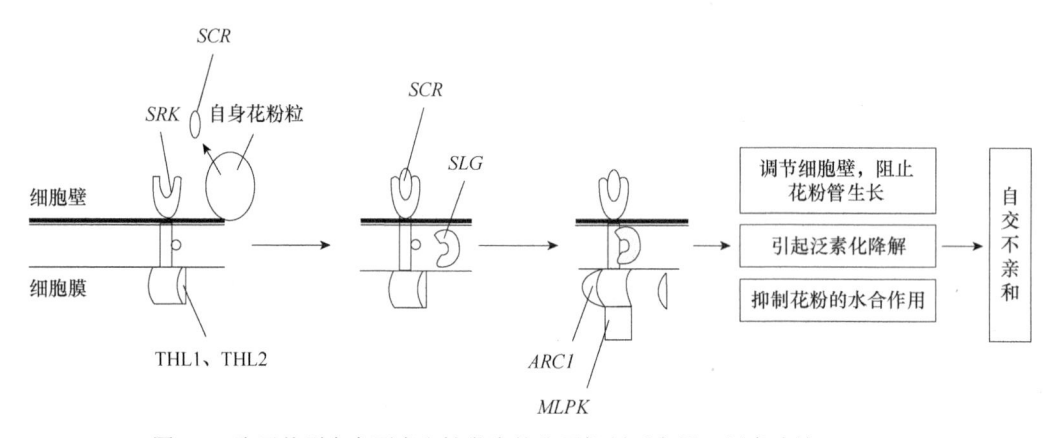

图 8-4　孢子体型自交不亲和性发生的分子机制示意图（刘素玲等，2016）

综上所述，植物的自交不亲和性与雌蕊的自交不亲和特异性决定因子有关，雌蕊或花柱中的 S 基因只在花柱中表达，其核苷酸序列及其编码的氨基酸序列应该随着等位基因的不同而异，呈现 S 等位基因多态性。S-RNase 作为一种糖蛋白，在自交不亲和反应中发挥重要作用，其活性是自交不亲和反应中不可缺少的，S-RNase 的可变区 HVa 和 HVb 可能与特异性的识别部位有关。同时与花粉自交不亲和的特异性决定因子，如 S 基因座的连锁基因和 S 基因座的 F-box 基因有关，还与自交不亲和的修饰基因有关。

目前自交不亲和反应的机制模型，是雌蕊的 S 基因产物 S-RNase 具有核酸酶活性，而且其活性是自交不亲和反应必需的。因此，一般认为 S-RNase 降解自花花粉管 RNA 导致自花花粉管生长停止，发生自交不亲和反应。但是 S-RNase 特异地进入花粉管的机制，还不清楚，解释该现象的主要有代表性假说为"膜受体"和"胞内抑制剂"假说。"膜受体"假说是由 Kao 和 McCubbin（1996）提出的，认为花粉 S 基因产物可能是位于花粉细胞膜或细胞壁上的一种 S-RNase 受体，只让相同 S 单元型的 S-RNase 进入（自花授粉时），结果是其中的 RNA 被 S-RNase 降解，发生自交不亲和；其他 S 单元型的 S-RNase 不能进入（异花授粉时），其中 RNA 不被降解，表现亲和。"胞内抑制剂"假说是由 Thompson 和 Kirch（1992）提出的，推测花粉 S 基因产物处于花粉管细胞内，是一种 S-RNase 抑制剂，所有 S 单元型的 S-RNase 均能进入花粉管中，但该花粉管 S 单元型不同的 S-RNase 被降解或活性被抑制，不能降解该花粉管的 RNA，即亲和花粉；而相同 S 单元型的 S-RNase 在花粉管中功能正常，降解花粉管中的 RNA，即自交不亲和。

有关自交不亲和性分子机制的研究仍然有待深入和完善。

四、自交不亲和系的选育方法

（一）优良自交不亲和系应具备的条件

一个优良的自交不亲和系，一般需要满足以下几个条件。

1）具有高度的花期系内株间交配和自交不亲和性，而且相当稳定，不受环境条件的影响。具有高度稳定的花期自交不亲和性，用亲和指数来表示。亲和指数值越小，表示不亲和程度越高。有的甘蓝和大白菜自交不亲和系在高温下有假亲和现象，这类自交系不适于作制种亲本。

2）蕾期授粉自交结实率高。蕾期授粉有较高的亲和指数，从而可降低生产自交不亲和系原种的成本。自交不亲和系繁殖是利用这一特性，即在蕾期进行人工授粉的。有些自交不亲和系尽管花期自交亲和指数低，蕾期自交结实率也低，同样不适合作亲本。

3）具有优良的经济性状，如抗病性、抗逆性强，同一般自交系配合力高。

4）自交多代后生活力衰退不显著，要选到自交完全不衰退的自交系是困难的，但选到衰退慢或基本不衰退的自交系是可能的。

5）胚珠和花粉生活力正常。

6）同其他自交不亲和系或自交系杂交时，有较强的配合力。

（二）自交不亲和系的选育

自交不亲和系主要是通过自交分离，并对后代进行选择获得的。虽然自交不亲和性在植物界广泛存在，但同一植物不同品种和个体的自交不亲和程度及稳定性常表现不同，故首先必须对原始群体通过多代自交分离和选择，才能得到系内高度自交不亲和系统。

在选育过程中，需要对经济性状、配合力和自交不亲和性三方面进行选择。经济性状和配合力的遗传比自交不亲和性复杂得多，所以应该先针对经济性状和配合力进行选择。实际育种工作中，一般都是对初选配合力高的亲本，进行自交不亲和性的测定。方法是选择优良单株分别进行花期自交和蕾期授粉，以测定亲和指数。选择标准，通常是花期自交亲和指数小于 1，蕾期自交亲和指数大于 5。

如十字花科植物内已报道的 S 基因约有 50 个，即使在一个不大的群体内也有多个不同的 S 基因。未经选择过的品种内，S 基因数比经过高度选择的品种内的 S 基因数要多。为了育成优良的自交不亲和系，在选育过程中，需要对基础材料的经济性状、配合力和自交不亲和性三方面进行选择。一般是对初选配合力高的亲本，进行自交不亲和性的测定。

亲和指数＝结籽数/授粉花数

不同植物单花结籽数差异很大，因此，其选择标准也不同。多数十字花科植物正常亲和交配单花结籽数 15 粒左右，选择标准一般为花期自交亲和指数小于 1，蕾期自交亲和指数大于 5。另外，自交亲和性还容易受环境条件的影响，一些植物在低于 15℃ 的温度下，即使是亲和的材料，结实率也很低。因此，用上述公式计算的亲和指数判断亲和与否，有时候不准确。为了避免不同自交不亲和植物繁殖系数和环境条件的影响，可改用下列公式计算亲和指数。

亲和指数＝花期自交平均每花结籽数/花期混合花粉异交平均每花结籽数

亲和指数小于等于 0.05 为不亲和，大于 0.05 为亲和。具体做法为：首先在配合力强亲本品种中选择若干优良植株的健壮花序套袋，进行花期人工自交，从中选出亲和指数很低的植株。为获得这些植株自交后代，应在同株上同时选 1~2 个花序进行蕾期自交授粉，将开花前 3~5d 的花蕾用尖头镊子剥开，使柱头露出，涂上同株事先套袋的花粉。每一花序应自交 20~30 朵花。在授粉前和授粉后均应立即套袋以防昆虫传粉。这样初步获得的自交不亲和株系是不纯的，必须经过多代（一般为 4~5 代）自交选择。这样选育出来的系统还要测定系内姊妹交的亲和指数，淘汰系内姊妹交亲和指数（按原式）大于 2 的系统。常用的方法有全组混合授粉法、轮配法和隔离区内自然授粉法。

1. 全组混合授粉法 把 10 株花粉等量混合，授到提供花粉 10 株的柱头上，测定亲和指数。这种方法的优点是简单、省工。测验一下不亲和系，只要配制 10 个组合，而在理论上包括了与轮配法相同的全部株间正反交组合和自交共 100 个组合。缺点是如果发现有亲和指数超过不亲和指标的组合时，不易判断哪一个或哪几个植株有问题，不便于基因型分析和淘汰选择。有时，花粉混合不均匀也会影响试验结果的准确性。因此用此方法测验时，有时能够正确地反映系内亲和指数，有时可能与实际制种时的情况不一样。

2. 轮配法 每一株既作父本又作母本分别与其他各株交配，包括全部株间组合的正反交和自交。每个自交系选 10 株，如果认为各株自交的亲和性已用不着测定，则可省去 10 株自交而只做杂交。此法的优点是测定结果可靠，并且可以发现亲和组合时能判定各株的基因型供配制单交种、双交种和三系杂交种之用，因此，可用于基因型分析。缺点是组合数太多，工作量大。

3. 隔离区内自然授粉法 把 10 株栽在一个隔离区内，任其自由授粉。这种方法的优点是省工省事，并且测验条件与实际制种条件相似，不像前两种方法用人工授粉，只局限于某一时期有限的花而不是整个花期的全部花。缺点是要同时测验几个株系时需要几个隔离区，网室和温室往往使结实率偏低。如果发现结实指数较高则跟混合授粉法一样，难以判断株间的基因型异同。

自交不亲和系育种的正常程序是先选育出遗传性稳定的自交不亲和系，在早期 1~2 代，由于材料较多，材料不纯，测定的工作量大，测定结果不可靠，一般在自交 3~4 代后，测定系统内姊妹交的亲和指数较妥，这时材料较纯，选育出的自交不亲和系可用于配合力的测定。但是实际中，为了加快育种进程，通常在自交不亲和性和经济性状初步稳定后，就可测定配合力，以后在配合力强的系统中继续进行分离选育，选育出优良的自交不亲和系作为配制杂种一代的亲本。在测定自交不亲和性时要测定老花的自交结实率，有的自交不亲和系老花容易发生自交结实，这样会影响以后杂种一代的纯度，所以要选择老花自交结实率低的自交不亲和系。

五、自交不亲和系的繁殖

用自交不亲和系配制杂种一代，每年需大量扩繁作为亲本的自交不亲和系，必须解决自交不亲和系繁殖的问题，关键技术是如何克服自交不亲和性，提高亲本种子产量。目前一般多采取蕾期自花授粉来繁殖自交不亲和系。即将开花前 2～4d 的花蕾用剥蕾器或镊子剥开，授以本株或同一自交不亲和系其他植株的花粉，就可能得到大量种子。蕾期授粉的效果比较好，但费时费工，种子生产成本高。对于如何提高自交不亲和系种子产量的方法，常用的主要有以下几种方法。

（1）蕾期授粉　　植物自交不亲和性表现在开花期，而多数植物开花前 2～3d，柱头就具有接受花粉的能力。因此用新鲜花粉给蕾期的柱头授粉，可以在一定程度上克服自交不亲和性。一般来说，开花当天的花粉活力最强。为了防止自交生活力衰退，最好采用系内其他植株的花粉授粉。蕾期授粉克服自交不亲和的效果虽然比较好，但是费工时，成本高。

（2）盐水处理　　开花期用 3%～5% 的食盐水喷洒花序，每隔 2～3d 喷一次，任其自由授粉。在隔离区，利用昆虫传粉，即可获得大量的自交不亲和系的种子。虽然结实率不如蕾期授粉，但成本低得多。杨建平等（1987）在大白菜上的试验表明，3% 左右的食盐水最佳，能达到人工蕾期自交产种量的 40%～60%，劳动强度大大降低了。这种方法已在部分大白菜、甘蓝亲本生产中应用。但是一些研究表明，利用盐水处理，有时候容易造成自交不亲和系一些性状出现退化，只能用来生产原种，不能用来生产原原种。

（3）提高 CO_2 浓度　　在封闭的空间（温室或大棚）内，将空气中 CO_2 的浓度提高到 3.6%～5.9%，可以有效地克服十字花科作物的自交不亲和性。

（4）钢丝刷授粉　　荷兰学者提出，对开放的花用钢丝刷柱头以破坏柱头的蜡质层，再授粉，可以提高花期自交结实率。

（5）无性繁殖　　对于一些容易进行无性繁殖的植物，可以通过无性繁殖繁育自交不亲和系，有利于保持种性，防止混杂退化。

（6）电授粉　　开花期对花柱通直流电以破坏柱头的蜡质层，再授粉，也可提高花期自交结实率。

（7）化学药剂处理　　用乙醚或 10%KOH 滴在开放的柱头上，也可以克服自交不亲和性（建部民雄，1968），有一定的效果，但用量过多则柱头变黑，影响结实，这种方法很不安全，也不省事。

不管采用哪种方法，自交不亲和系的繁殖一直是以多代自交方式进行的，这对于自交易衰退的作物（如大白菜、甘蓝、萝卜等）来说不是一件好事，所以在育种上和繁殖过程中应注意以下几方面的问题。

1）自交不亲和系的繁殖应采用大株采种法，并不断对株种的经济性状进行选择，保证种株的优良性。

2）尽量选择自交退化慢的材料。

3）采用一年繁殖，合理贮藏，多年使用的方法，避免早衰。

4）采用系内混合授粉法，可减缓自交不亲和系的衰退。

5）采用无性繁殖法扩繁自交不亲和系，如甘蓝可用扦插法等，只能适用于无性繁殖的作物，长期无性繁殖也会导致病毒病发生，从而造成生活力下降。

六、利用自交不亲和系制种的优缺点

主要优点如下。

1）自交不亲和性在十字花科作物中广泛存在，其遗传机制也比较清楚，因此选育自交不亲和系容易获得。

2）与雄性不育系制种相比，不需要选育保持系，可以省工省时。

3）对于正反交表现一致的品种而言，正反交种子都可以利用，种子产量高。

主要缺点如下。

1）繁殖自交不亲和系的种子成本比较高，采用人工蕾期授粉，种子产量低，用工多。

2）自交不亲和系自交多代会出现退化，需要定期进行选择。

3）选育自交不亲和系花费的时间比较长，程序复杂，工作量大。

目前生产上应用的芥蓝杂种一代品种，如日本的绿宝、顺宝，广东省蔬菜所选育的夏翠、秋盛等都是利用自交不亲和系生产的种子。

第五节　雄性不育系的选育和利用

一、利用雄性不育系生产一代杂种的意义

植物雄性不育系变异是一种普遍现象，广泛存在于各类植物中。据 Edwardson（1970）统计，已经有 22 科 51 属 153 种种内发现雄性不育。一个优良的雄性不育系应能将不育性稳定地遗传下去，并不易受环境影响，具有较好的雄性可恢复性，便于繁殖和制种。

（一）雄性不育系的概念

两性花植物中，雄性器官退化畸形或丧失功能（雄蕊败育）的现象，称为雄性不育性。有些雄性不育现象是可以遗传的，采用一定的方法可育成不育性状稳定遗传的系统称雄性不育系，简称不育系改（A 系）。农艺性状与不育系基本一致，自身能育，但是与不育系杂交后，使其后代仍然保持不育的系统，称为保持系（B 系），与不育系杂交后，能够使杂交一代育性恢复的系统，称为恢复系（R 系）。雄性不育系通常被当作杂种一代的母本，一般要求经济性状优良，配合力高，雌性器官正常。

（二）雄性不育系在杂种优势育种中的作用

杂种优势普遍存在，但很多作物由于单花结籽量少，杂交种子生产成本太高而难以在生产上应用。而利用雄性不育系具有以下特点，可使其在杂交育种过程中得到广泛应用。

1）利用雄性不育系生产杂种一代种子，不必人工去雄，简化了制种手续，大大降低了成本。但是，对自花授粉植物而言，仍需人工授粉。对异花授粉植物而言，采用天然杂交法即可。

2）利用雄性不育系制种，可使杂种一代纯度达到 100%。

3）雄性不育系对人工去雄难的十字花科等植物的优势育种来说具有更加重大的意义。

由此可见，利用雄性不育系配制杂交种是简化制种的有效手段，可以降低杂交种子的生产成本，提高杂种率，扩大杂种优势的利用范围。

二、雄性不育性的表现和遗传类型

Sears 等（1943）按照基因型的不同将植物雄性不育分为细胞核雄性不育型、细胞质雄性不育型和核质互作不育型。Edwardson 等（1970）将细胞质不育和核质互作不育合并，提出

了"二型学说",即将植物雄性不育分为细胞质雄性不育(cytoplasmic male sterility,CMS)和核基因雄性不育(genic male sterility,GMS)。根据雄性不育的稳定性又可分为稳定不育型(SMS)和环境敏感不育型(ESMS)两种。

(一)雄性不育表现类型

1. 雄蕊不育 通常表现为雄蕊畸形或退化,如花药瘦小、干瘪、萎缩、不外露、退化。萝卜胞质雄性不育材料、辣椒、茄子中选育的一些雄性不育系,属于这种类型。

2. 无花药或花粉不育 雄蕊表现正常,但不产生花粉或花粉很少,或花粉无生活力。目前在菜心、芥蓝、小白菜选育的不育系,大多数表现这种特征。

3. 雄蕊功能不育 雄蕊和花粉都外观正常,但花药不能开裂或迟熟、迟裂或部位异常,如花柱太高、雄蕊太低,导致不能完成自花授粉(如番茄、报春花中有这种类型)。

以上归类是相对的,实际上雄性不育的表现比较复杂。根据不育程度可把雄性不育性分为全不育、半不育和嵌合不育。全不育是指群体中每一株的每一朵花均为雄性不育。半不育是指一个群体中约50%的植株为雄性不育株,不育株上的每一朵花都是雄性不育的。嵌合不育是指同一植株、同一植株部分枝条或花朵为雄性不育,其余为雄性可育。生产上,以稳定的全不育最有价值。

(二)雄性不育遗传类型

1. 细胞质雄性不育(又称CMS) 雄性不育性完全由细胞质基因控制,由于细胞质只能通过母性遗传下去,因此,细胞质雄性不育材料找不到恢复系。其遗传特点是所有可育品系给不育系授粉,均能保持不育株的不育性。现实中,这种类型的雄性不育难以获得。

2. 核质互作雄性不育 雄性不育性由细胞质基因和细胞核基因互作控制。当细胞质不育基因(S)存在时,核内不育隐性基因($msms$)也存在时,个体才能表现不育。当细胞质基因是正常可育N时,无论核基因是$msms$还是$Ms\_\_$,个体均表现可育。现已发现或人工转育的核质互作雄性不育园艺植物包括洋葱、萝卜、辣(甜)椒、大白菜、菜心、芥蓝、小白菜等。

由细胞质雄性不育基因(S)与一对细胞核雄性不育基因($msms$)互作控制的雄性不育材料有下列几种基因型(表8-7)。

表8-7 细胞质雄性不育系基因型

胞质基因	核基因		
	$MsMs$	$Msms$	$msms$
N	$N(MsMs)$可育	$N(Msms)$可育	$N(msms)$可育
S	$S(MsMs)$可育	$S(Msms)$可育	$S(msms)$不育

不育株与可育株的交配结果如下:

$$S(msms) \times N(msms) \to S(msms) \text{ 不育}$$
$$S(msms) \times N(MsMs) \to S(Msms) \text{ 可育}$$
$$S(msms) \times S(MsMs) \to S(Msms) \text{ 可育}$$
$$S(msms) \times N(Msms) \to S(msms) + S(Msms),\text{不育}:\text{可育}=1:1$$

$S(msms) \times S(Msms) \rightarrow S(msms) + S(Msms)$，不育：可育＝1：1

上述交配所获得的群体，$S(msms)$ 为雄性不育系；$N(msms)$ 株系为保持系；$N(MsMs)$ 和 $S(MsMs)$ 为恢复系。

细胞质雄性不育又可分为孢子体型不育与配子体型不育两种类型。

（1）孢子体型不育　花粉育性取决于孢子体（植株）基因型。基因型为 $S(Msms)$ 可育株自交后代表现株间分离。

（2）配子体型不育　花粉育性取决于雄配子（花粉）基因型。基因型为 $S(Msms)$ 的可育株自交后代有一半植株的花粉是不育的，表现为穗上分离。

目前，在十字花科作物中主要有萝卜胞质不育（Ogura CMS）、波里玛胞质不育（Polima CMS）、Nap 胞质不育（Nap CMS）、Hau 胞质不育（Hau CMS）和陕 2A 胞质不育等细胞质不育系。其中以 Ogura CMS、Polima CMS 和 Nap CMS 最为常见。此外，细胞质雄性不育基因也可能不止一种，与不育细胞质对应的不育核基因也可能是多种多样的。但是，不育胞质基因与不育核基因是一一对应的。不育的核基因有单基因的，也有多基因的。多基因不育性各不育基因的表型效应较弱，表现为累加效果。不育系与恢复系杂交的 F_1 常因恢复系所携带恢复基因的多少而表现不同，F_2 常出现多种过渡类型，表现不育度的变化。

广州市农业科学研究院于 1973 年利用甘蓝型油菜湘油 A 为雄性不育源，通过种间杂交和连续回交，于 1989 年实现三系配套，选育出杂交菜心品种。目前菜心雄性不育系的不育源主要是萝卜胞质不育（Ogura CMS）、波里玛胞质不育（Polima CMS）。菜心的波里玛胞质不育系利用时，容易受到温度影响，不育性不稳定，杂交种经济性状变异大，在生产上难以推广应用。目前杂交菜心品种主要是利用改良的菜心萝卜胞质不育系配组选育的。中国农业科学院蔬菜花卉研究所也利用萝卜胞质不育（Ogura CMS）源进行转育，获得芥蓝胞质雄性不育系，广东省农业科学院蔬菜研究所从国外引进一份芥蓝胞质雄性不育系进行了转育，获得了一系列芥蓝胞质雄性不育系；华南农业大学与广州市农业科学研究院利用西蓝薹雄性不育材料作不育源，通过多代回交转育，获得多个芥蓝胞质雄性不育系。

3. 核基因雄性不育　细胞核不育型的不育性是由核基因单独控制的。核基因控制的雄性不育有多种遗传类型，常见的有单基因隐性核不育、单基因显性核不育、核基因互作雄性不育和复等位基因雄性不育 4 种。

（1）单基因隐性核不育　迄今发现的植物雄性不育材料，大部分属于这种类型。设不育基因为 "ms"，则不育株基因型为 "$msms$"；可育株基因型为 "$Msms$" 或 "$MsMs$"。两类基因型的可育株均不能 100%保持不育株的不育性，采用 $Msms$ 父本与 $msms$ 不育株测交筛选法，只能获得不育株率稳定在 50%左右的雄性不育 "两用系"。将其应用在杂种一代制种中，则需要拔除 50%的可育株。该核基因雄性不育系称为甲型"两用系"。甲型"两用系"的繁殖模式如下：

$$\underset{(\text{不育株})}{msms} \times \underset{(\text{可育株})}{Msms} \longrightarrow \underset{(50\%\text{不育})}{1 msms} : \underset{(50\%\text{可育})}{1 Msms}$$

目前在蔬菜上发现的雄性不育材料大多数属于这种类型。

（2）单基因显性核不育　设不育基因为 "Ms"，则一种不育株基因型为 "$Msms$"，另一种不育株基因型为 "$MsMs$" 理论上存在，但实际上难以获得。可育株基因为 "$msms$"。可育株与不育株交配，后代不育株与可育株 1：1 分离，因此，测交筛选也只能获得不育株率50%左右的雄性不育 "两用系"。该核基因雄性不育系称为乙型"两用系"。乙型"两用系"

的繁殖模式如下：

$$Msms \text{（不育株）} \times msms \text{（可育株）} \longrightarrow 1Msms \text{（不育株）} : 1msms \text{（可育株）}$$

理论上讲，利用单基因隐性或单基因显性核不育材料，最多可使育成不育系的不育株率稳定在 50%左右。实际上，20 世纪 80 年代中期以前，国内外众多育种单位攻关研究，未能育成具有 100%不育株率的核基因雄性不育系。

中国农业科学院蔬菜花卉研究所甘蓝育种课题组于 20 世纪 70 年代在甘蓝的自然群体中也发现了显性核基因控制的雄性不育材料 79-399-3，研究发现该不育材料受 1 对显性主效基因控制，在低温诱导下可出现微量花粉的敏感不育株，微量花粉也带有雄性不育基因（方智远等，1997），产生微量花粉的不育植株其自交后代可获得显性纯合的不育株（$MsMs$），利用这一材料，目前育出多个表现优良的甘蓝显性雄性不育系，并且应用于甘蓝育种中，选育出多个甘蓝品种。与萝卜胞质甘蓝雄性不育系相比，该不育系表现为开花初期死花蕾少、花朵大、花色较深、花蜜多，能很好地吸引蜜蜂授粉。杂种一代种子产量高。

（3）核基因互作雄性不育　　1985 年，上海市农业科学院李树林先生在国内外首先报道育成了具有 100%不育株率的甘蓝型油菜核基因雄性不育系。1989 年，沈阳市农业科学院张书芳先生报道在大白菜地方品种万泉青帮中找到了类似的不育材料，育成了具有 100%不育株率的大白菜核基因雄性不育系。1991 年，沈阳农业大学在核基因雄性不育"两用系"轮配试验中，获得了 4 份具有 100%不育株率的大白菜核基因不育材料。上述具有 100%不育株率的核基因雄性不育材料，最初都是在隐性核不育与显性核不育材料相互交配中获得的，用单位点隐性或显性遗传都无法解释其遗传特性。1987 和 1989 年，李树林和张书芳分别提出了甘蓝型油菜和大白菜"显性上位基因互作雄性不育遗传假说"。1996 年，冯辉在大白菜核基因雄性不育遗传分析的基础上，又提出了"复等位基因雄性不育遗传假说"。

核基因互作雄性不育假说认为，不育性由两对核基因控制，显性核不育基因 Ms 对隐性可育基因 ms 为完全显性，显性抑制基因 I 对非抑制基因 i 为完全显性，不育株有 $MsMsii$ 和 $Msmsii$ 两种基因型，可育株有 $MsMsII$、$MsMsIi$、$MsmsII$、$MsmsIi$、$msmsII$、$msmsIi$、$msmsii$ 7 种基因型（张书芳，1990）。具有 100%不育株率的雄性不育系遗传模式如图 8-5 所示。

（4）复等位基因雄性不育假说　　该假说认为，在控制育性的位点上有 Msf、Ms 和 ms 三个复等位基因，Ms 为显性不育基因，Msf 为 Ms 的显性恢复基因，ms 为 Ms 的等位隐性可育基因，三者之间的显隐性关系为 $Msf > Ms > ms$。甲型"两用系"不育株基因型为 $MsMs$，可育株为 $MsfMs$，其不育性通过甲型"两用系"内不育株与可育姊妹交保持（$MsMs \times MsfMs \to$ 1/2$MsMs$、1/2$MsfMs$），群体不育株率 50%左右；"临时保持系"基因型为 $msms$，即用甲型"两用系"不育株（$MsMs$）与"临时保持系"（$msms$）交配，便获得具有 100%不育株率的雄性不育系（$MsMs \times msms \to Msms$）（冯辉等，1995；Feng et al.，1996）。具有 100%不育株率的雄性不育系遗传模式如图 8-6 所示。

1996 年冯辉设计了两个遗传验证试验，证明控制雄蕊育性的位点只有 1 个，属于复等位基因遗传而不是核基因互作，圆满地解释了具有 100%不育株率的核基因雄性不育系的遗传现象，是核不育性遗传、核不育系选育与利用上的历史性突破。

4. 环境敏感型雄性不育　　指不育性表达主要受环境因子（温度、光照）影响的一种不育类型。目前，已在玉米、水稻、谷子、大豆、高粱、小麦、甘蓝型油菜等多种作物上发现了温/光敏不育材料。在园艺植物中，最早发现并利用的环境敏感型雄性不育材料是大白菜

```
     甲型"两用系"              乙型"两用系"                    甲型"两用系"              乙型"两用系"
   不育株  ×  可育株        不育株  ×  可育株              不育株  ×  可育株        不育株  ×  可育株
  (MsMsii)   (MsMsIi)       (Msmsii)   (msmsii)            (MsMs)   (MsfMs)         (Msms)    (msms)
       ↓                         ↓                              ↓                        ↓
 50%可育株 : 50%不育株    50%可育株 : 50%不育株         50%可育株 : 50%不育株    50%可育株 : 50%不育株
 (MsMsIi)   (MsMsii)       (msmsii)   (Msmsii)           (MsfMs)   (MsMs)          (msms)    (Msms)
         └────×────┘              └────×────┘                   └────×────┘              └────×────┘
              ↓                                                      ↓
        100%雄性不育系                                          100%雄性不育系
          (Msmsii)                                                (Msms)
```

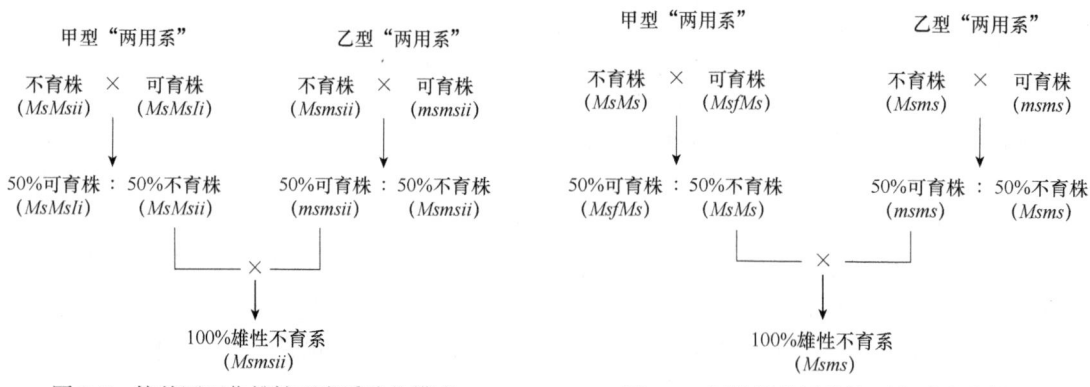

图 8-5 核基因互作雄性不育系遗传模式　　　　　图 8-6 复等位基因雄性不育系遗传模式

温度敏感型雄性不育材料,是辽宁省锦州市城郊乡农业科学试验站的李建刚于 1990 年在一个地方品种中发现的。其主要特点是在较低温度下花粉发育正常,在高温条件下花粉败育。

利用雄性不育性的环境敏感特性,我们可以在不育温区或不同日照区域内种植以用于配制杂交种,在可育温区或日照内种植用于繁殖亲本,一系两用,进行"两系法"制种。可以简化制种程序,降低杂交制种成本,扩大配组范围。因此,是一种理想的雄性不育材料,代表了未来植物杂种优势利用的发展方向。

冯辉等(2001)利用大白菜温度敏感型雄性不育材料,开展了"两系法"杂交白菜的应用基础研究,证明了大白菜温度敏感型不育系属于高温不育型。不育性表达的阈值温度为日均温 24℃,可育的阈值温度为日均温 16℃,日均温 16~24℃为育性转换期,此时的植株多表现嵌合不育。研究表明,该温敏不育性属于核遗传,由隐性主效基因 mst 控制;不育度具有数量性状遗传特征,受微效基因 fdi($i=1,2,3……$)的影响。不育品系基因型为 $mstmstfdi$,可育品系基因型为 $MstMstfdi$。根据温敏不育性的遗传特性,设计了不育系转育方案,开展了温敏不育性品种间和亚种间的转育研究。采用杂交、自交分离选择及回交方法,成功地将发现于直筒型大白菜的温敏雄性不育基因,转入其他生态型大白菜品种及小白菜品种中,育成了新型温敏雄性不育系,用其配成的强优势组合沈农超级白菜和沈农超级 2 号,通过了辽宁省农作物新品种审定,已经在生产上大面积推广。实践证明,环境敏感型雄性不育系是可以用于园艺植物杂交制种的。

三、雄性不育性的分子机制

尽管有关植物雄性不育机制的研究取得了一定进展,但是造成雄性不育的分子机制仍然不清楚。大多数研究者认为,植物细胞质雄性不育(CMS)的产生可能与植物线粒体基因组中的嵌合基因有关,还涉及质核互作、环境因子及线粒体基因表达的调控等多种因素。在许多 CMS 系统中,植物线粒体基因组中存在的嵌合基因是导致 CMS 产生的主要因素。关于线粒体嵌合基因的起源,目前有以下两种看法。

第一种认为嵌合基因是线粒体基因组发生重组形成的。多数研究者认为其原因为线粒体基因组是 1 个裸露的共价闭合环状 DNA 分子,其特点是具有活跃的重复序列,可在分子内与分子间重组,在已知线粒体 DNA 结构中的基因排列均不相同,其复制方式虽与核基因组相似,但时间是在 G_2 期,复制起始点是它随机附着在线粒体内膜上的位置,易因其线状交叉发生重组;且在线粒体环状 DNA 中有一些短的同源序列,这些成分之间进行重组,结果产生一些小的亚基因组环状分子；线粒体基因组与核基因组也有同源 DNA 序列，它们之间可相互转移；此外，线粒体增殖是通过已有的线粒体生长后以间壁分离、缢缩分离和出芽的方式进行，同时它还能彼此融合，在此过程中也极易发生重组。由于线粒体 DNA 发生重组是一种常见现象，因此许多人赞成这种看法。

第二种认为嵌合基因的存在与否是进化的结果。比较雄性不育波里玛胞质不育（Pol-CMS）甘蓝型油菜与其相应的可育系的线粒体基因组，发现紧靠 *atp6* 上游，不育系多了一个 4500bp 片段。该片段含有一个与 *atp6* 共转录的嵌合基因，同时在 *atp6* 上游缺少一个约 1000bp 的片段。在普通油菜（Nap）中也发现有这个 4500bp 片段的存在。不同的是，该片段在 Pol-CMS 型油菜中表达，而在 Nap 型油菜中不表达。研究认为，Nap 型油菜与 Pol-CMS 型油菜的共同祖先也具有该片段。由于 Pol-CMS 型油菜与 cam 型油菜的基因组之间有着更近的亲缘关系，这个 4500bp 的片段在进化过程中从 Nap 传至 Pol，然后在 Pol-cam 分支时丢失了这个 4500bp 片段。

嵌合基因被认为在花药发育的关键时期阻断了线粒体的功能，因而导致 CMS 的产生。在许多 CMS 系统中发现的嵌合基因在结构上有共同点：具有一个开放阅读框（ORF）和一个 ATP 合酶亚基基因，二者紧密相邻，构成共转录。对线粒体基因表达的研究发现，在花粉中，线粒体基因表达活跃，RNA 浓度很高。蛋白质分析结果表明，花中线粒体数目比叶中多，说明在花粉发育过程中需要较多的、活性较高的线粒体。从嵌合基因共同结构看，由于它们都含有 ATP 合酶的某一个亚基基因，因此由它们编码的蛋白质含有与 ATP 合酶某个亚基相类似的结构。在 Pol-CMS 型油菜研究中发现，Pol-CMS 型油菜和 Nap 型油菜线粒体基因的表达在 orf 224/atp6 区域存在差异，而且核恢复因子只对 orf 224/atp6 区域起作用。*atp6* 基因是 CMS 敏感部位，由于许多嵌合基因存在相似的 orf/atp 结构，因此可推测 ATP 合酶亚基基因在 CMS 中有重要意义。

细胞核雄性不育具有败育彻底、不育性稳定、无不良胞质效应等优点，因而在杂种优势利用中有重要的应用价值。据报道，大概有 3500 个基因在拟南芥花药组织中特异表达（Sanders et al., 1998）。由于细胞核雄性不育涉及时空调控表达的复杂性及不育基因的多样性等，因此以前对育性分子机制的研究相对较少。近年来，随着细胞核雄性不育基因克隆数目的增多，细胞核雄性不育基因的研究已逐渐深入。在前期获得白菜隐性单基因突变的雄性不育突变体 bcms（*Brassica campestris* male sterility）的基础上，利用 cDNA-AFLP 技术分析了其花粉发育过程的基因表达变化，检测到 54 个差异表达的基因（Huang et al., 2008；Wang et al., 2005），对其中的 13 个基因进行了功能验证，其中有 9 个基因的反义 RNA 或 RNAi 植株出现不同程度的花粉畸形，可见这些基因参与花粉壁的发育。在这 9 个基因中，有 5 个可能与糖类的代谢相关，它们是 PME 基因 *BcMF3*，PG 基因 *BcMF2*、*BcMF6* 和 *BcMF9* 及阿拉伯半乳糖蛋白质（arabinogalactan protein，AGP）基因 *BcMF8*。*BcMF2* 表达下调导致内壁形成的异常，*BcMF9* 表达下调导致内外壁发育的异常（Huang et al., 2008, 2009 a, 2009 b）。PG 基因 *BcMF2* 的反义 RNA 转基因植株，内壁外层被内壁内层占据，导致内壁结构异常（Huang et al., 2009a）。另外，其花粉管 80%顶端生长呈泡状（Huang et al., 2009a）。与 *BcMF2* 的反义 RNA 转基因植株相似，*BcMF9* 的反义 RNA 转基因植株花粉内壁外层过度生长占据了整个内壁，而且绒毡层过早解体，顶盖和基粒棒降解（Huang et al., 2009b）。*BcMF2* 和 *BcMF9* 的表达受到抑制可能导致果胶代谢的异常进而影响内壁的形成。另外，有研究证实，细胞核雄性不育的发生与细胞程序性死亡有关（方智远，2017）。

四、雄性不育系的选育

（一）原始不育材料的获得

一般获得原始不育材料的途径主要有以下几种。

1. 利用自然变异 雄性不育是生物界的普遍现象，不育株出现的频率因品种不同而异，为万分之几到千分之几。一般来说，经过多年选育成的新品种或品系内的雄性不育株出现频率较低，在老品种内，异花授粉作物雄性不育株系出现频率较高。我国不少地区在番茄、白菜、萝卜、辣椒、甘蓝等自然群体中选出了雄性不育株，已在作进一步鉴定选择或已选育不育系供生产上应用。

2. 人工诱变 用电离辐射和化学诱变剂处理种子、花粉及其他器官，往往出现不育株、不育花序和不育花，但是，这种变异往往不稳定，在后代中往往又表现育性恢复，有时有些植株的自交后代可能会出现能遗传的不育株。例如，陕西省农业科学院用8000R及100 000R[①]的γ射线处理甘蓝种子，获得了不育性变异。另外对白菜、茎瘤芥菜等用射线处理也获得了不育株。

3. 远缘杂交 在远缘杂种内经常出现雄性不育株。在杂交能获得杂种的范围内，亲本的亲缘关系越远杂种一代的雄性不育株率和不育程度越高。但是，亲缘关系越远的杂种不是经常有利的，因为不仅要消除由远缘种类带来的其他不利性状，而且还需要克服同时出现的 F_1 雄性不育或胚败育的障碍。华南农业大学方木壬等（1985）用非洲茄（*Solanum gilo*）作为细胞质供体亲本，茄子作为轮回父本，通过种间杂交及连续3代的置换回交和选择，获得了两个茄子异质雄性不育系。其中9334A为花药瓣化型雄性不育，2518A为花药退化型雄性不育，两者雄性不育性表现稳定，不育率及不育度均达100%，而雌性育性正常。用22个茄子地方品种分别与两个不育系进行测交试验，结果表明其雄性不育性属胞质型遗传。

4. 自交和品种间杂交 由于雄性不育多属于隐性性状，因此在自然群体中出现概率很低。通过自交可使其隐性基因纯合，故可使不育株的出现概率显著提高。在大白菜、小白菜上均有成功报道。

5. 引种和转育 引入外地不育系直接利用，或通过转育育成符合当地需要的不育系。重庆市农业科学院田时炳等（2003）以引进的茄子功能型雄性不育材料UGA1-MS为母本，采用杂交、回交与系谱选择相结合的方法，成功地将不育基因转育到优良地方茄子品种中，获得了不育性稳定的功能型雄性不育系3份，其不育株率均在98%以上，同时筛选出恢复性较强的恢复系，实现了不育系与恢复系的配套。但生产推广还有一些技术问题有待解决。广州市农业科学研究院、广东省农业科学院和华南农业大学等引进萝卜胞质不育源、西蓝薹雄性不育源，成功转育到菜心、芥蓝等作物上，选育出了一批生产上用的不育系。

6. 利用基因工程 利用基因工程技术，把一些雄性不育基因导入园艺作物中，在许多蔬菜作物上已有成功报道。例如，华南农业大学曹必好等（2009）利用Cre/loxp重组定位系统把*Barnase*和*Cre*基因分别导入茄子中，获得雄性不育转基因茄子，同时含有*Cre*基因的转化茄子与转*Barnase*基因不育茄子杂交，能够恢复育性，转基因雄性不育株与未转基因植株杂交，后代可以获得50%不育植株。曹必好等（2012）利用双组分系统技术也获得番茄

---

① 1R=2.58×10^{-4}C/kg

雄性不育植株。华南农业大学徐飞等（2007）把 *DAD1* 导入菜心、花椰菜中，获得了表现高度雄性不育的转基因菜心和花椰菜。基因工程技术为创造植物雄性不育材料提供了新的思路。

原始材料获得后，需临时保存，以供选育不育系及保持系之用。常采取以下方法进行临时保存：一是无性繁殖。二是人工自交（适于雌、雄蕊异常，花药不能自然开裂和部分不育的类型）。三是隔离区内自由授粉，适用于异花授粉植物。四是两亲回交法，适用于远缘杂交获得的原始不育株。

（二）细胞质雄性不育系的选育

选育细胞质雄性不育系的程序如下。首先在获得不育材料的基础上，还需要进行雄性不育植株的保存和雄性不育系及保持系的选育等。核质互作不育存在于部分园艺植物中。不育源可在自然群体中寻找，通过杂交转育，也可以从近缘种引入不育细胞质。例如，甘蓝型油菜的核质互作雄性不育系 Polima 的不育细胞质已被成功地转入菜心中，育成了菜心的核质互作雄性不育系。核质互作雄性系的选育方法主要有两种。

1. 杂交及连续回交筛选保持系 该法为目前选育保持系最常用、最主要的筛选方法，以不育株为母本、选用准备作亲本之一的可育品系作父本杂交，选出 F_1 全为不育株的组合，其母本为不育系，父本为相应的保持系。保持系需要自交，同时作为轮回亲本与不育系回交，直到不育系和保持系性状一致为止（一般需回交 4~5 代）。

测交筛选保持系程序是在获得原始雄性不育株的品种群体或其他品种群体中，选择若干经济性状良好的植株，分别作两种交配。一是测交，即以每一可育株作父本，分别与原始不育株上的一个花序杂交，测定各个父本株对雄性不育性的保持能力。二是各个父本株自交，繁殖后代，并使其控制主要经济性状的基因趋于纯合。如成对杂交所有组合 F_1 不育株率达不到 100%，则应选不育株率最高的组合内的不育株作母本，可育株作父本继续成对杂交，其后每一世代都如此选择回交，直到不育株率达到或接近 100%、其他性状与保持系性状一致为止（饱和回交）（图 8-7）。

$S(msms) \times N(msms)$
$\downarrow$
$S(msms) \times N(msms)$
$\downarrow$
$S(msms) \times N(msms)$
$\downarrow$
$\vdots$
$\downarrow$
$S(msms) \times N(msms)$
$\downarrow$
$S(msms)$
（新不育系）

图 8-7 细胞质雄性不育系转育模式

2. 人工合成保持系 细胞质雄性不育株的基因型为 $S(msms)$，可育株的基因型有 5 种：$S(MsMs)$、$S(Msms)$、$N(MsMs)$、$N(Msms)$ 和 $N(msms)$。用不育株（系）与不同品种、不同单株进行杂交，然后通过测交、自交等一系列环节，人工合成 $N(msms)$ 基因型，即为理想的保持系。当在现有品系中找不到保持系基因型时，可以用人工合成保持系的方法，把不育株 $S(msms)$ 的核基因转移到恢复系中，使其包含不育核基因，然后通过自交、测交等步骤获得保持系，遗传模型如图 8-8 所示。人工合成保持系比较麻烦，只有当其他途径得不到保持系时，才考虑使用。

（三）核基因雄性不育系的选育

核基因雄性不育系多数受控于一对隐性核基因。经选育可获得一个既可作不育系，又可作保持系的稳定遗传系统，即"两用系"。

1. 核基因雄性不育系的选育 两用系的选育就是把同一品种中的不育株（*msms*）和杂合的可育株（*Msms*）筛选出来，再进行多代姊妹交即可。其筛选的方法是在获得的原始不育株的品种群体中选择性状优良的若干植株，与原始不育株上的不同花序配对测交，各测交

```
1. 杂交      S(msms) × N(MsMs)
2. 反回交    N(MsMs) × S(Msms)
3. 自交      N(MsMs) ←————————————→ N(Msms)
              ⊗                          ⊗
           (育性不分离)                (育性分离)
              ↓              ↙  ↓  ↘   ↘
4. 测交    N(MsMs) S(msms)×N(msms) S(msms)×N(Msms) S(msms)×N(Msms)
                              ⊗         ⊗              ⊗
5. 鉴定      ↓        ↓         ↓     ↙ ↓        ↙   ↓
  (获得B系) 淘汰   S(msms)  N(msms) S(msms) S(Msms) S(Msms)
                   不育系(A系) 保持系(B系)
```

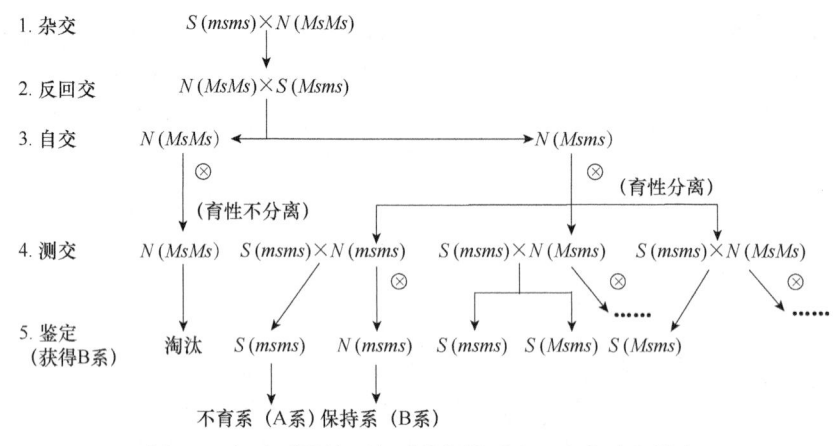

图 8-8 细胞质雄性不育系的保持系人工合成遗传模式

组合分别留种，下一代按组合种植，开花后，仔细鉴别各植株的育性。具体选育方法如下。

（1）选株　依据核不育的特点，应在花期参照花器不育形态（花药黄褐色或灰白色、干瘪、扁平呈披针状）选株。同时将入选株花器进行镜检，选留无花粉或花粉粒变形不育株。

（2）测交　选择几个父本品种测交，以期获得子一代育性分离，比例为可育株：不育株＝1：1。具体做法是用选得的不育株和某些品种测交（最好选用产生不育株原始品种的可育株作父本），同时将测交父本进行自交保存。

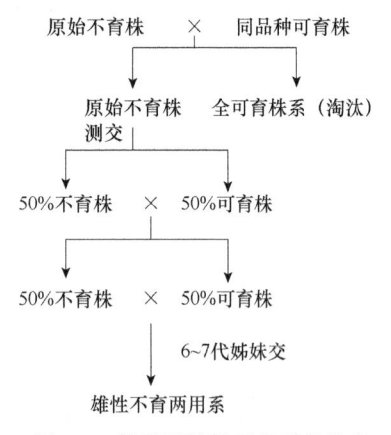

```
原始不育株 × 同品种可育株
        ↓
   原始不育株   全可育株系（淘汰）
      测交
        ↓
  50%不育株 × 50%可育株
        ↓
  50%不育株 × 50%可育株
        ↓
        6~7代姊妹交
        ↓
    雄性不育两用系
```

图 8-9 核基因雄性不育系的选育

（3）当年后代观察　当年将测交种播种，在次年花期进行育性分离时观察，测交一代能育株与不育株分离比例接近1：1组合，应为核不育类型，择优保存。于下一年进一步将不育株和同系姊妹可育株进行第二次测交，如此重复3~5代，若测交子代可育株和不育株分离比例仍近于1：1，则可用同株系内的姊妹株隔离繁殖，在不育株上收得的子代,可育株和不育株分离的比例为1：1的稳定株系。这种不育株身兼两用，一是作保持系，二是作不育系，称为两用系，并按图8-9所示处理。

2. 核基因雄性不育系的转育　若育成的雄性不育两用系配合力不高或经济性状不理想，也可进行不育系转育，方法有回交自交交替法、二次回交一次自交交替法、连续回交再自交法。

（1）回交自交交替法　用现有的A品种两用系的不育株作母本，用综合农艺性状好、配合力强的B品种作父本，进行杂交，后代表现全可育，再进行自交，分离出的不育株与B品种回交，经过4~6代饱和回交，就可获得B品种两用系。

（2）二次回交一次自交交替法　该方法是在回交自交交替法的基础上衍生的方法，可节约一半自交时间。

（3）连续回交再自交法　先用不育株与好的父本杂交，然后与父本连续回交4~6代，再将回交种子自交一代。自交后代育性分离状况分为以下两种。

1) 全可育。其植株基因型为MsMs，这种植株分离不出两用系（msms、Msms），淘汰这种株系。

2）3∶1的育性分离。其植株基因型为 *Msms*。这时，以不育株作母本，可育株作父本进行姊妹交，其后代出现1∶1育性分离株系，该株系就是具有原父本优良性状的新的两用系。

选育优良的两用系作母本配制杂种一代，是利用核基因雄性不育系的唯一有效方法。两用系中一半是可育株，在授粉前必须拔除。若拔除不干净，会造成假杂种。最好利用苗期标记性状除去可育株。对于还没有育成切实可用的 CMS 系的作物种类，核基因雄性不育系无疑具有重要的利用价值。核基因雄性不育系已在白菜、番茄、辣（甜）椒等作物杂种优势育种中得到了广泛应用。

3. 新型核复基因雄性不育系选育　　以大白菜核不育复等位基因型雄性不育系为例，介绍核不育系选育方法。大白菜细胞核复等位基因雄性不育涉及同一位点的三个复等位基因（*Msf*、*Ms*、*ms*），临时保持系只能使原来不育株的不育性保持一代，因此，核不育系不育性的保持不能采用测交筛选和回交保持法，必须根据核不育系的遗传特点，采用特殊的方法进行选育和转育。

（1）核不育复等位基因的来源　　核不育复等位基因中的显性恢复基因"*Msf*"和隐性可育基因"*ms*"广泛存在于大白菜可育品系中，显性不育基因"*Ms*"如果可以找到，就可以参照其遗传模式，筛选甲型"两用系"及临时保持系，选育雄性不育系。

如果现有已知基因型的核不育复等位基因雄性不育材料（如甲型"两用系"、临时保持系和核不育系等），可以转育新的雄性不育系。大白菜为二倍体生物，不管哪种不育源，最多只含有三个复等位基因中的两个。因此，在不育系转育过程中，应首先了解待转育品系在核不育复等位基因位点上的基因型，所用不育源的基因应与待转育材料的基因互补，凑齐所有三个基因。

（2）核不育复等位基因的转育

1）利用等位点的甲型"两用系"和乙型"两用系"可以合成新的不育系。如果已知基因型的甲、乙型"两用系"间经济性状差异较大，用它们配成的核不育系本身即是一代杂种，再与父本配组后，获得的是三系杂交种。为了使不育系的经济性状稳定遗传，最好先使甲、乙型"两用系"相互杂交，实现两者基因交流。然后，在它们的后代中筛选新的甲型"两用系"和临时保持系。利用遗传基础相似的甲型"两用系"和临时保持系配成的不育系，经济性状才能稳定。

甲型"两用系"和乙型"两用系"的基因型如表 8-8 所示。

表 8-8　大白菜甲、乙型"两用系"基因型

"两用系"类型	不育株基因型	可育株基因型
甲型"两用系"	*MsMs*	*MsfMs*
乙型"两用系"	*Msms*	*msms*

由表 8-8 可知，要使甲、乙型"两用系"间既实现基因交流，又能在杂交后代群体中出现 *Msf*、*Ms* 和 *ms* 三个复等位基因，必须选用乙型"两用系"不育株（*Msms*）与甲型"两用系"可育株（*MsfMs*）杂交，在它们的杂交后代中筛选甲型"两用系"和临时保持系。遗传模式如图 8-10 所示。

根据图 8-10 模式，在乙型"两用系"不育株与甲型"两用系"可育株的杂交 F_1 中，选 7 株不育株（1/2*MsMs*、1/2*Msms*）与 7 株可育株（1/2*Msfms*、1/2*MsfMs*）轮配，选育新甲型"两

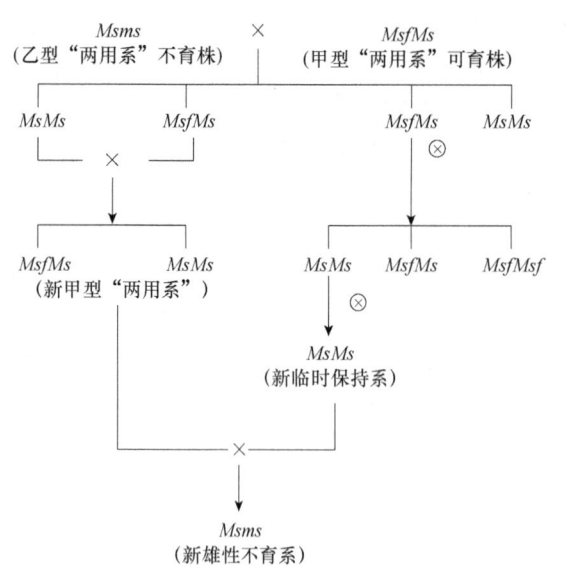

图 8-10 利用大白菜甲、乙型"两用系"合成新不育系遗传模式

用系"的细胞质。

2）一般可育品系的合成转育。向未知基因型的可育品系中转育核不育复等位基因，应首先利用已知基因型材料（甲型"两用系"、乙型"两用系"或核不育系）测验该可育品系的基因型，按照基因互补的原则选用不育源，并按图 8-11 的遗传模式进行转育。

一般可育品系在核不育复等位基因位点上的基因型为 *MsfMsf*、*Msfms*、*msms* 三者之一。这三种基因型可育品系与已知基因型的不育材料杂交，其后代基因型如表 8-9 所示。

用系"。同时，这些不育株与乙型"两用系"可育株（*msms*）测交，测验基因型。如果某不育株测交后代全为不育株，某可育株自交后代有育性分离（可育株：不育株＝3：1），则该不育株与可育株杂交后代即为新甲型"两用系"。在 F_1 可育株自交后代全为可育株的株系内选 16 株与新甲型"两用系"不育株杂交，同时自交，如果杂交后代全为不育株（新不育系），该可育株自交后代即为临时保持系。这样育成的新不育系综合了甲、乙型"两用系"的性状。由于新甲型"两用系"的细胞质是原来乙型"两用系"的细胞质，由其配成的新不育系也就更换了原来甲型"两

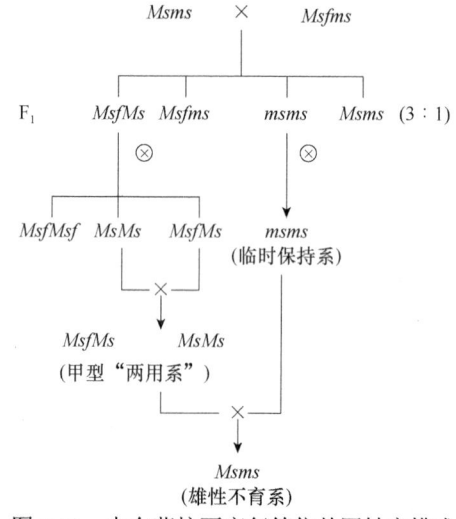

图 8-11 大白菜核不育复等位基因转育模式

表 8-9　大白菜核不育材料与可育品系杂交后代基因型

不育材料基因型	可育品系基因型		
	MsfMsf	*Msfms*	*msms*
甲型"两用系"不育株 *MsMs*	*MsfMs*（全可育）	*MsfMs*、*MsMs*（可育：不育＝1：1）	*MsMs*（全不育）
甲型"两用系"可育株 *MsfMs*	*MsfMsf*、*MsfMs*（全可育）	*MsfMsf*、*Msfms*、*MsfMs*、*MsMs*（可育：不育＝3：1）	*Msfms*、*MsMs*（可育：不育＝1：1）
乙型"两用系"不育株或核不育系 *Msms*	*MsfMs*、*Msfms*（全可育）	*MsfMs*、*Msfms*、*Msms*、*msms*（可育：不育＝3：1）	*Msms*、*msms*（可育：不育＝1：1）
乙型"两用系"可育株或临时保持系 *msms*	*Msfms*（全可育）	*Msfms*、*msms*（全可育）	*msms*（全可育）

由表 8-9 可知，用甲型"两用系"不育株或可育株，乙型"两用系"不育株或核不育系为测交亲本，均可测验出一般可育品系的基因型。

下面以基因型 $MsfMsf$ 的可育品系为例，介绍核基因雄性不育系转育方法。

如果待转育品系与已知基因型甲型"两用系"可育株、乙型"两用系"不育株，或核不育系杂交后代全为可育株，则可以断定该可育品系基因型为 $MsfMsf$（表 8-9）。为了使转育成的新甲型"两用系"和临时保持系出自一个杂交组合后代，应选核不育系（$Msms$）为不育源。转育模式如图 8-11 所示。

按图 8-11 模式，在 F_1 中选 7 株自交。在 F_1 自交后代可育株与不育株 3∶1 分离的株系内，选 5 株可育株与不育株杂交。如果杂交后代 1∶1 分离，即为新甲型"两用系"。在 F_1 自交后代全可育的株系内选 16 株与 F_1 自交 3∶1 分离株系内的不育株杂交，如果后代全为不育株，该可育株自交后代即为临时保持系。

五、雄性不育系的利用

（一）利用核质互作雄性不育系生产一代杂交种

以果实或种子为产品的植物，必须三系配套。F_1 的父本必须是恢复系。营养器官产品的园艺植物的 F_1 父本不必是恢复系。利用雄性不育系配制一代杂种种子，每年需要有两个隔离区，即一个不育系繁殖区和一个制种区。

1. 不育系和保持系繁殖区 在不育系繁殖区内栽植不育系和保持系，目的是扩大繁殖不育系种子，为制种区提供制种的母本。不育系繁殖区同时也是保持系的保存繁殖区，即从不育系上收获的种子除大量供播种下一年制种区用种之外，少量供播种下一年不育系繁殖区之用，而从保持系上收获的种子仍为保持系，可供播种下一年不育系繁殖区内保持系之用。方法为：在这个区内按 1∶（3~4）的行比种植保持系和不育系，隔离区内任其自由授粉或人工辅助授粉（自花授粉植物宜采取人工措施）。在不育系上收的种子大部分用作下一年一代杂种种子的生产，少部分用作不育系的繁殖，在保持系上收的种子仍作保持系用。

2. 杂种一代制种区 另一个隔离区为 F_1 制种区。在这个区内，仍按 1∶（3~4）的行比栽植父本和雄性不育系。隔离区内任其自由授粉或人工辅助授粉（自花授粉植物）。在不育系上收获的种子即为 F_1 种子，下一年用于生产。在父本行或恢复系上收获的种子，下一年继续作父本用于 F_1 制种。实际情况是这类不育系的不育株率很难达到 100%，故父本系和保持系的繁殖须另设隔离区。

利用核质互作雄性不育系生产一代杂种，其优点是杂种率高。对于自花授粉作物也是适用的，至少可省掉去雄时间，减少用工、降低生产成本，田间制种也比较简单，易于推广。其缺点是选育雄性不育系比较麻烦，要求技术和设备条件均较高，且理想的核质互作雄性不育系不易育成。此外，制种时只能从不育系上采种，因此种子产量相对较低，通常仅为自交不亲和系制种且正反交无差异的杂种种子产量的 3/4 左右。

（二）利用显性核复等位基因雄性不育系生产杂种一代种子

目前只有白菜中有这种类型雄性不育系适用于杂种种子生产。利用这种类型雄性不育系制种，每年需设 4 个隔离区：即杂种一代制种区、两用系繁殖区、雄性不育系繁殖区和父本系繁殖区。

1. 杂种一代制种区 　　两用系与父本按（4～5）：1 行比种植。两用系栽植密度应大一倍，因两用系中要拔除 50% 的可育株。任其自由授粉，从不育株上收获杂种一代种子，在父本植株上收获的种子，下一年继续作为父本种子用于生产杂种一代种子，注意父本盛花后要拔除，以防种子机械混杂。为了避免机械混杂，也可以专设一个父本繁殖区。

2. 两用系繁殖区 　　在这个区内只种植甲型"两用系"。开花时，标记好不育株和可育株，只从不育株上收种子，可育株在花谢后便可拔掉。从不育株上收获的种子一部分下一年继续繁殖甲型"两用系"，一部分下一年用于生产雄性不育系。

3. 雄性不育系繁殖区 　　在区内按 1：(4～5) 的行比种植乙型"两用系"中的可育株和甲型"两用系"，而且甲型"两用系"的株距比正常栽培小一半。快开花时，根据其花蕾特征，去掉甲型"两用系"中的可育株，然后任其授粉。在甲型"两用系"的不育株上收获的种子为雄性不育系种子，下一年用于杂种一代种子生产。在乙型"两用系"的可育株上收获的种子，下一年继续用于生产雄性不育系种子。

"两用系"制种法虽然增加了拔除可育株这项工序，但对于在初花期极易区别可育株和不育株，而且花期长、花数多的园艺作物来讲增加种子生产的成本是有限的，对于那些还没有育成切实可用的细胞质不育系的种类，是一种值得推广的方法。因为育成"两用系"比育成不育系和保持系简易得多。现在已经有大白菜、小白菜、油菜、辣椒等园艺作物的"两用系"一代杂种用于生产。如果有与雄性不育基因紧密连锁的或一因多效的苗期标记性状可利用，则在苗期就可淘汰可育株，这样的"两用系"就更便于利用。

（三）利用雄性不育制种的优缺点分析

其优点是杂种率高，隔离条件好，去除可育株彻底，杂种率达到 100%；对于异花授粉作物中花器小、每果结子少的植物也是适用的；至少可省掉去雄时间，减少用工、降低生产成本；田间制种也比较简单，易于推广。

其缺点是选育雄性不育系所花时间比较长，且理想的核质互作雄性不育难以育成，要求一定的技术和设备条件，因此种子产量相对较低，通常产量比正反交无差异的自交不亲和系生产的杂种种子低 1/4。

思考题

1. 什么叫作杂种优势？怎样度量杂种优势？在什么情况下会产生负向杂种优势？
2. 比较常规杂交育种和杂种优势育种的异同点。什么情况下采用杂种优势育种能获得较大的效益？
3. 杂种优势育种中为什么要选育自交系？怎样选育理想的自交系？
4. 一般配合力和特殊配合力两者是什么关系？怎样测定若干亲本的一般配合力和特殊配合力？
5. 与常规杂交育种比较，杂种优势育种在亲本选择选配上有什么不同特点？
6. 选育自交系和选育自交不亲和系有什么异同？
7. 杂交优势是一个复杂的遗传现象，国内外学者曾提出哪些不同学说，试加以评述。
8. 杂交一代种子生产的方法主要有哪些？
9. 园艺植物雄性不育的表现类型、遗传类型有哪些？如何实现雄性不育三系配套？
10. 如何利用自交系选育出杂种一代品种？

第九章　园艺植物诱变育种

诱变育种是指人为利用物理因素或化学因素，诱发植物产生遗传变异（包括基因突变和染色体畸变两个方面），通过对突变体的鉴定和选择，直接或间接培育生产上有利用价值的新品种。虽然以秋水仙素诱导染色体加倍的倍性育种在本质上也属于化学诱变，但其与本章所述的化学诱变在诱变机制上存在明显的不同。因此，本章的化学诱变不涉及染色体倍性的诱变。换言之，本章的诱变育种是指以电离辐射和化学诱变为主要手段，以基因突变或染色体结构变异为主要目的，用以培育目标新品种的育种途径。

就诱变育种的历史与成就来看，虽然该途径可以解决一些独特的育种问题，具有一定的应用潜力，但其遗传机制尚未研究清楚，变异的方向还难以有效控制，有利突变的发生频率还普遍偏低，变异的随机性还比较强。因此，就现阶段而言，诱变育种只作为一种有效的育种辅助手段而被应用。

第一节　诱变育种概述

一、诱变育种的概念与意义

诱变育种（mutation breeding），又叫引变育种或突变育种，是指人为采用物理因素或化学因素，诱发植物体产生遗传物质的变异，经过人工选择与鉴定，培育和创造新品种的育种途径。

通常，诱变育种的目标是改善现有优良品种的个别缺点（性状），而其他性状则保持不变。例如，通过辐射诱变，可以从多籽的柑橘品种上诱变产生少籽或无籽的突变体，再经过一定的育种程序之后，就可以育成少籽或无籽的新品种。新品种只在种子数量上与原品种不同，其他性状则均与原品种相同。所以，诱变育种非常适合对现有优良品种进行有针对性"修缮"，通过对现有品种最重要缺点的改良，实现更为优异的育种目标。

虽然在芽变选种的内容中，我们已经熟悉了"早中选早""晚中选晚"及"优中选优"等选种目标，但二者的不同之处在于，芽变选种是完全依赖自然变异的育种途径，是一种"靠天吃饭"的育种方法，而诱变育种则是人类主动创造变异的育种技术，其育种效率远高于芽变选种，并有可能实现芽变选种无法达成的育种目标。近年来成果丰硕的太空育种，就是诱变育种的成功案例。

因此，诱变在园艺育种方面也有较大的应用潜力，究其原因，主要是两个方面：其一，诱变能够大幅度提高基因突变的频率，将变异率提高百倍以上甚至千倍以上；其二，诱变能够有效突破原有基因库的限制，诱变出自然界原先并不存在的新基因和新性状。

诱变育种最大的意义是可以通过人为操作，显著提高遗传变异的频率和幅度，并有可能创造出自然界中很少发生甚至从不发生但又符合人类需要的变异类型，进而从中选择和培育出更加优异的生物新品种。从某种意义上说，人工诱变也是物种进化不可或缺的重要驱动力。

景士西（2007）详细总结了诱变育种的意义有以下几点。

（1）可以改良单基因控制的性状　　现有优良品种往往还存在个别不良性状，亲本和剂量选择正确的诱变处理，产生的某种"点突变"，常可以只改变个别基因的表型效应，而保持原品种的总体优良性状，即所谓的品种"修缮"。它可以避免杂交育种中基因重组造成的总体优良性状组合解体或基因连锁带来的不良性状。例如，苹果品种McIntosh经γ射线诱变育成的McIntosh Wijcik和McIntosh Bendi两个突变品种，除短枝型与McIntosh明显不同外，都保持了原品种的总体优良性状。

单基因性状的修缮效果，常因基因型间的遗传可塑性及其对诱变因素的敏感性而差异很大，故而对诱变材料的选择有一定的局限性。应该严格精选只有个别性状需要改进、综合性状优良的基因型作为诱变育种的材料，通常选择若干个当地生产上推广的良种或育种中高世代的优良品系。

（2）能够大幅度提高突变频率　　人工诱变可大幅度提高突变频率。据研究，利用各种射线处理果树，突变频率比自然突变率高几百倍甚至上千倍。有关资料表明，苹果用中子照射，果实红色突变频率高达7.0%～11.8%；用γ射线照射，矮化突变频率高达5.2%。

虽然人工诱变能大幅度提高突变频率，但有利突变的频率较低，故必须使诱变处理的后代保持相当大的群体，这就需要较大的实验场地和人力、物力。

（3）能够丰富原有的基因库　　人工诱发的突变多数是自然界中已经存在的，有些是罕见的，个别是不存在的全新变异。从而可以产生自发突变或应用有性杂交等途径不易获得的稀有变异类型，使人们可以不完全依赖原有的基因库，如γ射线诱变大豆获得了一种改变酶系统的非光呼吸的新类型。诱变育种可诱发性状出现某些新奇的变异，这对观赏植物具有特殊的价值。

（4）能够改变植物的育性　　育性是一个比较容易改变的性状，特别是从可育到不育的诱变。例如，百合（特别是东方百合）的花粉量大，容易沾染衣物和污染环境，甚至引发人体的过敏反应，北京农学院通过辐射诱变育成了雄性不育的百合新品种白天使，解决了切花百合的花粉污染问题。另外，我国各地广泛用作行道树的悬铃木果实成熟后种毛极多，造成了严重的大气污染。中国科学技术大学和合肥市园林科学研究所通过辐射诱变，育成了不能正常开花结果的不育系，有助于解决这一问题。

（5）可以改善植物有性交配的亲和性　　一方面，有些种类的植物表现为严格的自交或近交不亲和，如甜樱桃、梨、苹果等通过诱变可以成为自交亲和类型，Lewis等（1954）通过辐射诱变获得欧洲甜樱桃自交可孕的突变体，解决了甜樱桃栽培必须配制授粉树及因花期气候不正常难以丰产、稳产的问题。另一方面，通过对花器或花粉的辐射处理，可以克服某些远缘杂交的不亲和性，如Reusch（1960）在黑麦草和羊茅的属间杂交、Davies等（1960）在甘蓝和幽芥的远缘杂交中用经辐照的花粉授粉，结实率得到显著提高。

（6）能够缩短营养系品种的育种年限　　园艺植物中的果树和观赏树木等多年生营养系品种，经诱变处理营养器官，获得的优良突变体经分离、繁殖，可较快地将优良性状固定下来成为新品种，从而大大缩短了育种年限。例如，法国Decourtye（1970）用辐射诱变育成的苹果品种Lysgolden，从处理树苗到定为商品品种仅8年，而用杂交育种育成一个苹果品种一般需15～20年。中国农业科学院蔬菜花卉研究所辐射选育月季品种仅需3年，比杂交育种缩短近一半的时间。

二、诱变育种的历史与成就

国外的诱变育种工作起始于 20 世纪 20 年代末，起因是在 20 年代末和 40 年代初，先后发现 X 射线和化学药剂能够提高基因突变的频率。物理诱变方面，1927 年，Muller 在第三次国际遗传学大会上，论述了 X 射线诱发果蝇可以产生大量变异，进而提出诱发突变改良植物的设想；随后，Stadler（1928）首次证明 X 射线可以诱发玉米和大麦突变；再后，Nilsson-Ehle 和 Gustafsson（1930）利用 X 射线辐照获得了茎秆坚硬、穗型紧密、直立型的大麦突变体；1934 年，Tollenear 利用 X 射线育成了第一个烟草突变品种 Chlorina，并在生产上得到了推广；1948 年，印度也利用 X 射线诱变育成抗旱的棉花品种。化学诱变方面，1941 年，Auerbach 和 Robson 第一次发现芥子气可以诱发基因突变，揭开了化学诱变育种的序幕；1943 年，Ochlkers 用脲（氨基甲酸乙酯，$NH_2COOC_2H_5$）处理月见草等植物，能够诱发染色体结构变异，使化学诱变的作用得到了肯定。尔后，进一步的发现证明，不同于电离辐射的诱变作用，某些化学药物的诱变作用具有一定的特异性，即某一性质的药物可以诱发某种特定的变异类型，意味着利用化学药物可以进行相对定向的诱变育种。

进入 20 世纪 50 年代后，诱变育种技术在园艺植物育种方面得到了迅速的发展和应用，而且诱变育种源也不断得以丰富起来，从早期的紫外线、X 射线到后期的 γ 射线、β 射线、中子和激光辐射等，诱变育种的成效也越来越显著。

我国的诱变育种工作起步于 20 世纪 50 年代后半期，70 多年来也取得了很大的成就，据 1995 年不完全统计（表 9-1）（景士西，2007），我国通过诱变育成的作物品种总数为 459 个，其中园艺植物品种数为 89 个，占 19.4%。花卉 66 个，占园艺植物的 74.2%；果树 13 个，占 14.6%；蔬菜 10 个，占 11.2%。同期国外通过诱变育成园艺植物品种 467 个，其中花卉品种 400 个，占 85.7%。由此可见，不论国外还是国内，花卉诱变育种都是最成功的，在月季、菊花、叶子花、荷花、大丽花、美人蕉等物种上都育成了许多商业化品种。

表 9-1　诱变育成的园艺植物品种数（1966~1995 年）

作物类别	品种名	学名	中国诱变品种	世界诱变品种
果树	柑橘	*Citrus*	4	—
	苹果	*Malus pumila*	1	8
	桑	*Morus alba*	3	—
	甜樱桃	*Prunus avium*	—	8
	梨	*Pyrus*	5	5
	小计		13	21
蔬菜	豌豆	*Pisum*	1	30
	大蒜	*Allium sativum*	1	—
	大白菜	*Brassica pekinensis*	4	—
	辣椒	*Capsicum annuum*	—	5
	西瓜	*Citrullus lanatus*	1	—
	芋头	*Colocasia esculenta*	1	—
	黄瓜	*Cucumis sativus*	1	—
	番茄	*Lycopersicon esculentum*	—	11
	萝卜	*Raphanus sativus*	1	—
	小计		10	46

续表

作物类别	品种名	学名	中国诱变品种	世界诱变品种
花卉	六出花	*Alstroemeria*	—	35
	秋海棠	*Begonia*	—	25
	叶子花	*Bougainvillea spectabilis*	2	11
	美人蕉	*Canna generalis*	4	—
	大丽花	*Dahlia pinnata*	2	36
	菊花	*Dendranthema morifolium*	22	191
	香石竹	*Dianthus caryophyllus*	—	18
	荷花	*Nelumbo nucifera*	1	—
	杜鹃花	*Rhododendron*	—	15
	月季	*Rosa*	35	30
	扭果花	*Streptocarpus*	—	30
	郁金香	*Tulipa gesneriana*	—	9
	小计		66	400
	合计		89	467

注："—"指目前未查到相关资料

果树方面，据FAO//IAEA官方网站数据显示，截至2021年7月，各国通过诱变技术培育果树新品种66个，其中柑橘15个、苹果13个、桃6个、梨8个、枇杷1个、葡萄1个、樱桃21个、李1个；在育成品种较多的柑橘中，用^{60}Co-γ射线育成的品种占53.3%，苹果占76.9%，桃占66.7%，梨占100%，樱桃占38.1%，由此可见，^{60}Co-γ射线诱变在果树育种中具有重要地位。

上述育成品种中，有两个比较典型的例子，一是葡萄柚品种星路比（Star Ruby），是1959年由美国的Hensz博士用热中子处理哈德森葡萄柚（Hudson grapefruit）育成并于1970年获得专利。该品种外形美观，果肉粉红色，无核，果实切片后能保持完整不变形，品质上等，丰产性强，是最好的葡萄柚品种之一（图9-1）。另一个著名品种红玉（Ruby Red）葡萄柚，又称红马叙（Red Marsh）或路比，则是从汤普森葡萄柚芽变而来。其果实也无核，果肉深红色，果皮、果肉都很美观，也是美国的主栽品种。二是白肉型枇杷品种白茂木，是由长崎县果树试验场和农林水产省农业生物资源研究所合作，于20世纪60年代用日本第一号红肉型当家品种茂木自然授粉的种子，经α射线诱变而育成的，该品种果肉突变为白色，但保持了茂木的大多数优点，包括耐贮运的优点，解决了日本长期缺乏白肉型枇杷品种的问题，被誉为日本枇杷的"国宝"（图9-2）。

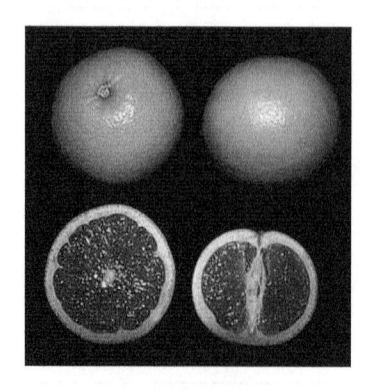

图9-1　星路比葡萄柚（Star Ruby）　　图9-2　白肉型枇杷品种白茂木（林顺权教授提供）

我国自 20 世纪 50 年代开展诱变育种以来，几十年间共育成了 10 多个品种，其中有中国农业科学院柑橘研究所育成的产量高、品质好、种子少的 418 红橘、中育 7 号、中育 8 号；广西新广农场育成的丰产、无核的新光雪橙；华南农业大学园艺学院培育的无籽暗柳橙和无籽红江橙（图 9-3）；华南农业大学林学与风景园林学院培育的农大 1 号板栗（图 9-4）；青海省农林科学院园艺研究所育成的东垣红苹果和内蒙古自治区园艺研究所育成的品质好的梨新品种朝辐 1 号、朝辐 2 号、朝辐 10 号、朝辐 11 号、辐向阳红梨等（表 9-2）（李准等，2022）。

图 9-3　无籽暗柳橙（A）和无籽红江橙（B）（叶自行研究员提供）
V₃ 表示无性繁殖 3 代

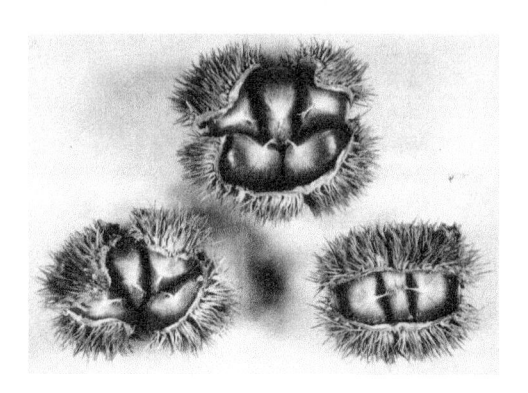

图 9-4　农大 1 号板栗（谢治芳教授提供）

表 9-2　我国果树运用 ⁶⁰Co-γ 辐射诱变育种选育的品种（系）

树种	品种	材料	照射	突变性状	新品种（系）
柑橘	红江橙	枝条	2.32C/kg	大果，无核，丰产	花都无核红江橙
	红江橙	枝条	2.06C/kg	无核，少核	无核少核突变体

续表

树种	品种	材料	照射	突变性状	新品种（系）
柑橘	锦橙	枝条	0.77~1.29C/kg	早熟，无核，少核，味甜	少核无核突变体
	大红袍红橘	种子	2.58C/kg	少核，丰产	418号
	红毛橙	枝条	1.29C/kg	极少核	少核突变体
	雪柑	枝条	2.58C/kg	极少核	9-12-1、9-12-4少核突变体
	锦橙	种子	2.58C/kg	无核，丰产	中育7号、中育8号无核优质甜橙
	红江橙	枝条	2.038C/kg	少核，多汁，味甜	少核红橙
	沙田柚	枝条	40.5~72.2Gy	少核，丰产，内膛结果	少核突变枝系
	沙田柚	枝条	43.29~72.15Gy	少核，大果，甜	少核优系枝12-2-1
	年橘	枝条	1.55C/kg	少核，性状优良	少核突变体4-10
	暗柳橙	枝条	78.21Gy	无核，大果，化渣，丰产	无核突变系9-4-204
	椪柑	枝条	1.03~2.58C/kg	少核，大果	少核大果突变体DPS-1
苹果	金冠	自然杂交种子	2.58C/kg	果面光洁，不皱皮	金冠10-13-1
	金矮生	休眠枝	0.90C/kg	不生锈斑	无锈突变枝系4-10-1、4-6-3
	金冠	自然杂交种子	6.45C/kg	不生锈斑，不皱皮，大果，耐贮	东垣红苹果
	北光	休眠枝	0.77~1.46C/kg	短枝	3个短枝型突变体
	向阳红	枝条	1.03C/kg	短枝，丰产	短枝向阳红
	国光	自然杂交种子	1.81C/kg	抗旱，抗寒，早熟，丰产，耐贮	宁富
	国光	自然杂交种子	0.39C/kg	抗寒，品质好	宁光
桃	燕黄、罐5	萌动芽	13.95Gy、23.25Gy、4.65Gy	早熟，丰产	优变系10-226、42-41、47-50
梨	朝鲜洋梨	枝条	0.65C/kg	枝短，矮壮	朝辐1号、朝辐2号、朝辐10号、朝辐11号
	清香	休眠枝	1.03C/kg	大果，甜	优系突变枝
	巴梨	发芽种子		大果，甜，香味浓	晋巴梨
	向阳红	休眠枝	0.77~1.03C/kg	抗寒	辐向阳红梨
猕猴桃	和平红阳、和平一号	枝条	25Gy	丰产，总糖和维生素C含量显著增加	和平辐照一号，红阳大果
山楂	大金星	枝条	24.5Gy、33.95Gy、18.53Gy	丰产，短枝	丰产突变枝系4-12、5-4、7-5-（1）
	白囊棉球	枝条	24.50Gy、18.53Gy	短果柄	短果柄突变枝系7-5-（2）
	青州敞口	休眠枝	38.80Gy、58.20Gy	早熟，多枝，大果，鲜红	早熟，晚熟扁果突变系
	秤红星	休眠枝	51.60Gy	大果，果肉紫红色	辐泉红
	毛红子	休眠枝	38.70~58.05Gy	大果，维生素C和总糖含量、糖酸比增加	辐毛红
	大金星	休眠枝	0.77~1.03C/kg	早熟，短枝	早熟，矮化突变体

李准等（2022）对国内近60年果树^{60}Co-γ射线诱变育种及其他诱变育种研究情况进行了统计汇总（图9-5），由图可见，国内辐射诱变育种研究开始于20世纪60年代，但成功培育出新品种的时间则是在20世纪70年代，并于20世纪80~90年代到达顶峰，这期间培育

出的新品种占 65.7%，其中通过 ^{60}Co-γ 射线培育出的新品种占 81.8%，苹果、柑橘、梨占主要部分，在这之后的果树新品种数量显著减少，但通过 ^{60}Co-γ 射线诱变获得的新品种依旧占很大一部分。由此可见，^{60}Co-γ 射线在国内果树诱变育种这一领域占据着十分重要的地位。

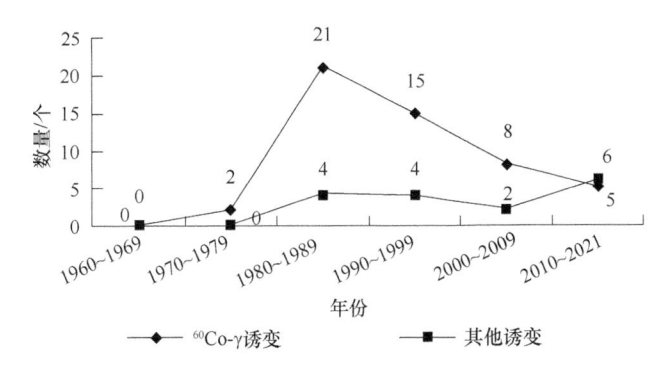

图 9-5　我国使用 ^{60}Co-γ 辐射及其他诱变方法在果树中获得的品种（系）数量

第二节　诱变育种的特点及用途

一、诱变育种的特点

诱变育种具有 5 个特点，其中有些是优点，有些是缺点。

1. 能够提高变异率、扩大变异谱、创造新种质（优点）　　这个特点，主要归功于人工创造变异的主观能动性。

2. 具有点突变（point mutation）性质（优点）　　这一特点特别适用于对优良品种个别重要缺点的改良或修缮，对园艺植物而言意义尤为明显，因为大多数园艺植物的基因型高度杂合，通常不宜采用有性繁殖的育种途径，否则会导致优良经济性状的解体。另外，有些园艺植物种类并不采用种子繁殖（如香蕉、马铃薯），因而也必须倚重无性繁殖的育种途径。

实践证明，诱变育种在改变育性（如种子数）、花色、株型或枝型（如矮化板栗、"短枝型"苹果）及抗逆性等方面较易获得成功。

3. 相对于有性杂交而言，诱变育种的育种程序比较简单（优点）　　在采用成年态材料的前提下，培育新品种所需的时间年限较短。

4. 若与以下其他育种方法结合，可望更好地提高育种的成效（优点）

1）与杂交育种结合：可以打破基因间的连锁关系，有利于优良目标基因的重组；可改善自交或远缘杂交的交配亲和性，有利于实现自交纯合化育种或远缘杂交育种。

2）与离体培养结合：可以开展细胞工程育种，将大田中植株水平上的操作转变为试管内细胞水平上的操作，有利于实现更大规模的诱变，以及更快速的分离提纯。

3）与染色体工程结合：可以创造染色体数目或结构变异的材料，为育种理论研究服务。

5. 诱变育种的局限性（缺点）　　诱变育种的局限性也是很明显的，表现为以下几方面。

1）劣变多、优变少：变坏很容易，变好很不易。

2）极易形成嵌合体：与芽变的嵌合性原理相同，只是变异的来源不同。

3）变异的方向和性质难以预测和控制：变异的随机性大，变异的方向不确定。

4）可能会发生逆突变。

所以，诱变育种也非万能，既有其优点也有其缺点，必须根据育种目标及育种材料的具体情况，扬长避短地进行合理运用。

二、诱变育种的用途

根据诱变育种的特点，其最主要的用途分为两方面，一是直接改良优良品种所存在的个别的重要缺点（如将优良多籽的柑橘品种诱变成为无籽品种）；二是诱导产生自然界原本不存在的新基因和新性状，为育种工作提供具有创新性的基因资源（如从不抗寒的菠萝资源中诱变产生抗寒突变体，进而培育抗寒品种）。

三、辐射诱变与化学诱变的比较

辐射诱变是最经典的物理诱变方法，其与化学诱变存在明显的不同，可分为以下几点。

1）化学诱变所用试剂（化学诱变剂）通常价格低廉、操作简便，而且具有一定的专一性（相当于某种化学反应），但辐射诱变则完全不然，通常需要昂贵的专用设备，操作比较危险，诱变缺乏专一性。

2）化学诱变产生的突变谱较宽，形成的有利突变较多，辐射诱变则相反。

3）化学诱变的潜伏期长，诱变效应的表现比辐射诱变迟缓。

4）化学诱变剂直接作用于 DNA 大分子，因而具有一定的选择性，对细胞的生理损伤较辐射诱变小。

5）多数化学诱变剂的毒性较大，使用时应注意安全（但也有安全性高的化学诱变剂，如叠氮化钠）。

第三节　诱变育种的途径

一、物理诱变

物理诱变包括辐射诱变、激光诱变、紫外线诱变、离子束诱变和空间诱变。辐射诱变是利用电离辐射诱发遗传物质发生畸变和突变，从中选择突变体用于培育新品种的方法。电离辐射是穿透力很强的高能辐射，常用的有 X 射线、β 射线、γ 射线和中子等。激光是 20 世纪 60 年代开始应用的一种新型诱变源。离子注入是 20 世纪 80 年代由中国科学院等离子体物理研究所余增亮发明的作物诱变育种新技术，离子束作用于植物后，表现出的生理损伤比较小，存活率比较高，因而易于获得更多突变体。

随着空间技术的发展，空间诱变已经成为诱变育种中的新型常用手段，且取得了很多育种成果。空间诱变是利用返回式近地卫星（过去也使用高空气球）搭载生物体材料，在太空环境的高真空、微重力、地球磁场和高能带电离子辐射等因素影响下，使生物体遗传物质发生改变，经过选择培育新品种的方法。

物理诱变之中，辐射诱变是最为常用的诱变方式。辐射是指能量在空间传递的物理现象，根据辐射能量的大小，可将其分为以下两大类。一类是量子能量高于 10 000eV 的辐射，为高能辐射，一般会导致电离，故又称电离辐射，电离辐射又可分为电磁辐射和粒子辐射两类，前者如 X 射线、γ 射线等，后者如 α 射线、β 射线、中子、质子、电子等。另一类辐射能量较低，不能导致电离，称为非电离辐射，包括热辐射、光辐射（含激光）、紫外线等。

（一）电离辐射

植物诱变育种中，目前常用的电离辐射射线有 X 射线、γ 射线、β 粒子和中子。这些射线通过有机体时，都能直接或间接地产生电离现象，故称电离辐射。各种辐射由于其物理性质不同，对生物有机体的作用不一，有各自的特殊性。因此，在应用时应当注意辐射源的不同特性，选用合适的辐射种类。曹家树等总结了各种电离辐射种类、辐射源及其特性（表 9-3）。

表 9-3 电离辐射种类、辐射源及其特性

辐射种类	辐射源	性质	能量	危险性	必须屏蔽	对组织的穿透性
X 射线	X 光机	核外电磁辐射，不带电，以光量子放射，波长 0.1～1nm 为软 X 射线, 0.001～0.01nm 为硬 X 射线	通常为 50～300keV	危险，有穿透力	几毫米的铅板（极高能的机器例外）	几毫米至很多厘米
γ 射线	放射性同位素，如 ^{60}Co、^{137}Cs 及核反应堆	与 X 射线相似，为核内电磁辐射，波长 0.001～0.0001nm	达几百万电子伏	危险，有穿透力	需很厚的防护层，如几厘米厚铅板或几米厚的混凝土	很多厘米
中子（快中子、慢中子及热中子）	核反应堆、加速器或中子发生器	不带电的粒子，比氢原子略重，只有通过它与它通过的物质的原子核的作用才能观察	从小于 1eV 到几百万电子伏	很危险	用轻材料做成的厚防护层，如混凝土	很多厘米
α 射线	放射性同位素	氦核，电离密度很大	2～9MeV	内照射极危险	一张薄纸即可	十分之几毫米
β 射线、快电子或阴极射线	放射性同位素，如 ^{32}P、^{35}S 或电子加速器	电子（+或-），比 α 射线的电离密度小得多	达几百万电子伏	有时有危险	厚纸板	达几个毫米
质子或氘核	反应堆或加速器	氢核	达几十亿电子伏	很危险	很多厘米厚的水或石蜡	达多厘米

1. X 射线（伦琴射线） 由 X 光机产生，波长 0.1～1nm 称为软 X 射线，0.001～0.01nm 为硬 X 射线，能量为 50～300keV，可穿透组织几毫米至很多厘米，有危险性，辐射效果与机器的功率有关。

2. γ 射线 与 X 射线相似，但波长更短，为 0.001～0.0001nm，能量高达几百万电子伏，可穿透组织很多厘米，高度危险，需用很厚的防护层防护，通常由 ^{60}Co（半衰期 5.3 年）、^{137}Cs（半衰期 37 年）或核反应堆产生。

3. β 射线 即电子流，能量为几 MeV，辐射源为放射性同位素 ^{32}P、^{35}S 或电子加速器。电离密度比 α 射线小得多，对组织的穿透力比较弱（仅几毫米），可用厚纸板防护，内照射的效果优于外照射，危险性相对较低。

4. 中子 放射源为核反应堆、加速器或中子发生器。是不带电的粒子，根据能量大小，分为超快中子（21MeV 以上）、快中子（1～20MeV）、中能中子（0.1～1.0MeV）、慢中子（0.1keV～0.1MeV）和热中子（1eV 以下）5 类。

中子的诱变能力比 X、γ 和 β 射线都强，最常用的是快中子和热中子。中子能穿透组织

很多厘米，危险性很高，需用厚的防护层防护。

另外，中子照射的结果是引起核子反应，会产生二次辐射，在使用中应特别注意安全。

5. α 射线　　即氦核，由放射性同位素产生。α 射线的电离密度很大，能量很高（2～9MeV），但穿透力极弱，一般不用于外照射。由于其电离密度大，用作内照射的效果很好，但需注意防护。

（二）激光诱变

所谓激光，也就是"因受激辐射而产生的放大光"。它是由处于激发状态下的原子、离子或分子在光子作用下，形成受激辐射而产生的一种具有高度方向性、单色性和极大亮度与极高能量或极高功率密度的光束。激光是 20 世纪 60 年代问世的一种新型光源，是一种人造的、特殊类型的非电离辐射。通常激光波长在 10～10 600nm，完全涵盖了可见光的范围。

根据激光波长的不同，可将其分为紫外激光（10～400nm）、可见光激光（400～700nm）、红外激光（700～1400nm）及远红外激光（1 400～10 600nm）四大类别。

激光属于电磁辐射，不会引起电离。激光由激光器产生，目前使用较多的激光器有二氧化碳激光器、钇铝石榴石激光器、钕玻璃激光器、红宝石激光器、氦氖激光器、氩离子激光器和氮分子激光器，上述各种激光器产生的光波长从 377nm 的紫外线到 10 600nm 的远红外线不等。激光具有高度的单色性（波长完全一致）和方向性，诱变效应复杂多样，除光效应外，还伴有热效应、压力效应、共振效应和电磁场效应等，是一种比较理想的新的诱变因素，已取得较多育种成果，值得尝试和应用。

（三）紫外线诱变

紫外线为光量子辐射，使用波长通常为 200～290nm，其能量不足以使原子电离，只能产生激发作用，故属于非电离辐射。紫外线的穿透力很弱，因此处理整体植株或器官的效果差，一般适用于花粉、孢子、食用菌等微小的生物体。紫外线对 DNA 具有比较专一的作用，诱变效果往往不错，并以 260nm 的诱变能力最强。

紫外线由紫外线灯（石英水银灯）产生，使用中应避免直射眼睛或长时间照射皮肤，以免造成伤害。因其穿透能力很弱，防护也很容易，采用不透紫外光的材料即可。

（四）离子束诱变

利用加速的重离子束轰击植物种子、胚芽、花粉等材料，使其产生遗传物质（基因）突变，选育新的品种，即为离子束诱变育种。

所谓重离子，就是比质子重的带电粒子，通常为带电的氦、碳、氖离子等，如 ^{12}碳、^{22}氖、^{45}钙、^{56}铁、^{84}氪、^{238}铀等。把这些重离子加速，使其处于高能状态即为重离子束。

离子注入诱变的优点突出，不仅离子束的能量可对生物体产生直接的作用（物理作用），而且离子本身最终也停留在生物体内（不会穿出生物体），可以继续对生物体的细胞产生持续的影响（化学作用），这是它与辐射诱变（包括太空诱变）最大的不同，所以，诱变效果更佳。

（五）空间诱变

空间诱变育种又称太空育种或航天诱变育种，指利用高空气球或返回式航天器（卫星）

将农作物种子或其他诱变材料带到高空,在宇宙射线、高真空、微重力和交变磁场等特殊因素中进行辐射处理,再返回地面结合常规育种、分子育种等手段选育新种质、新材料,培育农作物新品种的育种技术(张菊平,2019)。

在距地 600km 以上,真空度仅为 10^{-8}Pa,微重力水平 10^{-5}g 的环境中,存在多种极高能量的辐射,如能量高达数十亿电子伏(GeV)的银河宇宙辐射(GCR),能量为数兆电子伏的地磁俘获辐射,以及能量为 10~500MeV 的太阳粒子辐射(SPE)等。

在各种辐射中,最主要的成分是质子(12 至数千 MeV)和电子(10MeV 以下),其他粒子及射线的强度不高。

近年来,太空育种的成效明显,育成了许多新品种或优良突变体,如水稻、小麦、油料作物(油菜、黄豆)等。蔬菜上也有不少成功案例,如辣椒、番茄、黄瓜、石刁柏和青花菜等。

(六)其他物理因素

微波辐射、温度骤变、机械损伤(强烈修剪)甚至远缘嫁接,都有可能导致变异,但变异率低、方向不定,很少使用。

例如,张丹华等发现远缘嫁接可以导致接穗的后代中有可遗传性变异的发生。他们将绿豆的幼苗嫁接在红薯的茎上,维护其生长至结实,将收获的绿豆种子连续几代播种后,在后代中出现了明显的遗传变异,这些变异在未经嫁接的绿豆接穗品系(对照)中并未出现。进一步的研究表明,在原绿豆和变异品系之间未发现细胞质 DNA 的 RFLP 差异,也没有发现砧木与接穗间基因转移的迹象,但细胞核 DNA 却发生了高频率的序列重组,因此,推测远缘嫁接变异很有可能是嫁接生长逆境诱导的抗逆变异。

二、化学诱变

说到化学诱变,首先需要明确化学诱变剂和化学诱变育种两个基本概念。化学诱变剂(chemical mutagen)是指能与生物体的遗传物质发生作用,改变其结构,使生物后代产生可遗传变异的化学物质。这类化学诱变剂主要包括烷化剂、核酸碱基类似物、移码突变诱变剂、叠氮化物类等,它们通过参与生物的化学反应导致突变的发生。

化学诱变育种是指人工利用化学诱变剂,诱发植物产生遗传物质的变异(包括基因突变或染色体畸变),进而引起特征特性的变异,然后根据育种目标,对这些变异进行鉴定、选择和培育,育成新品种的育种途径。

(一)化学诱变育种的特点

1. 方法简便易行,但对材料有要求　　辐射诱变的辐射源需要专业的研究单位、专业人员和专门设备,化学诱变处理只需要少量的药剂和简易的设备即可开展工作,使用方便、成本低廉,普通的实验室即可完成。

辐射诱变的高能射线通常具有较强的穿透能力,可深入材料内部组织击中靶分子,不受材料的组织类型和解剖结构的限制。而化学诱变通过诱变剂溶液吸收深入组织器官才能起作用。因为穿透性比较差,对于有鳞片和绒毛包裹严密的芽,效果往往不理想。用于处理种子时,若种皮革质或坚硬较厚,应剥去种皮再进行处理。

2. 诱变效果多为点突变,变异频率比较高　　辐射诱变是高能射线的作用,因此处理后多表现为染色体结构的变异,而化学诱变剂是依赖诱变剂与遗传物质发生一系列的生化反应而发挥作用的,能诱发更多的点突变。因此化学诱变突变温和,致死突变少,变异频率较辐射诱变高。曾有报道称,以种子为诱变材料,化学诱变的诱变频率高于辐射诱变的 3～5 倍,且能产生较多的有益突变。

3. 具有一定的专一性　已经发现不同药剂对不同植物、组织或细胞甚至染色体节段或基因的诱变作用有一定的专一性。例如,马来酰肼(MH)对蚕豆第Ⅲ染色体的第 14 段特别起作用。资料表明,在某种化学诱变剂的作用下,可优先获得一定位点的突变,如盐酸肼处理番茄较盐酸胲能获得更多的矮生突变。不过在实际应用上尚未完全明确其机制,但这是解决定向突变的一条可能的途径。

(二)化学诱变剂的种类及诱变机制

化学诱变剂的种类繁多,诱变机制及特性各有不同,表 9-4 列出了若干化学诱变剂的种类及诱变机制。各类化学诱变剂的主要效应也各有不同,景士西(2007)进行了总结归纳(表 9-5)。

表 9-4　若干化学诱变剂的种类及诱变机制

化学试剂	诱变剂	诱变机制	诱变特性
甲基磺酸乙酯	烷化剂	在 DNA 的鸟嘌呤 N_7 位置上烷基取代 H	效率高、频率高、范围广
亚硝基乙基脲	亚硝基烷基化合物类	兼具烷化剂和 HNO_2 的诱变作用(双重作用)	在不同的 pH 下行使不同的诱变作用
双氯乙基硫	芥子气类	双烃化剂,使 DNA 形成交联,抑制 DNA 的复制和精确修复能力	与烷化剂的诱变作用相似
MH	核酸碱基类似物	复制时渗入 DNA,取代尿嘧啶	高效、诱变频率高
HNO_2	无机化合物(亚硝酸)	交联 A、G、C 的脱氨基作用	造成碱基替换和缺失
NH_2OH	羟胺	对胞嘧啶起羟化作用,诱发 G-C 到 A-T 的转换	造成点突变
NaN_3	点突变剂	以碱基替换方式影响 DNA 的复制合成	高效、无毒、便宜、安全
吖啶黄	吖啶类	插入碱基之间,造成移码突变	应用不多,效果有待观察
PYM	抗生素	诱发移码突变,有高度选择性,能抑制细胞生长	安全高效、频率高、范围大

表 9-5　几类化学诱变剂的主要效应

诱变剂	对 DNA 的效应	遗传效应
烷化剂	烷化碱基(主要是 G)	A-T→G-C(转换)
	烷化磷酸基团	A-T→T-A(颠换)
	烷化嘌呤	G-C→C-G(颠换)
	糖磷酸骨架断裂	DNA 链断裂
核酸碱基类似物	渗入 DNA,取代原来的碱基	A-T→G-C(转换)
无机化合物(亚硝酸)	交联 A、G、C 的脱氨基作用	缺失,A-T→G-C(转换)
羟胺	同胞嘧啶反应	G-C→A-T(转换)
吖啶类	碱基之间插入	移码突变(+、-)

1. 烷化剂

(1)烷化剂的诱变机制　带有一个或多个活泼烷基的有机化合物称为烷化剂,其活性烷基能够转移到其他电子密度高的分子上，称为"烷化作用"。烷化剂作用于 DNA 或 RNA 分子中的磷酸基、嘌呤或嘧啶中时，使得这些基团的许多位置上增加了烷基，从而在多方面改变了氢键的结合能力，进而改变碱基配对的专一性，最终导致遗传密码的改变。

实验证明，烷化剂作用于磷酸二酯键上，会形成不稳定的磷酸三酯，容易在糖与磷酸之间发生水解，导致 DNA 链的断裂；当烷化剂作用于 C-N1、A-N3 或 G-N7 上形成烷化碱基化合物后，则使该碱基的配对专一性发生改变，或者自己从 DNA 链上脱落，形成无碱基的位点，并进一步发生碱基的转换或颠换。

例如，当 EMS 作用于鸟嘌呤（G）的 N7 位置后，会导致以下两种情况。

1）促进 N1 位上 H 的解离，使 G 与 T 进行配对，导致 G-C 转换成 A-T（图 9-6）。

2）削弱了 N9 位的糖苷键，发生脱嘌呤作用，如果脱嘌呤位点在 DNA 复制之前未被修复，则该位点在复制时将随机插入任何一个碱基，经过一轮复制后，可能发生 G-C 到 A-T 的转换，也可能发生 G-C 到 C-G 或 T-A 的颠换（图 9-7）。

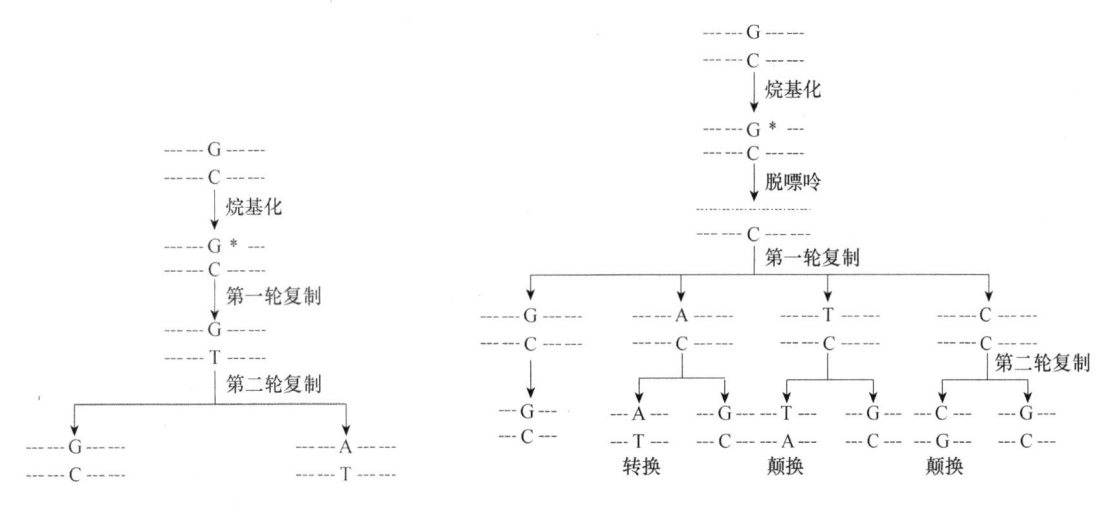

图 9-6　鸟嘌呤 N7 烷基化促进 N1 上的 H 解离，导致 G-C 转换成 A-T

图 9-7　鸟嘌呤 N7 烷基化通过脱嘌呤导致转换和颠换

3）烷化剂作用于磷酸基团上，会导致磷酸二酯键水解，从而导致染色体断裂（图 9-8）。

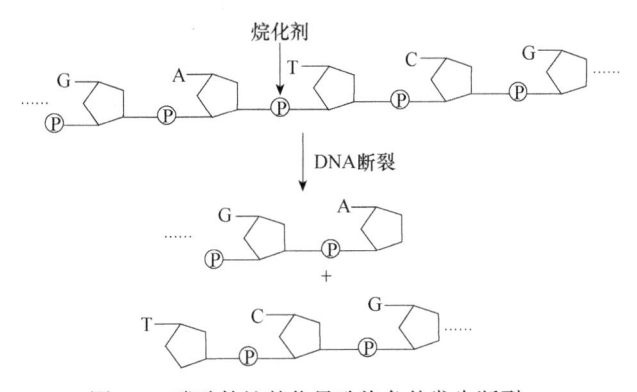

图 9-8　磷酸的烷基化导致染色体发生断裂

4）当烷化作用发生于嘌呤或嘧啶的 O6 上，则可直接改变碱基配对的专一性（图 9-9）。

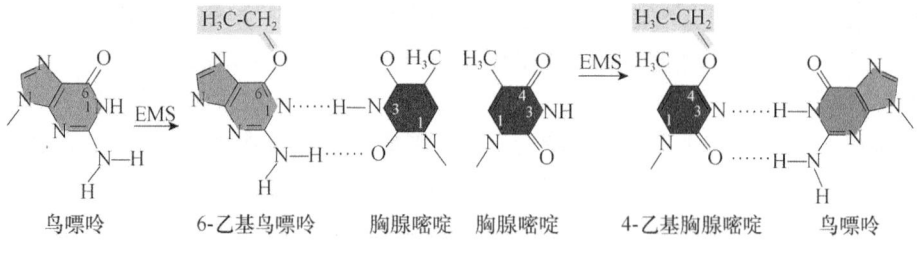

图9-9 烷化于嘌呤或嘧啶的O_6上导致碱基配对专一性改变

（2）常用的烷化剂种类

1）烷基磺酸盐和烷基硫酸盐类，如乙基磺酸甲酯，分子式为$CH_3SO_2OCH_2CH_3$（又称甲基磺酸乙酯，EMS）；硫酸二乙酯，分子式为$(CH_3CH_2)_2SO_4$（DES）。

2）亚硝基烷基化合物类，如亚硝基乙基脲（NEH），具有双重诱变作用（烷化作用，脱氨作用），又称"超诱变剂"。

3）次乙亚胺和环氧乙烷类，如乙烯亚胺（EI）。

4）芥子气类，芥子气类的化学药品主要有氮芥类和硫芥类。它们都有一两个或三个活性基团（活跃的烷基），其诱变机制是引起染色体畸变，如硫芥的产物能在DNA双螺旋的两条链之间形成交联，阻止DNA两条链的解离，妨碍复制的进行，进而造成遗传变异。常用的氮芥为氮芥A，分子式为$CH_3N(CH_2CH_2Cl)_2$，常用的硫芥为二氯二乙硫醚，分子式为$ClCH_2CH_2SCH_2CH_2Cl$。

2. 核酸碱基类似物 核酸碱基类似物在化学结构上与DNA碱基（A、G、T或C）相似，在DNA复制时能够被错误地掺入DNA分子中，产生冒名顶替的诱变效果。碱基类似物在碱基配对时缺乏专一性，从而造成碱基置换并导致突变。

例如，5-溴尿嘧啶和5-氟尿嘧啶可以顶替胸腺嘧啶（T），2-氨基嘌呤可以顶替腺嘌呤（A），马来酰肼（MH）可以顶替尿嘧啶（U），均可导致碱基的替换（图9-10）。

图9-10 核酸碱基类似物（5-溴尿嘧啶、2-氨基嘌呤）

3. 无机化合物（亚硝酸） 这一类药剂种类较多，如氯化锰（$MnCl_2$）、硫酸铜（$CuSO_4$）、双氧水（H_2O_2）、氯化锂（LiCl）和亚硝酸（HNO_2）等。其中，HNO_2是最为有效的一种诱变剂（脱氨剂），被认为是自然突变的主要原因之一。HNO_2在pH≤5的缓冲液中，能使DNA分子上的腺嘌呤、鸟嘌呤和胞嘧啶脱去氨基（脱氨作用），使核酸碱基发生结构和性质的改变，造成DNA复制紊乱。例如，A（腺嘌呤）、G（鸟嘌呤）和C（胞嘧啶）脱氨后分别生成H（次黄嘌呤）、X（黄嘌呤）和U（尿嘧啶），这些产物不再具有碱基配对的专一性，复制时不一定与T、C和G正常配对，由此导致A-T→G-C，G-C→T-A，C-G→A-T，进而造成遗传密码及相关性状的改变（图9-11）。

4. 抗生素 抗生素类诱变剂具有高度选择性，大多数抗生素能够对DNA的特殊位点起作用，通过对DNA核酸酶的破坏作用，影响DNA合成及分解的有序性，进而造成基因分

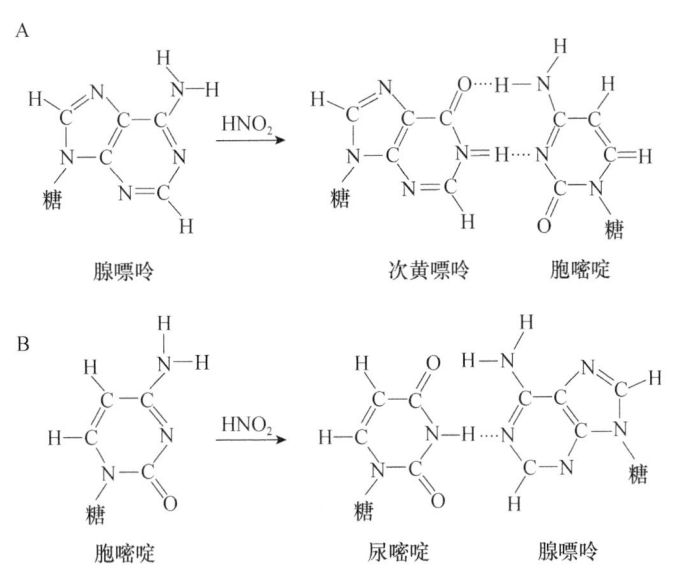

图 9-11 HNO₂ 脱氨作用导致 A-T→G-C（A）和 C-G→A-T（B）

子结构破坏或染色体断裂，引起突变。常用的抗生素有重氮丝氨酸、链霉黑素、丝裂霉素 C 和平阳霉素（PYM）等。其中，平阳霉素是一种新的诱变剂，是博莱霉素的 A5 组分，具有安全、高效、诱变频率高、诱变范围大、谱广等优点。PYM 与 EMS 的诱变特点相近，但在某些方面优于 EMS，具有很好的开发和应用前景。

Perov 等用链霉素首先诱导出玉米细胞质雄性不育（CMS）。Burton 和 Hanna（1982）及 Jan 和 Rutger（1988）分别在珍珠粟和向日葵上使用链霉素和丝裂霉素诱导出 CMS。说明链霉素和丝裂霉素在诱导产生 CMS 方面的效果较好，在不同作物间具有重演性。

5. 其他诱变剂 包括羟胺、吖啶类、叠氮化钠等。

1）羟胺（NH₂OH）：羟胺也是一种重要的诱变剂，而且是已知最专一的点突变诱变剂，它只对 DNA 中的胞嘧啶起作用，诱发 G-C 到 A-T 的转换（图 9-12）。

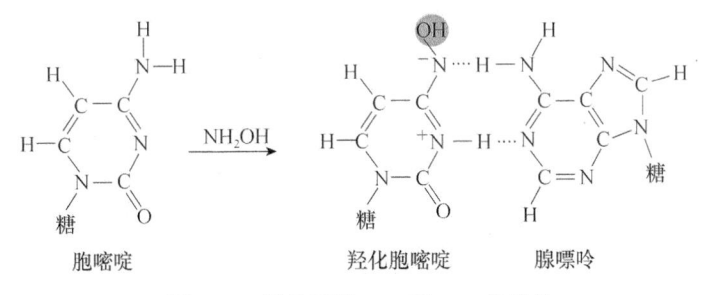

图 9-12 羟胺诱发 G-C 到 A-T 的转换

2）吖啶类：某些吖啶类化合物可引起碱基的增加或减少，是嵌入作用造成的移码突变。

3）叠氮化钠：化学性质稳定，在 275℃时才分解，分解产物为 Na+N₂，安全无毒，价格低廉，使用方便，而且诱变效率很高，诱变效应为点突变（诱发碱基替换），几乎不引起染色体畸变，生理损伤和致死突变比较轻微，已成为组培诱变（离体诱变）的理想诱变剂。此外，由于叠氮化钠在高温下迅速分解为钠和氮气，可在瞬时释放大量氮气，因此被用作汽车安全气囊的气源，在车祸发生时可及时实施保护。

第四节　诱变作用原理

一、辐射诱变原理

电离辐射与非电离辐射的诱变机制有所不同，在此分开介绍。

（一）电离辐射的诱变机制

电离辐射的诱变机制包括直接效应与间接效应两种情况。直接效应是指射线直接击中生物大分子，使其产生电离或激发，进而引起的原发反应。间接效应是射线不直接击中生物大分子，而是击中生物体中的水分子，使得水分子被电离和解离，进一步作用产生自由基、过氧基等化学活性物质（基团），这些活性物质（基团）再作用于生物大分子，导致突变的发生。这也是生物有机体在含水量高的情况下，对辐射更为敏感的原因。

以间接效应为例，电离辐射的诱变机制包括以下 4 个阶段。

1. 物理作用阶段　物理作用阶段的时间极短，可使靶分子产生电离或激发，出现直接电离、次级电离、光电吸收、光化辐射等效应。

中子辐射时，由于中子不带电，可以自由穿入原子核而引起核反应，放射出各种射线并引起电离，形成二次辐射，因而具有二次危险。

2. 化学作用阶段　离子对的形成标志着物理作用的结束和化学作用的开始。由于水是植物组织中最丰富的靶分子，以其为例说明如下。

$$H_2O \longrightarrow H_2O^+ + e^- \text{（射解作用）}$$
$$H_2O + e^- \longrightarrow H_2O^-$$
$$H_2O^+ \longrightarrow H^+ + OH^0 \text{（羟自由基）}$$
$$H_2O^- \longrightarrow OH^- + H^0 \text{（氢自由基）}$$

这些自由基（free radical）的化学性质活跃，很容易相互反应或与其他分子发生反应，如

$$H^0 + OH^0 \longrightarrow H_2O \text{（无害）} \qquad H^0 + H^0 \longrightarrow H_2 \text{（无害）}$$
$$OH^0 + OH^0 \longrightarrow H_2O_2 \text{（过氧化氢，活泼的氧化剂）}$$
$$H^0 + O_2 \longrightarrow HO_2^0 \text{（过氧自由基）}$$
$$2OH^0 + O_2 \longrightarrow 2HO_2^0 \text{（过氧自由基）}$$

过氧自由基属于长寿命的强氧化剂，能够转移到生物大分子表面，导致大分子发生结构和功能上的变化。

3. 生物化学作用阶段　上述阶段产生的自由基、过氧化氢及过氧自由基均为化学活性很强的还原剂或氧化剂，当其作用于 DNA、蛋白质和酶等大分子物质后，能改变体内正常的氧化还原反应，使生理生化代谢发生变化，并引起一系列的生物学效应。

4. 生物学作用阶段　生物学效应的表现比较缓慢，必须从细胞水平、器官水平到植株水平逐渐发展和表现，最终积累成可以观测得到的表型变异，表型变异既有形态方面的，也有生长发育方面的，既可以是质量性状，也可以是数量性状。

这里有一个需要特别加以区分的现象，即"生理损伤"（特指诱变因素对诱变零代植物细胞或生理过程的直接伤害，导致在诱变一代上，新萌发的枝条或叶片上出现畸形或生长衰弱的现象，但这种畸形或衰弱并非遗传性变异，会在下一个世代中消失，因而不能作为选择

的依据)。

(二) 紫外线辐射的诱变机制

DNA 对紫外线的吸收,在 260nm 处有一个峰值 (即最大吸收值)。能量的激发作用,会引起嘧啶的损伤并发生如下变化。

1) 形成 T=T 二聚体 (图 9-13)、C=C 二聚体或 C=T 二聚体 (次要),导致 DNA 分子局部变形,严重干扰其复制和转录。

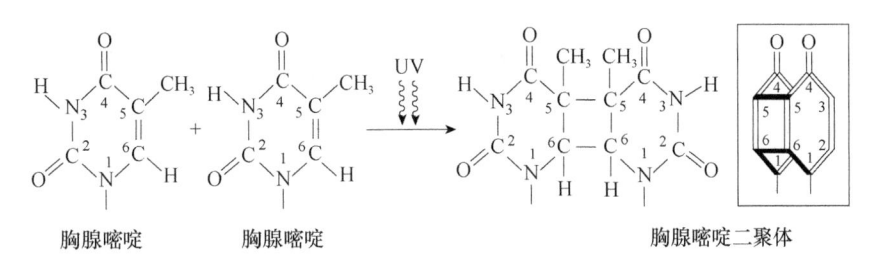

图 9-13　由紫外线照射诱发形成的 T=T 二聚体

2) 发生脱氨作用,导致 C→U,进而造成碱基对的转换 (类似于亚硝酸的脱氨作用)。
3) 胞嘧啶形成光产物,导致 C-G 间的氢键断裂,影响 DNA 双链结构的稳定性。

(三) 电离辐射的遗传效应

电离辐射引起的遗传效应有 3 种情况。
1) 基因突变:包括点突变和移码突变。
2) 染色体结构变异:断裂、缺失、重复、倒位、易位 (易位杂合体具有半不育现象)、染色体桥、双着丝粒等。
3) 染色体数量变异:多 (单) 倍体、非整倍体。

遗传物质的改变,最终导致生物的性状发生变异,并可通过无性繁殖或有性繁殖遗传下去。

(四) DNA 损伤与基因突变的关系

现有研究表明,辐射导致的 DNA 损伤 (包括嘧啶二聚体),大部分并不能引起生物体的突变,因为生物体内还存在着复杂的 DNA 损伤修复系统,可以及时将绝大多数的 DNA 损伤予以修复。例如,山口等报道用 2×10^2Gy γ 射线照射胡萝卜的原生质体,照射后 5min,即有 50% 的断裂单键得到修复,在 1h 后全部断裂均已修复。可见,生物本身对辐射损伤的修复,能够大大降低突变的频率,这对于正常的生命活动是非常重要的。

因此,只有当修复系统都无法修复或出现修复错误时,那些 DNA 损伤才能最终发展成为真正的突变或导致死亡。

目前了解的修复机制包括光修复、切补修复和重组修复。光修复是光复活酶利用光作为能源,准确地把受损伤的 DNA 修复正常。切补修复是通过一系列的酶促过程把 DNA 中的损伤部位切除,通过重新合成恢复到正常状态。切补修复与照射剂量有关,剂量越高损伤越多,则修复越难。重组修复也称后复制修复,即 DNA 受损伤后并不切除受损伤部分,而是通过复制重组把异常的 DNA 比例减少到无碍正常生理活动的程度。

因此，在诱变育种实践中，如何抑制修复系统的功能，对于提高变异率有着重要的意义。已知一些化学物质具有抑制修复的作用，如 EDTA、咖啡因、氯霉素、5-溴脱氧尿嘧啶核苷（5-BrdU）等，都可以明显提高辐射诱变的效果。例如，山口用经辐射的大麦种子为材料研究了抑制剂的效应，结果表明，用 EDTA 处理过后 M_1 代叶绿素突变率大于咖啡因处理，而 5-BrdU 效果不显著，但在 M_2 代中 EDTA 和 5-BrdU 均增加了矮秆突变率。

二、离子注入的诱变机制

离子注入后与生物体之间发生一个复杂的作用过程，分为能量沉积、质量沉积、动量传递和电荷交换 4 个方面。所产生的诱变效应分为物理阶段、化学阶段和生物阶段。

（1）物理阶段　　初期阶段是物理阶段，载能离子与靶原子发生碰撞，可引起能量转移、原子激发、电荷交换，导致分子的构型发生改变。同时，入射离子会引起生物体表面原子或原子团的发射，留下腐蚀的痕迹，产生刻蚀效应。随着注入离子能量、剂量的增加，刻蚀程度加深，形成有利于外源基因进入的微通道。因此，离子束介导的转基因技术为植物育种提供了简单可行的途径。

（2）化学阶段　　慢化的原初入射离子以高斯分布形式沉积下来，活化分子的级联碰撞形成的移位原子和本底离子三者发生化学反应，进行重排和化合，产生新的分子，表现为分子水平的诱变效应。对质粒的研究发现，离子注入可引起 DNA 双链或单链的断裂。在修复过程中 DNA 发生缺失、倒位、错配等变异。此外，注入生物体的荷能离子诱导靶分子发生激发或电离，经过反应产物的不断作用，发生一系列的连锁反应，产生大量的自由基，这也是生物大分子发生损伤的主要原因（类似于电离辐射的诱变机制）。

（3）生物阶段　　物理阶段和化学阶段不能得到修复的分子损伤，经过生物放大过程，表现出遗传性变异、细胞死亡或突变、能量代谢紊乱、生长发育受到刺激或抑制等，引起生物体性状改变。离子注入细胞水平的诱变效应研究主要集中在染色体水平上。随辐照剂量的增加，微核率、多微核率、染色体总畸变率都呈线性上升。从生物个体水平上来看，离子注入后植物发芽率、成苗率、株高、根长及各种抗氧化酶活性都会受到影响。

三、空间诱变机制假说

高空环境比较复杂，一般认为微重力和空间辐射是诱变的主要因素，但超真空、交变磁场、卫星的加速和震动、飞行舱内的温湿度变化及其他未知因素也是引发材料发生突变的原因。空间诱变的诱变机制主要有以下两种假说。

（1）微重力假说　　目前广泛认为微重力是影响植物生长发育和发生遗传变异的重要因素之一。该假说认为在卫星近地面空间条件下，不及地球重力 1/10 的微重力是影响生物生长发育的重要因素。在地球重力场中生长的植物具有特殊的重力敏感器官，均具有向地性，而当植物进入空间环境后，植物失去了向地性生长反应，因而导致对重力的感受、转换、传输、反应发生变化，进而影响植物的向性、生理代谢、激素分布、钙含量的分布和细胞结构等。微重力还可能干扰 DNA 损伤修复系统的正常运行，阻碍或抑制 DNA 的断裂修复。Halstead 等（1994）在对大豆和拟南芥根细胞的研究中发现，在航天搭载的细胞中出现细胞核异常分裂的现象，并且浓缩染色质明显增加，这一现象与细胞有丝分裂减少有关。

（2）空间辐射假说　　空间辐射的主要来源有地球磁场捕获高能粒子产生的地磁俘获粒子辐射（geomagnetically trapped particle radiation，GTPR）、太阳外突发事件产生的银河宇宙辐射（galactic cosmic radiation，GCR）及太阳爆炸产生的太阳粒子辐射（solar particle radiation，SPR）。由于来源不同，粒子的能谱范围也不同，如 GTPR 粒子和 SPR 粒子的能量最高为数百兆电子伏/核子（MeV/u），GCR 粒子的能量则可高达数千亿电子伏/核子（GeV/u）。在空间辐射所包括的多种高能带电粒子中，质子的比例最大，其次是电子、氦核及更重的离子等。

空间中的高能粒子和射线，穿透宇宙飞行器外壁，作用于飞行器内的生物，可能引起生物体细胞内 DNA 分子发生断裂、损伤，如碱基变化、碱基脱落、碱基对间的氢键断裂、单键断裂、螺旋内的交联及 DNA 分子与蛋白质分子的交联等，从而导致生物产生可遗传的变异。染色体畸变是高能重粒子（HZE）辐射的常见现象，植株异常发育率增加，而且 HZE 击中的部位不同，畸变情况也不同，根尖分生组织和下胚轴细胞被击中时，畸变率最高。

第五节 诱 变 方 法

一、常用的辐射处理方法

（一）外照射

放射性同位素不进入体内，而是利用其射线照射器官或植株，优点是操作方便，可以一次性处理大量材料，一般没有放射性污染和散射的问题，使用比较安全。

1）照射种子：包括干种子、湿种子、萌动种子。

2）照射花粉：包括离体花粉或植株上的花粉。照射花粉的最大好处是不会形成嵌合体，对后代的选择比较简单。另外，如果花粉照射结合花粉培养工作，可望迅速获得高度纯合的突变体。

此外，远缘杂交时，照射花粉可改善杂交亲和性，从而有助于获得远缘杂种。

3）照射子房：可以直接作用于卵细胞，更容易引发遗传变异（卵细胞比花粉更敏感）。优点与照射花粉相似，不形成嵌合体，可改善交配亲和性，并有可能诱发孤雌生殖。

4）照射营养器官：大多数园艺植物适合用此种方法，照射材料应采用成年态的无性繁殖材料，如块茎、块根、球茎、枝条、芽、嫁接苗等，其优点是突变率高、结果早、见效快；缺点是极易形成嵌合体。

5）照射植株（钴圃），如幼苗、幼树。

6）照射其他组织及器官（钴室）：叶片、胚状体、愈伤组织、花药等离体培养材料。

（二）内照射

内照射是把某种放射性同位素引入被处理的植物体内进行内部照射。内照射具有照射剂量低、持续时间长、生理伤害轻、多数植物可在整个生长发育阶段进行处理等优点。但缺点是需要一定的防护条件，经处理的材料和用过的废弃溶液都带有放射性，应妥善处理，否则容易造成污染。另外，引入植物体内的放射性元素，除本身的放射性效应外，还具有由衰变产生新元素的"蜕变效应"。例如，用 ^{32}P 作内照射时，由于磷是 DNA 的重要组成部分，通过代谢磷可参加到 DNA 的分子结构之中，当 ^{32}P 发生 β 衰变时，在 DNA 主键上会产生核置换（磷衰变为硫），因而使 DNA 上的磷酸核糖二酯键发生破坏。常用的内照射放射性同位素有两类，放射 β 射线的有 ^{32}P、^{35}S、^{45}Ca，放射 γ 射线的有 ^{65}Zn、^{60}Co、$^{137}C_S$、^{59}Fe 等。内照射的处理方法有以下 3 种。

（1）浸泡法　　将放射性同位素配制成溶液，浸泡种子或枝条，使放射性元素渗入材料内部。处理种子时浸种前先进行种子吸水量试验，以确定放射性溶液用量，使种子吸胀时能将溶液吸干。

（2）注射或涂抹法（根外吸收）　　用放射性同位素溶液注射入枝、干、芽、花序内，或涂抹于枝、芽、叶片表面及枝、干刻伤处，通过吸收进入体内。

（3）饲喂法（施肥法）　　将放射性同位素如 ^{32}P 标记的磷肥施入土壤中（或试管苗的培养基中），利用根系的吸收作用从而进入体内，或用 $^{14}CO_2$ 借助光合作用形成产物，进行体内照射。

在示踪研究的植物材料上采收种子或剪取枝条进行繁殖，鉴定可能发生的突变，进行相关的育种研究。

（三）间接照射

照射的对象是介质物质而非材料本身，如纯水、培养液、培养基等，然后再用照射过的介质物质来处理植物材料，可能会有一定的效果，但诱变机制尚不清楚。

（四）重复照射和累进照射

重复照射，是指将目标照射剂量，分成多次照射才完成的照射方式。累进照射，是指一次性就完成目标照射剂量的照射方式。相对而言，重复照射的生理损伤较小，有利于诱变材料的恢复和生长，效果较好。

二、辐射诱变中剂量和剂量率的确定

（一）辐射的剂量（率）及其单位

1. 放射性强度（A）　　放射性强度是表示放射性核素（同位素）特征的一个物理量，一个国际制单位（SI）是贝可（Bq），1 贝可表示放射性核素在 1s 内发生一次核衰变。另一个专用单位（非国际制单位）是居里（Ci），居里表示一个放射源在单位时间内有多少个原子发生衰变。mCi 和 μCi 是居里的派生单位。

$$A = dN/dt$$

$$1Ci = 3.7 \times 10^{10} Bq = 3.7 \times 10^{10} \text{核衰变}/s$$

式中，N 为核衰变数；t 为时间。对于内照射的情况，可用放射性强度表示处理剂量的大小。

2. 照射量（X）和照射量率（Xr）　　照射量只适用于 X 射线和 γ 射线，是表示 X 射线或 γ 射线在空气中产生电离大小的物理量，定义为 dQ（在空气中产生同一种符号离子的总电荷量）除以该物质的质量（dm）所得的商，即

$$X = dQ/dm$$

照射量的 SI 单位是库仑/千克（C/kg），专用单位为伦琴（R）。伦琴的定义是：当 1g 空气被 X 射线或 γ 射线照射后，所吸收的能量为 83erg[①]（尔格）时，这 1g 空气所受到的辐射剂量即为 1R。两种单位间的换算关系为

$$1R = 2.58 \times 10^{-4} C/kg$$

[①] $1erg = 10^{-7}J$

照射量率指单位时间内的照射量,即

$$Xr = dX/dt$$

式中,X 为照射量;t 为照射时间。Xr 的单位有 C/(kg·s)、R/h、R/min 和 R/s 等形式。

3. 吸收剂量(D)和吸收剂量率(Dr) 对于被辐射的物质(生物)来说,吸收剂量比照射剂量更为重要,吸收剂量才能表示实际转移的能量值。吸收剂量指被照射物体某一点上单位质量中所吸收的能量值,即

$$D = d\varepsilon/dm$$

式中,ε 为能量值;m 为质量。吸收剂量的 SI 单位是戈瑞(Gy)。1Gy 指每 1kg 任何物质吸收任何电离辐射的能量为 1J(1Gy=1J/kg);而 1g 被照射物质吸收的辐射能量为 100erg 的剂量叫 1rad(曾用单位),因此,其间的关系如下:

$$1rad = 100erg/g = 0.01J/kg = 0.01Gy$$

相应地,吸收剂量率指单位时间内吸收的剂量,即

$$Dr = dD/dt$$

式中,D 为剂量;t 为时间。吸收剂量率的单位有 J/(kg·s)、Gy/s 及 rad/s 等形式。

对于软组织或离体培养细胞而言,当用能量为 10keV~300MeV 的 X 射线或 γ 射线照射时,1C/kg 的照射剂量相当于 36~38Gy 的吸收剂量;而用 γ 射线照射水时,1C/kg 相当于 37~38Gy。

4. 积分流量(注量)和积分流量率 当采用中子照射作物时,其剂量单位既可用吸收剂量 Gy、rad 表示,也可用中子的积分流量表示,即单位截面积上所通过中子的总数目(中子数/cm^2)。

积分流量率(注量率)是指单位时间内单位截面积上所通过中子的总数目[中子数/(cm^2·s)]。

(二)诱变剂量和剂量率的确定

一般而言,随着辐射剂量的提高,变异率随之增加,但死亡率也随之提高,超过一定的剂量则导致处理材料全部死亡,该剂量称为"致死剂量"(LD_{100})。

适宜剂量是指能够最有效地诱发产生育种者所希望的变异类型的剂量,受多种因素的影响,一般以达到"活、变、优"最佳效果的剂量作为适宜剂量。"活、变、优"的寓意如下。活,处理后植物材料要有一定的成活率;变,在成活个体中要有较大的变异效应;优,在变异中要有较多的有利突变。

由于适宜剂量难以直接计算,在实际工作中,通常以半致死剂量(LD_{50})或临界剂量(LD_{60})作为基本点,以其为中心设置梯度剂量进行处理,根据实际诱变效果来摸索适宜剂量。另外,据国内外研究,对果树接穗而言,用 $LD_{25~40}$ 的中等剂量进行照射,能够获得较多的有利突变。

除剂量的作用外,诱变效果还与剂量率密切相关,因此,依据射量率的不同,还可将辐射划分为两类,一类是快照射,也叫急性照射,是指短时间内就完成的高剂量照射,如模拟核爆;另一类是慢照射,也叫慢性照射,是指长时间内才完成的低剂量照射,如钴圃照射。

一般而言,慢照射比急照射的诱变效果好,因为其对植物材料的生理损伤较轻,恢复生长较快。

通常可用几至几百 R/min,但多用 20~200R/min(合 0.2~2.0Gy/min),曹家树列出了主要园艺作物辐射育种的常用剂量(表 9-6)。

表 9-6 主要园艺作物辐射育种的常用剂量参考表

种类	处理材料	剂量范围/R	种类	处理材料	剂量范围/R
柑橘	休眠接穗	500～7 500	甜椒	干种子	20 000～40 000
	种子	10 000～15 000			$1×10^{11}$ 中子/cm^2
柠檬	插条	2 000～7 000	莳萝菜	干种子	10 000～20 000
香蕉	球茎	2 500～5 000	洋葱	干种子	40 000～50 000
黄萝	吸芽	30 000～50 000		鳞茎	600～800
苹果	夏芽	2 000～4 000	大蒜	鳞茎	600～800
	休眠接穗	4 000～5 000	马铃薯	块茎	2 000～5 000
		$4.7×10^{12}$ 中子/cm^2	波斯菊属	发根的插条	2 000
梨	休眠接穗	4 000～5 000	大丽花属	新收获的块茎	2 000～3 000
		$4.7×10^{12}$ 中子/cm^2	石竹属	发根的插条	4 000～6 000
李属	花芽	500～1 000	唐菖蒲属	休眠的球茎	5 000～20 000
桃	夏芽	1 000～4 000	风信子属	休眠的鳞茎	2 000～5 000
李	休眠接穗	4 000～6 000	鸢尾属	新收获的球茎	1 000
杏	休眠接穗	25 000	郁金香属	休眠的鳞茎	2 000～5 000
柿	休眠接穗	1 000～2 000	美人蕉属	根状茎	1 000～3 000
番木瓜	干种子	2 000～4 000	杜鹃属	发根的幼嫩枝条	1 000～3 000
板栗	休眠芽	2 000～4 000	蔷薇属	夏芽	2 000～4 000
	层积种子	6 000 以下		幼嫩休眠植株	4 000～12 000
樱桃	休眠芽	3 000～5 000	仙客来	球茎	10 000
		$4.7×10^{12}$ 中子/cm^2	绣线菊	干种子	30 000
草莓	匍匐枝	15 000～25 000	小檗	干种子	大于 60 000
	花粉	3 000	大叶椴	干种子	30 000
树莓	枝条	10 000～12 000	欧洲檎	干种子	30 000
黑莓	幼龄休眠植株	6 000～8 000	茶条槭	干种子	15 000
黑醋栗	休眠插条	3 000	桃色忍冬	干种子	大于 15 000
甘蓝	干种子	100 000 左右	树锦鸡儿	干种子	15 000
芥菜	干种子	100 000 左右	绿梣	干种子	15 000 以下
芜菁	干种子	100 000 左右	黄忍冬	干种子	10 000
冬萝卜	干种子	100 000 左右	沙棘	干种子	10 000
四季萝卜	干种子	100 000 左右	瘤桦	干种子	10 000
大白菜	干种子	80 000～10 0000	山楂	干种子	10 000
花椰菜	干种子	80 000 左右	银槭	干种子	10 000
胡萝卜	干种子	60 000～70 000	毛桦	干种子	10 000 以下
莴苣	干种子	10 000～25 000	辽东桦	干种子	5 000
甜菜	干种子	50 000	茄子	干种子	50 000～80 000
番茄	干种子	25 000～50 000	甜瓜	干种子	40 000～60 000
		$1.3×10^{12}$～$7.7×10^{12}$ 中子/cm^2			$7.5×10^{12}$ 中子/cm^2

续表

种类	处理材料	剂量范围/R	种类	处理材料	剂量范围/R
黄瓜	干种子	50 000～80 000	欧洲桤木	干种子	1 500～5 000
西瓜	干种子	20 000～50 000	灰赤杨	干种子	1 000～5 000
		7.5×10^{12} 中子/cm²	欧洲赤松	干种子	1 500～5 000
芹菜	干种子	60 000～70 000	西伯利亚冷杉	干种子	1 500
菜豆	干种子	10 000～25 000	欧洲云杉	干种子	500～1 000
豌豆	干种子	5 000～25 000	香椿	干种子	12 000
		1×10^{12}～4×10^{12} 中子/cm²	啤酒花	干种子	500～1 000
大豆（毛豆）	干种子	10 000～15 000	龙蛇兰	干种子	6 000～8 000
蚕豆	干种子	10 000～20 000	石榴	干种子	10 000
甜玉米	干种子	20 000 左右	樱桃	休眠接穗	3 000～5 000

三、化学诱变剂的处理方法

化学诱变的方法比较简单，但不同药剂的性质存在差异，所以在其保存及使用方面有一些特殊要求需要注意，表 9-7 中列出了几种化学诱变剂的性质、处理浓度和保存要求。

表 9-7　几种化学诱变剂的性质、处理浓度和保存要求（西南农业大学，1988）

诱变剂名称	性质	水溶性	熔点或沸点	相对分子质量	浓度范围	保存
甲基磺酸乙酯（EMS）	无色液体	约8%	沸点：85～86℃/1333.22Pa	124	0.3%～1.5% 0.05～0.3mol/L	室温、避光
硫酸二乙酯（DES）	无色液体	不溶	沸点：208℃	154	0.1%～0.6% 0.015～0.02mol/L	室温、避光
亚硝基乙基脲（NEH）	黄色固体	微溶	熔点：98～100℃	117	0.01%～0.05%	冰箱、干燥
N-亚硝基-N-乙基脲（NEU）	粉红色液体	约0.5%	沸点：53℃/666.61Pa	146	0.01%～0.03% 1.2～14.0mol/L	—
乙烯亚胺（EI）	无色液体	各种比例皆溶于水	沸点：56℃/101 324.72Pa	43	0.05%～0.15% 0.85～9.0mol/L	密闭、低温、避光

注："—"表示无数据

（一）药剂配制

根据诱变剂的理化性质，确定相应的溶剂种类（如水、70%乙醇或其他）。

烷基磺酸酯（盐）和烷基硫酸酯类在纯水中不稳定，容易水解失效，应溶解保存于一定酸碱度的磷酸盐缓冲液中，多用 0.01mol/L 的浓度。

同样，亚硝酸也不稳定，需用 pH 4.5 的乙酸缓冲液现配现用（用 $NaNO_2$ 和乙酸反应，现配现用生成 HNO_2）。

氮芥是以氮芥盐和碳酸氢钠为原料，分别溶于水后进行混合，发生化学反应并释放出芥子气。

（二）处理方法

浸渍法：适合处理种子、接穗、插条、块根、块茎、花枝、植株等。

注入法：将化学诱变剂注入植物体内进行作用，类似于辐射诱变中的"内照射"。

涂抹法和滴液法：将化学诱变剂涂抹或点滴于植物材料表面，利用渗透作用进入体内进行作用。

熏蒸法：适用于气体诱变剂，如芥子气。

施入法（处理根系）：通过根系吸收化学诱变剂进行作用，效果也类似于"内照射"。

（三）需要注意的问题

1. 防污染及毒害 化学诱变剂往往具有致癌（烷化剂）、腐蚀（氮芥、乙烯亚胺）、易燃易爆（亚硝基甲基脲、亚硝基乙基脲）、容易挥发（液体药剂类、熏蒸法）等危险性。因此，在进行诱变处理时应避免与皮肤接触或呼吸吸入，操作时务须小心，一般需要戴乳胶手套在具有通风条件的超净工作台上进行。若不慎摄入，应及时去医院治疗。

2. 后处理 在达到预定的处理时间后，最好用一定的药剂或措施进行"后处理"，以解除（终止）残留药物的作用，避免残留药物加剧生理损伤，影响突变效果。

最简单的后处理方法是用流水冲洗。有条件的话可采用专门的"化学清除剂"来终止诱变剂的作用，表 9-8 中列出了几种诱变剂终止反应的方法。

表 9-8 几种诱变剂终止反应的方法（陈大成，2007）

诱变剂	终止反应方法	诱变剂	终止反应方法
亚硝酸（HNO_2）	Na_2HSO_4 溶液（0.07mol/L，pH 8.6）	乙烯亚胺（EI）	稀释
		羟胺	稀释
甲基磺酸甲酯（MMS）	$Na_2S_2O_3$ 或大量稀释	氯化锂（LiCl）	稀释
硫酸二乙酯（DES）	$Na_2S_2O_3$ 或大量稀释	氮芥	甘氨酸或稀释
N-亚硝基-N-甲基脲烷（NMU）	大量稀释	MNNT	大量稀释

3. 处理剂量和时间 与辐射诱变相似，化学诱变的适宜处理剂量和时间更为复杂，需要摸索。一般而言，诱变材料的突变率与诱变剂量为曲线关系（呈指数特征），而诱变剂对材料生长的抑制作用与剂量的关系为线性关系（呈线性特征），显然，后者比前者易于观测。

因此，在禾谷类作物上，使种子幼苗生长下降 50%～60% 的处理剂量被认为是最佳处理剂量，但对 EMS 而言，下降 20% 即可。园艺植物上也可通过这种"幼苗生长试验"来确定适宜剂量。

处理时间方面，以使材料充分浸透为宜。另外，有些诱变剂容易水解失效，具有水解半衰期（表 9-9），应在较短的时间内完成处理或更换新药液。

表 9-9 几种烷化剂水解的半衰期（曹家树等，2001）

诱变剂	温度		
	20℃	30℃	37℃
硫芥子气	—	—	约 3min
甲基磺酸甲酯	68h	20h	9.1h
乙基磺酸甲酯	93h	26h	10.4h

续表

诱变剂	温度		
	20℃	30℃	37℃
甲基磺酸丙酯	111h	37h	—
甲基磺酸异丙酯	108min	35min	13.6min
甲基磺酸丁烷	105h	33h	—
硫酸二乙酯	3.34h	1h	—
3-氯-1,2-环氧丙烷	—	—	36.3h
N-亚硝基-N-甲基脲	—	35h	—
N-亚硝基-N-乙基脲	—	84h	—
N-亚硝基-N-丙基脲	—	103h	—

4. 处理的温度 对于具有水解半衰期的诱变剂，高温条件会加剧诱变剂的水解失效，但诱变的敏感性则会随着处理温度的降低而减弱。为了解决这一矛盾，通常的做法是在10℃左右进行较长时间的浸泡，以延缓诱变剂的水解速度，并抑制在吸收期植物材料代谢的变化。待材料充分浸透药液之后，再转移到较高温度下进行作用（25～30℃）。

5. 处理液的 pH 及缓冲液的应用 首先，一定的酸碱度对保持诱变剂的稳定性十分重要（pH 为 7.0、8.0、9.0）；其次，一些诱变剂水解后会产生强酸，加剧材料的生理损伤；再次，不同酸碱度下，个别诱变剂的诱变机制会改变，如亚硝基甲基脲；最后，pH 还会影响材料的生理状态（敏感程度、恢复难易），进而影响诱变效果。

因此，诱变剂需用一定 pH 的缓冲液配制，一般常用磷酸缓冲液，pH 控制在 7～9，浓度不超过 0.1mol/L。

四、理化诱变因素的复合处理

辐射能诱发高频率的突变是 Muller 划时代的发现，然而 Muller 本人也指出"在自然群体的突变中只有不到 1% 是天然辐射所引起的"，而能诱发突变的化学药剂从外部作用于种质的机会也不多。"因此，最合理的假设是，自然条件下的突变往往不是外部环境因素，而是内部因素所引起，如基因本身物理和化学上轻微的不稳定性，或是由于生物体内所产生的物质对基因发生的作用"（Stebbins，1957）。为提高诱变育种的效果，应用不同理化诱变因素进行复合处理，已受到诱变育种工作者的重视。复合处理的方式包括以下各种：①辐射与化学诱变剂复合处理，如 γ 射线与 EMS、γ 射线与 NaN_3 的复合处理；②辐射与辐射防护剂如半胱氨酸、吲哚乙酸、乙烯之间的复合处理；③诱变与修复抑制剂如咖啡因、EDTA 之间的复合处理；④各种辐射之间的复合处理；⑤各种诱变剂之间的复合处理。

物理和化学因素的复合处理，能发挥各自的特异性并起到相互配合的作用。例如，在应用射线、中子、激光等处理之后，再用化学诱变剂处理，由于射线改变了生物膜的完整性和渗透性，有助于化学诱变剂的吸收。已有许多试验证明适宜的理化诱变剂及其剂量组合，具有明显的累加效应或超累加效应（协同效应），如葛察明等（1990）用 150Gy γ 射线加 2×10^{-3} mol/L NaN_3 处理大豆，M_2 突变频率较单一处理提高 27.3%。

探讨各种诱变因素及其不同剂量之间的最佳组配方式，是复合处理研究的主要内容。目前研究较多、较深入的是 γ 射线与 EMS、γ 射线与 NaN_3 的复合处理，并已取得了较大的进展。梁勋等（1987）、李社荣等（1989）和王彩莲等（1990）分别在小麦和水稻上进行的研究表明，诱变效率高的适宜剂量组合：小麦为200Gy γ射线加 0.3×10^{-3} mol/L EMS；水稻为300Gy γ射线加 0.3%EMS 或 0.3×10^{-3} mol/L EMS。其他复合处理研究中，物理因素还有中子、激光等，化学因素还有 DES、EI、MMS、NEU、氮芥等。

由此可见，在今后的诱变育种工作中，应进一步强调理化诱变因素的结合使用。

第六节 诱变亲本材料的选择、突变体的鉴定和诱变育种程序

一、诱变亲本材料的选择及诱变处理对遗传性状的影响

（一）诱变亲本材料的选择

植物的不同种类、不同品种、不同的组织器官、不同的发育阶段和生理状态，对辐射的敏感程度都会有所不同。因此，为了提高辐射育种的效果，要正确地选择辐射处理的亲本材料。简单来讲，应选择综合性状优良、适应性好、只存在一个或少数性状不符合生产要求的品种作为亲本材料，这是由诱变育种的特点决定的。当地生产上推广的主栽品种、优良品系或具有杂种优势的 F_1，都可以作为适宜的诱变材料，具体简述如下（张菊平，2019）。

1）应根据育种目标进行选择，有意识地改变个别的不良性状（实现品种修缮），而不是同时改良多个性状。

2）材料的综合性状要优良，不宜采用野生材料或缺点较多的材料。

3）避免采用单一化的材料：最好采用多个品种或类型（基因型）进行诱变。如果只能采用一个基因型，则必须处理足够多的材料（因为变异的随机性，符合育种目标的变异占比肯定不高）。

4）选择敏感性强的材料：包括选择适宜的基因型（杂种优于纯种，新品种优于农家品种），选择适宜的器官组织（生殖器官优于营养器官）及选择适宜的生理状态等（活跃状态优于休眠状态，幼嫩材料优于老熟材料）。

5）尽量选用单倍体（如卵细胞、花粉等）或原生质体作诱变材料，其共同优点是不会形成嵌合体，从而可以在后续育种程序中省去分离提纯嵌合体的烦琐过程。

6）选用单倍体材料的另一个优点是可以结合离体再生技术，使单倍体材料的任何突变（A→a 或 a→A）均能在当代就能够得以表现，这是二倍体材料难以实现的。例如，AA→Aa 或 Aa→AA 的突变，就不能在当代表现出来。

（二）诱变处理对遗传性状的影响

诱变处理对园艺植物的遗传改良是多种多样的，可以是产量、物候期、株型、抗病性、品质、雄性不育及其他性状的改变。

据李准等统计，因不同果树的遗传背景及育种目标不同，^{60}Co-γ 的诱变效果也各不相同。总体而言，^{60}Co-γ 辐射诱导果树获得的有利变异类型主要有无籽或少籽、早熟、短枝及抗性变异等类型。目前，通过 ^{60}Co-γ 辐射诱变育种已获得了一批优良的少核无核、短枝、早熟及抗逆性强的新品种及株系（表9-10）。

表 9-10 ^{60}Co-γ 辐射在果树诱变中的参考剂量及诱变后表型

树种	材料	参考剂量	常见表型
柑橘	种子	2.58C/kg	植株、枝叶性状变化小，果实少核或无核
	枝条	1.03～1.55C/kg	叶大、扭曲，披针形或柳叶形，节间密集，少核或无核
	枝条（柚）	41.5～58.5Gy	叶面缺刻、不对称，叶缘卷曲，少核或无核
苹果	枝条	30～60Gy	新梢生长缓慢，粗短枝、多权枝比例增加
梨	休眠枝	30～40Gy	叶片变形，丛状枝、叉分枝、盲芽枝增加
猕猴桃	枝条	25～50Gy	矮化，芽分化减弱，畸形，茎部变粗硬
枇杷	枝条	0.39～0.65C/kg	叶片小，缺刻畸形，叶柄细长
桃	萌动芽	13.95～23.25Gy	丛状分枝，节间缩短，叶片小、生活力下降
	休眠枝（观赏型）	20～40Gy	叶色、叶型、花色变异
	花粉	50～300Gy	花粉萌发率降低
山楂	试管苗	0.77～1.03C/kg	叶片细长、畸形，芽萌发率低
	休眠枝	30～40Gy	盲枝、丛生枝、扁化枝、叉状枝，叶片畸形，生长受阻

此外，^{60}Co-γ 射线诱变在树型、果实色泽、品质和耐贮藏等性状方面也取得了进展。在柑橘中，通过 ^{60}Co-γ 辐射诱变选育的新品种变异性状主要为少核或无核，少数新品种为成熟期及果实大小变异（表 9-10），比如黄建昌等利用 ^{60}Co-γ 辐射诱变红江橙和暗柳橙枝条获得了大果无核的优系。在苹果、梨、山楂等落叶果树中，通过 ^{60}Co-γ 辐射诱变选育的新品种变异性状主要是短枝、大果、丰产性等，少数是早熟、果皮色泽变异等。赵永波等用 ^{60}Co-γ 辐射诱变向阳红苹果枝条获得了短枝丰产型突变株系；胡钟东等用 ^{60}Co-γ 辐射诱变清香梨的休眠枝，获得了大果型突变株系；阎安泉等用 ^{60}Co-γ 辐射诱变青州敞口山楂的休眠枝获得了早熟、丰产型突变株系。

二、突变体的鉴定

突变体鉴定是非常重要的环节，从某种角度来说，鉴定甚至重于诱变，因为，只有经过细致全面的鉴定与评价，才能准确了解变异材料的优点和缺点，才能达到去劣存优的目的，才能真正了解变异材料的应用价值。

突变体鉴定通常在多个层次进行，最好能够在表型学、细胞学和分子生物学三个层面上都能找到遗传变异的证据并互相印证。以下是通常使用的鉴定方法。

（一）生理损伤及形态鉴定

生理损伤鉴定只在诱变一代进行，在设置对照的前提下，观测诱变一代的发芽率、成活率、枝叶形态、植株长势（高度、粗度）等性状，了解生理损伤的严重程度，为后续诱变育种工作提供借鉴。

形态鉴定从诱变二代开始进行，目的是发掘出具有形态变异的材料，观察其是否能够稳定遗传（包括无性繁殖或有性繁殖）。

（二）细胞学鉴定

对于发生了形态变异的材料，可通过观察减数分裂行为（花粉母细胞）、观察有丝分裂行为、测定花粉发芽率或发芽力等方法，了解其是否发生了细胞学行为的异常。

(三) 分子生物学鉴定

对于发生了形态变异的材料,还可采用同工酶(等位酶)分析或 DNA 分子标记分析,明确变异材料是否发生了遗传物质的变异,这也是最直接且可靠的遗传学证据。

(四) 目标性状鉴定

对于一些肉眼不能直接观察的目标性状(如含糖量、含酸量、抗盐突变、抗寒突变等),需要采用理化测定或抗性筛选进行鉴定,鉴定工作也是从诱变二代开始进行的,直至变异性状稳定可靠。

(五) 遗传性鉴定

如果变异性状已经稳定可靠,但需要进一步了解其变异性质的话(质量性状或数量性状,单基因控制或多基因控制),可以通过杂交及回交等试验进行遗传分析,为进一步的育种利用提供理论指导。

(六) 诱变剂处理对遗传性状的影响

如同芽变性状的多样性一样,诱变处理对园艺植物的遗传改良也是多种多样的,既有形态特征的变异,也有生物学特性的变异;既可以是根、茎、叶、花、果等器官形态的变异,也可以是产量、品质、株型、物候期、生长习性、开花习性、结果习性、抗性、育性(包括雄性不育)等性状的变异。

归根结底,这都是基因的多样性和基因突变的多样性使然。以阳山油栗经过辐射诱变育成农大 1 号板栗为例,后者具有如下优点。

1) 树型矮化,树冠紧凑,约为原品种的一半。
2) 枝条短而粗壮(短枝型,节间缩短 27.5%),结果能力明显增强。
3) 雌花枝多(占 69.15%),坐果率提高。
4) 早熟优质,可以提早 15~20d 成熟。
5) 一苞多果,出实率高,平均一苞 3 实。
6) 抗病性增强。

显然,农大 1 号板栗在诸多性状上都超越了原品种,这不太符合诱变育种中品种"修缮"的特点,推测可能是某个关键的主效基因发生了突变导致的"一因多效"所致。例如,苹果的短枝型芽变,除枝条变短变粗外,还表现出叶片变厚、成花容易、树冠矮化、坐果早、丰产性强等多个性状的变异,一般认为其缘于"一因多效",并归结为芽变的多效性。

三、突变体选择及诱变育种程序

(一) 诱变世代的划分

1. 有性繁殖的情况 以有性繁殖的代数作为诱变世代数。

将诱变处理后的种子称为 M_0(诱变零代),M_0 播种形成的植株称为 M_1(诱变一代),M_1 植株自交后所得群体称 M_2(诱变二代),由 M_2 中的入选突变体自交后所得群体称为 M_3(诱变三代),由 M_3 自交后所得群体称为 M_4(诱变四代),依此类推。

2. 无性繁殖的情况 以无性繁殖的代数作为诱变世代数。

将诱变处理后的材料（如接穗）称为 VM$_0$（简称 V$_0$，即诱变零代），嫁接或扦插 VM$_0$ 长成的植株称为 VM$_1$（简称 V$_1$，即诱变一代），由 VM$_1$ 的枝条嫁接或扦插长成的植株称为 VM$_2$（简称 V$_2$，即诱变二代），由 VM$_2$ 群体中入选突变体嫁接或扦插长成的植株称为 VM$_3$（简称 V$_3$，即诱变三代），依此类推。

（二）处理群体的大小

各世代群体的大小是关系到能否选择到所需突变体的重要问题。究竟多大的群体才合适，要根据具体作物种类及所需获得的突变类型、突变频率、突变体数目等因素决定。因此，在进行诱变育种前，对各世代群体进行一些估计是必要的。

对于单基因突变，假定其突变率为 u，至少要发生一个突变的概率水平为 p_1，则被鉴定的处理细胞数目为 n，可从下列公式算出：

$$n = \lg(1-p_1)/\lg(1-u)$$

突变可在被辐射细胞后代中发现，而二倍体植物存在的隐性突变在 M$_2$ 才能表现出来。如果辐射材料具有 50%的致死效应，则 2n 代表提供 M$_2$ 系所需的 M$_1$ 植株数。

每个 M$_2$ 株系的植株数（m），是由分离比例（α）及至少能产生一个纯合突变体的概率（p_2）来决定的。用下面的公式可以计算出 M$_2$ 群体应有的植株数（m）：

$$m = \lg(1-p_2)/\lg(1-\alpha)$$

把上述两个公式合并起来可计算出群体的应有大小。但从实用观点看，很少能正确预测突变率，所以，该公式计算的仅仅是一个粗略预测。特别是对于鉴别有实用价值的数量性状变异所需群体数目的计算是比较困难的，因为既不能确定所包括基因数目，也不能确定在 M$_2$ 中加以鉴别的最低效果的数量。

（三）突变体的选择

如前所述，并不是每个世代都适合进行选择，所以，各个世代都有相应的工作重点。

1. 以种子为诱变材料

M$_1$：不做选择，全部保留，严格隔离，保证自花授粉。对 M$_1$ 不做选择，其原因包括：表型异常多为生理损伤所致；由于生理损伤，材料生长较差，需要逐渐恢复；隐性突变尚不能表现（如 AA→Aa）；绝大多数变异为嵌合体。

M$_2$：对 M$_1$ 以果实或果穗为单元分开采收后播种。目的：对嵌合体进行分离提纯，得到"果系区"或"穗系区"，即 M$_2$，每一 M$_1$ 个体的后代应种植 20~50 株。因此，M$_2$ 是植株数量最多的一代。

M$_3$：对 M$_2$ 的每一个个体都要仔细观察鉴定，标记出每一个变异植株，将这些变异株分株采种并各自播种成"株系区"，得到 M$_3$。由于 M$_2$ 中的入选植株较少，故 M$_3$ 植株的数量远少于 M$_2$。

M$_4$ 及 M$_5$：将 M$_3$ 中的优选单株分株播种为 M$_4$，进一步选择优良株系，如果该株系内各植株的性状表现相当一致，便可将该株系的优良单株采种并混合播种成为 M$_5$，至此，突变即完全稳定，可以进入后续的育种程序（品种比较试验、区域栽培试验等）。

2. 以花粉为诱变材料 花粉诱变的情况比种子诱变略为简单。

对 M$_1$ 以植株为单元采种并分株播种即可，不必分果或分穗播种。原因：花粉是单细胞，辐射处理后，如果花粉产生突变，就是整个细胞发生了变异，不会形成嵌合体，所以不需要进行嵌合体的分离提纯。对每一 M_1 个体的后代（即 M_2 系）种植 10~16 株，其他程序与种子诱变相同。由于免去了分离提纯嵌合体的世代，花粉诱变可比种子诱变减少 1 个世代。

3. 以营养器官为诱变材料（常用于无性繁殖植物） 与种子繁殖植物相比，无性繁殖植物具有几个明显的特点：遗传杂合度高；不同位置的芽，辐射敏感性不同；极易形成嵌合体；处理的群体较小；田间评选优良基因型的耗时较长。

因此，育种工作的首要重点，是尽早将突变体从嵌合体中分离出来，具体分离方法如下。

1）分离繁殖法：考虑到芽的质量有差异，应让每个芽都有表现的机会。

2）短截修剪法：去除顶端优势，促进基部芽的萌发，因为基部的芽可能更好（嵌合面比较宽）。

3）不定芽法：辐射去掉定芽后的枝条、块茎或叶片，然后诱导不定芽。

4）组织培养法：将嵌合体的不同部位分开培养，获得同质突变体。

（四）诱变育种程序

以木本果树的分离繁殖法为例，简要介绍诱变育种的程序（图 9-14）。

V_1（第 1 年）：不做选择，因为在此阶段还难以区分生理损伤或真的突变。

V_2（第 2~4 年）：由 V_1 的休眠枝条，通过分离繁殖法进行转接获得 V_2，V_2 植株数量是 V_1 的 5~6 倍，在此阶段，诱变材料尚未开花结果，可以依据营养生长习性进行初步的选择。

V_2（第 5~7 年）：在此阶段，诱变材料已经开花结果，可以依据开花结果习性进行选择，发掘目标变异，对变异性状的优良性、一致性和稳定性进行检测。

V_3（第 8~10 年）：将 V_2 中变异性状优良且稳定的突变株系繁殖为 V_3，至此，突变完全稳定，可以进入后续的品种比较试验和区域栽培试验，具体步骤可以参照芽变选种的育种程序。

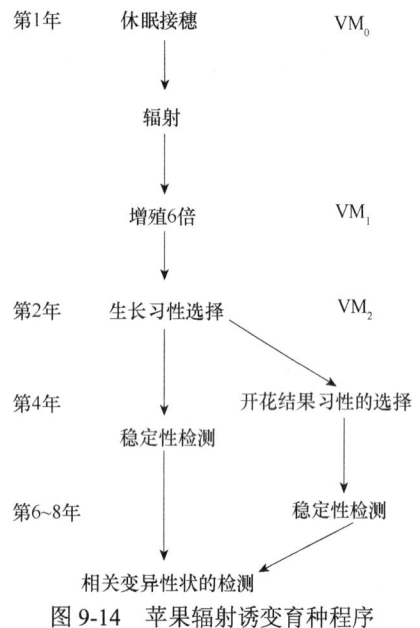

图 9-14 苹果辐射诱变育种程序（Campbell，1976）

对于种子繁殖的材料，一般要到 M_5 突变体才能完全稳定；对于无性繁殖的材料，一般要到 VM_3 突变体才能完全稳定。在获得稳定的突变株系后，即可按照育种程序，继续完成品种比较试验和区域栽培试验，获得优异的复选品系提交给品种审定委员会进行决选，通过决选，获得新品种证书后进行推广应用。

思考题

1. 名词解释：外照射、内照射、临界剂量、半致死剂量。
2. 简述诱变育种的意义和特点。
3. 对植物材料进行诱变处理时，应如何掌握适宜的剂量？处理剂量过高或过低会有什么问题？
4. 辐射诱变与化学诱变有哪些异同？
5. 诱变育种可采用哪些材料？M_1、M_2、M_3 的种植方式及选择应如何进行？
6. 化学诱变剂主要有哪些种类，每个种类的代表性药剂是什么？（写出中文名称、英文缩写及化学式）

第十章　园艺植物染色体倍性育种

染色体是遗传物质的载体。通常情况下，植物细胞中的染色体数目相对恒定。植株的细胞内染色体加倍，遗传物质增多而且发生染色体结构变异，同时遗传物质的表达也发生变化，如 DNA 甲基化程度增加、小 RNA 的表达水平改变等，导致植株形态发生变化。性细胞染色体数目是体细胞的一半，通过雌、雄配子培养形成单倍体。雌、雄配子在培养过程中也会出现染色体结构变异的现象，导致新性状的产生。倍性育种是指根据育种目标的要求，利用园艺植物染色体倍性特点，通过各种途径获得倍性植株，从中选育新品种。目前常用的倍性育种包括两种形式，一是利用染色体数加倍的多倍体育种，二是利用染色体数减半的单倍体育种。

第一节　染色体倍性育种的意义

体细胞中含 3 个或 3 个以上完整染色体组的生物统称为多倍体（polyploid）。染色体组（genome）是指一种生物维持其生命活动所需要的一套基本的染色体，通常用 x 表示。不同种属间的植物的 1 个染色体组所包含的染色体数目可能不同，也可能相同。例如，菊属植物的染色体基数为 9、蔷薇属为 7、茄属为 12；而水仙属的植物染色体基数不一，为 7、10 和 11。同一个染色体组中的每一条染色体都不可或缺，缺少任何一条都会导致性状的变异，甚至不能存活。

一、多倍化现象及多倍体育种的意义

自从 20 世纪初在普通月见草中发现了第一个多倍体植物巨型月见草后，人们对植物的多倍化现象展开了广泛而深入的研究。1916 年，Winker 在龙葵嫁接苗的愈伤组织中发现四倍体植株，并提出多倍体概念。在此之后，人们陆续在多种植物中发现多倍体。1937 年，Blakeslee 和 Avery 利用秋水仙素诱导曼陀罗获得四倍体植株后，多倍体育种逐渐应用到各种植物中，成为获得植物新品种的育种途径之一。多倍体育种指利用自然界或者人工诱导的多倍体材料进行选育植物新品种的方法。人们发现多倍体植株特别是异源多倍体植株具有器官变大、新陈代谢加快、次生代谢成分增加、抗逆性增强等许多明显的优势，因此人工诱导多倍体成为获得新品种的有效途径。通过人工选育、远缘杂交、理化诱导、组织培养、原生质体培养、体细胞融合等多种方法获得多倍体，在生产实践中得到了广泛应用。

（一）园艺植物的多倍化现象

多倍化是植物进化变异的自然现象，是物种形成和植物进化的重要因素之一。据统计，自然界大约有 1/2 的被子植物、2/3 的禾本科植物属于多倍体。在被子植物中，约 70% 的种类在其进化史中曾发生过一次或多次多倍化过程。倍性的改变在禾本科、茄科、豆科、十字花科等被子植物中较为多见，基因组加倍导致了物种数量剧增。

多倍化现象在园艺植物中普遍存在，如蔷薇科、鸢尾科、景天科、锦葵科、山茶属、菊

属等园艺植物中存在多种多倍体植物。Fedorov 统计了菊属 93 种植物的染色体数目，发现多倍体有 56 种，显然多倍化是菊属植物进化的重要途径之一。蔷薇属植物的染色体基数 $x=7$，其属内的月季与玫瑰为二倍体，部分法国蔷薇为三倍体，香水玫瑰多为四倍体，欧洲野蔷薇多为五倍体，莫氏蔷薇为六倍体，部分针刺蔷薇则为八倍体。唐菖蒲在进化过程中形成了二倍体、三倍体、四倍体和六倍体等。很多园艺植物的主要栽培品种为多倍体，如香蕉（$2n=3x=33$）、中国水仙（$2n=3x=30$）、黄花菜（$2n=3x=33$）、香葱（$2n=4x=32$）、菊芋（$2n=6x=102$）、辣根（$2n=4x=32$）、山药（$2n=4x=40$）、刀豆（$2n=4x=44$）等。

（二）多倍体育种的意义

1. 培育新品种、创新种质资源 植物染色体加倍以后，在 DNA 水平和转录水平上都会发生变化，表现出不同的表型，为植物种质资源创新和新品种选育提供材料。在 DNA 水平上，同源染色体增多，增加了染色体重组的概率，同时也可能诱导序列的消除；在异源多倍体化过程中可能产生染色体的重新组合，诱导新的染色体数目、染色体片段的重排和序列消除等变化。在转录水平上，植物染色体多倍体化后可能会发生转座子激活、DNA 甲基化、组蛋白修饰和 RNA 干扰等。这些 DNA 和转录水平的变化会影响多倍体化后植物的基因表达，多倍化植株表现出新性状，为新品种的选育和种质资源的创新奠定了基础。例如，多倍体的花卉具有叶色浓绿、花大、花色鲜艳、植株健壮等表型，因此多倍体花卉被广泛应用到园林绿化中，如 16 世纪栽培的郁金香夏季美是三倍体品种；1885 年以后荷兰栽培的小型二倍体水仙品种被三倍体品种代替，1889 年以后又开始广泛栽培四倍体品种；风信子中存在多种三倍体和四倍体品种。目前已培育出了马蹄莲、凤仙花、春兰、曼陀罗、大丽花等多倍体品种。在蔬菜作物中已有芦笋、大白菜、茄子、金针菜等四倍体品种（系）的育成与应用。果树中香蕉、草莓、猕猴桃、柑橘等都具有多个多倍体品种，表现果大、色泽鲜艳、丰产性好、无核等优良性状，如葡萄玫瑰香四倍体保持了其二倍体亲本原有的色、香、味等优点，而且比亲本二倍体玫瑰香的生长势及抗病力增强，成熟期提早，且葡萄的单果重明显增加。

2. 克服远缘杂交育种障碍 远缘杂种具有杂种优势，远缘杂交是培育园艺植物新品种的一种重要方法。但由于远缘杂交亲本间的亲缘关系比较远，它们的配子在生物学特性和新陈代谢方面等存在一定的差异，导致受精困难或受精后生活力显著下降，这是远缘杂交育种中存在的主要问题之一。对杂交亲本或亲本之一的染色体加倍，可以克服远缘杂交的杂交障碍。Sakai 等以二倍体映山红为母本诱导出了四倍体映山红，然后将四倍体映山红与二倍体杂交，获得了健壮的杂交苗，克服了原来二倍体之间核质基因不亲和而引起的白化苗问题。直接将秘鲁番茄和多腺番茄杂交，获得种子的概率非常小，如果将母本植株先诱导成同源四倍体，然后再与父本杂交，结籽率大幅提高，获得了较多的杂交后代。

通过远缘杂交获得的远缘杂种 F_1 高度不育。杂种 F_1 在形成配子的过程中，不同基因组来源的染色体在减数分裂时无法正常配对，不能正常联会，从而导致染色体不均衡分离及染色体桥的形成，难以形成有活性的配子，使结实率下降。对远缘杂种进行多倍化处理，可获得异源四倍体，异源四倍体在减数分裂过程中染色体能正常配对联会，从而产生有活力的配子，大大增加了杂种的结实率。日本在 20 世纪 60 年代将大白菜与甘蓝进行远缘杂交，获得新植物"白蓝"，它是大白菜与甘蓝的杂种胚经过染色体加倍而形成的异源四倍体。栽培黄瓜与近缘野生酸黄瓜之间的远缘种间杂种高度不育，对种间杂种进行秋水仙素处理后染色体加倍，获得了甜瓜属首例完全可育的异源四倍体新物种。

3. 遗传桥梁 相对于二倍体而言，多倍体比较容易容纳、添加或替代其他种属的染色体，忍受染色体的削减，因而可以把野生种或其他品种中简单遗传的抗病基因转移到栽培种中，如在倍性操作的基础上进行染色体操作，可培育异源附加系、异源代换系、异源易位系等，可由近缘植物引入优良性状而不太大改变原作物的品质，是植物育种的有效途径。如将异源四倍体黄瓜与二倍体亲本栽培黄瓜回交创制了异源三倍体、异附加系、渐渗系等一系列的优异资源，并利用渐渗系培育了南抗、霜抗及双抗系列黄瓜新品种，成功将野生种优异基因转移到栽培黄瓜中。Struss 等用黑芥（*BB*）、芥菜（*AABB*）、阿比西尼亚芥（*BBCC*）等不同来源的芸薹属的种间杂种的 B 染色体转到甘蓝型油菜（*AACC*）的加拿大品种 Andor 上。

二、单倍体的类型与特点及单倍体育种的意义

单倍体（haploid）是体细胞染色体数为配子染色体数（n）的个体。经加倍后的双单倍体（dihaploid）完全纯合，在植物育种中具有较高的应用价值。

（一）单倍体的类型与特点

根据物种细胞内染色体组数目的不同，单倍体可分为单元单倍体和多元单倍体两种类型，单元单倍体来自二倍体，多元单倍体来自多倍体。由同源多倍体的配子发育而成的单倍体称为同源单倍体；由异源多倍体的配子发育而成的单倍体称为异源单倍体。

由于单倍体染色体数目减半，多倍体在形态、解剖特征、遗传和生理特性方面等与亲本均有明显不同。与亲本植株相比，单倍体常常表现为长势弱、叶片上单位面积保卫细胞小、叶绿体数目较少、叶片变薄且颜色浅绿，单倍体的体细胞、细胞核和花粉母细胞均变小。多数单倍体由于减数分裂不正常而高度败育。黄瓜的单倍体植株与正常二倍体植株相比，其再生植株叶片较小、植株较矮、节间较短、叶片颜色较浅。

（二）单倍体育种的意义

1. 加快材料纯合，缩短育种年限 在常规杂交育种中，要对杂交后代进行自交纯化，但要经过连续 5~6 代自交和选择，而且不能实现所有性状的绝对纯合；在利用杂种优势进行育种中，要对父母双亲进行纯化，自交纯化所需要的时间也比较长。单倍体经自然或人工加倍后可以得到完全纯合的二倍体，实现材料的快速纯化，节约育种时间和成本，克服常规育种和优势育种的局限，大大加速育种进程。

2. 培育远缘杂交新品种的有效方法 远缘杂交时亲本的亲缘关系较远，导致杂交种 F_1 结实率低或很难结实，F_2 开始出现剧烈性状的分离。诱导远缘杂交种 F_1 的花粉产生单倍体，将单倍体加倍后可以有效克服远缘杂交后代异常分离的问题，快速稳定新性状，从而培育出纯合的远缘杂交后代。

3. 转基因育种的理想受体 单倍体植株加倍后获得的植株基因型纯合，后代不分离，是理想的转基因受体材料。利用单倍体植株上的组织、细胞或原生质体作为外源基因转化的受体，有利于外源基因的整合与表达，尤其是隐性基因的表达。同时，将转基因单倍体植株直接加倍可以获得纯合材料，有利于研究基因的功能，而且可以避免外源基因在后代分离中丢失，有利于稳定遗传。

4. 诱变育种的良好材料　　单倍体在每个基因位点上只存在一组等位基因，因此不论显性还是隐性，都可以表现出来。单倍体对外界环境的变化较为敏感，较容易发生基因突变。利用单倍体及其细胞进行诱变育种，显性突变和隐性突变都可以在当代表现出来，以便于早期的识别和选择，进而迅速获得具有优良新性状的二倍体纯系。

5. 用于基因组测序　　通过基因组测序可以在分子水平上了解植物的遗传基础，目前已经完成多个园艺植物的全基因组测序工作。但一些园艺植物的基因组比较复杂，测序后的序列拼接工作难度大，基因组测序工作推进慢且测序效果不好。单倍体和双单倍体基因位点纯合、基础简单，比较容易完成全基因组的测序、拼接和组装等工作。

第二节　多倍体的种类、特点和产生途径

一、多倍体的种类

根据染色体的来源不同，多倍体可分为同源多倍体和异源多倍体。

（一）同源多倍体

同源多倍体是指所有染色体组来源同一物种染色体组的多倍体。如果用大写字母 A 表示一个染色体组，二倍体是 AA，同源三倍体是 AAA，同源四倍体是 AAAA，以此类推。同源多倍体的形成途径一般通过染色体加倍或同一个物种内不同个体间的杂交与多倍化而形成。例如，植物细胞有丝分裂不正常，形成了多倍体细胞，或减数分裂不正常形成 $2n$ 配子，然后与正常的配子结合，产生同源三倍体，或两个 $2n$ 配子受精产生同源四倍体，或同源四倍体与其二倍体杂交也可以获得同源三倍体。多种园艺植物为同源多倍体，如香蕉、中国水仙金盏银台、柑橘 Garbi 等为同源三倍体。自 21 世纪以来，我国西瓜育种家经过不懈努力成功培育出一系列三倍体无籽西瓜新品种，且已推广成为无籽西瓜的主栽品种。

（二）异源多倍体

异源多倍体是指染色体组来自已经产生生殖隔离的不同物种间的多倍体。如果用大写字母 A 表示一个物种的染色体组、B 表示另一个物种的染色体组，则 AABB 为异源四倍体。异源多倍体是物种演化的重要因素之一，栽培的草莓、梨、菊花、郁金香、百合、水仙等园艺植物都有一些异源多倍体的品种，如芸薹属的 3 个二倍体物种，白菜（$2n=20$，AA）、甘蓝（$2n=18$，CC）和黑芥（$2n=16$，BB），在植物的进化过程中，3 个二倍体间两两杂交后经自然加倍形成 3 个异源四倍体品种，即甘蓝型油菜（$2n=38$，AACC）、芥菜型油菜（$2n=36$，AABB）和埃塞俄比亚芥（$2n=34$，BBCC）。英国的丘园报春（$2n=4x=36$，AABB）是多花报春（$2n=2x=18$，AA）与轮花报春（$2n=2x=18$，BB）杂交后经染色体自然加倍后形成的。

二、多倍体的特点

（一）巨大性

由于染色体加倍，多倍体植株在形态上通常表现出植株健壮、茎粗、叶厚、花色鲜艳、花粉粒增大、果实增大、种子大而少和生长期延长等特征，如多倍体文心兰植株生长缓慢、植株矮壮、茎段变粗；三倍体郁金香品种哈尔克罗、马武琳、莱纳温植株高大、花大、球根

肥大；不结球白菜四倍体品种南农矮脚黄比二倍体叶色更深、叶片更厚，产量增加20%~30%；三倍体枇杷植株树体高大、生长旺盛、分枝少、叶色浓绿、茸毛长而密、叶缘缺刻和花器官增大明显。

大多数同源多倍体巨大性特征随着染色体倍性的递增而增加，但这种递增关系是有一定限度的，超过一定倍数器官不再增大，如四倍体枣植株强壮、叶片变圆、叶色加深；而八倍体枣植株呈现变小的趋势，生长缓慢、叶片变小、节间极短，不能在田间长时间存活。而有些植物的多倍体不表现出巨大性的特点，如柑橘的多倍体植株比二倍体植株矮小。

（二）育性降低

同源三倍体和奇数倍的异源多倍体表现出高度不育。同源三倍体高度不育是其在形成配子的过程中，同源染色体不能正常配对造成染色体分配不均衡，形成非整倍性配子，导致配子育性降低。奇数倍的异源多倍体在减数分裂时存在较多的单价体，染色体分离紊乱，配子染色体数及其组合成分不平衡，导致配子育性降低。利用这一优势可以进行无籽果蔬的生产，如三倍体西瓜、香蕉的果实中无籽或基本无籽。三倍体无籽西瓜是目前在生产上利用异源多倍体栽培面积最大的水果之一，与二倍体西瓜相比具有抗逆性强、含糖量高、无籽、耐贮运、产量高等优点。育性降低导致同源三倍体和奇数倍的异源多倍体很难通过有性生殖繁殖后代，只能通过无性繁殖生产种苗或种球，如中国水仙（$2n=3x=30$）很难获得发育正常的种子，生产中利用子球进行种球繁殖。

多倍体育性降低的程度却因不同的基因型差异而差别很大，如同源四倍体玉米的育性一般下降85%~95%，同源四倍体枇杷花粉育性为二倍体的60%，四倍体的番茄和曼陀罗的结实率也只有原植物二倍体的20%，同源四倍体草棉则几乎不育。

偶数倍的异源多倍体，其染色体遗传行为与二倍体相似。在减数分裂过程中，同源染色体类似二倍体，正常联会形成二价体，可形成正常的配子，产生可育的花粉和雌配子体，因而表现高度可育。但也有一些偶数倍的异源多倍体的育性降低，其产生的原因与基因组间的亲缘关系有关。对芸薹属四种异源四倍体 $AACC$ 细胞减数分裂的染色体配对分析发现，出现了相当高频率的单价体和四价体，其产生的原因是 A、C 亚基因组间较近的亲缘关系使减数分裂过程中出现部分同源染色体配对，促使单价体与四价体的形成。

（三）抗逆性增强

多倍体植物一般对逆境有较强的抗性，在低温、高温、干旱、盐胁迫、病害等逆境下，多倍体植物生存能力更强。现代研究认为多倍体抗逆能力比二倍体好是其在生物大灭绝事件中存活下来的重要原因，如不结球白菜四倍体较二倍体的抗寒性、抗热性及抗病性均有明显的提高。在低温胁迫下四倍体杂交兰叶片中渗透调节物质含量和保护酶活性提高，其对低温的耐性强于二倍体杂交兰。不同倍性猕猴桃的潜在适生区存在明显差异，二倍体猕猴桃的高适生区集中在海拔较低的湖南丘陵区域；四倍体猕猴桃的高适生区大部分与二倍体重叠，但有部分向贵州北部、重庆东部区域偏移；六倍体猕猴桃的高适生区则集中分布在贵州大部、湖南西北部、湖北西南部和陕西南部地区，六倍体猕猴桃明显向高海拔、高纬度地区偏移，并且有更广的高适生区面积。在盐胁迫下二倍体柑橘的生长速率没有明显变化，四倍体果树的生长速率增加，且四倍体叶片中氯离子积累速率慢于二倍体，表明四倍体的耐盐性强于二倍体。

（四）生理生化活动变化

多倍体植物具有较强的可塑性，即多倍体植物能够忍受多倍化给基因组带来的剧烈冲击，以及由这些变化所带来的多倍化过程中基因组剧烈的遗传、表观遗传变化及表达与代谢产物的改变，导致植物的生理生化活动随之变化。植物的新陈代谢旺盛，碳水化合物、蛋白质、维生素、植物碱、单宁等有机物的合成速率改变。例如，葫芦科作物多倍体果实通常比二倍体具有更高含量的可溶性糖、可溶性固形物和可溶性蛋白质等品质性状；四倍体和三倍体薄皮甜瓜果实成熟时期可溶性糖、可溶性固形物、可溶性蛋白质、维生素 C、氨基酸含量均高于二倍体；同源四倍体茄子品种新茄一号的果实脂肪、蛋白质含量分别较对照二倍体品种明显增加；三倍体水仙比二倍体花大、香味浓。

三、多倍体的产生途径

植物多倍体的主要产生途径有：体细胞染色体加倍、$2n$ 配子融合、不同倍性间杂交和多精受精 4 种途径。

（一）体细胞染色体加倍

植物体细胞有丝分裂异常，染色体正常复制但细胞没有分裂，导致体细胞染色体加倍。加倍的细胞发育成为多倍体的组织或器官。体细胞加倍可以发生在普通薄壁细胞、分生组织细胞、根尖、茎尖等组织和器官，也可以发生在合子或幼胚体细胞。因而，多倍体可能以芽变的方式发生，也可能从实生苗中检出。自然界中染色体可自发加倍形成多倍体，但发生频率很低，如金冠酥是酥梨多倍体芽变新品种，细胞学观察结果显示金冠酥同时存在着二倍体与四倍体细胞；沾冬 2 号是晚熟鲜食二倍体品种冬枣自然变异中选育出的大果型，且拥有众多优良性状的新品种，经过鉴定为二、四混倍体；天海鸭梨是鸭梨的同源四倍体芽变。也从柑橘、枇杷等的实生苗中发现多倍体的植株。通过人工诱导体细胞染色体加倍是获得多倍体植株的有效方法，在多种园艺植物中有成功报道。

（二）$2n$ 配子融合

正常情况下，生殖细胞经减数分裂形成单倍体配子，两个配子结合发育成胚，体细胞染色体数目不变。但在自然界中，减数分裂异常，如第一次分裂中染色体不减数，或者第二次分裂中只有核分裂，而不出现细胞质分裂，都会出现配子体的染色体数与体细胞相同，即产生了未减数配子（$2n$ 配子）。减数配子和未减数配子结合或两个未减数配子结合都可以产生多倍体胚，从而形成多倍体。配子染色体加倍后经过授粉受精获得的再生多倍体植株是纯合的，没有嵌合体现象。几乎所有植物种类都能产生 $2n$ 配子，一般认为自然界大多数多倍体是通过这种方式形成的。产生 $2n$ 配子的现象在园艺植物中也比较常见，如苹果、桃、杏、草莓、葡萄、醋栗、树莓、柑橘、菠萝、百合、紫花苜蓿、时钟花、鸭茅、红三叶、藏报春、蝴蝶兰、绣球花、大白菜等。彭博对 223 个枣品种的花粉大小进行了研究，发现 34.08% 的枣品种在自然条件下可产生 $2n$ 花粉，其中铃铃枣的 $2n$ 花粉比例高达 9.41%。

$2n$ 配子的形成受遗传因素的控制，不同基因型形成 $2n$ 配子的能力相差很大。对 8 个菊科薯属的 14 种植物的配子倍性进行观察，发现几乎所有的种都可以产生 $2n$ 配子，$2n$ 配子的发生频率为 1%～3.3%。杂交品种 $2n$ 配子的形成频率明显高于非杂交品种，两者 $2n$ 配子形成频率有极显著差异，特别是种间或属间杂种具有较其亲本产生更高频率的 $2n$ 配子的潜力，这可能是种间杂种染色体配对能力差，且配对的染色体不分离，导致减数分裂紊乱，产生了 $2n$ 配子。

自然界中植物产生 $2n$ 配子不仅受植物本身的遗传特性控制，也受外界环境因素的影响，如温度、水分、创伤、高辐照度、养分胁迫等。外部不良环境可以促进 $2n$ 配子的发生，从而促进多倍体形成，因而在高纬度、高海拔地带或其他极端环境中多倍体出现的频率较高。利用这一现象，人工也可以通过物理方法和化学药剂处理植物诱导产生 $2n$ 配子。物理方法如电离辐射、高温或低温处理等。低温处理增加了芸薹属和茄属植物产生 $2n$ 花粉的频率，热激处理荷花和蔷薇的花蕾增加了 $2n$ 花粉产生的频率。利用化学诱变剂，如秋水仙素、氨磺乐灵或一氧化二氮等也可以诱导植物产生 $2n$ 配子。在香蕉、橡胶上用秋水仙素处理花蕾都可大幅度提高 $2n$ 花粉比率，甜樱桃的花枝经秋水仙素处理后，$2n$ 配子的发生频率由 3.48% 提高到 55%。

园艺植物的部分多倍体品种是自然产生 $2n$ 配子后与正常配子结合形成的，如三倍体苹果品种大珊瑚、赤龙、绯之衣等是从自然实生苗变异中选出的，这些三倍体品种可能都是通过 $2n$ 配子途径产生的。

（三）不同倍性间杂交

二倍体之间杂交、二倍体和多倍体杂交、多倍体之间杂交也可以获得多倍体植株。柑橘的二倍体与四倍体间倍性杂交获得了多个三倍体杂种，早在 1958 年，无酸柚与多籽的四倍体葡萄柚杂交培育成了三倍体品种 Oroblanco 和 Melogold。著名的葡萄品种巨峰是日本在 1936 年用两个四倍体品种（石原早生与森田尼）杂交而得。二倍体之间杂交虽然可以获得各种类型的多倍体，但出现多倍体的概率很低。苹果三倍体品种陆奥、世界一、北斗、北海道和乔纳金等都是由二倍体品种杂交育成的。

（四）多精受精

多精受精指在受精时两个以上的精细胞同时进入卵细胞，进而发生受精作用。虽然多精受精现象已在向日葵和兰科植物中发现，但是目前普遍认为它不是多倍体形成的主要途径。

第三节 多倍体的育种途径

一、资源调查和选种

园艺植物在自然条件下发生体细胞的多倍化，可以在芽变的枝条中得到多倍体；同时在自然条件下也可以产生 $2n$ 配子，因此可以在自然实生苗中获得多倍体。通过种质资源调查发现这些多倍体并培育成新品种。芽变选种是无性繁殖植物育种的一种有效途径，多倍体芽变多以嵌合体的形式存在，如大鸭梨、天海鸭梨是鸭梨的同源四倍体芽变。柑橘的珠心细胞如果发生体细胞有丝分裂异常，导致染色体无法移向细胞两端，使得染色体数加倍。当加倍后的珠心细胞分化成珠心胚后将产生同源四倍体的种子，从实生苗后代中就可以选择出天然的同源四倍体植株，如起源于我国南方的金豆是四倍体，是由珠心胚实生苗选育而来，甜橙、柠檬、葡萄柚的实生苗中也约有 2.5% 的四倍体。从柑橘二倍体实生苗中也可发现三倍体和四倍体。

二、化学诱变

自然界中发生多倍体变异的频率很低，难以满足育种的要求，因此人们通过人工手段创造多倍体。利用化学诱变剂诱导植物产生多倍体是最普遍、最经济有效地获得多倍体的方法，已经在多种园艺植物中开展了研究和应用。

自从 1937 年 Blakeslee 和 Avery 发现秋水仙素具有诱导多倍体的能力以来，已发现有 200 余种化学试剂对植物多倍体有诱导作用，主要有吲哚乙酸、8-羟基喹啉、2,4-D、甲基黄酸乙酯、羟胺、吖啶、叠氮化合物、有机砷、有机汞、磺胺等。目前，秋水仙素被认为是加倍效果最好、使用最广泛的诱变剂。一般秋水仙素的有效诱导浓度为 0.0006%～1.6%，而以 0.2%～0.4%应用范围最广。利用秋水仙素处理紫薇的子叶期幼苗得到四倍体和六倍体植株，并从中筛选出花大、叶大、叶深的优良单株四海升平、紫馨和银蝶，并获得了新品种权。兰花的多倍体诱导，可以将种子、原球茎、根状茎、丛生芽、茎段等进行秋水仙素处理，然后利用组培培养获得多倍体植株；也可以将秋水仙素注射或涂抹到花蕾上诱发 $2n$ 花粉形成，然后通过有性杂交获得多倍体植株。

近年来一些除草剂，如安磺灵、氟乐灵、二甲戊灵等也应用到植物的多倍体诱导中。与秋水仙素相比，这些化学物质具有诱导植物多倍化程度高、更经济、对环境的污染更小等特征，并且对植物的染色体损伤小，受到育种者的重视。利用除草剂已经在多种园艺植物中成功诱导多倍体，如安祖花、猕猴桃、百合、半枝莲、兰花等。

三、有性杂交

利用秋水仙素或者除草剂获得的多倍体多为偶数倍的多倍体，而有性杂交既可以获得偶数倍的多倍体，也可以获得奇数倍的多倍体，是获得异源多倍体的重要途径。通常有性杂交获得多倍体的途径主要有两种：利用 $2n$ 配子和利用多倍体亲本。

很多植物在减数分裂过程中自发产生 $2n$ 配子。兰属植物通过远缘杂交可以提高 $2n$ 雄配子的发生率，如美洲石斛×石斛杂种的杂交得到了广泛的性状和染色体的变异，并产生三倍体后代。在百合和郁金香中发现了来自未减数配子自发形成的三倍体。由于 $2n$ 配子的存在，柑橘二倍体间杂交也可能获得三倍体。西班牙育种者通过此方式获得了 4000 余株三倍体，并从中选育出了两个品质优良的品种 Sofar 和 Garbi。

可以通过二倍体与多倍体之间、多倍体与多倍体之间的杂交获得多倍体植株。例如，三倍体的无籽西瓜是通过二倍体与四倍体之间的杂交产生的；华幸梨是以大鸭梨（四倍体）与雪花（二倍体）杂交育成的三倍体新品种，具有早果、高产、耐贮藏、抗黑星病能力强等优良性状；在柑橘中，利用四倍体多胚种类如马叙无核葡萄柚给二倍体单胚种类如克里迈丁橘、柚类等授粉杂交，将得到的发育不完全的种子进行组织培养，成功再生出三倍体植株。也可以通过四倍体自交或四倍体之间杂交获得四倍体，如 1936 年日本用两个四倍体品种（石原早生与森田尼）杂交获得葡萄品种巨峰。

四、离体培养

利用植物离体培养技术获得多倍体主要包括以下几种途径。

（一）胚乳培养获得三倍体

被子植物的胚乳是由 1 个雄核和 2 个雌核融合形成的，为三倍体组织。可以将胚乳细胞在离体条件下脱分化和再分化形成三倍体植株。近年来，胚乳离体再生植株已在多种园艺植物上获得成功，如柑橘、枇杷、西番莲、猕猴桃和红掌等。在胚乳培养中，胚乳愈伤组织和再生植株的染色体数常发生变化。例如，苹果胚乳再生植株中真正的三倍体细胞只占 2%～3%，然而橙、柚、核桃等在胚乳培养中表现了三倍染色体数的相对稳定性。在柑橘、枣、枇杷等果树上均已通过胚乳培养获得了三倍体。三倍体大多具有巨大性，同时三倍体减数分裂异常导致果实无籽，这是获得无核水果的一种重要方式。

（二）原生质体融合获得多倍体

原生质体融合，也称体细胞杂交，把种内、种间或属间的原生质体融合后再诱导分化成再生同源或异源多倍体植株。1960 年，Cocking 首次运用酶法去除植物细胞壁获得原生质体，随着化学融合、电融合、PEG 融合法的发展，已在几百种种内、种间或属间原生质体融合中获得了再生植株。自 1985 年 Ohgawara 等采用聚乙二醇诱导获得柑橘属与枳属间体细胞杂种以后，柑橘体细胞杂交发展迅速，通过原生质体融合获得体细胞杂种已是柑橘品种改良的重要方法之一。例如，华柚 2 号是将国庆 1 号温州蜜柑愈伤组织原生质体与华柚 1 号叶肉原生质体融合创制的雄性不育胞质杂种。Nova 橘柚和 Succari 甜橙、Pink Marsh 葡萄柚和 Murcott 橘橙的体细胞融合四倍体杂种中出现了一些经济性状优良且无籽的植株，这些可作为鲜食品种选育的基础。

（三）无性系变异获得多倍体

植物组织培养过程中产生无性系变异，染色体倍性变化是变异产生的原因之一。在很多园艺植物的组织培养过程中都发现了该现象。利用组织培养方法我国已获得了苹果、葡萄、芦笋、百合、西瓜、甜瓜、黄瓜和柑橘等园艺植物的多倍体材料。染色体加倍效果与材料的发育阶段、取材部位、培养基类型、培养条件（如光照、温度）等密不可分，激素种类及其浓度对诱导也有一定的影响。马国斌等用西瓜和甜瓜未成熟子叶、子叶和真叶作为外植体进行离体培养，获得了较高频率的四倍体变异。陈劲枫等用离体培养自交 30d 左右的黄瓜未成熟种子，得到了四倍体植株。在柑橘愈伤组织培养基中加入 1.5mg/L 的 2,4-D 后，多倍体细胞由对照的 2.5%提高到 26.0%。

（四）化学诱导与组织培养结合诱导多倍体

近年来，组织培养技术和化学诱导法相结合的离体培养诱导法已成为诱导植物染色体加倍的常用方法。与利用活体的植株茎尖和种子诱导多倍体相比，利用组织培养诱导多倍体具有实验条件易于控制、重复性强、可在短期内获得大量多倍体植株、减少常规处理产生的嵌合体、获得同质染色体和提高诱变率等优势。并且一旦筛选出多倍体，便能在短时间内迅速繁殖出大量质量好、无病虫害的试管苗，便于进行鉴定和推广。利用秋水仙素或者其他化学诱变剂处理组织培养过程中的丛生芽、原球茎、体细胞胚、种子萌发、幼苗等是诱导园艺植物多倍体的有效方法，已经在黄瓜、蝴蝶兰、柑橘、西番莲、月季、猕猴桃等园艺植物中成功应用。

第四节 化学药剂诱导多倍体的原理和方法

化学药剂诱导多倍体具有方便、突变频率高、专一性强等特点，是目前人工诱导园艺植物多倍体最普遍的方法。能诱导多倍体产生的化学药剂有很多，如秋水仙素、有机汞制剂（富民隆）、EMS、磺胺剂、二苯胺类除草剂氨磺乐灵（Oryzalin）等。因秋水仙素在一定浓度范围内，对植物生长及染色体的结构无破坏作用，也很少会引起其他不利遗传变异（如改变染色体臂比等），所以是应用比较广泛的一种化学诱导剂。

一、秋水仙素的物理、化学性质

19世纪初，人们就从欧洲的百合科植物秋水仙（*Colchicum autumnale* L.）的球茎中分离出来并鉴定了这种生物碱，因此把它叫作秋水仙素，也叫秋水仙碱（colchicine），其结构式如图10-1所示，分子式为 $C_{22}H_{25}NO_6$。

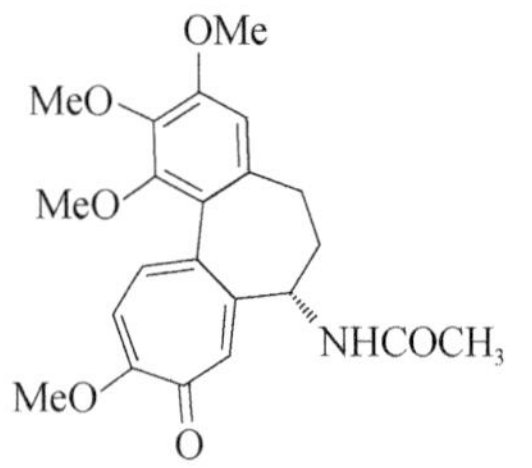

秋水仙素是一种重要的卓酚酮类生物碱。它是一种含有三个环结构的复杂化合物：一个带有3个甲氢基苯环（A环）；一个7-位上带有酰胺的七元环（B环）；一个卓酚酮环（C环）。秋水仙素也是一种有机胺类生物碱，其氮原子不在环内，而是在侧链上呈酰胺状态，酰胺结构中的氮原子的孤电子对与羰基的电子（π）形成 p-π 共轭，碱性极弱，所以秋水仙素几乎呈现中性反应，$pK_a = 1.84$。

图10-1 秋水仙素结构图

秋水仙素是一种淡黄色鳞片状结晶或粉末，这是由于它含有1~5个结晶水，遇光易变暗色，纯品应为无色。秋水仙素的分子量为399.44，熔点为142~145℃，熔融时同时分解。秋水仙素由于具有弱极性，因此既可溶于水（在一定浓度的水溶液中能形成半水合物的结晶析出），又可溶于部分有机溶剂中。1g秋水仙素可溶于22mL水、220mL乙酸、100mL苯中。它易溶于乙醇、氯仿，但不溶于石油醚。

在秋水仙素分子中，由于A环与C环之间C—C单键的旋转受到了限制，因此它可被认作为是手性轴而使整个分子具有手性特征。根据分子的这种不对称性，秋水仙素有4种立体异构体，见图10-2。

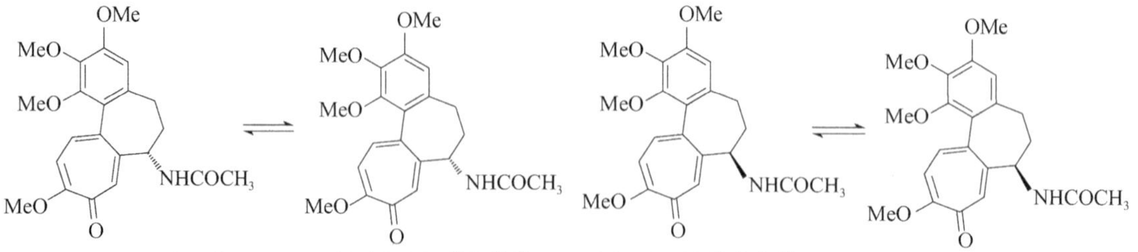

(−)-(aS, 7S)-秋水仙素　　(+)-(aR, 7S)-秋水仙素　　(−)-(aS, 7R)-秋水仙素　　(+)-(aR, 7R)-秋水仙素

图10-2 秋水仙素立体异构体

每对异构体在C7位上都具有R或S构型。在秋水仙素分子中，旋转的位能为22~24kJ/mol。在一定的条件下，秋水仙素可发生降解，如图10-3所示。

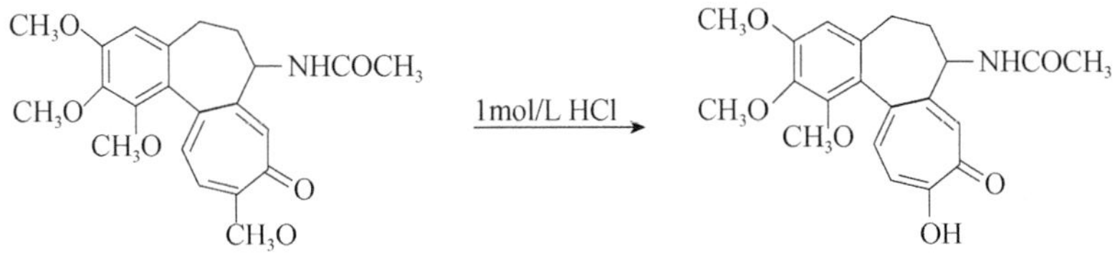

图 10-3 秋水仙素的降解

因此，在提取秋水仙素的过程中，要注意控制适当的条件，以保证秋水仙素不降解。

二、秋水仙素诱发多倍体的原理

秋水仙素诱导细胞染色体加倍的可能机制有以下几种：①秋水仙素→破坏微管蛋白的装配→纺锤丝不能形成→复制的染色体不能分离→染色体加倍；②秋水仙素→微管蛋白解聚→引发 DNA 异常复制→染色体加倍；③秋水仙素→染色体着丝粒分裂延迟→姐妹染色体不分离→染色体加倍；④秋水仙素→细胞质分裂异常→染色体加倍。

（一）秋水仙素对 DNA 合成和微管装配的影响

在 20 世纪 50 年代，利用放射自显影法对 DNA 的定性研究，最终弄清了细胞分裂中具决定意义的 DNA 复制及 RNA、蛋白质的合成都是在细胞分裂间期，而根据间期的不同变化特点，间期又可分为：①合成前期（G_1）：主要是 RNA 和蛋白质的生物合成，特别是与 DNA 复制有关的酶的合成。②合成期（S）：关键是进行 DNA 复制。③合成后期（G_2）：主要进行微管蛋白的合成及一些与细胞分裂有关物质的大量合成。Rao 和 Johnson 利用细胞融合技术研究表明：S 期的细胞中有一种诱导物质能引起 DNA 复制；而在一般情况下，细胞一旦开始进行 DNA 合成，则细胞周期要一直继续进行直至完成有丝分裂，中途不停顿。有研究发现：G_1 期中微管（纺锤丝）解聚可引起 DNA 合成。将鸡、小鼠和人的成纤维细胞在无血清培养液中培养，当加入秋水仙素（浓度为 1×10^{-5}mol/L）等微管破坏剂时，便引起 DNA 合成，胸腺嘧啶核苷的渗入量增加一倍。

构成微管（纺锤丝）的主要成分为微管蛋白，占微管蛋白含量的 80%～95%，微管蛋白分两种，即 α 微管蛋白和 β 微管蛋白。α 微管蛋白和 β 微管蛋白形成微管蛋白异二聚体，是微管装配的基本单位。在每一微管蛋白异二聚体上有两个结合位点，一个秋水仙素结合位点，一个长春花碱结合位点，如果结合位点被药物所占据，则微管不能继续聚合，并引起原有的微管解聚。因而秋水仙素和长春花碱及秋水仙素的类似物有干扰微管装配、破坏纺锤体形成并引起原有微管解聚和终止细胞分裂的作用。

（二）秋水仙素对染色体排列和移动的影响

在细胞分裂的前中期染色体向赤道面移动和分裂后期染色体向两极移动均与纺锤体微管作用有关。一方面，前期、中期，两条姐妹染色单体的着丝粒上各连有一组伸向一极的微管，由于两组微管作用力平衡，染色体排列到赤道面上。后期中，染色体微管（与染色体相连的纺锤丝）缩短产生拉力和极微管（其他纺锤体）延长产生推力，共同使两组染色体移向两极。若在细胞分裂前期、中期、后期，用一定浓度的秋水仙素处理，造成微管（纺锤丝）解聚，整个纺锤体解体，其最终结果是染色体排列与移动的停滞。另一方面，秋水仙素使染色体的着丝粒延迟分裂，于是已复制的染色体的两条染色单体分离，而着丝粒仍连在一起，形成"X"形染色体图像（称为 C-有丝分裂，即秋水仙素式有丝分裂），后来着丝粒自动分开。结果两个姐妹染色单体虽然彼此分开形成染色体，却不能移向两极，而重组成一个双倍性的细胞核。这时候细胞加大而不分裂，或者分裂成一个无细胞核的细胞和一个有双倍性细胞核的细胞。经过一个时期以后，这种染色体数目加倍了的细胞再分裂增长时，就构成了双倍性的细胞和组织，并在此基础上进一步发育成为多倍体植物。因此秋水仙素在细胞分裂中所起的作用是与微管形成或解聚密切相关的。秋水仙素一方面能阻滞微管（纺锤丝）形成，或使已形成的微管解聚；另一方面，秋水仙素又能促使 DNA 的复制和有关蛋白质的合成。因此，秋水仙素在细胞分裂间期、前期、中期、后期均能发挥作用，最终使细胞中染色体数目加倍。

秋水仙素是一种微管解聚剂最重要的微管工具药物。当秋水仙素与正在进行有丝分裂的细胞接触时，秋水仙素结合到微管蛋白的特定位点导致 α 微管蛋白与 β 微管蛋白二聚体结构变形，从而阻断微管蛋白组装成微管，并引起原有微管解聚，使细胞中与微管相关的功能受到阻碍和丧失，如不能形成纺锤丝。没有纺锤丝牵引，赤道面上的染色体不能移向两极，阻碍中期以后的细胞分裂进程，导致细胞分裂终止。当秋水仙素被洗掉，细胞恢复正常分裂功能后，这个受影响的细胞的染色体就增加了一倍，产生染色体数加倍的核。高浓度的秋水仙素处理细胞时，细胞内的微管全部解聚，低浓度的秋水仙素处理细胞时，细胞内的微管会保持稳定，且细胞会被阻断在发育中期。低浓度的处理效果是可逆的，一旦秋水仙素作用消除，细胞的分裂功能会自动恢复正常。低浓度的秋水仙素阻止微管聚合，它可能通过与微管末端结合，而不是与可溶性微管蛋白结合来阻止微管聚合。但游离的秋水仙素分子不直接与微管末端结合，而是先与可溶性微管蛋白结合，引发一个慢的微管蛋白构型改变，最终形成一个几乎不可逆的终极微管蛋白秋水仙素复合物。这种复合物与部分微管的端点共聚合，这些端点仍能伸长，但动力被抑制。复合物可缓慢破坏微管网格的结构，使微管蛋白的加入减慢。重要的是这种复合物与邻近微管蛋白的结合比微管本身要紧密，因此微管聚合的速度减慢。总之，适当浓度的秋水仙素处理，会破坏细胞中微管的组装，阻止纺锤体正常生成，使细胞分裂失去动力来源，从而使染色体复制后期细胞不能一分为二，最终导致染色体数目加倍。

三、秋水仙素诱变多倍体应注意的几个问题

（一）诱变材料

对处理的材料个体而言，所处的生长发育时期不同，秋水仙素诱导的效应也不同。种子和芽可以在休眠状态或代谢及合成的旺盛阶段进行处理。但生长点处理越早越好，获得的多倍体数目就越多；处理时间越晚，则大多是嵌合体；处理的幼苗越大，多倍体成功率越低。主要是秋水仙素的诱变作用超过了生长点细胞的分裂作用，所以在诱变过程中最好采用第一次有丝分裂染色体加倍，才能得到全部四倍体细胞，形成完全稳定的同源四倍体植株。诱变材料在很大程度上决定着诱变的效率。诱变材料一般选取植株组织分裂最旺盛的时期和部位，如种子、幼苗、生长点、茎尖、愈伤组织、胚状体、悬浮细胞系、小孢子、原生质体或单细胞等。

（1）愈伤组织　　用秋水仙素处理植物的愈伤组织时，体细胞较容易加倍，加倍的体细

胞再分化成植株，这样较易获得纯合的四倍体植株。目前很多人采用愈伤组织作为诱导材料，也取得较好的效果，如王锦秀等用0.15%~0.2%秋水仙素处理枸杞愈伤组织，获得同源四倍体枸杞。

（2）丛生芽　　丛生芽比较幼嫩，是最常用的诱导材料，经秋水仙素处理后有部分体细胞会加倍，由于丛生芽的分化能力比较强，加倍后的体细胞较易分化成植株，这样也比较容易获得纯合的四倍体植株。例如，郑思乡等用0.1%秋水仙素处理苎麻的丛生芽，获得94%的四倍体植株。

（3）种子　　秋水仙素处理种子后，种子的部分体细胞已加倍，该种子的胚轴、子叶诱导成的愈伤组织也有部分体细胞是加倍的，由此可分化成多倍体再生植株，如付育等将侧柏种子用0.3%秋水仙素浸种72h，获得了四倍体变异植株。种子作为诱导材料要经过愈伤组织阶段，而如果直接用秋水仙素处理愈伤组织，其诱导率会更高，操作更方便，也更易获得纯合多倍体植株。因此，目前已较少用秋水仙素处理种子后，再结合组织培养来培育多倍体。

（4）叶片　　离体植株的组织比较幼嫩，分化能力也较强，经秋水仙素处理后体细胞易于加倍，加倍的体细胞发育成的植株为多倍体植株，如范国强等用0.005%秋水仙素处理预培养12d白花泡桐叶片72h时，获得白花泡桐的同源四倍体。

（5）茎段　　采用茎段作为诱导材料诱导率较低，嵌合现象较严重，如韩礼星等用半木质化半剥皮的猕猴桃茎段作诱导材料，接入含0.1%~0.5%秋水仙素的分化培养基中培养30d，获得的多倍体植株都是嵌合体。

上述5种诱导材料，诱导效果较好的是愈伤组织和丛生芽，其次为种子和叶片，较差的是茎段。因此，在用组织培养结合秋水仙素诱导培育植物多倍体的过程中，应注意选取合适的诱导材料。

（二）诱导浓度

秋水仙素是有毒物质，高毒性限制了其使用剂量和材料的诱变效率，即在一定范围内，秋水仙素试剂浓度与加倍效果呈正相关，但秋水仙素浓度过高，会使植物材料产生药害，抑制甚至杀死植物材料。国外用得最多的浓度是0.2%水溶液，秋水仙素使用浓度的高低与植物材料的耐药性高低有关，有的材料在低浓度下就表现出药害。S. P. Chakraborti对二倍体桑加倍，0.1%秋水仙素诱导率为39.4%，而0.2%秋水仙素诱导率为16.7%。陈柏君在培养基中添加不同浓度秋水仙素对黄芩四倍体的诱导均有一定效果，其中以添加0.01%秋水仙素处理组诱导率最高，达16.7%。随着秋水仙素浓度的升高，组培材料的死亡率也上升，使得总诱导率下降。不同材料对秋水仙素的耐药性不同，即使同一物种的不同部位耐药性也不同。因此，在确定诱导浓度时，可参考相关物种诱导采用的浓度，设计浓度梯度。

（三）诱导方法的选择

田间诱导和离体诱导方法都能诱导多倍体，在选择时要根据试验材料选择最佳的诱导方法。王建岭在田间诱导多倍体试验中使用了两种方法，其中茎尖涂抹法优于萌发芽浸泡法。张健等在木薯离体诱导多倍体时，采用浸泡法与混培法对SC8和ARG7木薯品种的带芽茎段、成熟子叶和丛生芽多倍体进行诱导，其中，木薯SC8品种采用浸泡法处理带芽茎段，诱变效果较好，诱变率达31.3%；而品种ARG7采用混培法处理丛生芽，诱变率较高，为36.7%。因此，不同基因型木薯间多倍体诱导率也存在较大差异。

（四）处理浓度和处理时间

秋水仙素作用于细胞是可逆的，当被洗除时，细胞恢复正常功能后，这个受影响的细胞染色体也随之加倍，因此秋水仙素诱导染色体变异多体现于诱导染色体数目的变化。但也有关于其导致染色体结构变异的报道。早在 1988 年，薛玺等用不同浓度秋水仙素处理洋葱根尖后除观察到染色体加倍的细胞外，还看到不同类型的核异常和异常分裂的细胞，且核异常与处理浓度和时间有关。陈锦华等通过辣椒 G-显带试验，认为秋水仙素能够诱导染色体在臂长、臂比、着丝粒位置方面产生结构变异。唐锡华等利用秋水仙素处理粳稻根尖细胞核，得出核中 DNA 明显增加，且细胞核之间的 DNA 含量及核中 DNA 复制速度均存在差异。王卓伟等利用 AFLP 分子标记技术分析 $2x$ 与经秋水仙素诱变得到的同源四倍体 $4x$ 遗传结构的变化，认为经秋水仙素诱变得到的同源 $4x$ 与 $2x$ 相比在 DNA 分子遗传结构上产生一定程度的改变。杨晓玲等对秋水仙素诱发产生的 5 种玉米变异材料在自交 2 年后进行了变异特性的追踪检测，认为根尖细胞染色体条数趋向大于 20 条方向变异。李卓等针对秋水仙素使黑麦细胞染色体加倍及细胞染色体畸变进行研究。秦永燕等研究不同浓度秋水仙素恢复和不恢复培养对玉米根尖有丝分裂的影响。从众多研究中可以看出，秋水仙素既可以使细胞染色体加倍，也可以导致染色体畸变，且处理效果与秋水仙素的浓度和处理时间相关联。

适当浓度秋水仙素可促进细胞的有丝分裂，浓度过高，反而抑制细胞有丝分裂。秋水仙素浓度是诱导多倍体的关键因素之一，浓度过低时不能产生加倍效果，而浓度过高又会抑制植物材料的生长甚至会导致植物死亡。陈显双在田间木薯腋芽生长点诱导多倍体时，设定浓度为 0.5~8g/L，浓度越大，变异效果越好，但浓度过大，对植株损伤程度也加大，以 4~6g/L 处理效果最好。

处理时间的长短也会直接影响成活率和诱变率。王建岭等研究发现，在处理相对较短的时间内，浸泡法和混培法对组培芽茎尖诱导的成活率和诱变率比较高，如浸泡法处理 2d 后成活率最高达 60%，诱变率最高达 20%，处理 4d 后成活率最高仅 10%，诱变率全部为 0；混培法处理 10d 后成活率最高达 50%，诱变率最高达 30%，处理 30d 时，成活率最高达 20%，诱变率全部为 0。浸泡法和混培法在愈伤组织诱导时，随着处理时间的增加，成活率和诱变率均有明显的下降趋势。

（五）其他环境因素

光照情况对诱导率存在影响。由于秋水仙素见光易分解，整个诱导处理的过程都需在黑暗环境中进行。处理完成后，可将材料从暗培养到弱光培养、光照培养进行缓慢过渡，有利于材料生长。张健等在秋水仙素离体诱导多倍体处理带芽茎段、成熟子叶切块、丛生芽试验中，采用浸泡法时，处理过程全部在遮光条件下完成，处理结束后将材料先暗培养 3d，再弱光培养 3d，最后转成光照培养；采用混培法时，处理过程也需在弱光条件下进行。温度也对诱变率存在影响。一定范围内，温度越高，诱导效果越好；温度较高时，处理浓度可适当降低，处理时间应相应缩短。梁倩倩等在西瓜四倍体诱导试验中发现，幼苗摘心后处理的温度越低，成活率越高，诱导率也越高，在 29℃时幼苗的成活率和诱导率高于 32℃和 35℃；不同处理时段比较试验，以每天的 17:00~18:00 处理时成活率和诱变率最高，与 8:00~9:00 处理差异不显著，12:00~13:00 处理时诱变率最低。木薯田间进行多倍体诱导，陈显双等选择上午 8:30~9:30 进行药剂处理，而王建岭等则选择在傍晚进行处理。

四、秋水仙素诱变多倍体的方法

秋水仙素诱导多倍体常用的方法有：浸根法、浸种法、注射法、琼脂法、滴液法、毛细管法等。

1. 浸根法 将植株从土壤中拔出来，洗净根部泥土，然后将根浸泡在 0.2%～0.34% 秋水仙素溶液中 1.5～3h，流水洗净根部的药液后，再把植株栽到土中。此法多用于加倍远缘杂交产生的不孕杂种和用其他方法未能加倍而又必要的小孢子单倍体苗。但浸根法所需药剂量大，成本较高，而且移栽后，幼苗成活率会受到影响。

2. 浸种法 运用秋水仙素溶液直接浸泡种子。此方法成功地在小白菜、悬铃木、金鱼草、君子兰等园艺植物上诱导出了多倍体。浸种法方法非常简单，但加倍功效较低。

3. 注射法 茎尖生长点注射法，高效、省工、成本低，适合于大量材料的处理。刘志增等用此法诱导的玉米单倍体加倍效果比对照提高了 3.6 倍；Chase 等用 0.05%秋水仙素和 10%甘油液 0.5mL 采用注射法注射盾片节，发现处理比对照的结实率提高了 3 倍多。

4. 琼脂法 李贵全等针对豆类植物特点，采用琼脂法，在刚展开的子叶生长点中央涂抹 0.2%秋水仙素琼脂凝胶，罩玻璃杯保湿，以免琼脂干裂，处理后冲洗多次，消除残毒。此方法诱变率很高。

5. 滴液法 对较大植株的顶芽、腋芽处理时可采用此法，常用的浓度为 0.1%～0.4%，最高可达 1.0%，每日滴 1 至数次，反复处理数日，使溶液透过表皮渗入组织内部。为了保湿并延长药剂在生长点的停留时间，最好用小片脱脂棉包裹幼芽，再滴加溶液，浸湿棉花。如气候干燥，蒸发过快，中间可加滴蒸馏水，同时尽可能保持环境的温度，以免很快干燥。滴液法受气候环境的影响大，最好在人工气候室进行。

6. 毛细管法 将植物的顶芽、腋芽用脱脂棉或脱脂棉纱布包裹后，脱脂棉或纱布的另一端浸在盛有秋水仙素溶液的小瓶中，小瓶置于植株近旁，利用毛细管吸水作用逐渐把芽浸透。此法一般用于大植株上芽的处理。

上述的几种方法，在实际应用时可根据植物的种类、处理部位等，选用合适的方法，也可将不同的方法联合使用。

第五节 多倍体的鉴定

一、多倍体鉴定方法

园艺植物进行多倍体诱变后，需对诱变材料进行倍性鉴定。准确鉴定多倍体并将其筛选出来，是多倍体育种中的重要环节。多倍体的鉴定方法主要包括形态学鉴定法、气孔观察法、花粉粒鉴定法、梢端组织发生层细胞鉴定法、小孢母细胞分裂异常行为鉴定法、染色体计数法、流式细胞仪分析法、荧光定量 PCR 鉴定法、分子标记技术鉴定法等多种方法。

（一）形态学鉴定法

形态学鉴定法是园艺植物多倍体最直接、最简单的鉴定方法。因多倍体植物普遍都表现出一定的"巨大性"，通过比较处理和未处理植物的外部形态可间接鉴定出是否为多倍体。研究发现，瓜类多倍体（西瓜、甜瓜、黄瓜等）的外部形态表现下列特征：发芽和生长缓慢，子叶及叶片肥厚、色深、茸毛粗糙且较长；叶片较宽、较大或有皱折；茎较粗壮，节间变短；花冠明显增大，花色较深；果实变短、变粗、果肉增厚，果脐增大（甜瓜），种子增大，嘴部变宽，但种仁不饱满，在黄瓜、甜瓜中则出现大量瘪子。果树多倍体一般茎变短，叶变厚，叶形指数变小，颜色变深、表面皱缩粗糙，生长缓慢，花、果都比二倍体大（表10-1），可育性低。苹果四倍体与二倍体相比，其节间变短、生长角度开张、果实变大；樱桃四倍体与二倍体比较，其叶片变长变宽、叶片颜色加深、气孔变大、气孔密度变小；枣四倍体叶片变大、变厚、叶片颜色加深、叶缘褶皱、气孔变大、气孔密度变小。基于这些研究结果，利用形态学选择多倍体也被普遍接受，但是形态学鉴定适用于倍性较低的材料，当诱变材料是高倍性时，并不能准确地鉴定其倍性，因此，该方法多用于诱变材料的初步筛选，后续需做进一步检查分析。

表10-1 大鸭梨与鸭梨部分形态学特征比较

品种	叶片厚度/μm	叶片厚度增加率/%	栅栏组织厚度/μm	栅栏组织厚度增加率/%	减数分裂期花蕾横径/μm	减数分裂期花蕾横径增加率/%	减数分裂期花药长/μm	减数分裂期花药长增加率/%	减数分裂期花药宽/μm	减数分裂期花药宽增加率/%
大鸭梨（四倍体）	367.8±47.7	128.2	144.5±7.6	147.7	2.75±0.04	114.7	772.1±48.7	121.6	703.2±69	116.8
鸭梨（二倍体）	287.4±30.6	100.0	96.5±8.1	100.0	2.40±0.25	100.0	635.2±66.7	100.0	602.1±49	100.0

（二）气孔观察法

观察叶片气孔大小和密度、保卫细胞大小及叶绿体数目等是较为可靠的鉴定多倍体的解剖学方法。由于气孔增大，单位面积内气孔的数目也可作为鉴定多倍体的根据，不过气孔的数目较气孔的大小更易受环境条件的影响而发生变异，因此这一指标只能与诱变材料处在同一发育时期和同一外界条件下时才有实际意义。据研究，苹果、板栗、菠萝等四倍体的气孔长度都比二倍体增加20%以上。西瓜四倍体的保卫细胞长30～40μm，每平方厘米上有130多个气孔；而二倍体西瓜的保卫细胞为20～30μm，每平方厘米上有250多个气孔。中国农业科学院蔬菜研究所诱变的萝卜多倍体其叶片气孔保卫细胞平均大小为32.2μm×20.2μm，而正常二倍体为25.2μm×18.7μm。四倍体西瓜植株中，平均每对保卫细胞有17.8个叶绿体，二倍体每对保卫细胞仅有9.7个叶绿体。

（三）花粉粒鉴定法

与二倍体相比较，多倍体花粉粒体积大。例如，鸭梨四倍体花粉粒比二倍体大1.3倍以上，苹果四倍体花粉粒比二倍体大一倍或百分之几十，柑橘四倍体花粉粒的体积是二倍体的1.25～1.31倍。多倍体花粉粒在体积发生变化时，其形态也会有所改变。四倍体甜瓜的花粉粒除有三角形外，还有相当比例的四边形和少量的五边形。多倍体的花粉粒往往生活力低，有些多倍体（如三倍体）甚至完全不孕。例如，香蕉这个自然三倍体完全没有种子。对不同倍性黄瓜的花粉粒进行染色，发现四倍体花粉粒的生活力最少的下降8%，最多的下降50%以上。

（四）梢端组织发生层细胞鉴定法

用切片染色法比较梢端组织发生层的三层细胞和细胞核的大小，可以看到多倍体的细胞核都比二倍体大。这一方法的优越性是组织发生层的三层细胞都可鉴定,能够说明变异体的结构特点。另外,随着分子遗传学的发展,现在已能够对这三层细胞中的 DNA 含量进行鉴定以明确是否为多倍体。

(五) 小孢母细胞分裂异常行为鉴定法

小孢母细胞减数分裂中染色体的行为无论是三倍体还是四倍体,其在减数分裂中都有异常行为,这可以作为鉴定多倍体的标志。染色体的异常行为包括染色体配对不正常,有单价体和多价体,有落后染色体;染色体分离不规则,数目不均等;有多极分裂和微核小孢子数目不等,大小不一致等。

(六) 染色体计数法

染色体计数是更精确可靠的倍性鉴定方法。鉴定对象为花粉母细胞、茎尖或根尖细胞内的染色体,在显微镜下检查其染色体数目是否真正加倍。它不但能区别倍性,而且能鉴定出是整倍还是非整倍性的变异。根据观察材料的不同,又可分为常规压片法和去壁低渗法。去壁低渗法在实际应用中较多,如通过对冬枣组培苗进行染色体观察,可成功鉴定出多倍体材料。染色体计数鉴定方法虽是最准确的倍性鉴定方法,但是步骤烦琐,对测定材料和实验人员要求较高,工作量相对较大,不适宜进行规模化的倍性鉴定,同时染色体计数法对于二四嵌合体不能准确鉴定。

(七) 流式细胞仪分析法

多倍体在 DNA 含量上明显高于二倍体,因此,可采用流式细胞仪(flow cytometer,FCM)来分析检测细胞核内 DNA 的含量和细胞核的大小,从而来分析倍性。其原理是用染色剂对细胞进行染色后测定样品荧光密度,荧光密度与含量成正比,含量柱形图直接反映出不同倍性水平的细胞数。它可定量地测定某一细胞中的 DNA、RNA 或某一特异性蛋白质的含量,这是大范围试验中鉴定倍性快速有效的方法,近年来普遍应用于植物材料的倍性鉴定。目前,在苹果、梨、猕猴桃、荔枝、桃、柑橘、杏、樱桃砧木等果树上均成功建立了流式细胞仪分析法鉴定倍性。但是,流式细胞仪分析法在应用时,其测定条件需要花费一些时间摸索,比如材料的选择、裂解液的筛选、技术操作的要点等。研究发现同一物种,不同品种基因组大小存在巨大的差异,因此进行倍性鉴定时,必须有对照,否则无法准确检测出无对照植株的倍性。

(八) 荧光定量 PCR 鉴定法

荧光定量 PCR 鉴定法是一种在 RNA 水平上鉴定植物倍性水平的方法,以二倍体为参照,分析目标基因的表达在被测植株中相对于参照的改变量。该方法操作简便、容易,高能量,适合单个基因表达变化的研究,且可变因素较少。但并非每一个基因位点的表达都受倍性变化的调控。因此,选择合适的基因位点是应用该技术的关键。

(九) 分子标记技术鉴定法

分子标记技术在植物倍性鉴定中具有重要的作用。研究发现,AFLP 技术不仅能准确地鉴定出枇杷三倍体和四倍体,还能鉴定特定的片段变异;RAPD 不仅可以鉴定出柑橘的多倍体,还可鉴定出诱变材料是否为嵌合体;利用 24 对 SSR 引物对柑橘新发现的疑似多倍体品种进行鉴定,明确了其倍性为三倍体。随着分子生物学技术的发展,原位杂交技术也为多倍体的鉴定提供了全新的途径。研究表明，基因组原位杂交技术（GISH）、荧光原位杂交技术（FISH）不仅可以鉴定倍性，还可以鉴定杂交信号、明确亲本来源，为多倍体的分子鉴定提供更加良好的技术平台。

（十）综合倍性鉴定策略

随着育种技术的日臻成熟，果树多倍体创制已进入规模化时代，从大量的诱变材料中，快速地鉴定出多倍体材料已成为比较棘手的问题，利用上述的任一方法鉴定倍性，均存在一定的局限性。因此，将上述方法进行综合运用，才能从海量的诱变材料中快速、准确地选出多倍体材料。华中农业大学郭文武研究团队利用形态学鉴定、流式细胞仪分析、SSR 分子标记技术相结合的方法，实现了 40d 内对柑橘四倍体后代的精准发掘，准确率在 80% 以上。

二、多倍体育种材料的选择和利用

育种材料经过倍性鉴定，从中得到的多倍体类型并不一定就是优良的新品种，还要按照其变异特点进一步培育，分别利用。具体做法有以下几种。

1）淘汰没有育种价值的劣变类型。
2）在倍性变异后表现优良经济性状的类型，可进入选种圃，进行全面鉴定。
3）对不稳定的嵌合类型，进行分离纯化。
4）保留不能直接成为品种，但在育种上有价值的材料。
5）有些诱变本来就是为进一步杂交育种提供原始材料，可按原计划继续进行。例如，当利用栽培品种与野生种杂交时，有时为缩短回交次数，先把栽培亲本的染色体加倍，然后再与野生种杂交；有时在进行品种间杂交时，先把双亲染色体加倍，然后再杂交；也有些是先杂交后加倍，如远缘杂交往往是采用这种方式。

同源多倍体有结实率低的特性，多倍体后代也存在分离的现象，但很多园艺植物通过扦插、分株、嫁接等方法进行无性繁殖。因此，一旦选出优异的多倍体植株就可以直接采用无性繁殖加以利用和推广。而对于只能用种子繁殖的一二年生草本植物，要想克服结实率低和后代分离的现象，必须通过严格的选择方法，不断地选优去劣，逐步克服以上缺点。

多倍体植物在进行有性繁殖时，其母本必须是真正的多倍体，父本的花粉必须为自交不亲和的种类，还必须保留较多的多倍体亲本，否则容易失去其后代。多倍体植物在进行无性繁殖时，必须利用主枝，如果利用侧枝，因有嵌合体的存在，必须经过精密的鉴别才能进行，否则多倍体的系统就难以保持。

此外，多倍体类型需要较多的营养物质和较好的环境条件，栽培时应适当稀植，使其性状得到充分发育，并要注意加强培育管理。

思考题

1. 怎样获得多倍体植株？多倍体植物的特点有哪些？
2. 单倍体在遗传育种上有什么应用价值？
3. 哪些化学药剂可以诱导多倍体？秋水仙素诱导多倍体的机制是什么？
4. 多倍体的鉴定方法有哪些？
5. 多倍体后代的选择和利用应如何进行？

第十一章　园艺植物新品种的保护、登记和良种繁育推广

园艺植物品种保护、登记和良种繁育推广工作既是育种的最后环节，又是植物新品种推广过程中的一个重要环节，还是种子工程、产业化和管理工作的基本组成部分。品种育成者经申请并授予品种权后才能获得知识产权的保护，育成的新品种也必须经过品种登记方能繁育推广应用。

2015 年修订的《中华人民共和国种子法》，已经将植物新品种知识产权保护从行政法规上升到法律层次，为保护育种者的合法权益、促进种业创新发展提供了法治保障。故在第三版第三章中新增品种登记内容，第四章新增新品种保护。根据 2021 年 12 月 24 日第十三届全国人民代表大会常务委员会第三十二次会议《全国人民代表大会常务委员会关于修改〈中华人民共和国种子法〉的决定》第三次修正，《中华人民共和国种子法》第四版自 2022 年 3 月 1 日起施行。该版本关于品种选育与登记及新品种保护这两章内容单列成章并进一步完善。同时，国家已陆续颁布相应的配套法规，对植物新品种保护、非主要农作物登记办法和推广等工作做出了详细的法律规定。了解并掌握植物新品种保护和非主要农作物登记办法的法律法规、良种推广的基本理论和技能，对于从事种业生产者、经营者、育种者和管理行政人员都是必要的。

本章重点讲授植物新品种保护、品种登记的法定程序和方法及良种繁育的基本理论和技能。

第一节　新品种保护

国家实行植物新品种保护制度。对国家植物品种保护名录内经过人工选育或者发现的野生植物加以改良，具备新颖性、特异性、一致性、稳定性和适当命名的植物品种，由国务院农业、林业主管部门授予植物新品种权，保护植物新品种权所有人的合法权益。农业植物新品种包括粮食、棉花、油料、麻类、糖料、蔬菜（含西甜瓜）、烟草、桑树、茶树、果树（干果除外）、观赏植物（木本除外）、草类、绿肥、草本药材、橡胶等热带作物和食用菌的新品种。国家鼓励和支持种业科技创新、植物新品种培育及成果转化。取得植物新品种权的品种得到推广应用的，育种者依法获得相应的经济利益。

一、植物新品种保护的意义

植物新品种保护制度是为了保护植物新品种权，鼓励品种创新，促进农业和林业的发展而建立的知识产权制度。知识产权制度是促进人类社会进步、经济发展、文化繁荣和科技创新的基本法律制度。植物新品种权是农业领域最重要的知识产权之一，是农业知识产权制度框架的重要基石。植物新品种权和专利权都是保护育种人的知识产权保护制度。完成育种的单位或个人对其授权品种，享有排他的独占权。植物新品种保护从法律上明确了新品种的财产属性，其本质是建立合理的利益回馈机制。

培育新品种是一种艰辛并且富有创造性的工作。这项工作需要大量的人力、物力和财力的投入，尤其是育种人智力的投入，包括丰富的专业知识和技术，长年累月的持续工作经验。

《国际植物新品种保护公约》（International Union for the Protection of New Varieties of Plants，UPOV 公约）1991 年文本中对植物新品种定义为："植物新品种系指已知植物最低分类单元中单一的植物群体，不论授予育种者权利的条件是否充分满足，该植物群可以某一特定基因型、基因组和产生的特性表达来确定；至少表现出一种特性以区别于任何其他植物群，并作为一个分类单元，其适用性经过繁殖不发生变化。"根据该定义，植物新品种实际上就是已知植物最低分类单元中单一的植物群体，它有区别于任何其他植物群的确定的基因特性，并有经过繁殖不发生变化的适用性。而我国采用的是狭义的定义，1997 年 3 月颁布的《中华人民共和国植物新品种保护条例》第二条将植物新品种定义为："植物新品种，是经过人工培育的或者对发现的野生植物加以开发，具有新颖性、特异性、一致性和稳定性并有适当命名的植物品种。"该定义特指通过生物学或非生物学的方法人工培育的植物品种和从自然发现经过开发的野生植物。这些植物品种形态特征和生物学特征相对一致，遗传性状比较稳定，这样就把不具备一致性和稳定性的一些品系及没有加入人工劳动的野生植物品种排除在外。

优良的新品种可产生巨大的经济和社会效益，在高额利益的驱动下，有些人不择手段地窃取新品种，或以次充优、以假充真，严重损害育种者的合法权益，扰乱市场秩序，阻碍种业的健康发展。2016～2020 年，全国各级人民法院审结涉及植物新品种纠纷民事案件共计 781 件，其中 85%以上为侵害植物新品种权纠纷。由此可见，实施品种保护的必要性和紧迫性。2021 年 7 月 9 日，中央全面深化改革委员会第二十次会议审议通过《种业振兴行动方案》，要求加强种业知识产权保护，综合运用法律、经济、技术、行政等多种手段，推行全链条、全流程监管，对假冒伪劣、套牌侵权等突出问题要重拳出击，让侵权者付出沉重的代价。加强植物新品种权保护是种业知识产权司法保护的重点。最高人民法院先后制定了 3 部有关植物新品种权保护的司法解释，发布了 3 件涉及植物新品种侵权纠纷的指导性案例。目前，全国共有 40 家具有植物新品种案件管辖权的第一审法院。海南自由贸易港知识产权法院于 2020 年底成立，将紧密围绕"南繁硅谷"建设，打造国际化高水平种业知识产权保护新高地。2021 年 3 月起，法庭还设立专门的植物新品种合议庭，进一步加强对涉事种业案件的集中审理和统筹指导。

二、国际上有关植物新品种保护的措施

世界上很多发达国家都非常重视植物新品种保护，通常从法律和法规上保护育种者的权益。虽然立法形式因国而异，但保护育种者权益的宗旨是不变的。颁布并实施品种保护法的国家有英国、荷兰等，采用专利保护法的国家有意大利、韩国等，美国、法国等国家两法并用。

1421 年，意大利建筑师发明的装有吊机的驳船并被授予 3 年的垄断期，这是世界上第一例专利。1474 年 3 月 19 日，威尼斯颁布《威尼斯专利法》，代表着专利制度的产生。到 19 世纪，农机和化肥工业的发展，孟德尔遗传定律的发现，推动植物育种革命和发展。1833 年 9 月 3 日，罗马教皇宣言对涉及农业技术和方法授予专有权，标志着植物新品种保护制度的起源。

美国首创了植物新品种在知识产权方面的实际保护，重视知识产权保护在促进植物种业发展的作用，是最早将植物新品种纳入知识产权保护范围的国家，也是集发明专利、植物专利、植物新品种保护等诸多知识产权形式于一体的国家。1819 年，美国财政部长曾要求大使和军事长官为美国从世界各地收集种子。1839 年，专利专员开始向农民收集和分配植物新品种。1914 年，卢瑟·伯班克的金味美苹果以 51 000 美元一株转让给斯达克苗圃，

这里已有了知识产权的元素。1930 年，美国以无性繁殖植物为对象在专利法中设立了《美国植物专利法》(*The Plant Patent Act*，PPA)，若不取得专利持有者的允许而繁种则处予罚款，这是世界上第一个授予植物育种者以植物专利的立法，从法律上正式承认育种者的育种创新可以和工业领域的发明创造一样可以获得专门保护。1931 年，授予第一个植物专利"攀缘或拉曼玫瑰"。

欧洲诸国也对植物新品种保护采用了专利法的有关条款。1832 年，法国颁布《植物培育名录》。1883 年，法国通过了《法国专科植物保护法》，实行检测、登记、颁布植物培育品种目录，以及登记与销售结合或者登记与专利保护结合等形式对其进行保护。1934 年，德国颁布《植物保护法》。1938 年，育种家成立了"国际植物新品种保护育种家协会"。1941 年，荷兰颁布《植物育种及种子材料法》。1946 年，奥地利颁布《植物培育法》。1957 年，由法国政府倡议在巴黎召开了"植物新品种保护外交大会"，联合国粮食及农业组织、保护知识产权联合国际局和欧洲经济合作组织及 12 国代表参加会议，并形成 6 项决议：①植物新品种育成者的权利，与作为发明者被保护的专利一样，具有合法的权利；②植物新品种育成者的权利必须有一定期限的限制；③育成的新品种必须具有特异性、一致性和稳定性三大要素；④育成者权利中，在得到育成者本人许可的前提下，新品种的种苗可以流通；⑤在将新品种用作育种素材时，没必要得到育种者的许可；⑥为制定育成者权利的基本法规，有必要缔结国际条约，设立国际条约起草委员会等。

日本于 1947 年颁布了日本《种苗法》及实施细则，1978 年进行了修订，规定育种者育成的新品种在进行种苗登录后，有关该种苗的生产销售必须得到育种者的许可。种苗商需支付给育成者品种转让费方可获得销售权。2003 年日本众议院再次通过了《种苗法》修正案，新《种苗法》扩大了处罚对象范围，提高了处罚金额，其目的在于保护育种者的合法权益，促进优良品种的开发，防止优良种质资源流出国外，保护本国农业。

1961 年 12 月 2 日，在法国巴黎召开第二次"植物新品种保护外交大会"，由比利时、法国、德国、意大利和荷兰共同签署了《国际植物新品种保护公约》(UPOV 公约，1961 年文本)，1968 年 8 月 10 日生效。其后分别于 1972 年、1978 年和 1991 年三次进行修改。根据这一公约建立了国际植物新品种保护联盟 (International Union for the Protection of New Varieties of Plants，UPOV) 的政府间机构，总部设在日内瓦。至 1999 年全球有 39 个国家加入《国际植物新品种保护公约》，对所有植物进行保护。在该联盟的成员国中，有 2 个国家制定了专门的植物品种保护法，而意大利、匈牙利未专门立法，是以专利形式保护所有植物品种，其植物专利的授权条件与 UPOV 公约规定的一致而与普通专利有所不同。UPOV 总部设在日内瓦，是具有独立法人资格的国际组织，由世界知识产权组织（WIPO）总干事任其秘书长。截至 2022 年，UPOV 成员已经达到了 78 个（包括 2 个区域组织），包含 97 个国家。其中，比利时和西班牙 2 个国家受 1972 年补充公约文本修正的 1961 年公约文本的约束；25 个国家受 1978 年公约文本的约束（包括中国和法国在内）；丹麦、日本、以色列、荷兰、瑞典、保加利亚、斯洛文尼亚、俄罗斯、德国及摩尔多瓦等 33 个国家受 1991 年公约文本的约束。2021 年 10 月，经 UPOV 会议讨论并通过，中文正式成为 UPOV 工作语言，与英语、法语、西班牙语和德语一样成为 UPOV 官方指定语言，这是我国在 UPOV 履约工作中的重大突破。2022 年 10 月 28 日，UPOV 理事会第 56 次例会于瑞士日内瓦世界知识产权组织总部召开，我国代表成功当选 UPOV 理事会主席，这是我国代表首次担任该组织这一重要职务，标志着我国在国际植物新品种保护体系中的地位与影响力得到了进一步提升。

三、我国新品种保护条例的主要内容

我国于 1990 年 5 月在江西召开全国第三次农业专利代理人会议，对农业植物新品种保护问题做了专题讨论。1990 年 9 月，UPOV 邀请中国参加在日本举行的亚太地区植物新品种保护研讨会筹备会议。1993 年 5 月，中国专利局和农业部等部门组成联合调研组就农作物品种知识产权保护问题进行专题调研。1993 年 6 月，朱镕基等领导人对调研报告批示，同意对植物新品种进行立法保护。1995 年 5 月，起草《中华人民共和国植物新品种保护条例》（以下简称《植物新品种保护条例》）。1995 年 8 月，该条例（征求意见稿）下发征求各界的意见，10 月经农业部、中国专利局、林业部和中华人民共和国国家科学技术委员会签上报国务院。1997 年 3 月 20 日，国务院正式颁布了《中华人民共和国植物新品种保护条例》，建立植物新品种保护制度。1999 年 4 月 23 日正式加入国际植物新品种保护联盟，执行 UPOV 公约 1978 年文本，成为国际植物新品种保护联盟第 39 个成员国。同时，开始受理国内外植物新品种权申请。标志着我国的植物新品种权保护走上了法治轨道。

《植物新品种保护条例》共八章四十六条。内容包括授予新品种权的条件；品种权的内容和归属；品种权的申请、受理、审查和批准；保护期限和侵权处罚等内容，并于 1997 年 10 月 1 日开始施行。1999 年农业部 13 号令发布了与其配套的《中华人民共和国植物新品种保护条例实施细则（林业部分）》。根据 2013 年 1 月 31 日《国务院关于修改〈中华人民共和国植物新品种保护条例〉的决定》第一次修订，根据 2014 年 7 月 29 日《国务院关于修改和废止部分行政法规的决定》第二次修订。条例的主要内容如下。

（一）授予品种权的条件

申请品种权的植物新品种应当属于国家植物品种保护名录中列举的植物的属或种。授权新品种是指人工培育或对野生植物加以开发，具备新颖性，符合《植物新品种保护条例》规定的特异性、一致性和稳定性及命名要求的品种。

新颖性：《种子法》第九十条第六款，新颖性是指申请植物新品种权的品种在申请日前，经申请权人自行或者同意销售、推广其种子，在中国境内未超过一年；在境外，木本或者藤本植物未超过六年，其他植物未超过四年。

本法施行后新列入国家植物品种保护名录的植物的属或种，从名录公布之日起一年内提出植物新品种权申请的，在境内销售、推广该品种种子未超过四年的，具备新颖性。

除销售、推广行为丧失新颖性外，下列情形视为已丧失新颖性：

1）品种经省、自治区、直辖市人民政府农业农村、林业草原主管部门依据播种面积确认已经形成事实扩散的。

2）农作物品种已审定或者登记两年以上未申请植物新品种权的。

特异性：《种子法》第九十条第七款，特异性是指一个植物品种有一个以上性状明显区别于已知品种。《植物新品种保护条例》第十五条，特异性是指申请品种权的植物新品种应当明显区别于在递交申请以前已知的植物品种。

一致性：《种子法》第九十条第八款，一致性是指一个植物品种的特性除可预期的自然变异外，群体内个体间相关的特征或者特性表现一致。《植物新品种保护条例》第十六条，一致性，是指申请品种权的植物新品种经过繁殖，除可以预见的变异外，其相关的特征或特性一致。

稳定性：《种子法》第九十条第九款，稳定性是指一个植物品种经过反复繁殖后或者在特定繁殖周期结束时，其主要性状保持不变。《植物新品种保护条例》第十七条，稳定性，是指申请品种权的植物新品种经过反复繁殖后或者在特定繁殖周期结束时，其相关的特征或者特性保持不变。

（二）品种权授予程序

农业农村部政务服务平台为农业品种权申请系统唯一登录入口。农业农村部为农业植物新品种权的审批机关，依照《植物新品种保护条例》规定授予农业植物新品种权（以下简称品种权）。农业农村部植物新品种保护办公室，承担品种权申请的受理和审查任务及管理其他有关事务。申请品种权的，应当向审批机关提交请求书、说明书（包括说明书摘要、技术问卷）、照片各一式二份。请求书应当包括以下内容。

1）新品种的暂定名称。
2）新品种所属的属或者种的中文名称和拉丁文名称。
3）培育人的姓名。
4）申请人的姓名或者名称、地址、邮政编码、联系人、电话、传真。
5）申请人的国籍。
6）申请人是外国企业或者其他组织的，其总部所在的国家。
7）新品种的培育起止日期和主要培育地。

说明书应当包括以下内容。

1）新品种的暂定名称，该名称应当与请求书的名称一致。
2）新品种所属的属或者种的中文名称和拉丁文名称。
3）有关该新品种与国内外同类品种对比的背景材料的说明。
4）育种过程和育种方法，包括系谱、培育过程和所使用的亲本或者繁殖材料的说明。
5）有关销售情况的说明。
6）对该新品种特异性、一致性和稳定性的详细说明。
7）适于生长的区域或者环境及栽培技术的说明。

说明书中不得含有贬低其他植物品种或者夸大其使用价值的言辞。照片应当符合以下要求。

1）照片有利于说明申请品种的特异性。
2）一种性状的对比应在同一张照片上。
3）照片应为彩色，必要时，农业办公室可以要求申请人提供黑白照片。
4）照片规格为 8.5cm×12.5cm 或者 10cm×15cm。
5）照片的简要文字说明。

实质审查包括集中测试、现场考察和书面审查三种形式。审批机关主要依据申请文件和其他有关书面材料进行实质审查。审批机关认为必要时，可以委托指定的测试机构进行 DUS 测试或者考察已完成的种植或者其他试验的结果。DUS 测试是由植物新品种保护审批机关委托指定的测试机构，采用相应植物测试技术与标准（DUS 测试指南），通过种植试验或室内分析对申请品种的特异性（distinctiveness）、一致性（uniformity）和稳定性（stability）进行评价的过程，简称为 DUS 测试。

植物新品种权申请授予程序详见图 11-1。对于符合规定的品种权申请，审批机关予以受理并寄发"初步审查合格通知书"。对不符合或经修改仍然不符合规定的品种权申请，审批机关不予受理并通知申请人。符合《植物新品种保护条例》和《中华人民共和国植物新品种保护条例实施细则（农业部分）》的规定，经初步审查和实质审查予以授权，颁发品种权证书。

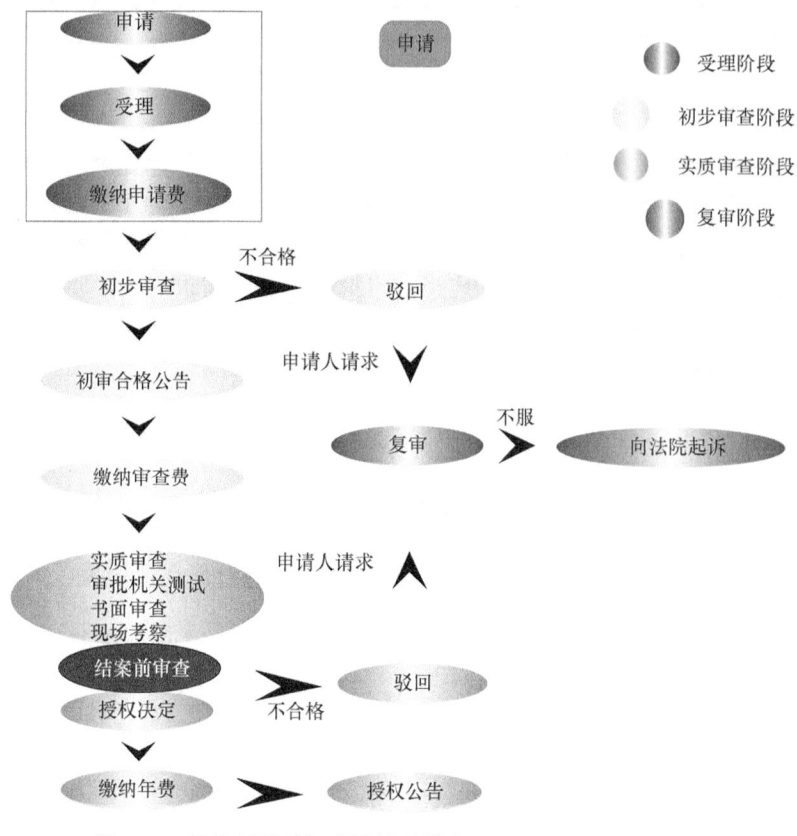

图 11-1　植物新品种权申请授予程序

（三）授权品种的权益和归属

品种权是国家授予植物新品种育种者的一种排他的独占权。未经品种权人的许可，任何人不得以商业为目的生产和销售授权品种。

执行单位工作任务、利用单位物质条件完成的植物育种，新品种的申请权属于单位；非职务育种的申请权属于个人；委托或合作育种，品种权按合同规定。无合同约定，品种权属于委托完成或共同完成育种的单位或个人。

（四）品种权的保护期限和侵权处罚

品种权的保护有一定的期限，自授权之日起，藤本植物、林木、果树和观赏树木为 20 年，其他植物为 15 年。在保护期内，如品种权人书面声明放弃品种权、未按要求提供检测材料或品种已不符合授权时特征特性的，审批机关可做出宣布品种权终止的决定，并予以登记公告。

授权品种在保护期内，凡未经品种权人许可，以商业为目的生产或销售其繁殖材料的，品种权人或利害关系人有权请求省级以上政府农业、林业行政主管部门依据职权进行处理，也可以向人民法院直接提起民事诉讼。假冒授权品种的，由县级以上政府农业、林业部门进行处理。

自 1997 年《中华人民共和国植物新品种保护条例》颁布实施以来，我国植物新品种保护取得了令世人瞩目的成就，已成为植物新品种保护大国。截至 2022 年 11 月，农业农村部已发布十一批《中华人民共和国农业植物品种保护名录》，目前受保护的农业植物种类已达 191 个植物属（种），累计申请植物新品种权 5.8 万件、授权 2.2 万件，连续 5 年位居国际植物新品种保护公约成员第一。目前，我国水稻、玉米、小麦、棉花、大豆五大主要农作物 70% 以上的主导品种都申请了品种权，水稻、小麦、大豆、油菜等大宗作物用种基本实现了自主选育，做到中国人饭碗主要装"中国粮"，"中国粮"主要用"中国种"。

第二节 品 种 登 记

一、品种登记与登记的意义

自 2016 年 1 月 1 日我国开始实施《中华人民共和国种子法》（第三版）规定，我国对主要农作物和主要林木实行品种审定制度，对部分非主要农作物实行品种登记制度。第四版《种子法》继续沿用该规定。中华人民共和国农业部令 2017 年第 1 号颁布《非主要农作物品种登记办法》，自 2017 年 5 月 1 日起施行，在中华人民共和国境内的非主要农作物品种登记，适用本办法，明确了非主要农作物是指水稻、小麦、玉米、棉花、大豆五大主要农作物以外的其他农作物。列入非主要农作物登记目录的品种（表 11-1）在推广前应当登记。应当登记的农作物品种未经登记的，不得发布广告、推广，不得以登记品种的名义销售。

表 11-1 第一批非主要农作物登记目录

序号	种类	农作物名称	学名
1	粮食作物	马铃薯	*Solanum tuberosum* L.
2	粮食作物	甘薯	*Ipomoea batatas*（L.）Lam.
3	粮食作物	谷子	*Setaria italica*（L.）Beauv.
4	粮食作物	高粱	*Sorghum bicolor*（L.）Moench
5	粮食作物	大麦（青稞）	*Hordeum vulgare* L.
6	粮食作物	蚕豆	*Vicia faba* L.
7	粮食作物	豌豆	*Pisum sativum* L.
8	油料作物	甘蓝型油菜	*Brassica napus* L. ol-eifera
		白菜型油菜	*Brassica campestris* L.
		芥菜型油菜	*Brassica juncea*
9	油料作物	花生	*Arachis hypogaea* L.
10	油料作物	亚麻（胡麻）	*Linum usitatissimum* L.
11	油料作物	向日葵	*Helianthus annuus* L.
12	糖料	甘蔗	*Saccharum* spp.
13	糖料	甜菜	*Beta vulgaris* L. var. *saccharifera* Alef.
14	蔬菜	大白菜	*Brassica campestris* L. ssp. *pekinensis*（Lour.）Olsson
15	蔬菜	结球甘蓝	*Brassica oleracea* L.var. *capitata*（L.）Alef. var. *alba* DC.
16	蔬菜	黄瓜	*Cucumis sativus* L.
17	蔬菜	番茄	*Lycopersicon esculentum* Mill.

续表

序号	种类	农作物名称	学名
18	蔬菜	西瓜	*Citrullus lanatus*（Thunb.）Matsum. et Nakai
19	蔬菜	辣椒	*Capsicum annuum* L.
20	蔬菜	甜瓜	*Cucumis melo* L.
21	蔬菜	茎瘤芥	*Brassica junceavar. tumida* Tsen et Lee
22	果树	苹果	*Malus pumila* Bor-kh.
23	果树	柑橘	*Citrus reticulate* L.
24	果树	香蕉	*Musa nana* Lour.
25	果树	梨	*Pyrus* L.
26	果树	葡萄	*Vitis* L.
27	果树	桃	*Prunus persica*（L.）Batsch.
28	茶树	茶	*Camellia sinensis*（L.）O. Kuntze
29	热带作物	橡胶树	*Hevea brasiliensis* Muell. Arg.

品种登记是《种子法》新确立的一项重要的品种管理制度，对非主要农作物品种进行登记，有利于保护物种多样性，保护育种者和农民合法权益，保障农业生产用种安全、种业安全，促进优势特色农作物产业健康发展。品种登记是加强经济作物、优势特色农作物新品种选育推广工作的重要抓手，是推进种植业结构调整优化的有力支撑。品种登记制度与新品种保护制度相结合，并行使用，将极大地促进非主要农作物新品种研发投入，规范市场行为，打击假冒侵权，加快优势特色农作物种业发展。

二、非主要农作物品种登记的主要内容

（一）登记机构及其工作内容

农业农村部主管全国非主要农作物品种登记工作，制订、调整非主要农作物登记目录和品种登记指南，建立全国非主要农作物品种登记信息平台，具体工作由全国农业技术推广服务中心承担。省级人民政府农业主管部门负责品种登记的具体实施和监督管理，受理品种登记申请，对申请者提交的申请文件进行书面审查。

省级人民政府农业主管部门职责如下：①申请品种不需要品种登记的，及时告知申请者不予受理；②申请材料存在错误的，允许申请者当场更正；③申请材料不齐全或者不符合法定形式的，予以补正；④申请材料齐全的，予以受理。符合要求的，将审查意见报农业农村部，并通知申请者提交种子样品。经审查不符合要求的，书面通知申请者并说明理由。申请者应当在接到通知后按照品种登记指南要求提交种子样品；未按要求提供的，视为撤回申请。

（二）报审材料和程序

农业农村部政务服务平台为农业品种权申请系统唯一登录入口。申请者应当在品种登记平台上实名注册，可以通过品种登记平台提出登记申请，也可以向住所地的省级人民政府农业主管部门提出书面登记申请。在中国境内没有经常居所或者营业场所的境外机构、个人在境内申请品种登记的，应当委托具有法人资格的境内种子企业代理。

申请登记的品种应当具备下列条件：①人工选育或发现并经过改良；②具备特异性、一

致性、稳定性；③具有符合《农业植物品种命名规定》的品种名称。申请登记具有植物新品种权的品种，还应当经过品种权人的书面同意。对新培育的品种，申请者应当按照品种登记指南的要求提交以下材料：①申请表；②品种特性、育种过程等的说明材料；③特异性、一致性、稳定性测试报告；④种子、植株及果实等实物彩色照片；⑤品种权人的书面同意材料；⑥品种和申请材料合法性、真实性承诺书。2017年5月1日前已审定或者已销售种植的品种，申请者可以按照品种登记指南的要求，提交申请表、品种生产销售应用情况（如销售发票），或者品种特异性、一致性、稳定性的说明材料，申请品种登记。鼓励支持县级种子管理机构等申请登记地方品种、农家品种。

现列入非主要农作物登记目录的29种登记农作物中，谷子、高粱等18种种子繁殖作物的种子样品统一提交到中国农业科学院国家作物种质库；马铃薯、甘薯种薯（试管苗）、甘蔗种茎及6种果树（茶树、橡胶树等）的种苗、插条、接穗等样品提交到相应的国家种质资源圃。

（三）登记与公告

农业农村部自收到省级人民政府农业主管部门的审查意见之日起在二十个工作日内进行复核。对符合规定并按规定提交种子样品的，予以登记，颁发登记证书；不予登记的，书面通知申请者并说明理由。登记证书内容包括：登记编号、作物种类、品种名称、申请者、育种者、品种来源、适宜种植区域及季节等。农业部将品种登记信息进行公告，公告内容包括：登记编号、作物种类、品种名称、申请者、育种者、品种来源、特征特性、品质、抗性、产量、栽培技术要点、适宜种植区域及季节等。登记编号格式为：GPD＋作物种类＋（年号）＋2位数字的省份代号＋4位数字顺序号。登记证书载明的品种名称为该品种的通用名称，禁止在生产、销售、推广过程中擅自更改。已登记品种，申请者要求变更登记内容的，应当向原受理的省级人民政府农业主管部门提出变更申请，并提交相关证明材料。原受理的省级人民政府农业主管部门对申请者提交的材料进行书面审查，符合要求的，报农业农村部予以变更并公告，不再提交种子样品。

三、植物新品种保护和品种登记的关系

植物新品种保护和品种登记关系密切，两者都是《种子法》框架下的品种管理制度。目标一致，为保障国家粮食安全、生物安全、食品安全和种业安全提供品种支撑。两者之间的异同详见表11-2。

表11-2 品种保护和品种登记异同

比较项目	品种保护	品种登记
本质特征	行政确权（知识产权）	行政许可
范围	名录＞扩展到所有	部分非主要农作物（名录）
性状要求	注重外观形态特征，符合特异性、一致性、稳定性（DUS）	对经济性状有基本要求，要求DUS测试报告
对照品种	近似品种	近似品种
新颖性	要求	不要求
审查机关	国家	省级＋国家
效用	明确权利归属	市场、广告、推广准入
通过条件	DUS＋命名＋新颖性	DUS＋命名＋自主开展品种测试

四、观赏植物品种的国际登录

观赏植物种类、品种繁多，品种更新日新月异，并且具有民族性、时尚性和全球范围流通的世界性等属性，为了保证品种名称的专一性及其通用性，国际园艺科学学会（International Society for Horticultural Science，ISHS）及所属国际命名和登录委员会（Commission for Nomenclature and Registration，CNR）建立了各种栽培植物的品种登录系统，并负责各个种类登录权威（International Registration Authority，IRA）的审批。它对确认并统一符合国际命名法规（1995 版）的园艺植物品种名称，提供其主要性状、历史来源的信息资料，在相关研究、推广、生产与交换等方面，均产生了积极而显著的作用。

IRA 登录系统中主要的观赏植物种类分别由指定的国家或机构负责登录，如郁金香（*Tulipa*）由荷兰皇家球根种植者总会登录；唐菖蒲（*Gladiolus*）由美国北美唐菖蒲理事会登录；百合（*Lilium*）、杜鹃（*Rhododendron*）和水仙（*Narcissus*）由英国皇家园艺学会威斯利植物园登录；山茶花（*Camellia*）由澳大利亚国际山茶协会登录；荷花（*Nelumbo*）和睡莲（*Nymphaea*）由国际睡莲水景园艺协会登录；菊花由英国国家菊花协会登录等。品种登录权代表在该种植物品种的改良与分类等方面的世界权威性。我国被誉为"世界园林之母"，但一直未曾获得品种登录权。直到 1998 年 11 月，中国工程院院士、北京林业大学陈俊愉教授所领导的中国花卉协会梅花蜡梅分会获准梅（含花梅及果梅）的国际品种登录权威；此后，2004 年 12 月，中国花卉协会桂花分会和南京林业大学向其柏教授获准木犀属（*Osmanthus*）的国际品种登录权威，他们为我国在国际园艺植物品种登录系统中争得了荣誉与地位。近年来，国内有多位学者陆续获得相应观赏植物的国际登录权威，2010 年 6 月中国科学院上海辰山植物园的田代科研究员获授权作为睡莲荷花（莲属）的国际品种登录权威；2013 年 9 月中国林业科学研究院西南花卉研究开发中心的史军义研究员获授权作为国际竹栽培品种登录权威；2014 年 2 月北京植物园的郭翎研究员获授权作为海棠的国际品种登录权威；2015 年中国科学院昆明植物研究所正高级工程师王仲朗被任命为国际山茶属植物品种登录权威。

观赏植物品种国际登录的一般程序是：国际品种登录权威（IRA）接受申请人申请，按国际命名法规审核认定后，在该国际登录年报登录发表（包括品种名、来源、性状、保存单位等相关资料），表明经过该领域学术界的公认。

五、全国热带作物品种审定办法

为合理开发利用热带、南亚热带作物（以下简称热作）种质资源，促进新品种培育和良种推广应用，维护品种选育者和种子生产者、经营者、使用者的合法权益，推动产业可持续发展，根据《中华人民共和国农业技术推广法》《中华人民共和国种子法》，结合热作产业发展实际，农业农村部制定《全国热带作物品种审定办法（试行）》。热作包括：橡胶树等热带工业原料作物，木薯等热带薯类作物，椰子、油棕等热带油料作物，香蕉、荔枝等热带水果，澳洲坚果、腰果等热带坚果，剑麻等热带纤维作物，咖啡、胡椒等热带香辛饮料作物，槟榔、石斛等热带药用作物。

热作品种审定实行自愿、公开、公正、公平的原则。经农业农村部农垦局（南亚办）批准，由中国农垦经济发展中心（农业农村部南亚热带作物中心）与中国热带作物学会发起成立全国热带作物品种审定委员会（以下简称品审委），负责全国范围内热作品种审定工作。品审委在中国农垦经济发展中心（农业农村部南亚热带作物中心）设立办公室，负责品审委日常工作。品审委建立热作品种审定专家库。根据审定作物类别，品审委从专家库中随机抽取专家建立专家组，负责品种现场鉴评。每个专家组原则上由 5 或 7 名相关专家（其中品审委委员 2 名以上）组成。根据审定需要，品审委成立若干审定专业组负责初审工作。每个专业组由 5 名以上专家组成。品审委负责终审工作。

热作品种审定包括现场鉴评、初审和终审三个环节。申请审定的品种应当具备下列条件：①人工选育或改良，来源清楚，无知识产权纠纷；②完成品种比较试验、区域试验和生产试验；③与现有品种有明显区别；④遗传性状相对稳定；⑤形态特征和生物学特性一致；⑥具有合适的名称，并与相同或相近的植物属或种中已知品种的名称相区别（从境外引进的品种，应采用原有名称申报）。

六、地方评定或认定

目前国家只对列入登记目录的 29 种非主要农作物实行品种登记，没有列入目录的其他非主要农作物品种管理仍处于空白状态。部分省（直辖市）为进一步完善非主要农作物品种选育，根据当地《种子条例》有关规定，起草了相应的非主要农作物品种评定标准或认定办法，鼓励单位和个人自愿申请省级品种评定或认定，辖区内国家登记目录以外的其他非主要农作物品种评定或认定适用各省（直辖市）办法，如《广东省非主要农作物品种评定标准》《福建省非主要农作物品种认定办法》《海南省非主要农作物品种认定办法（试行）》《浙江省非主要农作物品种认定办法》《江苏省非主要农作物品种认定办法》。

第三节 良 种 繁 育

良种繁育是研究品种特性保持和优质种子生产技术的科学，是有计划迅速大量地繁殖优良品种的优质种子的一项工作。既是品种选育工作的继续，又是品种推广的基础。良种繁育的"繁"是针对数量，指提高良种的繁殖系数；"育"是针对质量，指利用优良的栽培技术和科学的农艺措施，使得优良品种的种性不致混杂退化并得到提高。两者相辅相成，繁中有育，育中有繁，繁、育结合，生产出质优量足的种子，用于大田生产。

一、良种繁育的意义与任务

（一）良种繁育的意义

良种繁育前承育种后接推广，是衔接品种选育和品种推广，推动种子产业化，促进农业生产发展的重要环节，也是使育种成果转化为生产的桥梁和纽带，没有良种繁育，已育成的品种就不可能在生产上大面积推广，丰产优质抗病抗逆等作用也就得不到发挥，正在推广的优良品种会因混杂退化而失去推广应用价值，进而直接影响园艺作物的经济效益和社会效益。

（二）良种繁育的任务

（1）在保证质量前提下迅速大量繁殖良种　新选育的优良品种数量较少，远远不能满足园艺生产需求，良种繁育工作不当，良种投入生产的年限就会推迟。因此有计划有组织地进行品种更新换代，迅速大量繁殖正在推广的优良品种和通过审定（登记）的新品种是良种繁育的首要任务。

（2）防止品种混杂退化、保持品种纯度　　优良品种在投入生产之后，一般的栽培管理措施会使优良种性逐步降低，甚至完全丧失其栽培利用价值，最后不得不从生产中淘汰。因此良种繁殖的第二个任务是采用先进的农业技术措施，按照良种繁育技术规程，经常保持并不断提高良种的优良种性和生活力，确保种子的质量，用经过严格选优提纯的优质原种繁殖生产用种，保证种子质量。

二、品种混杂、退化及防止措施

（一）品种混杂、退化现象

品种的混杂和退化是两个不同的概念，混杂主要是指品种纯度的降低。一个品种的群体内混进了其他品种或类型的种子或品种上一代发生了天然杂交，后代群体分离出变异类型，导致品种纯度的降低。例如，某一卵圆类型的大白菜种子群体中混入了直筒类型的大白菜种子，大白菜收获时，种植田就会出现卵圆和直筒两种类型的大白菜，造成产品不整齐、采收期不一致、不符合产品商品性状等，从而对产品销售造成影响。

品种退化是指一个新选育或新引进的品种，在一定时间的生产繁殖后，逐渐丧失其优良性状，主要表现为生活力降低、适应性、抗性减弱，产品质量下降，品质变差，整齐度下降等，失去品种应有的质量水平和典型性，以致最后失去品种的使用价值。例如，郁金香、唐菖蒲等球根花卉，刚引进的一两年，表现株高、花大、花色纯正等优良性状，随繁殖栽培年代的增加，表现逐渐变差，主要表现为植株矮小、花朵变小、花序变短、花色变暗等。因此，必须采取适当措施加以防止，最大限度保持其优良种性，发挥良种在生产中的作用。

（二）品种混杂、退化的原因及防止措施

1. 品种混杂、退化的原因　　品种混杂、退化的原因有很多，最根本的原因是缺乏完善的良种繁育制度，具体体现在以下几个方面。

（1）机械混杂　　在良种繁育过程中，未严格按照操作规程办事，在种子收获、包装运输等过程中，混入其他作物、其他品种种子，从而造成机械混杂，导致整齐度下降，进而影响产量。造成机械混杂的原因很多，如种子处理、播种、定植、收获、运输、包装等过程中，因工作人员疏忽造成机械混杂；此外，不合理的轮作制度和田间管理，前茬作物的自生苗、嫁接的自根苗及未腐熟厩肥和堆肥中混有其他有生命的种子等均可造成机械混杂。机械混杂发生后如不及时采取相应措施，可能会进一步导致生物学混杂，加剧品种混杂、退化的程度。

（2）生物学混杂　　多发生于有性繁殖作物中，是引起品种混杂、退化的主要原因。在良种繁育过程中，因隔离不够，不同亚种、变种、自交系、不同品种间发生天然杂交，使异品种的配子参与受精产生一些杂合体，从而引起生物学混杂。例如，结球甘蓝与花椰菜或芥蓝之间的天然杂交后代不再结球；异花授粉的瓜叶菊各种花色单株构成一个花色复杂的群体，如采用混合留种法，后代中较原始的花色（晦暗的蓝色）单株将逐渐增多，艳丽花色单株减少，导致群体内花色性状逐渐退化。

（3）不适宜的选择与繁殖方式　　优良品种在发生机械混杂或生物学混杂导致基因突变后，群体内个体间会存在一定的差异，此时在良种繁育过程中，如果不进行适当的选择或选择方式不当，都会导致良种的退化。无性繁殖的果树若繁殖材料选用不当，也会导致品种的退化。例如，同一树上的枝条，因为产生的时期与部位不同，会形成枝芽的异质性。尽管其

基因型没有改变，但它们繁殖后长成的植株在生产效应上也会有所不同。这主要是生理上的差异造成的。例如，波罗蜜、柑橘繁殖时，使用徒长枝繁殖，后代会表现结果期延长或结果少，表现出品种退化。

（4）留种株过少或连续近亲繁殖　留种株过少，品种群体遗传基础贫乏，导致品种生活力下降，适应力减弱，还会使上下代群体之间的基因频率发生波动，改变群体的遗传组成。近亲繁殖导致后代纯合，不利的隐性性状得以表现，导致品种退化。

（5）基因突变　品种推广以后，因自然条件影响，后代可能发生基因突变。这些突变多数对人类是不利的，如果这些突变株继续繁殖，群体中的变异率会不断增加。例如，繁殖抗先期抽薹的大白菜或萝卜的优良品种时，常会出现较早抽薹的个体，如果不淘汰这些突变体，繁殖的种子继续生产，就会出现先期抽薹的个体，影响商品的产量。一般情况下，芽变多发生于无性繁殖的果树、蔬菜、花卉等园艺植物中。芽变发生的变异对人类需要而言，有时是有益的，但大多数情况下会出现劣变。用芽变的枝条进行繁殖，会导致品种的退化。这也就解释了为什么同一单株繁殖的后代群体个体之间会出现一些差异，甚至同一单株不同年份采取枝条繁殖的后代群体表现也不相同。

（6）不正确的选择和繁殖方法　性状在个体间存在一定差异，发生混杂及基因突变后，群体内个体间也存在差异，不恰当的选择和繁殖方法导致原品种性状逐渐消失。

（7）病毒积累　长期采用扦插、分株等营养繁殖的各种园艺植物，都有可能感染病毒或类病毒，从而引起退化。例如，百香果、淮山薯、生姜、大蒜、菊花、唐菖蒲、柑橘等都发生过因病毒积累而产生的退化。

百香果（*Passiflora edulis*）是多年生草质藤本果树，常规采用扦插、嫁接繁殖，导致黄瓜花叶病毒属（*Cucumovirus*）病毒、马铃薯 Y 病毒属（*Potyvirus*）病毒、双生病毒科（Geminiviridae）病毒等侵染，只能从多年生变为一年生栽培。

柑橘黄龙病是柑橘黄龙病相关病原菌引起的毁灭性病害。植株感染黄龙病后，长势快速衰退，抽梢少而短，叶片出现斑驳黄化和整体黄化枯萎现象；病树开花早、花多、坐果率低，产量锐减；果实变小，果实着色不正常，俗称"红鼻果"，品质变劣。

2. 防止品种混杂、退化的措施

（1）建立并严格执行良种繁育制度　以解决繁殖用种生产与生产用种的扩大繁殖问题，提高种子质量，降低种子成本，提供优良品种的优质种子。

种子生产必须以育种家种子为种源，以纯正的原原种为基础重复繁殖原种和良种，利用品种的原始种子限制繁殖世代的方法生产种子，规范种子生产，提高种子质量，解决混杂、退化，保护育种者知识产权，保护种子经营者、用种者合法权益。

原原种（育种家种子）：育种家育成的遗传性状稳定的品种或亲本种子的最初一批种子，用于进一步繁殖原种种子。

原种：由育种家种子繁殖的第 1~3 代，或按原种生产技术规程生产的达到原种质量标准的种子。

良种：由原种繁殖的第 1~3 代，或由原种级亲本繁殖的杂交种。

（2）严格执行操作规程避免机械混杂　种子处理、播种、种植、收获、贮藏、包装等一系列过程，都必须认真遵守良种繁育规程，合理安排轮作，认真核实种子的接收与发放，做好各项处理与播种工作，收、晒、管、育苗移栽等各个环节严格把关，杜绝发生混杂。

（3）严格隔离，防止生物学混杂　　为确保良种纯度，繁殖时，易相互杂交的变种、品种间，必须采取严格的隔离措施。具体隔离方法有机械隔离、花期隔离与空间隔离。

1）机械隔离。主要用于繁殖少量的原种种子。套袋、网罩和温室隔离是目前常采用的方法。

目前使用的硫酸纸和塑料网袋等隔离袋是有韧性耐雨淋的材料，主要用于单花或花序隔离。金属网纱、纱布或聚乙烯塑料网纱一般用网罩隔离，网罩一般用于套单株。网室主要用于群体隔离，可用塑料大棚骨架加盖尼龙网纱制作。采用机械隔离时，对异花授粉作物必须解决辅助授粉问题。隔离袋隔离一般进行人工辅助授粉，网罩和温室隔离除人工辅助授粉外，还采用蜜蜂或苍蝇辅助授粉。

2）花期隔离。采取一定的栽培措施，将容易发生杂交的不同品种花期错开，从而避免天然杂交。目前采取的方法有分期播种、分期定植等。此方法只适用于对光周期不敏感的园艺作物，如大白菜、翠菊等。

3）空间隔离。将易于发生自然杂交的品种相互隔开并形成一定的距离，隔离的距离要根据作物的种类、昆虫种类、风力大小、风向、种子生产田面积等综合考虑。

不同物种或变种间容易杂交，杂交后杂种几乎丧失经济价值，如甘蓝、大白菜、白菜、芥菜变种间。开阔地的隔离距离为2000m左右，有屏障隔离1000m左右。

异花授粉的各种蔬菜不同品种间极易杂交，如十字花科、葫芦科、伞形科、藜科、百合科、苋科品种间，开阔地的距离为1000m左右，有屏障的为500m左右。

常自花授粉的作物变种间和品种间隔离距离为100m左右。

自花授粉作物，如菜豆、豇豆、豌豆、番茄品种间隔离距离只需20～50m。

（4）合理选择正确留种

1）熟悉品种性状，制订正确的选种标准，去杂去劣，提高品种纯度。去杂去劣是把生物学、机械混杂及一些因基因突变或重组等原因造成品种退化的植株，还有长势较弱的植株去除。此法应在作物各个生育期（苗期、营养生长旺盛期、开花期、结实期等）进行，按照不同生育期不同品种的特征进行鉴别，其中，以经济性状形成期最为重要，此阶段选种也最为严格。

2）原种要有一定大小的群体。留种株过少会造成遗传漂变和近亲繁殖，采种群体要求50株以上，且在选留种株的主要经济性状和产品器官性状一致的前提下，其种株间允许有细微的差异，以丰富遗传基础。

3）合理的选择与留种制度。坚持连续定向选择，制订并执行合理的选择制度。分生育期对留种株进行分次选择和淘汰，用大株采种生产原种，小株采种繁殖生产用种。

（5）无性繁殖与有性繁殖相结合　　有性繁殖可得到发育阶段较低、生活力旺盛的后代，但其遗传性状不稳定，易发生变异，因此，品种在经过有性繁殖后，其后代往往发生品种退化。无性繁殖虽可以保持作物的优良性状，但长期进行营养繁殖后，阶段发育会逐渐老化。因此，无性繁殖与有性繁殖优势互补，在育种中交替使用，既保持优良种性，又有复壮性。

（6）脱毒处理　　最常采用的方法是茎尖培养结合热处理脱毒。园艺作物中，很多采用营养繁殖的花卉、果树、蔬菜，如香蕉、百香果、香石竹、百合、唐菖蒲、柑橘、淮山薯、生姜、大蒜等，这类作物在进行繁殖时，易感染病毒，从而引起退化。进行脱毒处理，可以恢复良种的种性，提高其生活力。

三、加速良种繁殖的措施

刚育成的新品种，数量较少，必须充分利用现有播种材料，尽可能提高繁殖系数，保证在质量与数量上满足推广应用的需求。

繁殖系数，指种子繁殖的倍数，即一粒种子通过繁殖所增加的倍数。常用单位面积的种子产量与单位面积的用种量之比来表示。即繁殖系数=单位面积种子产量/单位面积种子用量。

加速良种繁育的方法因园艺作物的不同而异，常用方法有以下几种。

（1）育苗移栽　　有性繁殖生产种子的作物常采用此法，以达到节省播种量来提高繁殖系数的目的。

（2）扦插、分根、分株等无性繁殖　　无性繁殖的一些果树、花卉常采用扦插的方式来加速繁殖速度；块根、块茎繁殖的花卉、蔬菜采用切分法来加速繁殖；能分蘖的一些园艺作物可用分根法来加速繁殖。

（3）加强栽培管理　　加强肥水管理使植株生长健壮；合理安排种植季节，给予作物开花、授粉结果期的最佳环境；利用摘心、整枝法增加分枝数，以加速提高繁殖系数。

（4）辅助授粉　　利用人工辅助授粉或昆虫授粉等措施，有效地提高异花授粉植物的坐果率和单果种子数。

（5）加代繁殖　　主要采用两种方式，一是利用南北自然气候条件差异，异地繁种；二是采用温室、大棚等保护设施或特殊处理（春化、光照处理等）来提高繁殖系数。

（6）适当扩大种株的株行距　　每一单株都得到充分的发育，不仅单株产量高，种子质量也高。

（7）利用组织培养技术　　利用茎尖、茎段、腋芽等外植体作为繁殖材料来进行组培快繁。组织培养具有周期短、速度快、节约用地等优点。目前组培快繁技术在香蕉、蝴蝶兰、文心兰、草莓等园艺植物中得到广泛应用。一个香蕉吸芽，一年可繁殖10万～15万株香蕉苗。

第四节　新品种推广

新品种推广指国家、社会组织或者企业联合育种单位或育种者把新品种的特性等内容传递给有需求的种植人员，同时传授新品种的种植方式和方法。新品种推广是科技成果转化成生产力的重要途径，也是品种权所有人获得回报，得以继续进行新品种研发的必要方式。对于育种者来说，农业植物新品种的推广不仅能够得到经济上的收入，更为重要的是得到社会和农民的认可，是持续进行新品种研发的动力源泉。站在农民的角度来说，种植优良的新品种能促进农业增产增效。对于国家而言，这是巩固脱贫攻坚成果，促进乡村振兴，保障国家种业安全的重要方式。

一、品种推广原则

为避免品种推广中的盲目性给生产造成损失，充分发挥良种的作用，品种推广应遵循以下几点。

1）列入非主要农作物登记目录的品种在推广前应当登记。主要农作物品种和主要林木品种在推广前应当通过国家级或者省级审定。未经登记、审定及审查不合格的品种，不得推广。

2）坚持适地适种，登记或审定合格的品种，只能在登记或审定的适应区域范围内推广，不得跨区推广。

3）新品种在繁育推广过程中，必须遵循良种繁育制度，并有计划地采取各种措施，为发展新品种的地区和单位提供优良的合格种苗，提倡使用无病毒容器苗。

4）新品种的育成单位或个人在推广新品种时，应同时提供配套栽培技术，做到良种良法配套推广。

二、国内外新品种推广保障制度

（一）美国新品种推广保障制度

美国是世界上农业最发达的国家之一，农业科技成果多，而且能够通过美国的农业推广体制得到快速的推广应用。在美国的农业推广制度发展历程中，《哈奇法》《赠地学院法》《史密斯—利弗法》这些法律的制定和实行起到了非常重要的作用，形成了具有美国特色的农业推广模式。该模式能够有效率地把新品种和新技术传递给农民。每个州立大学设有州农业推广站，站长由州立大学农学院院长兼任。将农业教育、农业科研和农业推广紧密地联系在一起，联邦政府主要是通过州立农学院来管理州农业推广站和农业推广的具体工作。每个州农业推广站根据本州的实际情况制定符合本地的农业生产计划并进行农业生产。县推广理事会和州推广站共同确定推广经费的预算，推广需要的设备和经费由联邦政府和州政府财政资金共同承担。农业科技社会服务是美国农业推广的重要组成部分，从最新的新品种、新技术到选择种植何种作物全方位涵盖。

（二）日本新品种推广保障制度

日本农业种植领域和中国有很多相似之处。日本的农业新品种推广制度有着自己的特色，对农作物新品种进行分类管理，针对主要农作物，特别是关系到国家的粮食安全的作物，国家通过法律法规及政策的方式进行扶持和保护，而对于那些经济效益较高的农作物，主要是通过法律法规进行规范，为其提供良好的发展环境。在农作物新品种推广制度方面，日本因地制宜形成了农业科技推广方式及保障制度。首先，适时制定法律法规，保障推广制度的发展。1947年的《农业协同组合法》和1948年的《农业改良助长法》是农业科技推广的基本法律，是日本农业科技普及和发展的保证。2001年新修订的《农业协同组合法》将指导农业经营事业发展作为农协的工作新中心。

日本的农业科技普及和推广都是根据《农业改良助长法》进行的，最终建立了以政府为主导与农协相结合的农业科技推广体系。日本的农业普及指导员类似我国的农技推广员，日本对农业普及指导员的要求非常严格，属于国家公务员，政府会提供很好的物质条件，具有较高的社会地位。日本已经建立完善的农民培训体系，农民可以参加国家设立的各级农业大学的培训，学习农业科技知识。

（三）我国新品种推广保障制度

1982年中央一号文件，《全国农村工作会议纪要》要求以县为单位，重新建立农业技术推广中心，将已有的技术站进行合并，实行统一领导。1984年《农业技术承包责任制试行条例》实施，这促进了当时新技术、新品种能够尽快应用。1989年，国务院《关于依靠科技进步振兴农业，加强农业科技成果推广工作的决定》对已有的农业推广体系进行了改革，与当时的农村实际更紧密结合，此时，新品种的推广已经摆在重要的位置。1993年《中华人民共和国农业技术推广法》正式实施，其中对保障农业技术推广工作有明确规定，同时对改善农技推广人员生活和工作条件也有明确的规定。这是我国农业推广领域第一部正式的法律。从此，我国农业技术推广逐步走向法治轨道。根据2012年8月31日第十一届全国人大常委会第28次会议通过的《关于修改〈中华人民共和国农业技术推广法〉的决定》修正，该法分农业技术推广体系、农业技术的推广与应用、农业技术推广的保障措施等6章39条，自2013年起执行。1997年国务院颁布《植物新品种保护条例》，农业部对符合条件的新品种授予品种权，保护育种者和育种单位的利益。2017年公布农业部令第1号文件《非主要农作物品种登记办法》，列入非主要农作物登记目录的品种，在推广前应当登记。2022年我国实施第四版《中华人民共和国种子法》，自颁布后已修订3次。这一系列政策法规，保障我国农业科技推广工作的发展，从育种到推广都有法可依，为保护育种者、生产者及农民的利益提供了法律依据。

三、新品种推广方式

1）利用电视、电台、报纸、杂志等传统媒体及手机、互联网等新媒体，对育成的新品种进行公布，宣传农艺性状、品种特性及适宜种植区域。

2）开展农民科技培训或专题会议，宣讲新品种，让农民真正了解认识农业植物新品种的特点及种植要点。

3）育种者联合专业合作社和企业建立新品种示范基地，形成具有良好效益的新品种示范区，起到引领示范的作用。

4）农业行政部门有组织有计划地推广，包括组织相关专家制订品种推荐目录，公布新品种生态要求和适宜区域。

四、品种区域化和良种合理布局

品种的选择和布局必须坚持效益优先，按照"适地适栽、良种良法"的要求，遵循生态区域布局规划、现有产业基础和未来发展趋势。

（一）品种区域化的意义和任务

只有在适宜的生态环境条件下，优良品种才能发挥其优良特性。而每一个地区只有选择并种植合适的品种，才能获得良好的经济效益。所以，品种推广必须坚持适地适种的原则，否则会影响经济效益和社会效益。尤其是多年生植物，因品种不合适造成的生产上的损失将持续到品种更换以前，投资损失重大。

品种区域化是实现新品种适地适栽的主要途径之一，其内容和任务有以下两个方面。

1. 在适宜区域内品种布局　　根据品种要求的生态环境条件，在适宜区域范围内安排适合品种种植，使品种的优良性状和特性得以充分发挥，坚持"适地适栽"。在新品种选育过程中，需要通过多点区域比较试验，找到最适宜该品种的生态区域。在生态条件相似的地区，栽培技术水平的差异，常影响品种特性的发挥。特别是不耐粗放管理的品种，在栽培水平低下的地区就难以获得丰产稳产。因此，在适应范围内安排品种，除考虑气候、土壤等生态因子外，还必须考虑当地栽培水平、经济基础及消费习惯。

2. 确定不同区域的品种布局　　根据地区生态环境条件，结合劳动力、市场消费、贮藏条件和交通运输等因素，对某一种园艺植物的栽培品种布局做出规划。根据现代化生产的要求，选择少数最适宜的优良品种集中栽培，形成地区特色，是获得高产优质高效产品的途径之一。规划品种布局组成时，必须考虑早、中、晚熟品种的合理搭配，错峰上市，尤其是对不耐贮藏的种类，利用不同成熟期的品种搭配可延长其供应期。品种布局的具体组成品种个数，应根据作物种类、栽培面积、当地生产经营条件和消费习惯等因素而定。早、中、晚熟各品种之间的比例，也应根据种类、品种贮藏性和市场效益等因素决定。

（二）品种区域化的步骤和方法

1. 划分自然区域　　根据气候、土壤和地势等生态条件，结合现有品种的分布和市场反应及发展方向，对全国或某一省（自治区、直辖市）、地（直辖市）范围内做出总体的和不同种类的区划。

总体的自然区域划分，如在《全国蔬菜产业发展规划（2011—2020年）》指导下，综合考虑地理气候、区位优势等因素，将全国蔬菜产区划分为华南与西南热区冬春蔬菜、长江流域冬春蔬菜、黄土高原夏秋蔬菜、云贵高原夏秋蔬菜、北部高纬度夏秋蔬菜、黄淮海与环渤海设施蔬菜6个优势区域。具体行政区域如下。

1）华南与西南热区冬春蔬菜优势区域。包括7个省（自治区），分布在海南、广东、广西、福建和云南南部、贵州南部及四川攀西地区，共有94个蔬菜产业重点县（市、区）。

2）长江流域冬春蔬菜优势区域。包括9个省（直辖市），分布在四川、重庆、湖北、湖南、江西、浙江、上海和江苏中南部、安徽南部，共有149个蔬菜产业重点县（市、区）。

3）黄土高原夏秋蔬菜优势区域。包括7个省（自治区），分布在陕西、甘肃、宁夏、青海、西藏、山西及河北北部地区，共有54个蔬菜产业重点县（市、区）。

4）云贵高原夏秋蔬菜优势区域。包括5个省（直辖市），分布在云南、贵州和鄂西、湘西、渝东南与渝东北地区，共有38个蔬菜产业重点县（市、区）。

5）北部高纬度夏秋蔬菜优势区域。包括4个省（自治区），分布在吉林、黑龙江、内蒙古、新疆和新疆生产建设兵团，共有41个蔬菜产业重点县（市、区）。

6）黄淮海与环渤海设施蔬菜优势区域。包括8个省（直辖市），分布在辽宁、北京、天津、河北、山东、河南及安徽中北部、江苏北部地区，共有204个蔬菜产业重点县（市、区）。

分种类区划，如我国柑橘在2003～2008年进行了全国优势区域规划。2014年，《特色农产品区域布局规划（2013—2020年）》引导资金、技术、人才等生产要素向柑橘优势区域集中，打造区域特色突出、产品特性鲜明的柑橘优势产业带。现已形成长江中上游甜橙产业带、赣南和湘南桂北甜橙产业带、浙南闽西粤东宽皮柑橘产业带、鄂西湘西宽皮柑橘产业带及一些特色柑橘基地。湖南省柑橘在适宜性区划的基础上形成了"三带两基地"的优势产业布局，集中分布在38个重点县。其中"三带"是指湘西南、雪峰山脉、武陵山脉三大优势区域带，"两基地"指江永香柚、安江香柚两个柚类特色基地。

日本以年平均温度和4～10月的月平均温度及降水量为标准，确定发展哪些果树树种和品种，如将月平均气温超过5℃的月平均温度的总和作为温量指数，衡量苹果品种的适温标准，根据经验元帅系品种所需温量指数为70℃，而富士系则要达到90℃，因而红星在青森县栽培较多，富士则在长野县较多（红星是元帅系典型代表品种）。

2. 确定各区域发展品种及其布局

1）市场需求和政府部门的适当调控。市场需求包括原有市场和潜在市场。以蔬菜为例，政府部门建议规划3个不同层次的生产基地：城市近郊基地，生产量占城市消费量的70%以上。邻近地区的二线基地，具有特定地形地貌和小气候，距离城市200～500km，主要供应城市淡季。全国性基地又分三类：①保证北方10月到次年5月淡季供应的年供50万t的南菜北运基地；②加工原料及名、特、优蔬菜基地；③为国内外市场提供优质商品基地。消费量按城市年人均160kg，农村人均140kg，鲜食占90%以上（含薯类）布局。

2）原有种类品种构成及存在问题。调查内容包括：①当地的生态环境条件、灾害性天气的频率和危害程度、栽培管理水平及其特点；②原有种类品种在当地的生长发育及产量、品质、贮藏性、抗逆性、抗病性、主要物候期等栽培反应；③果农和消费者对原有品种的评价。根据调查结果，确定区域化品种布局，包括在资源调查中发现的优良类型，并经过生产实践考验的可在同一生态区域作为区域化品种。

3）新品种。根据当地气候、土壤等生态条件，经过引种试验、品种比较试验和适应性试验后，根据试验品种在一定地区范围内的实际表现，筛选适合于本区域发展的新品种。

3. 品种更换和更新　为贯彻落实中央一号文件、《全国农业现代化规划（2016—2020年）》及《农业部关于推进农业供给侧结构性改革的实施意见》精神，充分发挥品种在推进农业供给侧结构性改革中的基础性、先导性作用，《农业部关于加快新一轮农作物品种更新换代工作的通知》（农种发〔2017〕3号）明确杂粮杂豆、蔬菜瓜果、茶叶、花卉、中药材等特色农产品优势区品种更新率超过30%，要在现有品种基础上，品种优质率提高10%以上；品种抗旱性、水分利用率明显提高，节水5%以上；需肥量明显降低，化肥用量减少10%以上；抗病性、抗虫性明显增强，农药用量减少15%以上。

多年生园艺植物在长期的生产过程中，存在品种老化、品质退化、树体衰老的现象。为适应市场需求，提高生产效益，世界各国都把品种更换和更新作为提高多年生园艺植物产业竞争力的重要举措，开展周期性的品种更新换代。推进品种更换和更新，是提高产业竞争力的迫切需要，也是巩固脱贫攻坚成果夯实乡村振兴基础的迫切需求。

生长周期短的品种改良工作较简单，对多年生的果树等作物，品种改良可采取以下几种办法：①对原有的低、劣质品种植株进行高接换种，本法适用于根系健壮的果园，高接换种时应注意防止病毒感染；②推倒重来，定植更新，通过培育健康容器大苗，进行全园更新。本法适用于树势衰弱、病虫害危害严重，已无经济价值的老果园；③行间间植新品种大苗，加强管理，逐步取代老品种，本法适用于行距较大的老龄果园。

对于老龄果园，品种改良还要改善果园基础条件和生产方式，加快技术配套与集成，一是改土壤，开展老果园土壤改良，培肥土壤，提高土地利用率；二是改密度，开展老果园密改稀，提高果园通风透光性，提高果实品质；三是改树体，通过大枝修剪，培养优质丰产树形；四是改方法，推广高品质省力化栽培技术，实现绿色精细高效生产；五是改设施，开展现代果园基础设施改造，打造适宜机械化果园、智能化果园和数字化果园。

五、良种与良法配套

为发挥良种的优良种性，在实行品种区域化的同时，还必须配套高效的栽培技术。良法，也就是利用科学的栽培技术为优良品种创造良好的生态环境条件，满足良种对水、肥、光、热等诸多因素的需求，使其充分发挥良种的特性。

只有良种良法配套，才能获得高产高效益。因此，要求在品种选育过程中，在区域性比较试验过程中，配套研究其高效栽培技术，以利于良种良法配套推广，引领产业向高质量、高效益方向发展。

思考题

1. 为什么实施植物新品种保护？
2. 授予植物新品种权的品种应具备什么条件？
3. 实施品种登记的意义是什么？
4. 植物新品种保护和品种登记有什么区别？
5. 品种推广的原则是什么？
6. 什么是良种繁育？良种繁育的任务是什么？
7. 根据作物繁殖方式和授粉习性，分析品种混杂、退化的主要原因，并提出相应的解决措施。
8. 为什么要实施良种繁育制度？

第十二章　生物技术在园艺植物育种上的应用

生物技术是以生命科学为基础，利用生物体的特性和功能，设计、构建、培育具有预期性状的新物种、新品种、新品系，以及与工程原理相结合，进行加工生产，为社会提供商品和服务的综合技术体系。

现代生物技术在农业育种上的应用主要有：作物离体培养技术、体细胞杂交技术、农作物人工种子、转基因育种技术、分子标记育种技术等。生物技术应用于园艺作物育种，可以解决传统育种的一些特殊困难，如扩大育种的基因来源、提高鉴定和选择的可靠性、加快育种进程、加速繁殖、提高育种效率等，大大加快了育种速度，缩短育种年限，是现代园艺育种中不可或缺的技术手段，为园艺植物品种改良开辟了一条崭新的途径。

本章重点介绍植物细胞工程技术、基因工程技术和分子标记在园艺植物育种上的应用。

第一节　植物细胞工程技术

一、植物细胞工程的概念

植物细胞工程是以植物细胞全能性为理论基础，以植物组织和细胞培养为技术支持，在细胞和亚细胞水平对植物进行遗传操作，从而实现植物改良和利用或获得植物来源的生物产品的科学技术。植物细胞工程技术是当今生物技术应用范围最广、发展最为成熟的一项细胞工程技术，植物细胞工程技术的不断发展与完善，促进了各类新型生物技术的应用与发展。

植物细胞工程包括植物组织培养（广义的组织培养）和植物体细胞杂交，植物细胞全能性（totipotency）是植物细胞工程的理论基础，即植物的每个细胞都包含着该物种的全部遗传信息，从而具备发育成完整植株的遗传潜能。

二、植物细胞工程在园艺植物育种中的应用

植物细胞工程在园艺植物育种中的应用主要包括以下几个方面：植物离体快繁、种质资源离体保存、克服远缘杂交不亲和性、筛选突变体、花药与花粉培养、原生质体培养与体细胞杂交等。

（一）植物离体快繁技术在育种中的应用

植物离体快繁（propagation *in vitro*）又称微体繁殖（micropropagation），是指利用植物组织培养技术对外植体（植物组织、器官或细胞等）进行离体培养，使其短期内获得遗传性一致的大量再生植株的方法，是植物细胞工程的重要技术基础。离体快繁具有繁殖效率高、培养条件可控性强、占用空间小、管理方便、便于种质保存和交换等特点。

植物离体培养是近几十年来发展起来的一项无性繁殖的新技术，是植物脱毒、快繁及工厂化种苗生产，单倍体诱导、体细胞杂交及突变体筛选等细胞工程改良植物性状，以及基因

工程创造新种质等现代生物技术的基础。目前，植物组织培养已经有1000多种植物成功获得再生植株，起始培养材料几乎涵盖了植物的所有组织和器官，甚至原生质体和小孢子。组织培养植株再生技术已被广泛应用于植物基因工程育种、单倍体育种、多倍体育种、远缘杂交育种、无性系创制和珍稀物种快速繁殖等众多领域。

离体快繁是目前植物细胞、组织培养中应用最多、最有效的一种快速生产种苗的手段，其突出特点是繁殖系数高、繁殖周期短、繁殖速度快，不受季节和地区等限制，重复性好。在花卉中应用极为广泛，如兰花、红掌、满天星、非洲菊等花卉的种苗繁殖几乎都是依靠离体培养技术。果树中的蓝莓、香蕉、草莓等也广泛采用离体培养来生产种苗。大田作物甘薯、甘蔗，某些经济作物、中药材、经济林木等无性繁殖作物部分或大部分都用离体快繁提供苗木，试管苗生产已形成产业化。

1. 优良品种快速繁殖 植物离体快繁技术程序如图12-1所示，可以分为4个阶段：建立无菌培养体系（初代培养）、繁殖体增殖（继代培养）、芽苗生根、再生植株驯化。

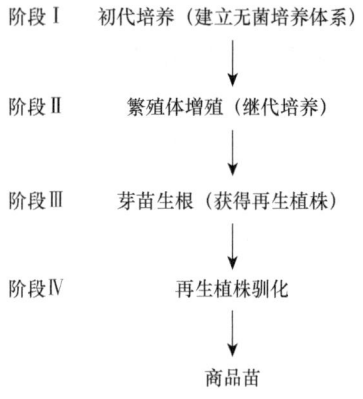

```
阶段Ⅰ    初代培养（建立无菌培养体系）
              ↓
阶段Ⅱ    繁殖体增殖（继代培养）
              ↓
阶段Ⅲ    芽苗生根（获得再生植株）
              ↓
阶段Ⅳ    再生植株驯化
              ↓
            商品苗
```

图12-1 离体快繁技术程序

通过离体培养，可以在短期内生产大量种苗供生产应用，尤其是对于无性繁殖的植物。例如，杨宝明等（2021）为解决珠芽魔芋（*Amorphophallus bulbifer*）产业高质量规模化发展的种苗瓶颈问题，以MS为基本培养基、珠芽魔芋块茎为外植体，用0.3%害剋溶液消毒40min，0.1% HgCl$_2$溶液浸泡5min；愈伤组织诱导培养基为MS＋1.5mg/L 6-BA＋0.5mg/L NAA；不定芽增殖培养基为MS＋2.5mg/L 6-BA＋0.2mg/L NAA；生根培养基为MS＋0.5mg/L NAA。构建的珠芽魔芋无性快繁技术体系在生产中效果明显，培养35～40d，增殖系数达到8.67。又如鲜切花满天星种苗的工厂化离体繁殖技术，主要步骤如下（单芹丽等，2011）。

1）外植体消毒：将摘取的嫩茎或茎尖剔除已展开的叶片后，切成长2～3cm、带节的茎段，放在洗衣粉水中浸泡2～3min后，用自来水冲洗干净，置于超净工作台内，用0.15%的HgCl$_2$溶液消毒20～25min，再转至浓度为3%的次氯酸钠溶液中消毒15～20min，无菌水中漂洗3～4次。

2）诱导培养：将消毒后的嫩茎或茎尖在无菌条件下接种于MS＋1.0～2.0mg/L 6-BA＋0.1～0.5mg/L NAA的诱导培养基中，培养约20d后，在嫩茎的节上或茎尖的顶部直接生成不定芽。

3）继代增殖培养：将上述诱导出的不定芽分切后转入MS＋0.5～1.0mg/L 6-BA＋0.05～0.10mg/L NAA的增殖培养基中，增殖培养15～20d后，重新转接在新鲜的增殖培养基中，繁殖3～5倍；如此反复继代培养，直到种苗瓶数增加到生产所需的基数。

4）生根培养：将增殖苗上部1cm长的茎尖切下，插入1/2MS＋0.2～0.5mg/L NAA＋0～0.3mg/L IAA＋0～0.3mg/L 6-BA的生根培养基中培养7～10d，即有白色根系形成。

5）培养条件：以上诱导、增殖继代及生根培养的MS培养基均添加糖25～30g/L，琼脂6～7g/L，pH为5.5～6.0。培养条件：温度（22±2）℃，光照强度2000～2500lx，光照时间8～10h/d。

6）组培苗过渡移栽：自瓶内取出高约1.5cm的健壮、苗色浓绿的有根小苗，洗去附着于根上的培养基，移栽至珍珠岩的基质内，栽后浇足水，前期保持85%的相对湿度，以后逐渐降低湿度和增加光照，同时进行常规病虫害防治，成活率可达95%以上，经25～35d过渡，长至3～4cm高、根系生出大量须根时，移栽至红土：腐质土＝2：1的营养袋内，20～25d后即可定植于大田中。

2. 珍稀种质保护和利用　我国已成功建立多种珍稀濒危植物的离体微繁殖体系，如秦岭石蝴蝶（蒋景龙等，2018）、距瓣尾囊草（杜保国等，2010）、崖柏（周小雪等，2020）等。

独花兰（*Changnienia amoena*）是我国特有的一种珍贵濒危药用植物，具有较高的药用价值，外部形态特殊、植株矮小、色彩美丽，全株只有一叶一花，观赏价值高。然而自然状态下繁殖困难，传粉受精与结实率低，加上过度采挖，资源减少。离体微繁殖是保护及进一步利用这类濒危资源的有效途径。研究显示，独花兰可采用假鳞茎和花梗腋芽作外植体。假鳞茎作外植体，6月上旬采收。离体微繁殖方法如下（张慧等，2022）。

1）外植体消毒：75%乙醇消毒30s，然后0.2%HgCl$_2$消毒6～7min，无菌水冲洗3～5次。

2）芽诱导培养：1/2MS＋1.0mg/L 6-BA＋0.05mg/L NAA＋10%椰子汁，培养7周。

3）根诱导培养：1/2MS＋0.1mg/L 6-BA＋1.0mg/L NAA。

4）幼苗盆栽：4～5cm试管苗移栽到盆中，腐殖质与沙土1：1混合。

5）移栽大田：试管苗在温室中生长7周后移栽到大田中。

3. 脱毒种苗生产　许多植物，特别是无性繁殖植物均受到多种病毒的浸染。病毒通过营养体进行传递，在母株内逐代积累，可造成严重的品种退化，产量降低，品质变劣。植物茎尖、根尖生长点附近（0.1～1.0mm）的病毒浓度很低甚至无病毒，利用茎尖分生组织培养可脱去病毒，获得脱毒植株。目前，生产上培育并已成功应用的无病毒植株有马铃薯、甘薯、大蒜、草莓、甘蔗、菠萝、香蕉等，这些园艺作物脱毒苗可以提高产量30%以上。外植体已不仅限于茎尖，未成熟或成熟的胚、叶（花）原基、单个游离细胞、原生质体等都可以应用这一培养技术（龚建军等，2019）。

伊万伟等（2023）利用茎尖脱毒方法建立了草莓脱毒快繁殖体系，60d完成一个快繁周期。①取材及消毒：优良母株匍匐茎顶芽嫩梢3～5cm，75%乙醇消毒30s，2%次氯酸钠消毒15min。②诱导分化：解剖镜下采集0.2～0.5mm的茎尖，接种到MS＋0.5mg/L 6-BA＋0.05mg/L NAA诱导培养基。25℃黑暗条件下培养5d，转到25℃，光照2000lx，10h/d，培养25d。③增殖培养：MS＋0.8mg/L 6-BA＋0.01mg/L NAA，培养条件为25℃，光照2000lx，14h/d。④生根培养：MS＋0.1mg/L NAA。经检测，所获得的再生苗，脱毒率为62%，茎尖脱毒取的尖端越小，脱毒效果越好，但越难培养成活。诱导形成的幼苗，需要经检验，才能确定是否为无菌苗。上述实验中，MS与1/2MS对诱导及生根效果差异不大，从节约成本的角度考虑，大规模生产可以采用1/2MS培养基。不同品种草莓对诱导培养基反应不同，红颜在MS上诱导效果很差，而以WPM为基本培养基，诱导效果非常好（李水根等，2022）。

除了生物方法（茎尖脱毒、愈伤组织脱毒等），还可以采用物理、化学处理达到脱毒效果。物理方法如将植物种植在花盆中，放在35～40℃的温度下2～8周；耐热材料和种子可以在50～55℃水中浸泡10～15min，无菌条件下播种成无菌苗。木本植物如柑橘等，可以采用微嫁接技术获得无菌苗木。化学方法通常是在培养基中添加化学药剂，以抑制病菌生长繁殖。有很多植物存在内生菌，常规消毒很难杀灭病毒，可以在培养基中添加抗生素之类的抑菌剂，生长一段时间，慢慢减少病菌，最终达到无菌效果。例如，孙建春（2019）针对苹果品种组培苗试管扩繁过程中出现的内生菌污染问题，在培养基中添加氨苄青霉素 40mg/L＋羧苄青霉素 80mg/L，试管苗生长质量和抑菌效果能得到最佳平衡，培养 25d 就有明显抑菌效果，获得的苗均不带 ASPV、ASGV 和 ACLSV 等苹果主要病毒。

（二）种质资源离体保存

人为因素导致的生态环境恶化及非人为动植物等因素的干扰，使众多植物种质资源面临灭绝的危险，而这些资源中，有不少是无性繁殖的种类，无法收集种子保存，离体保存是对这类珍贵、稀有、濒危植物种质资源遗传多样性保护的重要途径之一。

常用的离体保存方法有缓慢生长保存（试管苗库）和超低温保存，前者适合中短期保存，后者适用于长期保存。

1）缓慢生长保存：是以试管苗或培养物为保存载体，在常规培养条件下采用限制培养材料生长的方法使其保存，保存时间较短，还需要定期继代培养。正确选择适宜的低温是保存后高存活率的关键。大量试验研究表明，不同植物或同一种植物不同基因型对低温的敏感性都不一样，通常认为，温带植物在 0~6℃下保存，而热带植物最适低温为 15~20℃。据报道（徐刚标，2000），在 4℃的黑暗下将离体培养的 50 多个草莓品种的茎培养物保持其生活力 6 年之久，其间只需每几个月加入新鲜的培养液。葡萄和草莓茎尖培养物分别在 9℃和 4℃下连续保存多年，每年仅需继代一次。苹果茎尖培养物在 1~4℃下贮存 12 个月，仍未失去其生长、再生的能力，移至常温（26℃）下，这些材料均能再生植株。梨试管苗在 4℃下，每 2 年继代培养一次，保存后，材料田间生长正常。猕猴桃茎尖培养物在 8℃，黑暗条件下保存 1 年后，全部成活，且能产生很多茎尖。芋头茎尖培养物在 9℃，黑暗条件下保存 3 年，仍有 100%的存活率。

2）超低温保存：是指在－80℃以下（一般在－196℃液氮中保存）环境中保存生物材料。超低温保存生物材料的单篇报道可追溯到 18 世纪，但直到 1973 年 Nag 和 Street 才首次成功地在液氮（－196℃）中保存了胡萝卜悬浮细胞，此后植物种质超低温保存取得了突破性进展，涉及保存的材料有原生质体、悬浮细胞、愈伤组织、体细胞胚、胚、花粉胚、花粉（小孢子）、子房、茎尖（根尖）分生组织、芽、茎段、种子等。超低温保存一般有 4 种方法，即玻璃化法超低温保存、小滴玻璃化法超低温保存、包埋玻璃化法超低温保存和包埋脱水法超低温保存。其中最常用的是玻璃化法超低温保存（cryopreservation by vitrification），即植物材料经高浓度玻璃化保护剂处理后进行液氮保存的方法。超低温保存具有需要空间小、保存时间长、便于资源交换利用等优点，一直是研究的重点，不断有新的植物材料采用这种方式进行保存，如山丹茎尖（王琦等，2023）、八棱海棠种子及红丽海棠茎尖（彭颖等，2023）、甜瓜未授粉子房（李海伦等，2023）、软枣猕猴桃休眠芽（黄淑华，2023）、白菜小孢子（谭舒心等，2022）等。

超低温保存的基本程序：预培养、体积分数 60% PVS2（含 0.15mol/L 蔗糖的 MS 溶液与 100% PVS2 按体积 40∶60 混合）装载液处理、体积分数 100% PVS2（MS 溶液含：30%甘油、15%聚乙二醇、15%二甲基亚砜、0.4mol/L 蔗糖，pH＝5.8）保存液处理、液氮保存、化冻、洗涤、化冻后培养等环节。

吴怡等（2018）建立了姜科药用植物（兼具较高观赏性）莪术（*Curcuma zedoaria*）玻

璃化法超低温保存。

1）材料：将莪术地下茎块的幼芽进行组织培养，选取无污染、生长状况良好的试管苗的茎尖作为培养材料。

2）继代培养：将莪术试管苗置于丛生芽诱导培养基（MS＋3.0mg/L 6-BA＋1.0mg/L IAA＋30g/L 蔗糖＋1.0g/L 活性炭＋6.5g/L 琼脂）中继代培养 60d。

3）预培养处理：切取长 2～3mm 的莪术试管苗茎尖，避光环境下用含 0.3mol/L 的蔗糖 MS 固体培养基预培养 7d。

4）装载液处理：用 LS（MS 含 2mol/L 甘油、0.4mol/L 蔗糖）或 60% PVS2（MS 溶液含 0.15mol/L 蔗糖与 100% PVS2 按体积比 40∶60 混合）于 25℃装载处理 10min。

5）玻璃化保护液处理：用 100% PVS2（含 30%甘油、15%聚乙二醇、15%二甲基亚砜、0.4mol/L 蔗糖的 MS 溶液），在 0℃条件下，处理莪术茎尖 30min。

6）液氮冷冻：将经玻璃化保护液处理过的莪术茎尖迅速投入液氮中冷冻 16h。

7）水浴解冻及洗涤：取出莪术茎尖，在 40℃水浴中解冻 2min；于 25℃用 MS 溶液（含 1.2mol/L 蔗糖的 MS 溶液）洗涤 20min。

8）生活力检测：放入 0.1% TTC（氯化三苯基四氮唑）溶液中，于人工气候培养箱中 25℃培养 24h，洗净后用体视显微镜观察茎尖染色情况。若这些保存的茎尖生活力达 80%～100%，说明这种保存方法是有效的。

种质资源离体保存有以下优点：所占空间少，可节省大量的人力和财力；便于种质资源的交流与利用；需要时，可以用离体培养方法大量快速繁殖；避免自然灾害引起的种质丢失。目前，已有许多种植物在离体条件下，通过抑制生长的方法，使组织培养物能长期保存，并保持其生活力。但种质资源离体保存时需要定期进行继代培养，多次继代培养可能造成遗传性变异及培养物的分化和再生能力的逐渐降低，离体种质资源冷冻保存技术，有效地降低了继代周期。

（三）克服远缘杂交不亲和性

在远缘杂交中，有些杂交虽然受精成功并形成了合子，但胚乳发育不正常或者杂种胚和胚乳之间生理上的不协调，易导致杂种胚在发育过程中夭折，这属于受精后的生殖隔离障碍。通过将远缘杂交获得的杂种幼胚进行离体培养，可以克服远缘杂交受精后的生殖隔离障碍，成功获得远缘杂种植株，这种应用在远缘杂交中的幼胚离体培养技术称为胚挽救，又称胚拯救。将胚挽救与试管授精技术相结合，大大提高了远缘杂交的成功率。目前，已通过该方法获得了很多种间，甚至属间的杂种植株，扩大了杂种优势的利用范围。

百合不同杂种系之间存在杂交不亲和性，胚拯救技术可以有效避免杂种胚的败育，并加快其成苗，从而提高育种效率。据吴然等（2023）报道，以百合不同杂种系间材料杂交授粉后 30～40d 剪取的膨大的子房作为外植体（外植体放入冰箱 4℃冷藏保存备用）进行离体培养，可高效获得杂种植株。培养过程分为外植体消毒、启动接种、增殖培养、生根培养 4 个阶段，采用的启动培养基（1/2MS＋0.5mg/L 6-BA＋0.1mg/L NAA＋0.6%琼脂＋30g/L 蔗糖）、增殖培养基（MS＋1.0mg/L 6-BA＋0.1mg/L NAA＋0.6%琼脂＋60g/L 蔗糖）和生根培养基（1/2MS＋0.5mg/L 6-BA＋0.1mg/L NAA＋0.6%琼脂＋60g/L 蔗糖）。

1）外植体消毒：75%乙醇 1min，0.1% HgCl$_2$ 10min，无菌水冲洗 3 次。

2）启动接种：子房切片（膨大部分切成 3～5 片，厚度 2mm 左右），或无菌条件下剥取胚、胚珠为培养物，接种到启动培养基上。培养条件：温度 24~26℃，光照 12h/d，光照强度 2000~3000lx，培养 40d 后，转入新的培养基中。

3）增殖培养：将子房培养（以膨大胚珠转入新培养基的时间计算）、胚珠培养和胚培养约 60d 的杂种苗，去除根部和叶片，转入增殖培养基中，在 24~26℃条件下暗培养约 40d，可诱导出大小不等的百合小鳞茎。

4）生根培养：将分化出的小鳞茎转入生根培养基中进行生根培养，24~26℃条件下暗培养 40~50d，鳞茎直径可达 0.5~1cm，炼苗后即可大田移栽。

罗嘉翼（2020）用秘鲁番茄与普通番茄（*Lycopersicon esculentum*）杂交，授粉 30d 后取杂种幼胚离体培养，培养基为 MS＋0.2mg/L IAA＋0.6mg/L ZT＋0.5mg/L GA$_3$，成功获得种间杂种植株。同时，罗嘉翼（2020）还建立了可用于番茄快速世代推进的胚培养方法，即取授粉后 15d 的幼胚，在上述培养基中培养，可减少 60d 种子在果实内的发育时间，实现一年繁殖 6 代，从而显著提高育种效率。

研究表明，不同作物远缘杂交，杂种胚败育的时间不同，因此，最佳幼胚取材时间需要实验检测确定。王涛涛等（2010）研究发现，芥菜型油菜雄性不育系与甘蓝远缘杂交，杂种胚发育 10d 左右开始败育。在杂种胚发生败育之前进行胚离体培养，培养基为 MS＋1mg/L BA＋0.1mg/L NAA＋活性炭，得到了远缘杂种植株。

通过胚挽救培养，已获得大量的远缘杂种后代植株，如甜樱桃种间杂种（秦志华等，2010）、紫荆属种间杂种（杨莹等，2022）、百合杂种系间杂种。

（四）筛选突变体

在植物离体培养过程中会出现各种变异，植物外植体在组织培养的脱分化和再分化过程中，会受到非生物因子的诱导，发生变异，进而导致再生植株也发生遗传改变的现象，称植物体细胞无性系变异（somaclonal variation，SV）。这种现象广泛存在于果树、蔬菜、花卉、水稻、玉米、棉花、烟草等各种作物的离体培养中。在园艺植物中，已经在超过 150 种园艺作物中观察到变异，变异类型几乎出现在所有的农艺性状中，包括果型大小、花期、果实的成熟期、果实颜色、自交能力、病毒抗性、生长势、对逆境的耐性、产量、品质等方面。

与自然突变相比，培养细胞的突变率显著升高。自然界野生型基因突变率在 10^{-10}~10^{-4}，而组织培养的突变率一般比自然突变率高出几百倍至上千倍。另外，同种植物不同基因型在培养过程中的突变率存在较大差异，如在香蕉的培养中，平均变异率是 3%，但 Cavendish 品种却高达 20%。营养繁殖的植株，培养时间长、继代次数多，出现的变异率相对较高。香蕉 Nanicao 品种的茎尖在第 5、7、9 和 11 次继代后，诱导的再生植株中，体细胞变异频率分别为 1.3%、1.3%、2.9%和 3.8%。不同外植体，发生变异的频率也不同，Das 等（1989）用菠萝 Mitsubishi 品系的顶芽、腋芽和果实不同外植体诱导愈伤组织，经培养后以果实为外植体的所有再生植株均发生变异，顶芽有 7%发生变异，腋芽的变异率为 34%。培养类型中，原生质体、细胞、愈伤组织培养出现的变异频率高于组织或器官培养的变异。离体培养过程中，诱变剂的应用可以使细胞突变频率提高 10~100 倍，因此，进行离体筛选时，通常都用诱变剂处理或在胁迫条件下进行筛选。

目前，通过组织培养离体筛选途径，已获得抗病虫害、耐盐、耐旱、高赖氨酸、高蛋白、高产、抗除草剂、耐重金属等的突变体，有些已应用于生产。例如，已选育出抗旱/晚疫病的马铃薯变异无性系、高含糖量的甘蔗无性系、抗桃叶细菌性穿孔病的桃无性系等。

体细胞无性系变异可以用来改善现有品种的株高、株型、叶型、穗型、籽粒大小、颜色、生长势、成熟期、抽穗期、主要品质成分的含量，可以用于抗病性、抗盐性、抗寒性、抗除草剂等单个性状的改良，也可以利用组织培养中产生的营养缺陷型生化突变体来研究生化代谢途径，因此，体细胞无性系变异在育种理论研究、选育作物优质抗性新品系、创造新种质等方面都有重要的价值。

体细胞无性系突变体筛选程序主要包括以下几点。

1）材料及外植体选择：选择适宜的基因型和外植体，以便建立长期保持高频率再生分化能力的无性系。

2）材料预处理：研究显示，多数情况下，材料的预处理，即在诱导培养前，进行理化诱变处理，增大了选择机会，提高了变异频率。物理处理多用于照射种子或外植体，化学处理多用于处理愈伤组织，诱变剂的使用剂量一般应低于半致死剂量，以减少其产生的不良后果，诱变处理后的材料需恢复培养后再进行筛选（钟琪，2016）。

3）诱导培养（单纯继代或胁迫条件下培养）：单纯继代培养产生的突变频率低，突变不可预期。通常根据筛选目标性状，在培养基中添加盐、重金属、除草剂、致病毒素等，进行胁迫环境下诱导培养。筛选的愈伤组织，需要在胁迫条件下进行多次继代培养，确定变异的稳定性。

4）再生植株性状鉴定：筛选的愈伤组织，诱导成芽，长成的植株需要进一步确定是否是变异体，如果是种子繁殖植物，种子播种的后代植株，还需要进一步鉴定，以确定是否为稳定的变异株系。

植物抗病突变体离体筛选技术程序如图12-2所示。

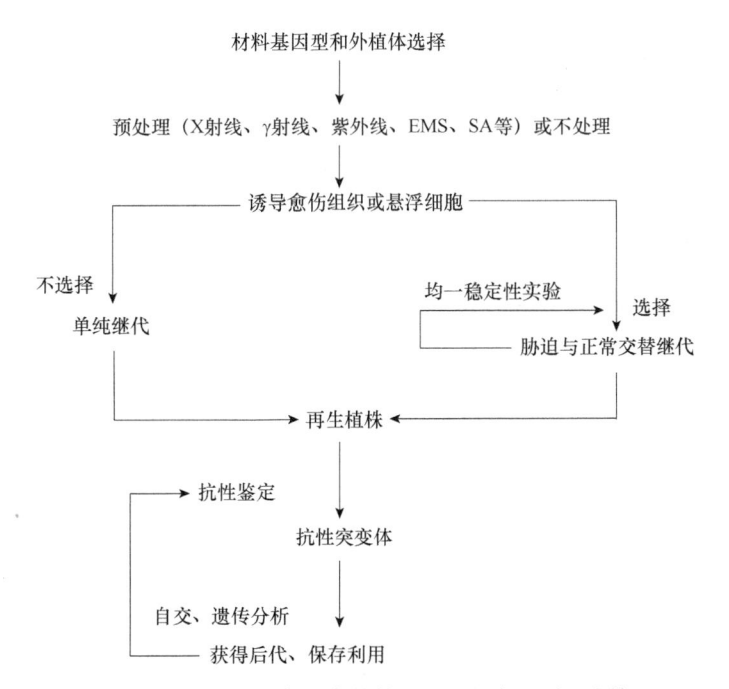

图12-2 植物抗病突变体离体筛选技术程序（顾玉成等，2004）

EMS. 甲基磺酸乙酯，SA. 叠氮化钠

马铃薯栽培种虽喜凉，但不耐霜冻，冬季低温常会对马铃薯造成霜冻危害，选育抗寒品种，对南方冬马铃薯的种植有重要意义。黄萍等（2019）利用EMS诱变和羟脯氨酸（Hyp）压力选择正向突变体，得到高脯氨酸变异系，经抗低温特性及相关生理生化特性研究，获得7个抗寒变异株系，程序如下。

1）材料及外植体：选取的马铃薯品种为费乌瑞它，茎尖培养，获得脱毒试管苗。

2）愈伤组织诱导：将费乌瑞它脱毒试管苗茎段切成长0.3～0.5cm的小段，接种到MS＋2.0mg/L 6-BA＋1.0mg/L 2,4-D＋30g/L蔗糖＋6.5g/L琼脂，pH＝6的培养基上，在（23±2）℃、1000lx、光照时间10h/d的条件下诱导愈伤组织。

3）愈伤组织分化：将愈伤组织接种到不定芽诱导培养基 MS＋1.0mg/L BA＋0.1mg/L NAA＋30g/L蔗糖＋6.5g/L琼脂，pH＝6的培养基上，在（23±2）℃、2000lx、光照时间14h/d的条件下诱导培养。

4）不定芽增殖：当不定芽长到2.0cm时转接到MS＋30g/L蔗糖＋6.5g/L琼脂，pH＝6的培养基上，在（20±2）℃、2000lx、光照时间14h/d的条件下增殖培养。

5）EMS诱变处理愈伤组织：筛选出EMS半致死浓度为0.8%、处理时间为4h较佳。将愈伤组织切成大小约3mm的小块，在EMS溶液中浸泡4h（期间不停地摇动）后，用无菌水冲洗干净，接种到愈伤组织的继代培养基上。

6）L-Hyp浓度筛选：筛选出的L-Hyp半致死剂量浓度为0.5%。将EMS诱变处理培养7～10d的愈伤组织小块接种在含0.5% L-Hyp的筛选培养基上培养7～10d，筛选成活的愈伤组织，转接到不含L-Hyp的培养基上，用含L-Hyp和不含L-Hyp的培养基交替筛选愈伤组织，重复3次，筛选出抗寒愈伤组织。

7）抗寒愈伤组织再分化诱导：将筛选出的抗性愈伤组织增殖后，接种到不定芽诱导培养基上，在（20±2）℃、2000lx、光照时间14h/d的条件下诱导培养。当形成的不定芽长到2.0cm时，按照步骤4）处理。

8）抗寒再生苗耐冷性生理指标测定：将获得的抗性株系试管苗分别放在20℃、7℃、0℃、−1℃、−2℃、−4℃、−6℃下7d，采用黄基水杨酸法测定各处理脯氨酸含量，以未经EMS诱变的愈伤组织再生苗为对照。将获得的抗性株系试管苗分别放在20℃、0℃、−1℃、−2℃、−3℃、−4℃下5d，测定电导率，以未经EMS诱变的愈伤组织再生苗为对照，筛选获得抗寒变异突变株系。

邹雪等（2015）以马铃薯品种米拉为材料，通过低磷胁迫（0.125mmol/L P，调节KH_2PO_4）、盐胁迫（100mmol/L NaCl），获得了生长更为健壮、其试管苗和试管薯质量均约为母本2倍的变异株系M-13。

（五）花药与花粉培养

1964年，Guha与Maheshwari以毛曼陀罗（*Datura innoxia*）为材料，通过花药培养在世界上首次获得了单倍体植株。此后，花药、花粉培养人工诱导形成单倍体的研究，在世界范围内得到普遍关注。

我国的花培研究始于20世纪70年代，将花培和传统育种手段相结合先后培育出大批具有研究和应用价值的品种。在园艺作物中，辣椒、甜菜、白菜、油菜、柑橘、大豆、葡萄和苹果等的单倍体植物都为我国首创。

通过花药和花粉培养可获得大量单倍体，进一步诱导成纯合的双单倍体植株（DH系）。

单倍体育种技术已被广泛应用于许多重要植物的育种研究中，展现出基因纯合快速、育种年限缩短、育种效率提高等优势。单倍体诱导技术与杂交育种、诱变育种、反向育种和分子标记辅助选择育种等技术相结合，在作物品种改良上的作用更加显著。此外，单倍体和双单倍体在遗传群体构建、基因功能鉴定、转基因研究、细胞学研究等方面都具有重要的应用价值。

花药和花粉培养的基本流程如图12-3所示。

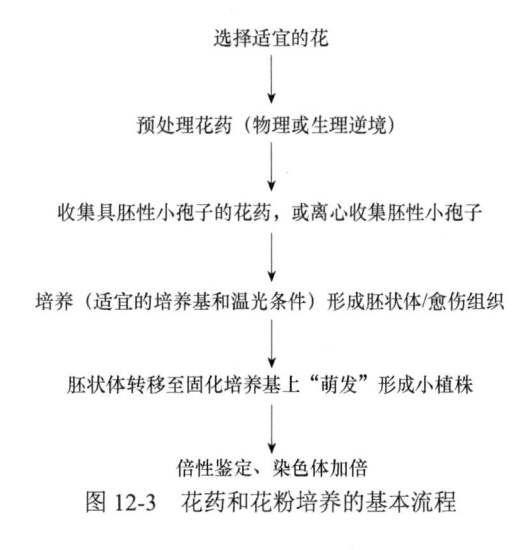

1. 花药培养 是用植物离体培养技术，把发育到一定阶段的花药，通过无菌操作技术，接种在人工培养基上，以改变花药内花粉粒的发育程序（方向），诱导其分化形成愈伤组织或分化成胚状体，最终分化成完整的植株（图12-4）。

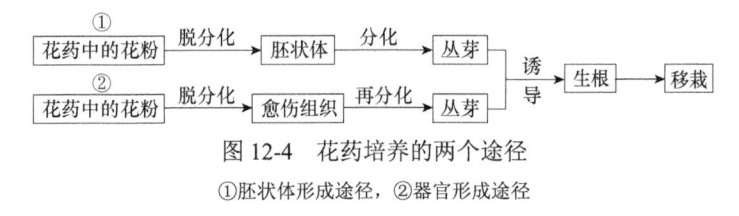

图12-3 花药和花粉培养的基本流程

图12-4 花药培养的两个途径
①胚状体形成途径，②器官形成途径

花药培养的步骤如下。

材料选择（以其中的花粉处于单核中、晚期为宜）→预处理（低温、高温或饥饿胁迫等）→消毒→接种→诱导培养→分化→加倍（注：取花药时不要损伤花药，因为花药受损后会刺激药壁细胞形成二倍体的愈伤组织）。

1）材料选择：选择花粉发育到单核中、晚期的花为宜，接种前用醋酸洋红、I-KI 溶液等染色压片法，确定花粉发育的时期。

2）预处理：胁迫处理可以是高低温、糖饥饿、渗透压、秋水仙素、离心处理等，以低温（4℃）、1～2d 处理最常用。

3）消毒：用 70%～75%乙醇在表面浸一下，在饱和的漂白粉溶液中浸泡 10～20min 或 0.1%HgCl$_2$ 中消毒 7～10min，再用无菌水冲洗。

4）接种：可采用固体培养基，接种时花药有 1/3 浸入琼脂中为宜；也可以采用液体培养基，在培养基中不加入琼脂，直接把花药接入呈液体状态的培养基中（液体培养基是一薄层约 0.5cm 的液层）。

5）诱导培养：一般先在暗处培养，待愈伤组织形成后，移至光下培养，温度为 25～28℃。

6）分化：在培养基所提供的特定条件下可以发生多次分裂，形成类似胚胎的构造（胚状体）或愈伤组织。愈伤组织分化出芽和根，最后长成植株。

7）加倍：对花药离体培养获得的植株，用秋水仙素处理单倍体幼苗，使染色体数目加倍，重新恢复为二倍数。因为它们的二倍数染色体是由单倍数染色体本身加倍而来的，所以都是纯系，自交后代不会发生性状分离，在育种上有很高的应用价值。

田丹青等（2020）以单核期的红掌花药为材料，6℃低温预处理 1d 显著降低了花药培养的污染率,提高了无菌花药的获得率和愈伤诱导率;花药愈伤诱导的适宜培养基为 1/2 N_6+2.0mg/L 2,4-D+0.5mg/L 6-BA+7%蔗糖+2%葡萄糖+6.0g/L 琼脂,增加蔗糖浓度有利于花药膨大;经根尖染色体压片法和流式细胞术检测均得到了单倍体植株。

不同激素种类及配比,诱导花药里的花粉粒形成愈伤组织或形成胚状体。例如,张波(2012)建立的诱导体系。一是宁夏枸杞花药离体培养愈伤组织诱导体系。采用单核靠边期的花蕾,经 3d(4℃)低温预处理后,将花药接种于含有 1.0mg/L 2,4-D、0.5mg/L 6-BA 和 1.5mg/L KT 的 MS 培养基中,放置于(25±1)℃、黑暗条件下愈伤组织诱导率较高。二是宁夏枸杞花药离体培养胚状体诱导体系。采集小孢子单核靠边期花药,经 3d(4℃)低温预处理后,将花药接种于含有 0.1mg/L NAA、0.5mg/L 6-BA 和 0.8%活性炭的 MS 培养基中,33℃高温、黑暗条件下培养 5d 后转移到(25±1)℃光照条件下,胚状体诱导率较高。花药培养可以得到单倍体,但也会得到二倍体或多倍体。这些变化中,非单倍体可能来自花药体细胞如药壁细胞,由它们先形成二倍体愈伤组织,再分化为二倍体植株,或者来自单倍体细胞的自主加倍,也可能来自雄核发育过程中的营养核和生殖核的融合,故花药离体培养不一定都能获得单倍体。

2. 花粉培养 又称为游离小孢子培养,指将发育到一定阶段的花粉从花药中游离出来成为分散或游离状态,通过培养使花粉粒脱分化,进而发育成完整植株的过程。花粉培养的主要目的是获得单倍体植株,进而得到双单倍体(dihaploid)植株,最终获得纯合系材料。花粉培养的步骤如下。

1)选材及花药预处理:取材时期、花预处理、消毒等,同花药培养。

2)花粉分离:预处理的花进行消毒,在无菌条件下用灭菌后的镊子剥离出花药,用研磨棒反复轻轻地挤压使小孢子充分游离到 0.3mol/L 的甘露醇或 B_5 液体培养基(添加 13%蔗糖)中,用 200 目的镍丝网过滤,使花粉进入滤液中心。把滤液放入离心管中,在 200r/min 速度下离心 1min,使花粉沉淀,吸取上清液,再加培养基悬浮,然后离心。反复 3~4 次。把洗净的花粉沉淀,加入一定量的培养基。

3)花粉预处理:花粉过滤后,或者在培养始期,采用低温、高温、变温、辐射、生长素等处理。最常用的是暗培养条件下高温(32~35℃)热激处理(1~2d),能促进小孢子膨大和胚状体的形成,对部分基因型材料,这一处理是必须的。番茄在 4℃下预处理 1~2d,33~35℃下预培养 3~4d,能显著提高胚状体、愈伤诱导率。

4)花粉培养:游离小孢子培养的营养需求比花药培养的复杂,不同基因型植物对培养基反应不同,在花粉培养体系中常用到的培养基有 B_5、NLN、N_6、MS 和 Nitsch 等。番茄可选用 NLN、N_6、B_5 等,十字花科作物可选用 Nitsch 培养基。根据培养的物种及营养需求不同,可以对培养基进行改良。例如,进行大白菜小孢子培养时,把 Nitsch 培养基中的大量元素降低一半,花粉胚状体形成率比原来增加一倍(胡开林,1995)。

培养基的过滤灭菌,培养效果往往优于高温灭菌。除了营养组分,培养基的物理属性也影响诱导效果。在小孢子培养中,液体培养基使用较多,固体琼脂培养基和固液双相培养基也均有使用。在辣椒(*Capsicum annuum* L.)的小孢子培养中,小孢子最初在液体培养基中培养,然后转到固液双相培养基上,能有效形成子叶胚。

无论花药培养还是花粉培养,在接种后的培养始期,进行短期高温胁迫处理,会明显促进花粉胚状体的形成。在诱导培养过程中,因激素等条件的不同,花粉植株的形成有两条途径,一条是形成花粉胚状体,再长成植株;另一条是小孢子多次分裂形成愈伤组织,由愈伤组织进一步分化，最后形成完整植株。

花粉植株的倍性鉴定方法：可采用形态学、解剖学、细胞学、染色体、分子生物学进行鉴定。单倍体植株和二倍体、多倍体植株差异明显，单倍体植株生长缓慢，器官体积小，叶片窄小，不能正常开花结实；叶片气孔保卫细胞变小、叶绿体数目变少。可用流式细胞仪检测，倍性鉴定准确而快捷。对于培养过程中自然加倍的植株，通过分子标记、基因组原位杂交（GISH）等技术对植株进行纯合性鉴定。

单倍体的加倍：单倍体植株通常表现为高度不育，对单倍体进行加倍处理是稳定其遗传行为和育种的必要措施。理论上讲小孢子植株应当都是单倍体，但实际情况并非如此。小孢子植株群体内存在单倍体、双单倍体、高倍体、非整倍体和嵌合体等多种类型，不同作物的小孢子植株自然加倍率存在很大差异。大白菜的自然加倍率较高，多数基因型经自然加倍的二倍体植株可达50%以上，有的材料甚至高达70%以上（Hang et al., 2001）。不结球大白菜小孢子植株的染色体自然加倍率在50%～100%。王涛涛等（2009）报道红菜薹小孢子植株自然加倍率较高，最高达到80%。甘蓝类蔬菜中自然加倍率变异幅度较大，Dias等（2003）在实验中发现，青花菜自然加倍的双单倍体频率为43%～88%，其他甘蓝类蔬菜为7%～91%。

人工加倍多用化学诱变法，常用的诱变剂有秋水仙素、对二氯苯、氟乐灵等。加倍处理时需注意的是，秋水仙素同时也是一种诱变剂，容易使细胞多倍化。因此，对处理的植株经过一到几个生活周期的选择，才能得到正常纯合的加倍植株。常用滴液法：用无菌的脱脂棉包裹外植体，滴加药液，保持棉花湿润，药液浓度一般为0.1%～0.5%，处理时间一般为1～3d，常在药液中加入2%～3%的二甲基亚砜（DMSO）提高诱导率，处理完毕后充分清洗外植体。

3. 花药、花粉培养在育种中的应用

（1）新品种选育　采用常规育种方法获得纯合品系，需要连续4～5年的自交选择，亲本纯化时间长，育种成本高，受环境因素影响也较大。而双单倍体技术只需1～2代即可获得遗传纯合品系，而且加倍单倍体的隐性基因不会受显性基因遮盖而能够正常表达，可以显著提高基因型选择效率和选择的准确性，有利于多基因重组和隐性基因的选择。近年来通过此途径，国内外科学研究院所都获得了大量DH系新种质，并利用这些种质材料培育出多个优良新品种。有些DH系综合性状优良，可以直接作为新品种推广，更多的则是用作杂交亲本材料，配制新的杂交组合。而且，用花药或者小孢子培养出的双单倍体作为双亲或者是亲本之一的杂交种更加稳定和纯合（Shmykova et al., 2014）。

在辣椒上，北京市海淀区植物组织培养技术实验室自1982年起就进行甜（辣）椒单倍体育种技术的研究及应用，相继培育出了海花系列、海丰系列如海花3号、海花19号、海花29号、海花30号等品种，在全国大面积推广（李春玲等，2002）。

我国最早利用花粉（游离小孢子）培养技术成功培育出十字花科蔬菜新品种的是河南省农业科学院叶菜育种团队，育成了第1个大白菜品种豫白菜7号，此后又培育出豫园、豫新系列大白菜新品种。该团队还培育出国内第1个利用游离小孢子培养技术选育的甘蓝新品种豫生1号，之后又育成豫生和豫甘系列甘蓝新品种，这些品种已在生产上规模化应用（牛刘静等，2022）。

（2）遗传性状分析　DH群体的每一个品系都是完全同质纯合的，所含信息量小，无遗传变异，遗传信息可以继代保留，是数量性状位点分析的良好群体。

李怡斐等（2019）用 2 个抗疫病辣椒材料与 5 个加工型优良自交系杂交，对 F_1 代进行花药培养，其中 5 个组合诱导出胚状体，对 36 个再生苗进行倍性鉴定，29 株为单倍体，经 PCR 检测，筛选出 14 个抗疫病 DH 系。研究表明，利用花药培养与分子标记辅助选择育种（molecular marker assistant selection breeding，MAS）相结合的方法，可快速创制特异育种新种质，加速育种进程。

苏彦宾等（2019）利用 4 个叶球存在显著差异的甘蓝高代纯合自交系 D_1、D_2、D_3 和 D_4 为亲本，配制 2 个 F_1（$D_1 \times D_2$、$D_3 \times D_4$），通过 F_1 游离小孢子培养构建 2 个 DH 分离群体。其中 D_1 表现为叶色及球色浅绿、极易裂球；D_2 表现为叶色及球色蓝绿，极耐裂球；D_3 表现为开展大、外叶黄绿、扁圆球形；D_4 表现为开展小、球色绿、近圆球形。$D_1 \times D_2$ 组合构建的 DH 群体用于耐裂球及球色的遗传研究；$D_3 \times D_4$ 组合构建的 DH 群体用于球形相关性状的研究。采用主基因+多基因（P_1、P_2、DH）混合遗传模型对耐裂球、球色及球形等叶球相关性状进行了遗传分析，为进一步研究相关性状的分子机制奠定了遗传基础。

（3）遗传图谱构建　　DH 群体遗传性质稳定，遗传背景一致，是遗传作图的理想材料。利用遗传图谱对控制目标性状的基因进行定位、连锁分析及克隆，是开展分子标记辅助选择育种、验证基因功能及其作用机制的基础。许多重要作物的分子图谱已构建，并开始用于质量和数量性状的基因定位、图位克隆、比较基因组学研究和分子标记辅助选择育种等研究。

Lv 等（2014）利用 DH 群体和 F_2 分离群体，将甘蓝枯萎病抗性基因 *FOC1* 精细定位于 A06 染色体 84kb 区间内。苏彦宾等（2014）以易裂球与极耐裂球甘蓝亲本杂交，通过对 F_1 进行游离小孢子培养，构建 DH 群体，利用甘蓝测序和重测序设计的 SSR 引物在双亲间进行多态性筛选，构建了基于 SSR 和 InDel 标记的高密度遗传连锁图谱，并对耐裂球性状进行 QTL 定位。

王晓武等（2005）利用青花菜与芥蓝杂交后代双单倍体群体为材料，通过 AFLP 技术构建了一个甘蓝类作物较高密度的遗传连锁图谱，为甘蓝类作物基因定位、比较基因组学及重要经济性状 QTL 分析提供了一个框架图谱。

刘晓峰等（2015）以大白菜感病品种 B120 和大白菜抗病品种黑 227 为亲本建立的 DH 系为作图群体，基于所筛选出的 74 对 InDel 标记和 37 对 SSR 标记构建分子遗传图谱。利用 JoinMap 4.0 软件，初步构建了一张覆盖基因组长度为 1004.7cM、平均图距为 9.30cM 的大白菜遗传连锁图，该图谱包含 12 个连锁群、108 个标记位点。该图谱能有效地用于大白菜干烧心 QTL 定位。

（六）原生质体培养与体细胞杂交

植物原生质体是植物细胞去掉细胞壁后由质膜包裹着的裸露细胞。原生质体没有细胞壁包裹，是裸露的植物细胞，其既可以直接摄入外源 DNA，也可以进行不同种属之间甚至亲缘关系更远的植物间体细胞的融合，获得体细胞杂种，创制新的种质资源。因此，植物原生质体被认为是外源基因转移、遗传转化、体细胞杂交、无性系变异及突变体筛选的理想受体系统。

1892 年，Klercker 用机械法分离获得了原生质体。1960 年，Cocking 首次使用浓缩的纤维素酶溶液解离了番茄根尖细胞的细胞壁，分离出了大量有活性的原生质体，通过培养能再生出新细胞壁进而形成再生细胞。至今为止已经有 40 多个科，100 多个属，400 多个种的植物成功分离了原生质体并得到原生质体再生植株。在园艺植物中，枣、葡萄、枇杷、苹果、猕猴桃、香蕉、番茄、茄子、马铃薯、百合、枸杞、草莓等成功分离了原生质体，并培养得到了再生植株。

1. 原生质体培养　　进行原生质体培养及体细胞杂交的第一步是获得大量有活力的原生质体。

（1）材料选取　　分离原生质体的材料非常广泛，叶、花瓣、花粉、果肉、茎髓部、子叶、下胚轴、愈伤组织和悬浮细胞等都可以作为原材料。叶肉细胞、愈伤组织和悬浮细胞是广泛使用的原材料。植物体的幼嫩部位，如子叶、幼叶等为材料能够得到高产量、高活性的原生质体。

（2）原生质体分离　　植物原生质体的分离方法有机械法和酶解法。机械法是先使植物细胞质壁分离，然后切割或磨碎质壁分离的细胞获得原生质体；酶解法是利用细胞壁降解酶分解植物细胞壁获得原生质体。目前机械法应用较少，酶解法可以有效分离出大量的植物原生质体，适用较多的植物。通常采用一步酶解法，即把果胶酶、纤维素酶和半纤维素酶等组成混合液，然后将原材料放入其中处理分离得到原生质体。研究表明，原生质体的产量和质量受原材料的生理状态、酶的种类和浓度、酶解时间、处理液渗透压稳定剂、pH 等因素的影响。

酶解后的原生质体粗提液除原生质体外，还存在没有完全酶解的植物组织、大细胞团、一些碎片杂质等，应进行纯化。一般先用 40～400 目的细胞筛过滤原生质体粗提液，然后进一步纯化。纯化方法有离心沉淀法、漂浮法、界面法等。最常用的为离心沉淀法，即将过筛得到的滤液进行低速离心 3～5min，使原生质体沉淀。漂浮法是利用原生质体和细胞碎片的相对密度不同分离出原生质体。一般是利用高浓度的蔗糖溶液（20%以上）来进行原生质体的纯化，离心后，原生质体层漂浮于蔗糖溶液之上。界面法指的是选用两种不同渗透浓度的溶液，使原生质体密度介于两种溶液之间，这样原生质体层就会位于两层的中间。

得到的原生质体要进行活力测定。常用的方法是二乙酸荧光素（FDA）染色法，其原理如下：FDA 本身无荧光，能自由渗透出入完整细胞，进入细胞后，被细胞内酯酶分解，产生荧光素，有活性的原生质体发出黄绿色荧光，而没有活性的原生质体则没有荧光。

（3）原生质体培养　　获得有活力的原生质体后，在合适的培养条件下，可再生出新的细胞壁，细胞进一步分裂形成细胞团或愈伤组织，最终形成完整再生植株。

不同植物的原生质体适宜的培养基、培养条件、培养方法不同。目前比较常用的培养基有 MS、KM8P、B_5、NT 和 WPM 培养基等。在培养基中还要加入试剂作为渗透压稳定剂，最常用的有甘露醇、山梨糖醇、蔗糖、葡萄糖等，浓度范围一般在 0.3～1.0mol/L。起始培养的原生质体浓度一般为 5×10^3～5×10^5 个/mL 时，植物原生质体才能正常分裂与发育。一般认为原生质体的最适培养温度在 19～30℃。原生质体初期培养不需要光照，需要在弱光甚至黑暗条件中培养，当原生质体再生出细胞壁后才可以在光照条件下生长。常用的原生质体培养方法有液体浅层培养、固液双层培养、看护培养和低熔点琼脂糖固体包埋培养等，目前应用较广的是低熔点琼脂糖固体包埋培养，该培养基可减少对原生质体的损伤，并能提供必要的营养，但细胞生长速度较液体培养慢。在上述培养方式中，均可以加入未去壁但失去分化能力的完整细胞进行原生质体的看护培养，能明显提高培养效果。

2. 体细胞杂交　　体细胞杂交（somatic hybridization），又称原生质体融合（protoplast fusion），是指将植物不同种、属，甚至科间的原生质体通过人工的方法诱导融合，形成一个遗传物质重组的杂种细胞，然后进行离体培养，使其再生杂种植株的技术。原生质体融合技术克服了对亲本亲缘关系的限制。目前，原生质体融合技术已经成功应用于品种抗逆性改良、胞质不育基因转移和新种质创制等方面，是一种被广泛认可的育种手段。

体细胞杂交包括5个步骤：原生质体分离、原生质体融合、融合细胞的选择、融合细胞的培养、融合细胞再分化植物体。

(1) 融合方法　　原生质体融合的方法主要分为物理法和化学法。物理融合的方法包括机械融合法、电融合法和微束激光法等。化学融合的方法包括聚乙二醇（PEG）法、高 Ca^{2+}-高 pH 法、PEG-高 pH 高 Ca^{2+} 法、$NaNO_3$ 法等。目前常用的方法是 PEG-高 pH 高 Ca^{2+} 法和电融合法。

有研究者将 PEG 法和电融合法结合起来，发展了一种新的融合方法——电化学法（electrochemical method），该方法综合了 PEG 法和电融合法的优点，先采用低浓度的 PEG 诱导细胞相互接触，再使用电击诱导融合，从而既降低了对融合细胞的毒害作用，又提高了异核体的融合频率。

这些细胞融合方法都存在一些技术限制，一是融合成功率低，二是不稳定，三是存在大量同源细胞融合。Joel Voldman 等（2019）开发了一种用于细胞融合的新型微流控芯片（microfluidic chip），可以将细胞融合的成功率从原来的 10% 提高到 50% 左右，更加重要的是这种方法能使数千个异源细胞同时进行配对，大幅度提高了杂交细胞形成的效率。

(2) 融合方式　　植物原生质体融合通常有两种方式：对称融合和非对称融合。这两种融合方式常产生三种类型的杂种：对称杂种、非对称杂种和胞质杂种。对称融合一般形成对称杂种，其结果是在导入有用基因的同时，也带入了亲本的全部不利基因，这样常导致部分或完全不育，因而难以形成育种上的有用材料。如果双亲的亲缘关系较远，原生质体融合时若出现一方染色体丢失或消减，则形成胞质杂种或不对称杂种。

非对称融合是指利用物理射线（如 X 射线、γ 射线、紫外线）或化学试剂（碘乙酰胺、罗丹明 6G）钝化供体原生质体的核基因或胞质基因，只允许供体的部分基因转移到受体中，由此得到不对称核杂种或胞质杂种。当供体亲本不含核基因组只含有细胞质，与完整的受体原生质体融合，从而实现胞质基因的有效转移，是目前最有效的胞质基因转移技术。例如，Sakai 等（1996）将经过 X 射线处理的萝卜恢复系原生质体与经碘乙酰胺处理的油菜细胞质雄性不育原生质体融合，获得了胞质杂种。

(3) 杂种的筛选与鉴定　　包括杂种细胞的筛选和杂种植株的鉴定。

原生质体经刺激融合后会产生多种类型的杂合子，需要对这些杂合子进行筛选，从中选出预期的杂种细胞。目前常用的选择方式主要利用选择培养基、代谢抑制剂、互补选择法、物理性差异辨别和挑选杂种细胞。也可以将不同的原生质体用不同的荧光剂标记，利用荧光激活细胞分选法（fluorescence-activated cell sorting，FACS）进行选择，如利用 2 种不同的荧光素标记双亲原生质体，细胞核发出不同颜色的荧光，利用流式细胞仪将带有不同荧光的杂种细胞分拣出来。

细胞杂种植株的鉴定由最初的形态学鉴定发展到细胞学鉴定，到现在的同工酶鉴定与分子生物学鉴定，并且还在不断地发展当中。分子生物学鉴定是近期应用比较多的鉴定方法，常用的方法有分子标记法、基因组原位杂交法、蛋白质和蛋白质组学等。

3. 植物体细胞杂交的应用　　植物体细胞杂交主要应用于培育抗虫、抗病植株，创造 CMS（雄性不育系），改良植物，培育新的植物材料等。

(1) 利用体细胞杂交创制抗逆新种质　　一般而言，同种植物的野生型具有更多优良的抗性特征，而栽培类型抗性水平普遍偏低。体细胞杂交育种的一个重要应用是将栽培品种与其野生资源进行原生质体融合，从而使栽培种获得野生型的抗逆性。在这方面，研究较多的是抗病性，已有多种作物体细胞杂种成功应用于实践，如马铃薯、甘蓝、茄子、花椰菜等作物。此外，抗虫性、抗寒性等方面均有成功的报道。

Hagimori 等（1992）利用体细胞杂交技术成功将萝卜中的根肿病抗原转移到花椰菜中，杂种的抗性与亲本萝卜基本一致。Hansen 等（1997，1998）、Sigareva 和 Earle（1999）用不抗黑斑病的甘蓝分别与高抗黑斑病的野生植物白芥（*Sinapis alba* L.）和亚麻荠（*Camelina sativa* L.）进行体细胞杂交。在所获得的体细胞杂种中均有对黑斑病高抗的个体，从而证明已将野生植物中对黑斑病的抗性转入甘蓝。张丽等（2008）和 Wang 等（2011）利用非对称体细胞杂交技术获得了大量花椰菜和黑芥的体细胞杂种，并成功将野生种质黑芥中的黑腐病抗性转入栽培种花椰菜中。

体细胞融合的机制较为复杂，传统的融合技术难以精准地将两个异源细胞融合，PEG 处理可能会造成多个细胞的融合，获得的杂种株系通常包含多种类型，复杂的遗传方式进一步丰富了杂交后代的遗传多样性。因此，需要采用形态学、细胞学、分子生物学等多种手段对杂种株系进行分析鉴定。马铃薯原生质体杂交后代的表现是一个典型的例子。马铃薯野生种 *S. chacoense* 抗青枯病、抗晚疫病，而栽培种缺乏抗青枯病材料，有性杂交不亲和。蔡兴奎（2003）以马铃薯栽培品种中薯二号（$2n=4x=48$）与野生种 *S. chacoense*（$2n=2x=24$）无菌苗原生质体进行融合，采用 PEG 融合与电融合的细胞融合率与再生植株的杂种比率没有显著差异，但电融合细胞的植板率和愈伤组织分化能力均显著高于 PEG 融合。不同融合方式愈伤组织的平均分化频率为 10.6%，形成的株系中，杂种植株的比例为 96.3%。杂种植株中有六倍体（47.1%）、八倍体（10.7%）、非整倍体（17.1%）、混倍体（25.0%）；89%的杂种植株只含有单一亲本的叶绿体类型，具有双亲叶绿体类型的株系只占 11.0%。同一个愈伤组织分化形成的不同植株，其倍性水平和叶绿体类型也存在差异。利用青枯病生理小种 1 号对体细胞杂种进行接种，结果表现一系列不同程度的抗性水平。33 个体细胞杂种株系中，12.1%的株系比野生种更抗或更耐青枯菌生理小种 1 号，39.4%的株系其抗性水平与野生种没有显著差异，21.2%的株系其抗性水平介于两融合亲本之间，另有 27.3%的杂种株系其抗性水平与栽培种亲本没有显著差异。进一步分析发现，体细胞杂种植株的抗病性水平与其倍性和叶绿体类型之间均无直接关系。

S. commersonii 是马铃薯野生种中表现耐低温的一个种，能够耐-11.5℃，而栽培种在-3.5℃条件下植株便死亡，利用体细胞杂交技术形成的 *S. tuberosum* 和 *S. commersonii* 杂种植株比亲本 *S. tuberosum* 抗霜冻（袁华玲等，2005）。

邓秀新等（1995）成功获得了一系列柑橘种间体细胞杂种植株。其中亲本材料甜橙（*Citrus sinensis*）和金柑（*Citrus japonica*）分别耐-10.0℃和-7.8℃，而体细胞杂种可耐-9.5℃，表明原生质体融合途径在培育抗寒柑橘类型中具有潜在价值。

体细胞杂交抗虫育种方面的应用虽然不多，但也有一些成功的例子，如姚星伟等（2005）和 Sheng 等（2008）利用体细胞杂交技术向栽培种花椰菜中分别转移了野生种质 *Brassica spinescens* 和紫罗兰的蚜虫抗性。

（2）利用体细胞杂交创造新的遗传变异　　体细胞杂交为植物育种提供了一条克服生殖隔离、提高变异的新途径。体细胞杂交可以在亲缘关系比较远的物种间或者在栽培种与野生种之间进行，并且细胞质和细胞核基因同时参与杂交，经过进一步选择、回交，甚至继续进行体细胞杂交，有希望得到植物新类型，丰富植物种质资源。

Wu 等（2005）进行了柑橘和小柑橘及柑橘和甜橙之间的原生质体融合，获得的再生植株经染色体计数、流式细胞技术及 DNA 指纹分析，结果表明大多为异源四倍体杂种，并且这些杂种可被用来与二倍体亲本回交，从而产生易去皮、无籽不育的三倍体新种质。Zhao 等（2008）对欧洲油菜（*Brassica napus*）（2n＝38）和诸葛菜（*Orychophragmus violaceus*）（2n＝24）的叶肉原生质体进行了不对称融合，经原位杂交技术分析，结果表明获得了 2n＝51～67 的混倍体属间不对称杂种，再将这些杂种与亲本之一的油菜回交，经幼胚培养获得了回交一代（BC_1）植株，这些植株部分雄性可育但胚珠异常而雌性败育，混倍体（2n＝41～54）染色体中有 9～16 条来源于诸葛菜。回交二代（BC_2）出现雌性育性分离，BC_2 自交后代中获得了单体附加系（2n＝39）（AACC＋1IO）。

至今，通过原生质体融合已成功获得大量不同植物的变异类型，如甘蓝（*B. oleracea*）与芸薹（*B. campestris*）、甘蓝与芥菜（*B. juncea*）等的种间杂种，甘蓝与芸薹属野生种（*B. spinescens*）、甘蓝与白芥（*Sinapis alba*）、甘蓝与紫罗兰（*Matthiola incana*）等的属间杂种。

这些种间和属间杂种为作物品种改良提供了十分丰富的变异类型和桥梁材料。

（3）通过体细胞杂交转移细胞质基因　　植物原生质体融合涉及双亲的细胞质，可使亲本一方的细胞质基因转移到全新的核背景中，或是将双亲的叶绿体基因组和线粒体基因组重新组合，由此得到胞质杂种，为作物育种提供了新的变异途径。Chuong 等（1988）将分别为胞质雄性不育与胞质抗除草剂（阿特拉津）的两个单倍体油菜原生质体进行融合，建立了既表现胞质雄性不育，又抗除草剂的油菜植株。该杂种是二倍体，用保持系授粉时能正常结籽，其叶绿体 DNA 的内切酶酶切图谱与抗阿特拉津的亲本一致，而线粒体 DNA 的内切酶酶切图谱与胞质雄性不育的亲本一致。

在这方面，最成功的应用是利用体细胞杂交创制雄性不育新种质。园艺植物在许多作物上都通过此途径获得新的不育种质，尤其在十字花科蔬菜、柑橘类果树上，开展研究早，取得的成效大。

蔬菜上的雄性不育系基本上都是细胞质雄性不育（cytoplasmic male sterility，CMS）的不育系。通过回交转育 CMS 性状在结球甘蓝、花椰菜等作物中已经有成功的例子。但所获得的植株除 CMS 特性以外，还常常伴有黄化、蜜腺发育不良、花形态异常和结实率低等异常现象。通常认为这是异源细胞质与细胞核之间的不协调或者是异源亲本叶绿体的不协调引起杂种细胞内的叶绿素缺失造成的。通过体细胞杂交途径进行 CMS 性状的转移，则很少发生上述异常现象。

Kao 等（1992）以青花菜（*Brassica oleracea* var. *italica*）下胚轴原生质体与携带 Ogura 细胞质雄性不育（位于线粒体 DNA 上）的油菜叶肉细胞原生质体进行融合，获得了具雄性不育的 Ogura 线粒体、青花菜叶绿体和细胞核的胞质杂种，这种胞质杂种雄性不育材料在低温下不黄化，可用于 F_1 种子生产。

（4）缩短育种年限　　不同品种间雄性不育性的转育，通常采用连续回交的办法，如萝卜、胡萝卜等雄性不育性转育，一般需要 5～6 年的反复回交才能转育成功。而非对称融合技术提供了缩短这一过程的途径。司家钢等（2002）用紫外线辐射处理胡萝卜雄蕊瓣化型不育材料（供体）的原生质体与经 15mmol/L 碘乙酰胺预处理可育材料原生质体（受体）进行电融合。所有再生植株营养体形态特征与受体亲本一致，染色体数目为 18 条，是二倍体。

RAPD 分析表明所有再生植株核基因型与受体亲本一致；线粒体特异性引物——STS4 引物 PCR 扩增中所有再生植株均得到与供体亲本一致的谱带而与受体亲本不同。胞质杂种植株全部为雄蕊瓣化型不育株。利用原生质体非对称融合获得了胡萝卜种内胞质杂种，15 个月的时间就实现了胡萝卜瓣化型雄性不育性的转育，大大缩短了育种年限。

柑橘无核改良也是利用植物的雄性不育性。柑橘童期长、珠心多胚（孢子体无融合生殖），导致有性杂交育种周期长、效率不高。华中农业大学柑橘团队通过细胞融合将温州蜜柑细胞质雄性不育性（CMS）转移到具有优良性状但果实有种子的我国地方特色品种中，培育了雄性不育且果实无核柑橘新品种华柚 2 号、华柚 3 号等，极大地缩短了育种周期。胞质杂种华柚 2 号（G1＋HBP）线粒体基因组来自具有 CMS 特性的愈伤组织原生质体亲本国庆 1 号温州蜜柑（G1），核基因组来自可育的叶肉原生质体亲本 HB 柚（HBP）。该胞质杂种树势、果实外观和风味等均与 HB 柚相似，但其花瓣和雄蕊均退化、花粉败育，具有典型的雄性不育特征，且果实无核（Jiang et al.，2023）。作为核心种源，具有重要的育种应用价值。

第二节　基因工程技术

基因工程（genetic engineering）技术是指以分子遗传学为理论基础，将人工分离或修饰的外源基因通过载体精确导入受体生物的基因组中正常表达，从而改变生物体性状的技术。基因工程应用于植物品种改良，又称转基因育种。园艺植物转基因育种就是根据育种目标，从供体生物中分离目的基因，经 DNA 重组与遗传转化或直接运载进入受体作物，经过筛选获得稳定表达的遗传工程体，并经田间试验与大田选择育成转基因新品种或种质资源。

自从 1946 年 Lederberg 和 Tatum 首次发现 DNA 可以在不同生物体间自然转移以来，转基因技术已经发展成为作物育种的一种新手段。相较于其他育种手段，转基因技术的优势主要表现在以下两个方面：①引入受体植物的外源基因可以来自植物，也可以来自其他生物。转基因技术能够打破物种的界限实现基因的转移或改变，拓宽作物的遗传基础。②杂交育种和突变育种会引起作物基因组内大量遗传位点的重组或基因变异，而转基因技术能将控制有益性状的单个或少数几个基因精准地转移到受体植物，引起的遗传变化较小，能在实现作物定向改良的同时，避免引入一些不利的基因，可大幅提升育种效率，缩短育种周期。

2019 年，全球转基因作物种植面积达 1.9 亿 hm^2，比 1996 年约增加 112 倍。转基因作物的特性，也从起初的以抗除草剂和抗病虫害为主发展为如今抗病、抗逆、改善农艺性状、延长货架期、改变代谢途径、提高营养成分和含量，甚至作为生物反应器生产药物等百花齐放的局面。这一方面得益于转基因体系在不同作物中的建立和优化，另一方面也反映出科学家在植物研究领域取得了长足进步，对生命现象的认识深入到了分子层面，克隆了一大批有效的基因，使得转基因技术有了更大的发挥余地。

一、转基因育种的主要程序

转基因育种的程序主要包括：目标基因和转化受体材料的选择，目的基因的分离，遗传转化的受体系统的选择，遗传转化方法（利用农杆菌介导法、基因枪法、花粉管通道法等各种手段将目的基因导入受体），转基因植株的筛选和鉴定，转基因材料在育种中的利用。

（一）目标基因和转化受体材料的选择

转基因育种选择的目标基因可以来自同种或异种生物，一般是基因功能清楚，后代表现可准确预期；转基因的受体材料应有优良的综合性状且具有较好的生产应用价值。

（二）目的基因的分离

1. 图位克隆法 图位克隆（mapbased cloning）是利用与目的基因紧密连锁的分子标记从基因组文库中筛选阳性克隆，并通过染色体步移法最终分离目的基因的一种策略。图位克隆法是克隆植物基因常用的一种方法，无须事先知道目的基因及其表达产物的序列信息，直接依据基因在染色体上的位置将其分离。图位克隆法的主要步骤包括目的基因的初步定位、目的基因的精细定位、基因组文库的筛选及染色体步移等。

2. 转座子或 T-DNA 标签法 转座子是染色体上可以移动和复制的 DNA 片段。T-DNA 来自根癌农杆菌，是一段可导入植物细胞并随机整合于寄主基因组上的序列。转座子标签法和 T-DNA 标签法的基本原理相似。转座子或 T-DNA 随机插入寄主基因，可破坏基因功能，发生表型变异。用已知的转座子或 T-DNA 序列设计探针或 PCR 引物，可从基因组文库中筛选被插入序列破坏的基因，并通过变异株的表型推测该基因的功能。

3. 同源序列法 是根据已知基因序列克隆同源基因的方法。同源基因间往往具有一些保守序列，依据这些保守序列设计简并引物，PCR 扩增获取同源基因的片段，再利用该片段设计探针筛选基因组文库获取同源基因，或用 RACE 法获取该片段的完整 mRNA 序列。最后可通过将获得的同源基因序列连接到载体上，验证其基因功能。同源序列法是一种简单、快速分离目的基因的方法，但其往往只能分离已知基因的同源基因，无法对前人未研究过的基因进行克隆。

（三）遗传转化的受体系统的选择

植物遗传转化的受体系统是指能够接受外源基因的整合，并能高效稳定地再生出植株的系统。良好的受体系统应具备高效稳定的植株再生能力、较高的遗传稳定性、稳定的外植体来源和良好的抗性筛选体系。除此之外，农杆菌介导的转化体系还要求受体系统对农杆菌具有较高的敏感性。目前常用的遗传转化受体系统包括愈伤组织再生系统、直接分化再生系统、原生质体再生系统、胚状体再生系统、生殖细胞受体系统和叶绿体受体系统等。

（四）遗传转化方法

1. 农杆菌介导法 用于遗传转化的农杆菌种类主要包括根癌农杆菌（*Agrobacterium tumefaciens*）和发根农杆菌（*A. rhizogenes*），其 Ti 或 Ri 质粒上均存在 T-DNA 区，可转移到植物细胞并整合到寄主基因组中。T-DNA 转移的主要过程包括：①农杆菌识别并吸附于植物细胞。②Ti 质粒上的 *vir* 基因被激活，编码一些毒性蛋白，这些毒性蛋白对 T-DNA 的转移和整合非常重要。③T-DNA 切割并形成复合物。④T-DNA 复合物从农杆菌转入植物细胞。⑤T-DNA 整合到植物基因组上。农杆菌介导法是将外源基因导入植物细胞核基因组较理想的方法，整合到植物基因组中的外源基因拷贝数低，且转化效率高。其主要缺点在于农杆菌对寄主有选择性，该方法在某些物种中的应用受到一定限制。

2. 基因枪法 借助高压轰击，使携带外源 DNA 的金属微粒高速运动，直接穿透细胞壁和细胞膜的屏障，进入受体细胞，从而实现转化。然后通过组织培养技术再生出转基因植株。影响基因枪法转化效率的因素较多，如受体系统接受和整合外源 DNA 的能力，金属颗粒的大小，微弹速度、射程、用量、轰击次数、真空度等高压轰击参数等，均对遗传转化的效率有重要影响。该方法的优点在于对植物的种类无限制，操作简单，可以实现多个基因的共转化。然而该方法的转化率比较低，且外源基因导入植物细胞后容易发生高拷贝数插入从而引起转基因沉默和基因重排，转化后代的遗传性状比较不稳定。

3. 花粉管通道法 1979 年，我国科学家周光宇首次提出了花粉管通道法。开花植物的花粉粒落在柱头上以后，会形成花粉管通道。该方法将外源 DNA 滴到柱头上，使其经由花粉管通道直接导入尚不具备正常细胞壁的卵细胞、受精卵或早期胚胎中。这是一种直接、简便和有效的转基因技术。花粉管通道法的优点包括无须经过组培，可直接得到转化种子，操作简便，试剂便宜，外源基因易整合、易稳定，转化效率高。缺点在于受季节影响较大，不能随时使用该方法。

4. PEG 介导法 利用化学诱导剂聚乙二醇（PEG）可促进原生质体直接吸收外源 DNA。原理在于在 pH 为 8~9 的环境下，PEG 通过电荷之间的相互作用与 DNA 形成紧密复合物。原生质体通过内吞作用将 DNA 复合物吸收到细胞内，随机整合到受体基因组中。该方法对大肠杆菌质粒这类小 DNA 分子的转化率约为 0.01%。此法用到的设备简单，操作简便，但构建原生质体培养和再生体系比较困难，导致 PEG 法未得到广泛应用。

5. 电击法 又叫电穿孔法。原理是在高压脉冲作用下，在原生质体膜上形成可逆性的瞬间通道，让外源 DNA 进入受体细胞中。该方法对植物细胞不产生毒性。除去外加电压后，细胞质膜可以自动修复。该方法转化效率较高，适合于瞬时表达外源基因。但同样面临原生质体再生体系难以构建的问题。

（五）转基因植株的筛选与鉴定

1. 转基因植株的筛选 遗传转化后，受体系统中往往只有少部分细胞是转化成功的，其余细胞并没有被导入外源基因。为此，需要采用特定的方法将成功的转化体筛选出来。转基因植株的筛选主要依靠选择标记基因和报告基因。选择标记基因依赖人为施加选择压力，杀死未转化细胞，从而获得转化株。目前常用的选择标记基因主要包括抗生素抗性标记基因和除草剂抗性标记基因。除此以外，还可以利用报告基因，如 β-葡萄糖苷酸酶基因（*GUS*）、绿色荧光蛋白基因（*GFP*）、萤光素酶基因（*LUC*）等，让转化株展现出特殊颜色或发出荧光，以便将其筛选出来。

2. 转基因植株的鉴定 植物外植体经过遗传转化后，虽然有标记基因对转化体进行筛选，仍会有少部分假阳性植株存活下来。并且即使目的基因整合到植物基因组中，仍然有可能出现表达效率低下或转基因沉默的情况。并不是所有的转基因植株都能表现出预期的目标性状。所以，还需要对获得的转基因植株进行 DNA 水平、转录水平、翻译水平和表型水平的鉴定。DNA 水平的鉴定主要检测外源目的基因是否整合到植物基因组上及目的基因的拷贝数等。常用的检测方法包括 PCR 扩增和 Southern 杂交等。转录水平的鉴定主要检测转基因植株中的目的基因是否转录及转录的强度等。转录水平鉴定的主要方法包括 RT-PCR 和 Northern 杂交等。如果导入的目的基因是蛋白质编码基因，那么所编码的蛋白质往往是直接行使目的基因功能的重要物质。所以检测目的基因是否能翻译成目的蛋白是转基因植株鉴定的关键环节。翻译水平鉴定的主要方法为 Western 杂交技术。表型鉴定是转化体鉴定的重要环节。前面几个环节的鉴定手段只能判断目的基因的整合和表达情况。只有出现了目标性状，才算真正达到了转基因操作的目的。

（六）转基因材料在育种中的利用

转基因材料并不总是作为品种在生产中进行应用，还可作为特殊的种质资源参与常规育种，起到优化新品种性状的作用。大众对转基因作物的担忧主要源于多数转基因作物含有来自其他物种的 DNA，以及含有抗生素抗性或除草剂抗性选择标记基因。为此，近几年出现了利用转基因技术辅助育种的新趋势。有育种家尝试仅在育种的中间步骤使用转基因技术，并在随后的育种工作中选育不含转基因的后代，从而保证在育成的商业品种中不携带转基因成分。下面介绍几种基于这种新趋势的转基因辅助育种方法。

1. 加速育种　　即利用转基因手段导入促进开花的基因，加速育种进程。例如，实生苹果树的童期长达 5~12 年，延长了杂交育种时间。科学家通过对拟南芥等模式植物的研究已经确定了多个与开花相关的基因。通过将白桦的 *BPMADS4* 基因导入苹果，成功打破了童期，使转基因苹果种植 3~4 个月后开花，大大加速了杂交育种和遗传分析的进程 (Flachowsky et al., 2007)。

2. 反向育种　　该方法往往和双单倍体技术联合使用，是一个杂种重建过程。通过转基因手段诱导杂种中的重组蛋白编码基因（*DMC1*）表达沉默，从而控制减数分裂中的染色体重组 (Wijnker et al., 2012)。利用染色体消除技术诱导形成单倍体。选择基因型互补的单倍体直接杂交，就能重建原始的优势杂交种（韩霄，2015）。

3. 转基因砧木　　可对嫁接砧木进行转基因改良，以提高其生根能力或对土传病害的抗性，从而提高非转基因接穗的产量。除此之外，通过转基因技术导入砧木的小 RNA 也可能移动到接穗中，影响非转基因接穗的基因表达。

4. 同源转基因（cisgenesis）　　育种家通过传统杂交技术将基因添加到作物中，其繁殖后代并不被认为是转基因作物，主要原因在于导入的基因及其调控序列来源于同种作物或其近缘种属（远缘杂交）。基于以上思路，科学家提出在转基因时选择来源于同种作物或其近缘种属的供体基因及调控序列，这种技术被称为同源转基因。该技术使用与传统育种相同的基因库，但能避免传统杂交存在的连锁阻力，直接插入合适的基因，比传统育种速度更快。

5. RNA 指导的 DNA 甲基化（RNA directed DNA methylation，RdDM）　　通过启动子序列甲基化诱导转录水平的基因沉默。将与启动子区域同源的 RNA 基因导入植物细胞，产生小双链 RNA，从而诱导植物基因组上同源序列的甲基化和沉默。RdDM 允许育种家生产不含外源 DNA 序列的、但基因表达受到表观遗传修饰的植物。

二、转基因技术在园艺植物育种中的应用

自 20 世纪 80 年代以来，转基因技术的发展极大地促进了作物育种领域的研究和应用，商业化转基因产品已于 90 年代中期上市。基因工程的应用范围正在扩大到更广泛的植物种类和性状，以解决粮食和非粮食农业中的各种问题。

（一）除草剂抗性

1971 年，由美国 Monsanto 公司率先开发了杀草谱广且低毒的草甘膦除草剂。草甘膦对

杂草的主要作用机制在于高效抑制芳香族氨基酸合成关键酶 EPSPS 的活性，从而抑制芳香族氨基酸的生物合成。Monsanto 公司从一株名为 CP4 的农杆菌变种中分离出对草甘膦高度不敏感的 *EPSPS* 基因，用于开发抗草甘膦转基因作物，并于 1996 年开始进入商业化推广，一经问世便被种植者迅速接受，标志着作物生物技术革命的开端。如今，大豆、玉米、棉花、油菜、苜蓿和甜菜 6 种主要作物均有抗草甘膦转基因品种问世。然而，在抗草甘膦转基因作物田中单一重复多次使用这种除草剂，高强度的选择压力促使了抗性杂草的出现。截至 2019 年，全世界约产生了 50 种草甘膦抗性杂草。单一除草剂的使用已不能满足今后的农业活动。目前已推出了抗磺酰脲类除草剂的转基因康乃馨、抗 Oxynil 除草剂的转基因棉花、抗 2,4-D 和麦草畏的转基因玉米或大豆等大批商业化转基因品种。

（二）病虫害抗性

病虫害抗性包括对害虫、线虫、真菌、细菌和病毒的抗性。其中抗虫转基因的应用最为广泛。当前用于基因工程育种的抗虫基因主要有三类：一是来源于苏云金芽孢杆菌的 Bt 毒蛋白基因；二是来自高等植物的蛋白酶抑制剂基因；三是植物凝聚素基因。抗病毒病基因工程主要使用病毒自身基因在作物体内产生交叉保护效应，产生对病毒的抗性。抗真菌基因工程主要使用几丁质酶基因、β-1,3-葡聚糖酶基因、核糖体失活蛋白基因、植物抗病基因、活性氧类合成基因和植物抗毒素基因等。抗细菌基因工程主要使用抗菌肽基因、溶菌酶基因、植物保卫素基因、植物防御素基因、植物抗病基因和病原菌自身相关基因等来抑制细菌的生长（牛义等，2006）。目前已推出了许多抗病虫害的转基因作物品种。1993 年，中国农业科学院生物技术研究所将自主设计的 *GFM CryI A Bt* 基因导入棉花细胞，培育出了国产抗虫棉，使我国成为世界第二个拥有 Bt 抗虫棉自主知识产权的国家（张社梅，2008）。1998 年，美国批准商业化种植转基因番木瓜品种日出和彩虹，挽救了当时在环斑病毒肆虐下濒临毁灭的美国番木瓜产业。此后，华南农业大学开发了拥有自主知识产权的抗环斑病毒番木瓜华农 1 号，于 2010 年获得了农业部批准生产的安全证书。这是我国首例被批准商业化生产的转基因果树。美国 J. R. Simplot 公司推出了抗晚疫病的 Innate^{TM} 马铃薯，分别于 2016 年、2017 年在美国、加拿大批准上市。澳大利亚 Nexgen Plants Pty Ltd 公司利用 RNAi 技术获得了抗斑萎病毒的番茄品种。

（三）非生物胁迫抗性

非生物胁迫主要包括干旱、盐碱、高温、寒冷等环境胁迫。植物对非生物逆境的响应是非常复杂的生理生化过程，相关分子机制至今尚未完全明确。目前作物抗逆基因工程主要使用渗透调节剂生物合成基因、膜转运蛋白基因、调控蛋白基因、细胞排毒或抗氧化防御相关基因等。

渗透调节物质主要包括脯氨酸、甜菜碱、多元醇、糖醇、可溶性糖和可溶性蛋白质等。李树芬（2010）发现对番茄分别转入细菌乙酰胆碱氧化酶基因（*codA*）和菠菜甜菜碱醛脱氢酶基因（*SoBADHI*），均能提高番茄中甜菜碱的含量，进而提高其耐热性。王慧中等（2000）将细菌 1-磷酸甘露醇脱氢酶基因（*mtlD*）和 6-磷酸山梨醇脱氢酶基因（*gutD*）同时转入水稻，发现转基因水稻中合成并积累了甘露醇和山梨醇，其耐盐性明显提高。李铭杨等（2021）从大豆中克隆棉子糖系寡糖生物合成关键酶基因肌醇半乳糖苷合成酶基因（*GmGolS1*），并将其转入烟草，发现转基因烟草的耐高温能力有所提高。

将细胞质中过量的 Na^+ 通过质膜排出体外是减轻钠盐毒害的一种重要机制。位于质膜上的 Na^+/H^+ 逆转运蛋白（SOS1）是与耐盐相关的一类典型的膜转运蛋白。SOS 途径是植物响应盐胁迫的主要信号途径之一，其中包含 SOS1、SOS2 和 SOS3 三个主要蛋白质。植物往往通过将 Na^+ 隔离在液泡中起到缓解细胞内盐离子过量积累带来的伤害。液泡膜 Na^+/H^+ 转运蛋白（NHX）是参与该生理过程的一种主要蛋白质。Li 等（2014）将菊芋 *HtSOS1* 基因导入水稻，发现 Na^+ 含量明显减少，K^+ 含量明显增加，从而改良了水稻的耐盐性。Zhang 和 Blumwald（2001）在番茄中过量表达拟南芥 *AtNHX1* 基因，发现转基因番茄植株能在 200mmol/L NaCl 环境下正常生长和繁殖，展现出了对高盐环境较强的耐受性。

在非生物胁迫环境中，植物细胞会启动某些相关基因的表达，从而增强对逆境的抵御能力。转录因子能通过与胁迫相关基因启动子上的顺式作用元件结合，从而调控目标基因的表达，引发下游应答反应。bZIP、WRKY、MYB、ABF、NAC 等许多转录因子家族均涉及对非生物胁迫的抗性。曾廷儒（2020）将耐旱高粱品种中鉴定的 *SbSNAC1* 基因导入玉米，筛选出两个抗旱性良好的转基因株系。根据 ChIP-seq 和 Y1H 结果，发现 10 个与抗旱相关的下游基因受 SbSNAC1 蛋白调控。WRKY 转录因子在植物对干旱、高温、盐碱等胁迫过程中均发挥重要作用。可同时调控多个非生物胁迫响应过程。Niu 等（2012）研究发现在拟南芥中过表达小麦 *TaWRKY19* 基因能提高 *DREB2A*、*RD29A*、*RD29B* 和 *Cor6.6* 等基因的表达量，从而增强转基因植株对盐、干旱和冷胁迫的耐受性。研究者还发现了一系列 miRNA 能调控植物的非生物胁迫响应。例如，miR1916 是耐旱性的负调控因子，其潜在靶基因是富含羟脯氨酸糖蛋白 SGN-U376418 的 mRNA。在番茄中对 miR1916 实施 RNAi 转基因，会使叶绿素含量升高，并增加其抗旱性（Chen et al.，2019）。在耐盐性较强的野生醋栗番茄 LA1375 中，发现 sly-miRn50a 参与耐盐过程。sly-miRn50a 的靶基因主要参与角质层和蜡质层的生物合成。推测通过该途径，番茄可通过降低蒸腾作用来提高对干旱和盐碱胁迫的耐性（Zhao et al.，2017）。

非生物胁迫下，植物细胞中会积累大量活性氧，从而对 DNA、蛋白质、膜脂等细胞组分造成严重损伤。在这种情况下，植物会启动活性氧清除机制，诱导超氧化物歧化酶（SOD）、过氧化氢酶（CAT）、过氧化物酶（POD）和抗坏血酸过氧化物酶（APX）等抗氧化酶的表达。目前有人利用基因工程方法，把这些抗氧化酶基因导入植物，起到降低非生物胁迫危害的作用。覃鹏等（2006）将 *Mn-SOD* 基因转入烟草，发现转基因烟草中 SOD 含量增加，提高了植株的抗旱能力。Duan 等（2012）将类囊体 *APX* 基因导入番茄，发现番茄叶片的还原型谷胱甘肽含量和叶绿素含量增加，APX 酶活性增强。进一步研究发现转基因番茄 H_2O_2 水平和丙二醛（MDA）含量降低，耐冷性增强。

除了以上介绍的几类基因，抗寒相关基因还包括抗冻基因（*AFPs*）和脂肪酸去饱和代谢关键酶基因等。Hightower 等（1991）将鱼类 *Cafa3* 基因导入番茄，发现转基因番茄中 AFP mRNA 稳定存在，并产生了 AFP 的混合蛋白，从而有效阻止了冰晶在番茄体内的生成，增强其抗冻性。Kodama 等（1995）将脂肪酸去饱和酶基因 *Fad 7* 导入烟草，使得转基因植株中不饱和脂肪酸含量增加，抗寒性提高。

近年来，随着分子生物学的迅速发展，已从植物中克隆了一大批非生物胁迫抗性基因。然而，抗逆性属于复杂的数量性状，单个基因的作用有限，通常需多个微效基因共同作用。随着生命科学的不断发展，未来对这一领域的认识将更为深刻。目前已有一些抗逆基因进入商业化应用阶段。例如，美国 Monsanto 公司将枯草芽孢杆菌的冷休克蛋白 B 基因（cold shock protein B，*Csp B*）导入玉米，开发了抗旱的转基因品种，已在日本被批准商业化种植。美国

Ceres 公司将来自玉米的 *TRMG101Q* 基因导入芒草，美国德州农工大学将水稻 *DREB1A* 基因导入不耐盐的水稻品种，分别育成了耐盐的芒草和水稻品种。美国 Verdeca 公司将来自向日葵的 *HAHB-4* 基因导入大豆，研发了耐旱且耐盐的 EcoSoy™ 转基因大豆品种，已在阿根廷、巴西和美国被批准商业化种植。阿根廷 INDEAR 公司也研发了转基因耐旱大豆，已在阿根廷和巴西批准商业化种植。

（四）农艺与营养性状

1. 产量 可通过提高光合效率来改善作物产量。1,5-二磷酸核酮糖羧化酶（Rubisco）是植物固定 CO_2 的重要酶类。提高 Rubisco 对 CO_2 的亲和性可能会提高光合作用效率。德国 Bayer 公司通过转基因技术修饰 *Rubisco* 基因，从而提高了转基因烟草的光合生产率和该作物的产量。

光合作用时，Rubisco 氧化会产生有毒的副产物——乙醇酸，需通过光呼吸通路进行解毒。但光呼吸会使 C_3 作物的光合作用效率降低 20%～50%。South 等（2019）设计了新型叶绿体光呼吸通路，将来自大肠杆菌和植物的多个相关基因导入烟草，并利用 RNAi 技术抑制了乙醇酸/甘油酸酯转运蛋白 PLGG1 的表达，以防止乙醇酸离开叶绿体进入原本的光呼吸通路。大田试验证明转基因烟草的生物量增加 40% 以上。

2. 雄性不育 通过雄性不育系配制杂交种是生产上利用杂种优势的有效途径之一。然而，依靠杂交将雄性不育基因转入不同品种的传统办法需要花费大量时间。相比之下，基因工程研发雄性不育系是较为快捷的手段。利用组织特异性表达的启动子使外源核糖核酸酶基因（*Barnase*）在绒毡层中表达，会导致花粉败育，形成不育系材料。以同样的转基因策略使核糖核酸酶抑制基因（*Barstar*）在绒毡层中表达，可制成恢复系。当不育系和恢复系杂交时，*Barstar* 基因产物会抑制 RNase 活性，故而是可育的。将 *Barnase* 基因转入植物，由于没有组织特异性启动子的帮助，不会导致花粉败育，便制成了保持系。美国 Monsanto 公司基于以上策略向卡诺拉油菜中分别转入核糖核酸酶抑制基因和核糖核酸酶基因，育成了三系配套育种体系。

3. 花期调控 作物的开花时间在很大程度上取决于栽培环境，并与收获的产量和质量有密切关系。Okada 等（2017）在水稻中通过超表达 *Ghd7* 基因抑制自然开花，并将成花基因 *Hd3a* 共同转入水稻，获得可由特定的农用化学品诱导开花的转基因品种。这使得无论栽培环境如何，都可以人为控制开花时间，生产出可在不同气候条件下生长的水稻，并促进其他农艺性状的育种工作。

4. 农产品色泽 花果颜色往往与园艺作物的商品性有着直接的关系。日本 Suntory Flowers 公司与澳大利亚 Florigene 公司将合成 3′,5′-羟基花色素苷的关键酶基因导入玫瑰，合作研发了喝彩蓝玫瑰。随后 Suntory Flowers 公司又通过修饰菊花中花青素生物合成途径，造成飞燕草素的产生和积累，使菊花也产生了新颖的蓝色。日本筑波大学利用 RNAi 技术从文心兰中敲除八氢番茄红素基因，使花色由黄变为白。美国 Fresh Del Monte 公司通过转基因技术提高了番茄红素在菠萝中的积累，从而开发出味道更甜的粉红色菠萝，目前已经在美国上市。

5. 提升风味或营养 维生素 A 缺乏在低收入国家和地区每年会造成大量的新生儿死亡和失明。澳大利亚昆士兰大学研发了富含胡萝卜素的转基因香蕉。这种香蕉中的胡萝卜素能在人体中转化为维生素 A，或可缓解低收入国家和地区居民缺乏维生素 A 的现状。

二十二碳六烯酸（DHA）是人体必需的不饱和脂肪酸，且在体内不易合成，主要通过食物补充。澳大利亚 Nuseed Pty Ltd 公司向卡诺拉油菜中转入多个脂肪酸代谢酶类基因，将油酸转化为 DHA，育成的转基因油菜品种可作为 DHA 的一种新来源。

美国 J. R. Simplot 公司推出的 Innate™ 转基因马铃薯，含有更少的游离天冬酰胺和还原糖，从而可减少油炸过程中潜在的致癌物质——丙烯酰胺的形成，还减少了运输和储藏过程中挤压导致的黑斑。

S-腺苷蛋氨酸是木质素单体甲基化的重要辅助因子。美国 Monsanto 公司利用 RNAi 技术抑制了苜蓿草内源腺苷蛋氨酸的表达，降低了木质素含量，使得其作为牧草的品质得到了提升。目前该转基因苜蓿已在阿根廷和日本批准商业化种植。

6. 防止褐变 苹果富含多酚氧化酶（PPO），能将酚类代谢产物氧化为醌类，从而引起组织褐变。美国 Intrexon 和加拿大 Okanagan Specialty Fruits 公司联合推出 Arctic™ 系列苹果，通过 RNAi 技术抑制内源 PPO 的表达，使其切开后不发生褐变。这种转基因苹果已于 2017 年在美国上市。

7. 延迟软化，延长货架期 美国 Calgene 公司研发的 FLAVR SAVR™ 转基因番茄，利用反义 RNA 技术抑制多聚半乳糖醛酸酶基因的表达，从而阻碍了果实的软化。华中农业大学叶志彪团队将乙烯形成酶 EFE 酶（ACC）基因的反义 RNA 导入番茄，抑制了内源乙烯的活性，育成了迟熟转基因番茄品种华番 1 号，商品名为百日鲜。该品种在常温下可贮藏四十多天。1998 年华番 1 号通过品种审定，成为我国第一个获得农业部批准上市的转基因番茄品种。

（五）工业或医学用途

在工业上，基因工程植物往往用于降低尼古丁含量，生产生物柴油、润滑用脂肪酸、生物乙醇、α-淀粉酶或淀粉和重组蛋白，以及基于造纸和木材工业的要求改善木材质量和生物质等。澳大利亚 Go Resource Pty Ltd 公司研发的转基因红花油已经进入市场，用于制作从机动车润滑剂到化妆品的多种产品。多个工业用途转基因玉米株系已商业化，分别用于生产生物乙醇、细胞培养、研究的重组蛋白及造纸工业的重组酶。美国 22 世纪集团基于转基因技术生产了一种尼古丁含量降低的香烟（Moonlight™），于 2019 年获得了 FDA 的商业化授权。该公司还生产了 VLN™ 香烟，尼古丁含量降低了 95%。

长期以来人们一直对利用植物生产注射或食用疫苗展现出较大的兴趣。烟草是通过农杆菌渗入法瞬时表达基因的首选物种。美国 Fraunhofer 分子生物技术中心利用烟草生产的疟疾疫苗已进入第一期临床试验。加拿大 Medicago 公司利用烟草生产的轮状病毒疫苗和流感疫苗已分别进入第一期和第三期临床试验。

（六）转基因育种应用中存在的问题

在过去的二十多年里，转基因育种的应用带来了一定的经济和环境效益，不仅提高了作物产量，减少了化学杀虫剂的使用和二氧化碳的排放，还增加了农民的收入。然而，公众对转基因作物仍然存在一定疑虑，焦点在于转基因作物对生态和人类健康是否存在不良影响。下面对转基因育种的应用中存在的 4 个主要问题进行简要讨论。

1. 转基因生物的安全性 公众对转基因生物安全的担忧主要体现在人类健康和环境两方面。对人类健康的主要关注点在于毒性和致敏性。对环境安全的主要关注点在于转基因流入环境的可能性和对生物多样性的不利影响。

转基因作物的毒性和致敏性造成的潜在健康风险问题一直存在争议。例如，表达 Cry9c 的星联玉米于 1998 年在美国被批准用于动物饲料和工业用途，但 Cry9c 蛋白可能会作用于人体免疫系统从而引起过敏反应，导致星联玉米未被批准作为人类食用品种。然而，2000 年，在 300 多种美国食品品牌中检测到 Cry 蛋白的残留，导致含有星联玉米成分的食物在全球范围内被召回。这就是有名的"星联玉米事件"。但是，Cry9c 和消费者过敏反应之间的直接关联至今尚未被发现。另一个较具争议的事件通常被称为"Seralini 事件"，2010 年，法国分子内分泌学家 Seralini 及其团队发表文章称，用抗除草剂玉米 NK603 和被草甘膦除草剂（Roundup）污染的饲料喂养了 2 年以上的实验鼠存在潜在的健康危害，即高肿瘤发生率、慢性肾脏疾病、雄性肝脏充血和坏死增加及雌性死亡率增加。这项研究自发表以来便受到科学界的质疑，称其实验设计有缺陷，统计分析不恰当，导致文章最终被撤回。2014 年，Seralini 科研团队以扩大的形式重新发布了一项类似的工作，并强调有必要进行长期饲养试验，以彻底评估转基因作物的安全性。此外，人们还对抗生素抗性标记基因从转基因食品水平转移到动物和人类肠道微生物的可能性表示担忧，这可能导致肠道微生物群中的抗生素抗性。然而，这种类型的基因转移的可能性总体来说是极低的。

转基因对环境的潜在不利影响主要包括花粉介导的转基因逃逸问题。这类问题在转基因作物、非转基因作物，甚至作物的野生近缘种中都出现了相关报道。这种转基因的逃逸和渗入，一方面能降低生物多样性的风险，另一方面还可能导致抗多种除草剂的"超级杂草"的出现。

总体来说，为减少公众对转基因作物安全性的疑虑，一方面要完善转基因安全评价体系，加强转基因安全监控力度。另一方面，选择标记或报告基因的使用可能会增加生物安全隐患。然而，随着新技术的产生，已经可以避免标记基因或报告基因对转基因作物的影响。可通过使用 CRISPR/Cas9 系统或其他核酸酶（如用于基因敲除的 NHEJ）产生无转基因植物系，这些植物系目前被认为是非转基因的，因为它们本质上是传统作物的突变体。这类非转基因作物因其具有更高的消费者接受潜力、比传统转基因植物更低的监管成本及对生态系统更低的影响而受到越来越多的关注。

2. 对作物抗性的影响　　由于高选择压力，转基因抗虫和抗除草剂作物的广泛种植可能分别增加目标昆虫种群和杂草的抗性发展机会。高选择压力可能导致新的昆虫生物型的进化，并可能导致超级杂草的出现。目前，已有七十多项研究证实 13 种主要害虫中有 5 种在田间进化出了对 Bt 作物的抗性。针对该现象，可采用多个抗性基因的聚合来延缓作物抗性的丧失。植物不断受到各种生物胁迫的挑战，抗性基因的堆叠是一种强大的策略，可以克服抗性的频繁破坏，产生具有多种抗性的转基因个体。然而，每个抗性基因的不同启动子和终止子序列是这些转基因高稳定性的基本要求。转入片段的大小是转基因完整性和转化效率的关键限制因素。

3. 对非目标生物的负面影响　　转基因作物对非目标生物的潜在影响也引起了一定的重视。例如，1999 年，康奈尔大学一个研究组在 *Nature* 上发表文章，称用撒有转基因 *Bt* 玉米的马利筋叶子喂食的斑蝶幼虫的死亡率达到 44%，由此引发了转基因环境安全性的争论。有人提出该试验是在实验室中完成的，并不反映田间情况。随后的研究得出，*Bt* 玉米对斑蝶幼虫的不良影响较小。据推测，农药的过度使用和繁殖栖息地的减少可能是斑蝶种群减少的主要原因。除此以外，由于草甘膦的持续使用，杂草种群也发生了变化。并且，杀死主要害虫可能会使次要害虫成为主要害虫。

阶段或组织特异性和胁迫诱导型启动子驱动的内源目标基因的上调或下调，使得基因能够在所需的组织中、在所需阶段或仅在植物处于特定胁迫下定向表达。通过这种方式，可以减少转基因植物对非目标生物的不利影响。然而，使用最常见的组织特异性或应激诱导型启动子难以带来足够的组织表达量以赋予预期的表型。因此，仍然需要寻找对目标表型具有更高特异性和稳定性的新启动子序列或其他顺式调控元件，以提高目标基因表达的时空特异性，从而降低对非目标生物的负面影响。

4. 商业化进程投入高　转基因作物产品开发和部署的主要限制因素之一是安全评估成本高，且商业化所需的监管审批过程漫长而复杂。据统计，转基因安全评估、获得全球注册和授权的平均成本约为 3501 万美元。从启动转基因作物开发项目到进入商业化的整个过程约需 13 年。由于高资源密集型和耗时的监管审批程序，小公司和公共机构无法承担转基因作物的开发和商业化进程，这反过来又成为小型生物技术公司进入该行业的瓶颈。

鉴于以上问题，科学家正在寻找能够产生优秀转基因品种的新科技手段，如使用纳米颗粒载体局部递送 dsRNA 或 amiRNA、使用无 DNA 策略进行基因组编辑等。考虑到这些基因编辑的作物与通过传统育种方法开发的作物难以区分，美国农业部对基因编辑的无转基因作物的监管模式相对宽松。同样，加拿大、巴西和阿根廷对具有编辑基因组的新作物采取了类似于美国农业部的监管措施。相比之下，欧洲国家采取了与传统转基因作物类似的严格监管措施。

三、基因编辑技术及其在植物育种中的应用

在过去的三十年间，除传统转基因育种以外，还产生了另外一些利用分子生物学技术辅助育种的方法。其中，对植物基因组进行精准改良是一个比较热门的领域。基因编辑技术能对植物进行定点诱变及在基因组中有目的地插入或删除某些基因。其中 CRISPR/Cas9 系统具有更高的基因编辑效率和精确度，这一跃成为基因编辑技术中最有力的工具之一。基因编辑技术可能会引领作物育种领域的下一场革命，已经越来越多地被用于基础和应用研究领域。

（一）基因编辑技术的种类

2000 年以来陆续出现了多种基因编辑技术。例如，寡核苷酸定点诱变（oligonucleotide-directed mutagenesis，ODM）、兆核酸酶（meganuclease，MN）、锌指核酸酶（zink finger nuclease，ZFN）、转录激活因子样效应物核酸酶（transcription activator like effector nuclease，TALEN）和成簇规律间隔短回文重复（clustered regulartory interspaced short palindromic repeat，CRISPR）等。ODM 是通过将与目标基因序列同源但存在突变碱基的寡核苷酸序列导入植物，从而引起目标基因位点特异性突变。导致的遗传变化包括引入新的突变、回复已有的突变或诱导小的缺失。MN 是一种来源于微生物的序列特异性核酸内切酶，可以识别并切割 14～25nt 的限制性酶切位点。但修饰巨核酸酶来特异性识别不同的目标 DNA 序列非常困难，且精准度不高，限制了该技术的广泛应用。ZFN 是一种基于真核转录因子的基因编辑工具，由限制性内切酶 *Fok* I 和锌指结构域组成，能识别并切割基因组中的特定序列，诱导形成 DNA 双链断裂（double strand break，DSB），激发内源性 DNA 修复。ZFN 往往被成对设计，用来识别和切割 DNA 特定位点的两条单链。每个锌指结构域识别 3 个核苷酸，所以需组装 6～7 个独特的 ZFN 来特异性识别基因组上的 18～21 个碱基。理论上讲，使用 ZFN 技术可以瞄准任何基因序列。然而，构建位点特异性锌指模块是利用该技术进行基因组编辑的限速步骤。TALEN

的开发主要依靠植物病原菌的转录激活因子样效应蛋白（TALE），其内源功能是通过模仿真核转录因子激活特定宿主基因，以促进病原体的生长。TALEN 也是 DNA 结合域和限制性内切酶 *Fok* I 组成，其工作原理与 ZFN 类似。然而，不同的是，TALE 效应蛋白由多个单体构成，每个单体只特异性识别目标 DNA 序列中的一个核苷酸，从而增强了位点特异性，减少了非靶向效应。TALEN 被认为是"精确的基因编辑技术"，具有较高的应用价值，但是 DNA 结合蛋白模块的设计具有一定的挑战性。CRISPR/Cas 系统是细菌和古细菌中天然存在的抵御病原物入侵的一种适应性免疫系统，由 CRISPR 与 CRISPR 关联基因 Cas（CRISPR associated）构成。该系统能根据间隔序列的记录准确识别并靶向切割曾入侵过的病原物的特定 DNA 序列。CRISPR/Cas9 系统的主要工作原理是 Cas 蛋白在 sgRNA（single guide RNA）的引导下，扫描靶标 DNA 上的一段保守原间隔序列（protospacer adjacent motif，PAM），当 sgRNA 与双链 DNA 发生碱基互补配对时，Cas9 切割靶序列产生 DSB，激发非同源末端连接或同源重组修复机制，实现对靶标基因的定点编辑。与其他基因编辑技术相比，CRISPR/Cas9 系统比较容易构建，编辑效率高，靶位点选择灵活，已快速发展为基因编辑领域的主流技术。

（二）基因编辑技术在植物育种中的应用实例

基因编辑是全球种业正在竞争的制高点，是现代育种的"4.0 时代"的核心（景海春等，2021）。引入靶向基因组修饰的能力使得基因编辑工具在改善作物性状方面展现出巨大的潜力，尤其是 CRISPR/Cas9 的出现显著提高了基因编辑在作物育种中的应用频率。近几年，利用基因编辑技术在作物育种方面取得了很大进展，在这里重点介绍一些实例。

基因编辑技术特别适用于那些由单基因控制的性状，往往能在对其他农艺性状影响较小的情况下对这类性状产生较为明显的改善效果。基因编辑技术可用于进行功能基因的敲除。白粉病是小麦中的毁灭性病害，*MLO* 基因被认为是介导麦类作物易感白粉病的一个重要基因。中国科学院遗传与发育生物学研究所和中国科学院微生物研究所合作，利用 TALEN 技术使得六倍体小麦 A、B、D 基因组上的 *MLO* 基因同时失去功能，得到了广谱抗白粉病的小麦株系（Wang et al.，2014）。栽培马铃薯是一种同源四倍体块茎作物，通常以营养繁殖为主，较难使用传统育种方法进行改良。自然界存在大量的二倍体马铃薯，但它们基本上是自交不亲和的。中国农业科学院深圳农业基因组研究所使用 CRISPR/Cas9 系统，通过破坏自交不亲和基因 *S-RNase*，培育出了自交亲和的二倍体品系。这些改良的二倍体品系将对马铃薯的遗传改良非常有用（Ye et al.，2018）。番茄果实采收时往往是带有果柄的。对加工番茄来讲，这一性状会增加去柄的人力投入，且果柄也容易划伤果实，造成采后损失。美国佛罗里达大学利用 CRISPR-Cas9 技术敲除了 *JOINTLESS2* 基因，使得番茄果实成熟后可不带果柄脱离母株，省略了采后人工去果柄的步骤。基因编辑技术也可用于靶向同源重组，从而引入功能突变。传统转基因通过将对草甘膦高度不敏感的 *EPSPS* 基因导入目标作物，从而起到抗除草剂的作用。现在已有科学家使用 TALEN 技术，有针对性地改变内源性 *EPSPS* 基因的功能，从而在不引入外源基因的情况下让水稻具有草甘膦耐受性（Wang et al.，2015）。

作物的许多重要农艺性状都受到复杂遗传网络的调控。基因编辑技术也被用于对这些复杂的性状进行改良。例如，产量是一个特征相对丰富的复杂性状，其中粒重是产量相关性状中最重要的一个。目前已经鉴定了许多控制水稻粒重的 QTL 位点并克隆了主效基因，其中 *GS3*、*GW2*、*GW5* 和 *TGW6* 会引起粒重的降低。为此，科学家利用 CRISPR/Cas9 系统对这 4

个基因进行了多重基因编辑，敲除了它们的功能，T2 突变体的种子大小和千粒重都得到了显著提升（Xu et al., 2016）。城市中缺乏种植空间，且需要快速的作物循环。为培育株型适合城市农业特点的新番茄品种，冷泉港实验室使用了性状叠加策略，利用 CRISPR/Cas9 技术敲除了 SP、SP5G 和 SIER 基因，开发出了紧凑型束状番茄品种。且这种番茄花期很短，约 40d 即可收获（Kwon et al., 2020）。

除了利用基因编辑技术直接获取带有目标性状的品系，还可利用该技术得到一些辅助常规育种的植物材料。中国科学院遗传与发育生物学研究所和北京市农林科学院蔬菜研究中心合作开发了一套番茄雄性不育制种体系。他们利用 CRISPR/Cas 技术靶向敲除番茄花粉中特异表达的 SISTR1 基因，导致花粉败育，制成雄性不育系。并将育性恢复基因与种子颜色基因同时转入不育系，制成保持系。不育系和保持系杂交后会获得 50%的纯合不育系种子，可通过种子颜色挑选出来（Du et al., 2020）。单倍体诱导系统是双单倍体育种的核心技术。通过对 CENH3、MATL 等基因进行修饰或敲除可使植物材料获取一定的单倍体诱导能力。先正达公司的科研人员提出了 Hi-Edit 新策略，将基因编辑和单倍体诱导技术结合起来，构建携带目标基因 CRISPR/Cas9 元件的单倍体诱导株系，通过授粉的方式，理论上可以对不同商业化种质进行特定位点的修改，从而突破了基因型对实施基因编辑技术的限制（Kelliher et al., 2019）。同一时期，中国农业科学院生物技术研究所和华南农业大学的科研人员报道了 IMGE 育种策略，与 Hi-Edit 不谋而合（Wang et al., 2019a）。利用 IMGE 和 Hi-Edit 可以在两代内将理想的性状引入优良自交系，这些策略将加快对各种作物不同品种的改良，特别是对难以转化的优良商业品种。过去五十多年，育种家利用杂种优势培育了大量适合人类不同需求的杂交品种，为粮食生产作出了重要贡献。然而，杂交种的杂种优势在其自交后代中会分离、消失，导致每年都需要培育新的杂交种子，耗费巨大的人力、物力成本。为此，科学家长期致力于在主要作物中进行无融合生殖研究，目的在于使植物在不受精的情况下，产生与母体基因型相同的克隆种子。2019 年，中国水稻研究所提出了"有丝分裂代替减数分裂（MiMe）"策略，通过将水稻中控制减数分裂过程的三个关键基因 REC8、PAIR1 和 OSD1 进行 CRISPR/Cas9 多重基因编辑，实现了 F_1 杂种的固定，同时通过对 MTL 基因进行编辑诱导了无融合生殖二倍体种子的产生（Wang et al., 2019b）。利用 CRISPR/Cas9 同时突变上述 4 个基因被证明是人工建立无融合生殖系统的一种有前途的策略。然而，目前该系统还存在结实率和诱导率较低的问题，科研人员正在对其进行不断地优化和改进。

基因编辑本质上类似于传统育种中的自发或诱发突变，许多国家对基因编辑作物的监管比传统转基因作物要宽松得多。并且基因编辑只引入所需的变化，其效果比传统育种方法更可预测。目前，基因编辑对作物生产的影响不仅停留在实验室阶段，实际上，现在已经通过基因编辑技术出台了一批商业品种。美国 Soilcea 公司利用 CRISPR/Cas9 系统研发了抗病毒病的柑橘品种。美国 Calyxt 公司利用 CRISPR/Cas9 研发了抗真菌病的小麦品种，已被批准商业化种植。以色列 Evogene 公司利用 CRISPR/Cas9 推出了抗胞囊线虫的大豆品种，已在美国解除管制。芥菜天然具有辣味，从而限制了该蔬菜在鲜食方面的应用潜力。美国 Pairwise 公司利用 CRISPR/Cas9 敲除芥菜辣味的相关基因，提高了该蔬菜的风味。γ-氨基丁酸是一种天然存在的非蛋白质氨基酸，具有稳定血压的保健功效。日本 Sanatech Seed 公司利用 CRISPR/Cas9 改造番茄，使其 γ-氨基丁酸的含量增加了 5 倍左右。美国 J.R.Simplot 公司也利用 CRISPR/Cas9 技术开发了多酚氧化酶 PPO 表达量降低的牛油果品种。总体来说，基因编辑为提高作物育种的成功率提供了独特的机会，未来将会释放出更加巨大的潜力。

（三）基因编辑技术的应用拓展

1. 加强基因编辑的精确度　　基因编辑技术除了可以敲除内源基因，还可以定制非天然等位基因，以实现现有自然遗传变异无法实现的改进。科研人员一直在努力改善该技术以达到精准编辑的效果。为实现对靶标序列的切割，靶 DNA 必须和 CRISPR/Cas9 系统的 sgRNA 碱基配对，并且其 3′端还必须有合适的 PAM 序列。哈佛医学院和麻省总医院的 Benjamin Kleinstiver 团队设计出了不需要特定 PAM 序列就可特异性识别并切割标靶基因的 Cas9 突变体，这意味着能实现覆盖全基因组的高效编辑（Walton et al.，2020）。传统 CRISPR/Cas9 系统在响应 DSB 断裂进行修复时，容易产生随机的碱基插入或缺失，难以实现精准的基因编辑。随后科学家开发出 CRISPR/dCas9 系统。dCas9 蛋白是 Cas9 蛋白的突变体，失去了原有的核酸内切酶活性，但保留了由 sgRNA 引导识别标靶位点的能力。当 dCas9 与介导碱基转换的酶相结合时，即有可能对靶点基因实施点突变。目前已经制成了胞嘧啶碱基编辑器（Komor et al.，2017），腺嘌呤碱基编辑器（Gaudelli et al.，2017）和兼具前面两种功能的 STEME 编辑器（Li et al.，2020），提高了基因编辑的灵活性和通用性，扩大了靶向范围。为实现随心所欲的碱基转换。Anzalone 等（2019）开发了无须 DSB 和供体 DNA 的精准编辑工具，被称为引导编辑器（prime editor，PE）。该系统将失去核酸内切酶活性的 nCas9 与逆转录酶融合，并在 gRNA 的 3′端增加一段包含引物结合位点和逆转录模板的 RNA 序列（prime editing guide RNA，peg RNA）。nCas9 与逆转录酶融合蛋白在 peg RNA 的引导下识别靶标位点，并对 peg RNA 上的逆转录模板产生逆转录反应，生成携带定点突变的单链 DNA，继而可通过 DNA 修复途径实现精准的基因突变。该方法不引起 DNA 双链断裂，且无须供体 DNA 的辅助，就可以实现灵活的基因编辑，安全性很高，应用潜力巨大。

2. 非转基因植物基因编辑体系的应用　　传统的基因编辑采用常见的遗传转化体系，需要将基因编辑元件的基因和选择性标记等导入受体植物，在植物细胞内组装成融合蛋白，行使基因编辑功能。而 DNA-free 基因编辑体系能做到在完成基因编辑的同时，受体植物基因组中没有任何外源基因的插入。同传统基因编辑体系相比，这种方法脱靶率低，且由于没有外源 DNA 的整合，产生的效果与常规育种中的基因突变类似，公众舆论接受度更高。DNA-free 基因编辑技术的主要原理是向受体植物递送瞬时表达的基因编辑元件，使其在细胞中发生基因编辑，而后迅速降解。这样一来就能产生经过基因编辑却完全不含外源 DNA 片段的植物。Woo 等（2015）通过 PEG 介导法将体外组装的 CRISPR/Cas9 RNP 复合体导入拟南芥、烟草、生菜和水稻的原生质体，对植物基因组进行靶向编辑，获得了 *BIN2* 基因被编辑的生菜再生植株。该策略已在多种植物中被成功使用。除 PEG 以外，脂质体、基因枪和植物病毒等也被用于介导基因编辑元件的瞬时表达，均有不少成功的例子。

除上述瞬时表达的方法外，还可以利用标记基因删除技术，将传统基因编辑植物基因组中的外源基因删除，同样能达到 DNA-free 的效果。例如，FLP/FRT 位点特异性重组系统就已经被用于删除植物基因组中的 CRISPR/Cas 元件。当两个 FRT 位点同向排列于同一条 DNA 链时，FLP 重组酶会识别 FRT 位点并切除这两个同向位点之间的 DNA 片段。基于以上原理，Pompili 等（2020）将 CRISPR 元件连在两个同向的 FRT 位点之间，并在 *FLP* 基因上游连接热诱导的启动子。这个 CRISPR 系统在完成苹果火疫病抗性相关基因 *DIPM-4* 的靶向编辑后，被热启动的 FLP/FRT 系统从苹果基因组中删除。

3. 基于基因编辑技术的多样化基因操作　　CRISPR/Cas9 系统在育种中主要用于改变

靶标基因的序列,诱导定向突变。然而,在对作物基因的研究中,nCas9 或 dCas9 这些能特异性识别 DNA 序列却不对其产生切割的蛋白质,还可以和不同的蛋白质融合,实现多样化的基因操作。例如,靶标基因被 dCas9 结合后,无法与转录因子和 RNA 聚合酶等进行结合,可降低该基因的转录效率。若将转录激活因子与 dCas9 融合,则可将该转录激活因子引导到靶标基因转录启动位点,激活靶标基因的转录;用 dCas9 将表观遗传修饰相关的活性酶引导到靶标基因位点,可添加或移除相应的表观修饰;利用 dCas9 同系物与不同荧光蛋白融合,可开发多荧光标记系统,同时对不同染色体进行特异性标记,为染色体三维结构的研究提供有力工具。

第三节 分 子 标 记

生物技术为作物育种增添了许多新的工具。而分子标记是其中最有前途的一种技术手段。育种家利用分子标记来检测作物中是否存在目标基因,从而达到辅助选择的目的。通过使用分子标记,育种家可以绕过传统的基于表型的选择方法,使作物育种更加快速与精准。

一、分子标记的种类

分子标记的概念有广义和狭义之分。广义的分子标记包括可遗传、可检测的 DNA 或蛋白质序列。而狭义的分子标记特指 DNA 分子标记,是以个体或种群间基因组核苷酸序列差异为基础的遗传标记。基于对 DNA 多态性的检测手段,可以将分子标记划分为以分子杂交为基础、以 PCR 为基础和以高通量测序为基础等几种主要类型。

以分子杂交为基础的第一代分子标记以 RFLP 为代表,用放射性标记的 DNA 探针与限制性内切酶切割基因组 DNA 产生的片段进行 Southern 杂交,从而显示 DNA 多态性。第一代分子标记稳定性高,可重复性好,但操作非常烦琐,限制了它的进一步推广。随后人们开发出了操作更为简便的第二代分子标记,即以 PCR 为基础的分子标记,主要包括 RAPD、SSR、AFLP、SCAR、STS、CAPS、SSCP 等多种标记技术。第二代分子标记操作流程相对简单,不须使用放射性同位素,安全性较高。这类分子标记技术产生 DNA 多态性的主要原因在于作物基因组 DNA 序列中是否存在相应的引物结合位点。其中 SSR 分子标记技术使用最为广泛。SSR 也叫微卫星序列,是短核苷酸基序的随机串联重复,在植物基因组中数量丰富。SSR 重复序列的拷贝数因个体而异,从而形成了 DNA 序列多态性。SSR 标记具有高变异性、重复性、共显性、位点特异性和随机全基因组分布等特点,可以很容易地通过 PCR 和凝胶电泳进行分析,甚至可以实现自动化、高通量的基因分型。因此,SSR 标记被认为是作物育种中最好用的一种标记系统。20 世纪 90 年代以来,SSR 标记在植物遗传连锁图谱构建、QTL 定位、标记辅助选择和种质分析等方面得到了广泛的应用。第三代分子标记是以高通量测序为基础的新型分子标记,主要包括 SNP、In-Del 等。SNP 是不同个体之间的单个核苷酸碱基的差异,提供了最简单、最终极的分子标记形式,因为单核苷酸碱基是最小的遗传单位,因此可以提供最大数量的标记。基于各种等位基因鉴别方法和检测平台,许多 SNP 基因分型方法已经被开发出来。高分辨率熔解曲线分析(high resolution melting,HRM)是一种中高通量的 SNP 分型方法,通过双链 DNA 熔解曲线的变化来反映核酸性质差异。通过在一定温度范围内将被荧光染料染色的 PCR 产物进行 DNA 变性,由 LightScanner 的光学检测系统采集荧光信号绘制熔解曲线,从而根据曲线来区分野生型、杂合 SNP 和纯合 SNP。HRM 分析方法操作简便，PCR 结束后即可得到 SNP 分型结果，因此受到了普遍关注。近几年还推出了基于 SNP 的 KASP 高通量基因分型技术，即竞争性等位基因特异性 PCR。该方法针对等位基因 SNP 位点设计两个正向引物和一个通用反向引物，两条正向引物尾部分别与不同荧光标记结合，通过 touchdown PCR，使得不同颜色的荧光反映不同的 SNP 类型。除此以外，SNP 芯片也是一种高通量的 SNP 检测手段。一次实验就能同时检测上百万个 SNP，往往用于大规模群体的关联分析。基于目前已发展出多种手段对 SNP 进行高效的自动化检测，可以预期 SNP 的应用将越来越广泛。

二、分子标记在园艺植物育种上的应用

（一）品种真实性和纯度鉴定

作为农业生产最基本的生产资料，种子质量的好坏直接影响农作物产量和品质，需要准确、快速、早期、周年鉴定品种真实性和纯度。随着我国加入《国际植物新品种保护公约》，新品种保护涉及的 DUS 测试与登记，均需利用有效的检测方法来确定品种的真实性。纯度鉴定主要分析的是品种的一致性。当今园艺作物育种中往往利用杂种优势获取超亲的 F_1 新品种。为了保持品种的杂种优势，需要保证 F_1 杂交种的纯度。除此以外，还普遍存在品种名、地方俗名、国外引入品种的音译名混淆杂乱导致的同名异物或同物异名现象，需开发稳定有效的技术来快速鉴定品种的真实性及纯度。

进行品种和纯度鉴定的基本方法为田间种植观察法。然而利用该方法的检测周期较长，费时费力，无法实现快速、周年鉴定的目标，且受人为影响较大。分子标记技术以品种 DNA 作为检测对象，不受环境、季节、时间和取材部位的限制，且操作过程省时、省力，获取结果快速准确、稳定性高、重复性好。DNA 指纹图谱技术在品种鉴定方面使用非常广泛。卢霞等（2020）基于辣椒全基因组序列开发了 75 对 SSR 标记，其中 1 个标记被用于检验绿陇 3 号辣椒的种子纯度，鉴定结果与田间鉴定结果一致。颜廷进等（2019）采用 2b-RAD 技术对 200 份国内外菜豆品种进行扫描，筛选出 3302 个分布均匀的 SNP 标记，可以将除 2 个近等基因系外的 198 份品种资源区分开，为菜豆真实性和品种纯度鉴定体系的建立和指纹数据库的构建奠定了基础。分子身份证是基于 DNA 指纹图谱的一种用于品种资源区分的技术。在全基因组层面挖掘分子标记，选择遗传多样性最高的分子标记组合，将每一个多态性条带用 0 和 1 的二进制代码表示，并将二进制代码组合赋值转换成十进制代码，形成每个品种唯一的有序编号。最后利用条形码生成器将数字转换成条形码，作为品种的分子身份证。白晓倩等（2022）利用 6 个 SSR 标记对 55 份板栗品种构建了分子身份证，为办理种质资源的品种鉴定、合理利用和有效保护提供了一定依据。严承欢等（2022）基于萝卜群体基因组水平的结构变异开发了 24 个通用性分子标记，对 255 份萝卜种质进行了基因分型，并构建了相应萝卜的分子身份证，对萝卜种质纯度鉴定及分子育种工作有一定的促进作用。由于分子身份证具有唯一性，该技术可用于快速甄别市场上同类品种的真伪，有利于保护品种权人、种植者、销售者和购买者的合法权益，也有利于种质资源的国际化交流。

（二）遗传多样性分析

遗传多样性分析能反映物种的遗传背景，有利于使用者判定种质资源的利用价值，在遗传育种、品种分类和保护优良种质资源方面具有重要意义。随着生物技术的发展，植物遗传

多样性的检测水平从形态学、细胞学、生化水平逐步发展到分子水平。分子标记技术检测的是基因组上广泛分布的差异，不受环境和季节影响，稳定且高效，可准确区分品种间的差异，为种质资源亲缘关系和遗传多样性的分析提供可靠、有效的工具。利用分子标记进行遗传多样性分析的大致过程为先对供试种质资源开发多态性分子标记；依据多态性条带的分布情况，利用UPGMA等软件进行聚类分析，计算供试材料间的遗传相似系数，明晰材料间亲缘关系的远近；也可利用STRUCTURE软件确定群体结构，探究个体间存在的血统关系。黄小凤等（2022）采用SNP分子标记对221份荔枝品种进行遗传结构分析，发现荔枝品种间遗传多样性水平较高，且遗传分化系数和遗传距离与果实成熟期相关。郭俊等（2020）基于油梨转录组测序数据开发SSR分子标记，对32份油梨种质资源进行遗传多样性分析，得出可将供试油梨种质分为4个类群，与其地理分布有一定关系。我国园艺作物种质资源非常丰富，然而长期的定向育种导致推广利用品种的遗传基础往往比较狭窄。采用分子标记技术对育种中使用的种质资源进行遗传多样性分析，还可为杂交育种的亲本选择提供重要参考，为提高育种效率提供有力依据。赵青等（2021）利用24对SSRseq引物对来自世界各地的676份大蒜种质资源进行遗传多样性分析，得出来自不同纬度地区的大蒜种质间遗传差异较大，为后期大蒜品种的选育提供了重要参考。

（三）核心种质构建

核心种质是种质资源的核心子集，以最少数量的遗传资源最大限度地保存整个资源群体的遗传多样性。核心种质的概念由Frankel（1984）提出，并由Brown（1989）做出了进一步的完善和总结。核心种质能代表整个种质资源群体的遗传多样性，同时代表了整个群体的地理分布。一般来说，可以先依据表型在原始群体中进行挑选，构建初级核心种质库；然后再进一步用分子标记在初级核心种质库中选择差异最大、最具代表性的个体，构建核心种质库。核心种质库的构建主要采用两种取样方法：随机取样法和分层取样法。其中分层取样法被更多研究者采用。大多数种质资源核心种质取样比例在5%~30%。一般没有一个统一的取样比例。不同作物资源在收集程度、遗传多样性状况和内部遗传结构上存在较大差异。核心种质的有效性检验主要在遗传多样性和实用性两个层面。一般认为，如果核心种质的性状均值和变异幅度与原种质资源相应值的显著性差异控制在30%以内，且核心种质与原种质资源的性状均值与变异幅度之比不低于70%，则可认为核心种质的遗传多样性能代表原群体。核心种质的实用性检验主要在于是否保留了已知的农艺性状。赖瑞联等（2022）采用ISSR和RAPD标记对橄榄主要分布区的86份种质资源进行遗传多样性分析，将供试资源分成了3个主要类群，再使用G策略按25%取样量构建了86份橄榄种质资源的核心种质，通过观测多态性位点保留率、等位基因、有效等位基因、Nei's基因多样性指数和香农信息指数保留率等数值，得出核心种质基本保存了初始种质的绝大部分基因资源。陈明堃等（2022）利用22对SSR荧光引物对311份建兰种质资源开展遗传多样性研究，得出建兰种质资源具有丰富的遗传多样性，从而构建建兰核心种质51份，占原有种质资源的16.4%，等位基因数保留率为100%，有效等位基因数保留率为130%，香农信息指数保留率为124%，通过t检验和主坐标分析，表明核心种质与原有种质的遗传多样性无显著差异。近年来，许多园艺作物都构建了核心种质，对高效保存利用植物种质资源做出了重要贡献，为杂交育种亲本的选择也提供了一定便利。

（四）遗传图谱构建

遗传图谱为检测标记和性状的关联及标记辅助育种提供了依据，高密度遗传连锁图谱对于作物性状的研究非常重要。为了构建遗传图谱，首先要选择性状差异较大、遗传多样性较高的种质作为亲本，通过杂交、回交等手段构建遗传分离群体，再分析该群体中每个个体的标记基因型，最后利用相关计算机软件构建遗传连锁群。高质量的遗传图谱应该有足够数量的等间距多态性标记。一旦在给定群体中发现一个或几个分子标记与目标性状相关，可通过查阅已有遗传图谱来寻找更接近目标基因的标记，开展目标基因的精细定位工作。随着各种分子标记方法的涌现，尤其是近年来以高通量测序为基础的新型分子标记的发展，高密度遗传连锁图谱的构建已成为现实。现在大部分重要园艺作物都已经构建了高密度遗传连锁图谱，其中包括之前较难开展遗传图谱研究的木本植物，如枣、樱桃、苹果、梨等。用于遗传图谱构建的作图群体大致可分为两类：暂时性作图群体和永久性作图群体。暂时性作图群体是无法永久保留的作图群体，如 F_2、BC_1 等。这类群体中的个体具有较多杂合遗传位点，自交后容易产生染色体重组，遗传稳定性较差。所以，这类作图群体只能使用一代，难以设置重复。然而，暂时性作图群体相对容易获得，在遗传图谱的构建工作中使用仍然较多。永久性作图群体是可以永久保留的作图群体，如重组自交系（recombinant inbred line，RIL）、近等基因系（coisogenic strain）和双单倍体等。永久作图群体中，个体基因组上的遗传位点相对纯合。因此，这样的群体一旦构建成功，就可以通过自交传代保存，永久使用。利用永久性群体可以设置多年多点重复实验，对受环境影响较大的数量性状基因的定位尤为重要。

（五）重要性状基因的定位

1. 质量性状基因的定位　该定位往往采用近等基因系（near isogenic line，NIL）分析法和群体分离分析法（bulked segregant analysis，BSA）。NIL 的构建需要涉及轮回亲本的多轮回交，得到的 NIL 与轮回亲本在基因组背景上非常相似，理论上只在供体 DNA 片段区域有差异。这样一来，如果 NIL 在目标性状上的表现与轮回亲本不同，则可能是渗入的供体 DNA 片段携带等位基因的效应。因此，利用 NIL 进行质量性状基因定位的基本思路是筛选与目标基因位于同一供体 DNA 片段上的紧密连锁的分子标记。虽然 NIL 是进行基因定位的有力工具，但这种群体的配制需要花费大量的时间进行多代回交，非常难以获得。于是，科学家发展出了一种与 *NIL* 基因定位原理相似的新方法，称为群体分离分析法。这一方法最早由 Michelmore 等于 1991 年在莴苣的霜霉病抗性基因定位中提出并使用。BSA 法基本原理如下：从遗传分离群体中筛选出目标性状表现极端的单株各 10 株左右，分成两组（如抗病和感病）。每一组中个体取等量 DNA 混合形成 DNA 池。两个 DNA 池理论上与 *NIL* 相似，遗传背景大致相同，只在目标基因区段存在差异。因此，在这两个 DNA 池间表现出多态性的分子标记，与目标基因连锁的概率较高。然后，再利用遗传分离群体计算分子标记与目标基因的遗传距离。在传统 BSA 法的基础上，还发展了转录组测序结合 BSA 的基因定位方法，称为 BSR-seq。此方法同样是在遗传分离群体中选择极端性状单株构建 BSA 池，获取两个池的总 RNA，然后采用贝叶斯算法分析转录组数据，开发分子标记，从而进行基因定位。使用该方法时，需要有参考基因组数据作为序列拼接的模板。袁焕然等（2017）对莴苣 F_2 遗传分离群体实施 BSR-seq 分析，将叶裂性状定位在 1.91Mb 范围内，并推测控制叶裂形成的候选基因为锌指蛋白编码基因。

2. 数量性状基因的定位 数量性状位点（quantitative trait loci，QTL）是占据染色体特定区段、对数量性状的变异有较大影响效应的基因或基因簇。一个数量性状可能由多个微效的 QTL 位点共同控制。一般来说，为进行数量性状基因的定位，需要构建较高密度的遗传连锁图谱，在分子标记与 QTL 位点有连锁关系的情况下，可由这些分子标记来探测和定位 QTL 位点。QTL 作图方法主要包括单标记分析法、区间作图法、复合区间作图法和多重区间作图法等。单标记分析法检测一个分子标记的不同基因型植株的目标数量性状均值是否具有显著差异，若差异显著，则说明该分子标记与数量性状 QTL 位点连锁。单标记分析法不需构建完整的遗传连锁图谱，操作比较简单。但该方法得出的结果较粗糙，无法算出 QTL 位点在染色体上的相对位置。随着分子标记技术的不断发展，各种标记的数量越来越多，使得精细遗传图谱的构建成为现实。Lander 等（1989）提出了区间作图法，即在已绘制完整分子标记连锁图谱的基础上，利用最大似然函数和简单回归模型计算任意相邻标记之间的位置上是否存在 QTL 的似然函数比值的对数，即 LOD。当某染色体区段 LOD 超过给定临界值时，可能在该位置存在 QTL 位点。区间作图法是基于一条染色体上只存在一个效应较大的 QTL 的假设，当一条染色体上有多于一个效应接近的 QTL 时，定位效果较差。且每次仅使用两个标记进行计算，当检测多个 QTL 时，每个 QTL 所用的遗传模型不同，其贡献率无法直接拟合。为了克服区间作图法的缺陷，研究者将遗传连锁图谱上的分子标记同时利用起来，产生了复合区间作图法（composite interval mapping，CIM）。该方法的理论依据在于当不存在连锁干扰和基因互作时，一个标记基因型值的偏回归系数只受与其相邻区间基因的影响。利用 CIM 法对某一特定标记区间进行检测时，将与其他 QTL 连锁的标记作为背景拟合到计算模型中，用类似于区间作图的方法获得各参数的最大似然函数估计值，获得 QTL 所在的标记区间。该方法极大提高了 QTL 作图的精度；充分利用了遗传图谱上的其他标记信息，比区间作图法更加有效。但 CIM 法无法分析 QTL 的上位性及基因与环境的互作。为此 Kao 等（1999）在 CIM 基础上发展了一种 QTL 作图的新统计模型，称为多重区间作图法（multi interval mapping，MIM）。该方法是基于以极大似然法估计遗传参数的 Cockerham's 模型，同时利用多个标记区间进行多个 QTL 的作图。模型中包含了多个 QTL 及其两两互作。运用该方法能分析 QTL 之间的上位性、个体的基因型值和数量性状的遗传力。MIM 对 QTL 的检测更加精确。

3. 全基因组关联分析 为了应对快速增长的人口对农产品的需求这一挑战，需要整合作物育种方法、基因设计、基因组学和生物技术等，以达到改变作物适应性及农艺、经济性状的目的。全基因组关联分析（genome-wide association study，GWAS）为同时利用基因组技术和植物种质资源提供了一个很好的平台。与传统的遗传连锁分析不同，利用 GWAS 方法进行基因定位无须构建遗传连锁群体，可直接使用现有的自然群体作为试验材料，相对省时、省力。GWAS 的主要原理是基于自然群体中存在连锁不平衡（linkage disequilibrium，LD），即与目标基因遗传距离越近的基因座位和该基因共同出现在同一条染色体上的概率越高。高强度的选择压力会提高相关基因周围区域的连锁不平衡性。番茄、大豆等自花授粉作物的基因组纯合度较高，产生有效重组的频率相对较低，导致其 LD 值偏高；而油菜、甘蓝等异花授粉作物的基因组纯合度较低，染色体内有效重组较多，导致其 LD 值较低。LD 值越低的染色体区段获得的关联标记准确性越高。同时，群体结构等因素也可能影响 LD 的程度和分布。同一物种的不同群体间可能存在不同的 LD 值。进行关联分析时，选择遗传多样性较高的品种构成自然群体，能有效降低 LD 值。随着测序技术的快速进步，GWAS 已经成为研究园艺作物自然表型变异机制的常用方法。Niu 等（2020）利用 SNP 标记对 415 份贵州地区的茶树种质资源进行 GWAS 分析，鉴定出 9 个与叶片大小显著关联的位点，为高产茶种的选育提供了参考。张超等（2022）联合使用 GWAS 和 QTL 定位方法挖掘甘蓝型油菜收获指数的相关位点，筛选出 36 个重点候选基因，功能涉及光合作用、跨膜运输、储藏物质合成和转录调控等，为收获指数的遗传改良提供了重要的理论依据。随着高通量测序和基因芯片技术成本的不断下降，全基因组关联分析将在更多园艺作物中得到更为广泛的应用。

（六）分子标记辅助育种

选择育种是遗传育种的重要手段，分子标记辅助选择已成为选择育种的常用技术。该技术的基本原理在于利用与目标基因紧密连锁的分子标记对选择对象进行目标基因，甚至全基因组的筛选，从而快速获得符合期望的个体，提高育种效率。分子标记辅助选择是现代生物技术应用于作物改良领域的主要方向之一，不但能弥补传统选择育种准确率低的缺点，还能加快育种进程。

分子标记辅助选择可用于回交转育。利用与目标基因紧密连锁的分子标记对可能带有该目标基因的单株进行前景选择，快速获得带有目标性状纯合位点的个体；再从高密度遗传图谱中选择多个分子标记，对上一步选出的个体实施全基因组层面的背景选择，进而筛选出带有目标性状且遗传背景符合预期的理想个体。分子标记辅助回交转育的优势主要表现在两个方面：一方面，回交转育存在明显的连锁累赘问题。传统育种主要通过增加回交次数来解决该问题，费时费力且效率较低。即使连续回交 20 代，依然存在较大的与目标基因连锁的供体染色体片段（Stam and Zeven，1981）。如果利用与目标基因紧密连锁的分子标记鉴定该基因附近发生重组的个体，可以快速减轻连锁累赘，大幅提高回交转育的效率。另一方面，多数回交转育希望在培育的新品种中除目标基因外基本恢复轮回亲本基因组。有研究表明，传统育种中要达到 99% 的轮回亲本恢复率，需要回交 6.5±1.7 代（Allard，1960）。而利用分子标记辅助选择带有轮回亲本基因组比率最高的个体作为下次回交的亲本，大致需要回交 3 代即可达到目的，大大加速了轮回亲本基因组恢复效率。李开祥和杜德志（2022）利用与有限花序基因 *Bnsdt1* 或 *Bnsdt2* 紧密连锁的 4 个分子标记进行前景选择，又设计了 76 对均匀分布于各条染色体的 In-Del 分子标记进行背景选择，对甘蓝型油菜开展分子标记辅助回交转育，培育了具有有限花序性状、抗倒性明显增强的保持系、不育系和优良恢复系，经杂交组配和区域实验选育出了有限花序新品种青杂有限 1 号。

分子标记辅助选择还可用于多个基因的聚合。基因聚合是指将多个有利的基因通过杂交、回交、复交等传统育种技术聚合到一个品种或育种中间材料中，使其在多个性状上同时得到改良。抗病育种中往往将多个垂直抗性基因聚合到一起，从而增强抗病的持久性和广谱性。传统的抗病性表型鉴定比较困难，需要满足特定的发病条件，且表型不易界定，精确度不高。可以利用分子标记对目标抗病基因进行基因型检测，从而克服表型鉴定的各种困难。在苗期即可完成相关检测，大大提高了基因聚合的效率和精准性。毕研飞等（2015）利用分子标记辅助选择将甜瓜蔓枯病基因 *Gsb-1* 和 *Gsb-6* 聚合并转育到感病品种白皮脆中，对该感病优良品种进行了有效的改良。

传统的分子标记辅助选择仅使用少数分子标记，适用于由少量主效基因控制的性状。然而作物的大部分主要经济性状都属于数量性状，由多个微效基因控制。将相关微效基因组合到一株植物中对作物改良至关重要，但这项任务极具挑战性。且数量性状的表型受环境影响较大，难以通过传统表型鉴定进行选择。Hayes 等（2001）提出了基因组选择（genomic selection，GS）育种策略，即利用遍布于基因组的高密度分子标记对育种群体中的个体进行全基因组育种值预测。由于选择依据是育种值而非表型，因而具有更高的预测准确度。GS 需要调查训练群体的表型，并在全基因组层面开发分子标记获取基因型数据，在分子标记与表型间建立关联，估计所有标记的效应，建立基因组估计育种值（GEBV）的统计模型。一旦建立了 GEBV 模型，就可以使用该模型和基因型数据对未知群体进行早期表型预测，从中选择具有目标性状的个体，并且该过程不需要对未知群体进行表型评估，大大节省了育种时间，提高了选择精度。与传统的 MAS 相比，GS 具有以下优点：①GS 是在全基因组水平上开发大量分子标记对有效育种值进行估计，不需对个别 QTL 进行定位。②GS 使用高密度的分子标记进行基因分型，理论上能估计所有 QTL 的效应。比使用少数几个分子标记的 MAS 相对更为准确。③GS 非常利于早期选择，且不需测定个体的表型，大大节省了复杂性状育种的时间成本。可以缩短育种周期，降低生产成本。④GS 育种的理论基础是假设分子标记与相邻 QTL 连锁不平衡，导致不同群体中相同标记估计的染色体片段效应相同。因此避免了由小效应标记偏差影响预测的准确性，提高了估计育种值的精确性。⑤对于低遗传力性状来说，通过表型或少量分子标记进行选择的准确率较低，而采用 GS 能很好地估计 GEBV，因此估计准确性能够得到明显提高。总体来说，GS 具有在全基因组水平上组合多个微效 QTL 的巨大潜力，应用前景广阔，已成为数量遗传学研究的热点之一。该技术近年来发展迅速，已成功应用于苹果、梨、桃、杏、樱桃、黄瓜等园艺作物的遗传改良。GS 育种对产量、品质等复杂经济性状的预测效果明显，未来将会成为作物育种中高产优质品种筛选的一种核心方法。

第二节、第三节介绍的转基因育种、基因编辑育种、分子标记辅助育种均在不同园艺作物育种中发挥了重要作用，也是分子设计育种的核心技术。世界生物育种技术已经历了 3 个主要阶段：原始驯化选育（1.0 时代）、常规育种（2.0 时代）和分子育种（3.0 时代，包括分子标记辅助育种、转基因育种和分子模块育种等）。近些年，分子生物学、计算生物学和基因组学等学科的理论发展催生了新型生物技术，全面改写了作物育种的理论和策略，推动育种技术向分子设计育种或智能化育种（4.0 时代）发展。分子设计育种是在全基因组序列、重要农艺性状及关键基因功能机制解析等的基础上，通过选择最适合的亲本进行杂交，运用高效快速精准的分子选择，优化聚合各种重要农艺性状的优异基因及其网络，从而高效培育综合农艺性状优异新品种的先进技术体系（种康和李家洋，2021）。在分子设计品种培育方面，水稻重要农艺性状的分子模块理论及其育种应用上取得的成果尤为突出，走在了分子设计育种的前沿。最近，中国农业科学院黄三文团队（Zhang et al.，2021）利用基因组学大数据进行育种决策，建立了杂交马铃薯基因组设计育种流程。但分子设计育种的应用还面临以下瓶颈，一是复杂农艺性状的精细调控机制不清；二是转基因育种和基因组编辑育种亟须政策支持；三是分子设计育种知识产权体系不够健全。解决以上问题，分子设计育种将会大幅度提高植物育种的理论和技术水平，带动传统杂交育种向高效、定向化发展（景海春等，2021）。

思考题

1. 名词解释：花药培养、花粉培养、单倍体育种、原生质体培养、体细胞融合、不对称融合、胞质杂种、转基因技术、植物转基因育种、分子标记、分子标记辅助选择育种（MAS）、全基因组关联分析（GWAS）、分子设计育种。
2. 胚胎培养在园艺植物育种中的应用有哪些？
3. 试比较花药和花粉培养的异同。
4. 简述单倍体育种的优点。
5. 叙述体细胞杂交在园艺植物育种中的应用。
6. 叙述花药和花粉培养在园艺植物育种中的应用。
7. 叙述原生质体融合在园艺植物育种中的应用。
8. 简述遗传转化有哪些方法。
9. 简述CRISPR/Cas9系统的工作原理。
10. 分子标记主要分为哪些类型？
11. 请简述BSA法定位的基本原理。
12. 阐述质量性状和数量性状定位的策略。
13. 分子设计育种目前发展的制约因素有哪些？

第十三章　信息技术在育种中的应用

随着园艺植物育种工作、分子生物学及生物信息学研究的不断深入，征集和评价的种质资源越来越多，种质资源表型数据、分离的基因序列数据、蛋白质结构预测数据等快速增加，产生了大量复杂的生物学数据和信息。为了便于对种质资源和育种过程的高效管理，提高育种效率，利用这些数据来揭示生命的本质，就必须运用跨学科的知识和现代科学技术（如计算机技术等）来对植物基因型、表型、环境、遗传资源进行获取、处理、存储、分析和解释等。目前信息技术已广泛用于种质资源的管理、育种计划的制订、田间试验统计分析、亲本选择与选配等各个育种环节。本章将介绍资源管理、信息技术在育种数据采集（表型）上的应用、智能植物育种系统和生物信息学的应用情况。

第一节　资源管理

一、应用概况

种质资源是育种的基础材料，拥有的种质资源越多，对其研究越深入，掌握育种的主动权就越大。许多国家都建立了国家种质资源库，贮藏了大量的种质资源。例如，美国的国家种质库已贮藏超过 40 万份种质资源。每份种质资源都包含大量植物学性状和生物学特性的数据。面对如此多的数据，如果没有计算机管理将难以进行。从 20 世纪 70 年代开始，为适应育种及种质资源工作的需要，一些发达国家，如美国、日本、法国、德国等相继实现了品种资源档案的计算机管理。而有些国家还建立了全国范围或地区性的网络。比较完善的有芬兰、瑞典、挪威、冰岛和丹麦共同建立的北欧五国作物种质资源库，美国农业部的作物种质资源信息网络系统（GRIN），日本农林水产省的作物种质资源信息系统（EXIS），菲律宾国际水稻研究所（IRRI）的水稻种质资源数据库，苏联的农作物种质资源库等。2008 年，美国农业部农业研究局、国际生物多样性中心及全球农作物多样性信托基金共同启动了"全球农作物种质资源信息网络系统"项目，旨在建立一个全球性的农作物种质资源信息管理系统，该系统以 GRIN 为原型，采用统一标准，基于互联网，且开放源代码。

20 世纪 80 年代初期，我国就已经开始了农作物种质资源数据库的研制和开发，并分别建成了水稻、小麦、玉米、高粱、谷子、大豆等农作物种质资源数据库。但受当时计算机硬件设施限制、应用软件各异、品种信息的记载未能规范等诸多因素的影响，导致开发的数据库管理系统兼容性较差，只能在小范围内单独使用，难以实现网络共享。20 世纪 80 年代中期，中国农业科学院作物品种资源研究所在以往工作的基础上，在国家的大力支持下，成功地研制出了"中国作物种质资源信息网（CGRIS）"，使我国农作物资源数据库管理和交流跻身于世界先进行列（陈伟英等，2003）。从 2004 年开始，在原有国家农作物种质资源数据库系统的基础上，着手建设国家农作物种质资源平台。该平台可以及时地为育种和科研提供丰产、优质、抗主要病虫、抗不良环境的优良种质资源信息和实物。该平台由国家长期种质库、国家种质复份库、11个国家中期种质库、33个国家种质圃和国家种质信息中心组成（曹永生等，2010年）。截至2012年，已经通过收集整理了200种作物39万份种质资源，其种质信息量高达200GB，种质资源数量在世界排名遥遥领先，与此同时，许多省份也都建立了自己的农作物种质资源信息平台，如广东、江苏、海南、福建、湖北、河北、山西、贵州、黑龙江、甘肃、内蒙古等地根据本地域种质特点也先后开展了种质资源信息服务系统的研究（瞿华香等，2013）。

中国农业科学院果树研究所杨克钦等（1998）利用现代计算机技术，对20 339份果树种质资源性状鉴定和评价数据进行规范化处理，建成了中国果树种质资源信息系统（图13-1）。广州市蔬菜科学研究所林春华等（2000）构建了南方蔬菜种质资源信息系统；中国科学院武汉植物研究所雷一东等（2000）构建了猕猴桃种质资源信息系统；河北省农林科学院农业信息与经济研究所侯亮等（2019）开发了一套分布式种质资源管理系统。该系统采用四层架构的设计，从底层至顶层分别为基础环境层、数据层、应用层和用户层。该系统通过对种质资源管理需求的分析，以部分主要粮食作物为研究对象，建立了分布式的种质资源管理系统，实现了数据查询、报表输出、数据可视化等功能（侯亮等，2019）。

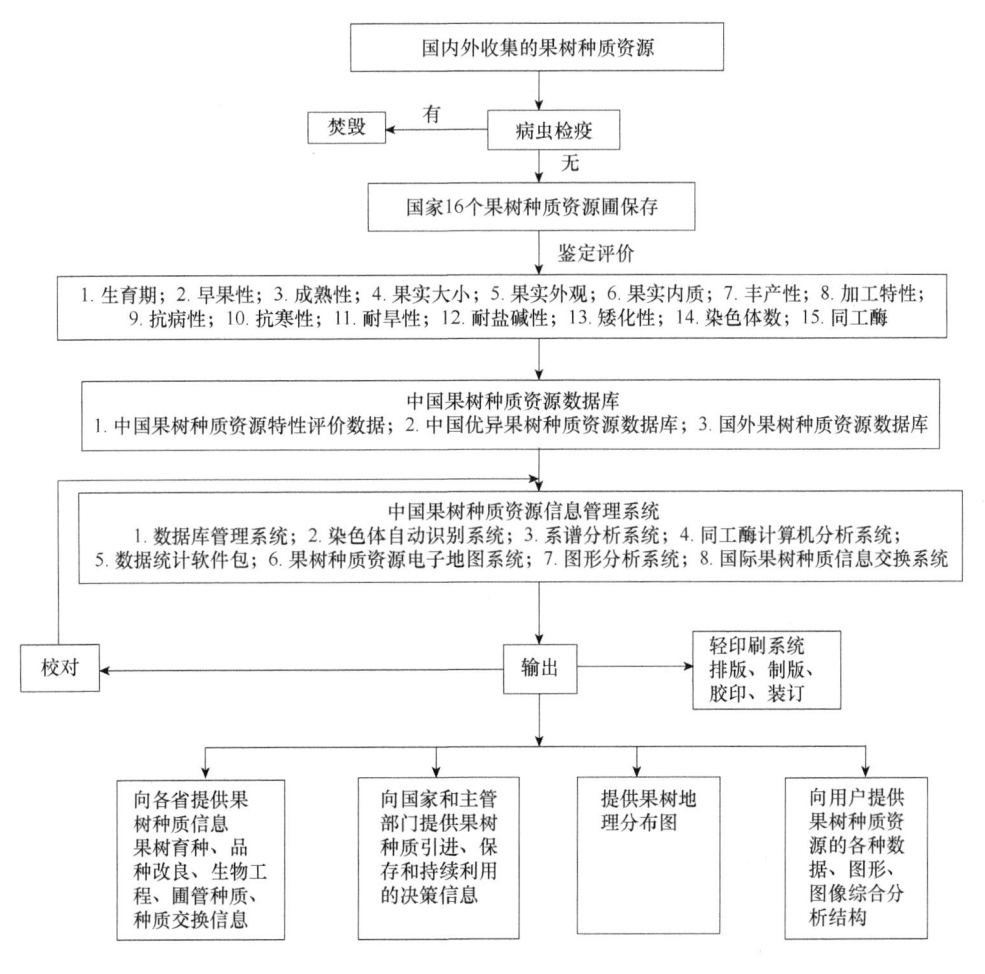

图13-1 中国果树种质资源信息系统结构图（杨克钦等，1998）

二、种质资源数据库的目标与功能

种质资源数据库的目标和功能如下。

1）建立现已入库种质资源的各种信息，包括种质资源名称、编号、来源、入库时间和数据及种质资源本身的生物学特性和贮存的位置，以便种质资源库的工作人员管理、繁殖、更新和分配。

2）提供已入库的种质资源的各种信息和潜在应用价值，以协助种质资源的研究者和育种工作者更深入地研究和有效利用这些资源。

3）与国内外其他种质资源收集保存单位进行信息交流。

无论哪个国家的种质资源数据库，其目标与功能都大同小异。例如，GRIN 在资源管理上有三个重要功能。第一，它是所有类型植物种质资源信息中心。第二，它提供了包括植物特性描述和评价信息在内的美国植物种质资源标准化信息方法。第三，它提供了每个资源收集站进行信息管理和交换的方法并使各站能及时掌握国家种质资源信息系统的最新信息。

中国国家种质资源数据库有三个子系统。

1）种质库管理子系统，其主要功能是使国家种质库管理人员及科研人员及时掌握种子入库的基本情况。可随时为用户查找任一种质所在的库位、活力情况；制成各种植物每年入库情况中英文报表，任一植物不同繁种地入库种子质量的报告等。

2）种质性状评价数据库管理子系统，主要功能有 3 个。第一，是为育种和生物工程研究人员查询育种所需要的有价值的资源。第二，按育种目标从数据库中查找具有综合性状优良和具有目标性状的亲本，供育种者参考选择和利用。第三，追踪种质的系谱，查找选育品种的特征、各个世代的亲本及选配率，分析系谱结构、绘制系谱图等。

3）国内外种质交换库管理子系统，其主要功能是使管理人员掌握与国内其他单位可以进行交换的种质和已交换过的种质情况。

三、种质资源信息系统的主要类型

迄今为止，世界各国建立的种质资源信息系统有三大类。

（一）文件系统

其数据以文件方式贮存。每份文件设计有一组描述字段，文件可采用不同的组织和记录格式，借助一些描述信息把文件连接起来操作。这种系统目前用得不多，操作处理比较麻烦。

（二）数据库系统

数据库系统用得最多。它具有文件系统的若干特征，但贮存的数据可以独立于数据管理的程序，以供不同目的的管理程序共同享用。我国国家种质资源信息库就属于这种类型。

（三）网络平台系统

这是目前最先进的系统，平台运行管理信息系统，用于平台线上工作流程管理，可实现平台运行服务数据的统一管理，可视化展示运行服务成效，能直观地展示各种质库（圃）的运行服务情况，为平台的管理和决策提供可视化数据支撑。它可以在网络内随时查阅。美国的 GRIN 就属这种类型，只要联网就可免费查阅。长距离用户可租用美国远程通讯网络公司兴建的公用分组交换数据网，美国国家植物种质资源系统（NPGS）用内部通信，便可使用系统主机提供的电子邮件实用程序。

前两个系统只能通过磁性介质（包括磁盘、光盘等）进行信息交换，当然把它做成主页连在网上也可在国际互联网上交换。

四、种质资源数据库的建立

（一）种质资源数据库的要求

1）输入新的种质资料（包括新资源的有关数据和原有资源新增加的数据），建立或扩充数据库。
2）修改或删除数据库中的某些记录。
3）打印、显示或输出数据库中的各种信息。
4）复制数据文件。
5）进行复合条件检索，并输出检索结果。
6）对数据库中的数据进行分类处理和统计分析。
7）能产生灵活多样的报表或报告。
8）程序功能模块化、可移植、易维护、界面友好、使用方便。

（二）建立种质资源数据库的步骤

1. 收集原始数据　　是建库的基础。专门的种质资源保存单位有现存的数据，而且是经过规范化处理的数据，可以直接引用。如果是非专门机构保存的种质资源，准备对它建立数据库，则应注意各种数据的规范化，应与国际接轨。如果育种单位要建立与育种项目有关的种质资源数据库，也应注意原始数据的规范性，还要注意数据的完整性、科学性、准确性、通用性、唯一性、延续性、可交换性和统一性。制定一定的规则，所有数据都按统一的规则编制。

2. 数据分类和整理　　收集的原始数据多而乱，如果不加以分类整理，则无法建立数据库。各国的分类体系存在差别，但总体上相差不大。我国国家种质资源数据库把项目或性状分为5类。

A类包括种质库编号，全国统一编号，保存定位，保存定位编号，种质所属科、属或亚属、种，品种名，来源地，原产地等。

B类包括按顺序表示的物候期、植物学性状和生物学特性等。

C类为品质性状数据。

D类为抗性（抗逆性和抗病虫性等）数据。

E类包括细胞学、逻辑学和其他生理生化指标等。

分类以后的数据有利于提高计算机检索、分类和打印速度及效率，可为不同专业用户提供所需要的资料。

3. 数据库管理系统设计　　在设计数据库管理系统之前，首先要确定所用的机型和相应的支持软件系统，确定库级结构。目前使用的最普通的机型为微型计算机，支持软件有两个系统：DOS系统和Windows系统。过去的数据库都是在DOS操作系统上运行的。今后，数据库的设计应该在Windows操作系统下运行，以提高操作的便捷性。此外，还需要开发一整套管理软件，要包括数据库的创建、连接、转换及数据的统计分析等功能。

4. 运行程序 系统程序设计完成后，必须经过实际操作验证其完善性。这包括上机运行操作，输入一些理论数据或已掌握的种质资源的数据，逐项运行并检查。只有当所有的操作都能获得理想的运行结果时，才能算是大功告成。

第二节 信息技术在育种数据采集（表型）上的应用

自数千年前作物被驯化以来，表型（phenotype）一直是植物育种的核心，术语"表型"和"基因型"是由丹麦植物学家 Wilhelm Johannsen 在 1909 年提出的，其定义有较多的说法，总的来说表型是指一种生物体所表现出来的一切性状和特征，是基因型与环境互作的结果，它受个体的基因型、表达基因、随机遗传变异和环境所影响，如颜色、高度、大小、形状和生物习性等特征都属于表型，即"表型＝基因型＋环境"。

植物表型使育种者能够建立在生理性状和机械科学的基础上，为杂交亲本的选择和遗传获得材料选择提供信息。表型组（phenome）是伴随着基因组研究衍生出来的新领域，是指某个基因组在特定的环境下形成的特定表型集，广义上指的是在生物水平上，包括细胞、组织、器官、单个植物、果园和大田植物水平的高通量，以准确地获取和分析多维表型，满足现代育种者对信息化的需求。

经典的植物表型研究主要针对植物外部物理性的描述，未涉及内部及生化的特征和性状；现代表型研究已越来越多地采用透射、波谱、显微镜等仪器检测技术和方法开展更为精准的检测，所使用的表型概念涵盖行为特性、体内和体表的物理和生化特征。植物表型组学（phenomics）是一门对植物基因组在不同环境条件下完整采集并系统分析表型特征及其形成与控制的学科。其涉及基因型与环境因素之间复杂的相互作用，包括气候、土壤等非生物因素或生物因素和栽培管理方法等，旨在更深入地挖掘"基因型—表型—环境"的内在关系。一个特定的基因组在不同环境条件和栽培管理水平差异下可表现为多个表型组谱。可以说表型组学是当前科学界公认的生命科学的前沿，是解析生命规律的关键。2016年，*Science* 杂志将表型组学列为六大科研前沿之一；2018年，*Nature* 杂志将其作为"连接基因型和表型的科学"列为改变生命科学研究的六大技术之一。目前植物表型组学由于电子监控、机器人和信息技术的快速发展，使植物生理学家和育种家能够定量测定以前难以处理且复杂的性状（从细胞到全植物性状水平），因此表型组学在植物育种中具有较大的发展前景。

一、影响表型的主要因子

生物体的表型（物理特征和习性）主要受到其基因型（受遗传与变异影响）的调控，但是环境条件的变化及管理水平的改变也会在一定程度上影响表型，因此，我们必须先了解影响表型的几个主要因子，才能对其在育种上的应用展开进一步探讨。

（一）基因型（遗传与变异）对表型的影响

生物体的基因型决定了其表型，所有生物体都有其自身特有的 DNA，为个体的分子结构、细胞、组织和器官的形成提供了指导。基因是 DNA 的某些片段，通过编码产生蛋白质决定不同的特征。两条同源染色体在相同的位置上具有控制同等性状的基因，叫等位基因

（allele），通过有性生殖从亲本传递给后代。二倍体生物每个基因有两个等位基因分别来自两个亲本，等位基因间的互作决定了一个生物体的表型，若一个生物体继承了某一特定性状的两个相同的等位基因，那么该性状就是纯合的，纯合子个体对一个特定性状只有一种表型。若继承了某一特定性状的两个不同的等位基因，则该性状为杂合的，杂合子个体可能对一个特定的性状表现出一种以上的表型，其性状可以是显性，也可以是隐性。在完全显性遗传模式中，显性性状的表型将完全掩盖隐性性状的表型；在不完全显性的情况下（当不同等位基因之间的关系没有表现出完全显性），显性等位基因则不能完全掩盖另一个等位基因，导致的表型是在两个等位基因中观察到中间型；在共显性关系中，这两个等位基因都完全表达，从而形成了两个性状都会被独立观察到的表型。

遗传变异也会影响一个群体的表型，遗传变异是指一个种群中生物体的基因变化，这些变化可能是 DNA 突变的结果。生物体中基因序列的任何变化都会改变遗传等位基因中表达的表型，如基因流动有助于遗传变异，当一个种群有新的种群迁入时，新的基因就会被引入，新的等位基因进入基因库，就可能形成新的基因组合进而产生新的表型；再如减数分裂过程中同源染色体随机分离到不同的细胞中，在互换过程中同源染色体之间可能发生基因转移，产生不同的基因组合，这种基因重组也会使群体产生新的表型。

育种中的基因改良是提高植物生产效率的最佳途径，随着功能基因组学的快速发展，越来越多的植物完成了基因组测序，并从中鉴定出了影响关键农艺性状的基因。然而，由于缺乏植物相应的表型数据，目前的基因组序列信息尚未能被充分利用来分析多基因的复杂特征。随着科技日新月异的发展，高效、自动和准确的技术和平台已经可以自动收集表型数据。这些数据与基因组信息相关联，可以用于所有生长阶段的植物改良，与基因分型一样重要。因此，高通量表型研究已成为影响现代植物育种的主要发展趋势。

（二）环境对表型的影响

表型除会受到上述的基因型控制外，也可能受到环境选择压力的影响。对环境耐受性不同，可能会导致相同物种（基因型一致）在环境范围中产生差异，环境可以在形态和（或）生理水平上影响个体的变化，这些变化可能是应对异质和可变条件下生存至关重要的改变。环境因素可以是微观的或宏观的、非有机的或有机的、内部的或外部的，而植物的生长量和产量则同时受到植物体内和外部环境的影响。

首先，当同一基因型受到不同环境的影响时，其可能产生广泛的表型，这些表型变异可归因于环境对调控该性状基因的表达和功能的影响。不同环境下基因型的相对变化被称为基因型和环境间的相互作用，环境作用产生差异的表型在产量、株高、重量等重要经济性状等数量性状中是常见的，如农业生产上的"良种配良法"就是利用基因型和环境互作来提高品质和产量的。

其次，表型对气候的不同反应不仅发生在整个物种范围的种群之间，也发生在种群内的个体之间。环境可以影响一个基因在个体中的表达程度。对于部分形态性状，表型可较好地反映出遗传相关性，如光合性状常通过与其他相关性状间接表达，可将其对应表型视为生长、形态、生活史和生理等综合功能的表现，生长在阳光下的植物，与生长在光线昏暗地方的植物会出现不同的表型，如韭菜和韭黄；又如许多对环境胁迫因素的表型反应可能是资源限制导致生长减缓的，如干旱、盐碱等环境造成生物体内缺水而表现出生长受阻。

二、基于表型性状的育种进展

高度遗传的表型是现代植物育种的基础，表型组学使得性状能够以高分辨率的形式得以显示。传统的育种方法是植物育种家利用长期的育种经验在早期选择杂交亲本，既能消除"缺陷"（如易感病性和劣质农艺品质），又能在不同环境和季节中达到最大化产量（环境适应性强和高抗逆性），接着以"最好与最好"的杂交作为一种成功的育种策略，但是对支撑产量优势的成分形成或相关基因往往缺乏深入了解。随着科技的发展与进步，支撑植物育种的两种主要技术能力——基因组学和表型组学已经呈指数级提升。

表型组学是一套通过使用高科技成像系统和计算能力来加速表型化的方法。植物表型组学是一个多尺度和多来源的系统，它包括来自许多表型领域和平台的联合数据分析。在植物育种的背景下，表型特征为植物多样性评估提供了有意义的数据。遗传多样性是植物改良的主要组成部分，可使植物育种家能够在遗传学和生理性状上选择亲本材料进行杂交和遗传增益。表型组学的出现标志着利用先进和准确的传感技术和大数据分析，将生理学作为一门现代科学重新引入。表型组学涵盖了植物生理学的所有方面，并促进了其与植物育种实践的联系，特别针对大量遗传材料中的某几个特定性状的筛选程序有极大的促进作用。

表型组学还可利用电子和传感器系统为植物性状表征提供有效的数据输入，支持植物遗传学研究中复杂的性状分析建模；基于传感器的作物表型是控制"基因×环境×管理"（gene×environment×management，G×E×M）相互作用的整体表型组学的重要组成部分。植物的种植期和植株密度，生长过程中的生物胁迫，如光、温、水、肥、气、土等环境因素均对表型有影响。一般情况下，具有相同基因组的植物在不同的环境中会产生不同的表型，极端情况下甚至会出现某些完全相反的表型性状。收集和利用表型组数据时必须同步考虑与植物生长过程相对应的环境参数，即环境参数的全程采集和分析应该是植物表型组研究的组成部分之一。相同细胞、组织和植株在不同时间和环境下均存在着差异；表型组、转录组、蛋白质组、表观组、代谢组都属于动态组学，因此要充分挖掘植物基因组对表型的影响就需要对植物表型进行实时监控，如在不利植物生长的气候条件下进行高产育种，则需要了解环境改变条件下植物产量的生理基础，确定理想的性状选择并在胁迫条件下进行新品种评价，可以通过筛选单位面积或单位时间的大量基因型来增强特定性状的选择强度。在植物生长早期阶段，则可利用基因型信息和统计分析模型生成种质的基因组估计育种值（genetic estimated breeding value，GEBV），该方法在加速育种收益方面具有很大的潜力。

三、表型数据的采集和分析

表型组学是研究植物定性和数量性状深度表征的一个生物学领域，收集和分析不同措施下的多变量模型，提供重要品种性状的表型数据，可以为种质改良和遗传育种提供有力的理论支撑。

表型数据包括了生长、发育、耐性、抗性、生理、结构、产量等可进行量化的参数，包括植物大小（如高度、树冠直径）、叶形态（如叶片长度、叶片宽度、叶片数量、叶面积、叶面倾角、叶空间分布等）、根形态（如根长度、根的数量等）、生物量（指某一时刻单位面积内实存的有机物质总量）、果实特征（如果实大小、果实形状、果实颜色等）及生物胁迫（如病害、虫害、杂草危害等）与非生物胁迫（如干旱、盐碱、洪涝等）等。2000年以来，无损传感和成像技术快速发展，极大地提高了在受控环境和田间对作物表型性状的测量水平。成像技术包括可见光、热红外、荧光、三维、多谱或高光谱成像和层析成像、磁共振成像（magnetic resonance imaging，MRI）或计算机体层扫描（computed tomography，CT）。传感技术、自动控制技术、计算机、机器人技术和航空学的集成造就了越来越多植物表型特征研究高通量表型平台。科学家已经在多个应用尺度上开发了植物性状的多个表型平台，但是表型数据的获取仍然是限制植物育种和功能基因组学研究的瓶颈。从传感器到信息技术（information technology，IT）和数据提取等一系列技术的进步，结合系统集成和降低成本，意味着形态学和生理学可以在整个种群和整个发育过程进行无损和重复的评估。

（一）表型采集方法的发展

传统的植物性状分析方法在定性性状和质量选择方面表现较好，但存在样本量小（测量性状少）、效率低（多为人工测量）、误差大（主观性强）、适用性差（多针对单一植物）等问题。该方法是劳动密集型的、耗时的、主观的，其会对植物造成破坏且往往是碎片化的，它们对提高理解复杂性状的效率较低。

个体的表型是基因型和环境之间复杂的相互作用所引起的，对其进行解剖需要精确结合天气条件、土壤组成和可用水等因素。近年来，先进的传感器、电子视觉和自动化技术已在农业食品行业被广泛采用——从产品质量评估到分类和包装，以加强自动化和提高效率。

表型组学的吸引力在于它的发展潜力及它可能与其他组学相匹配的前景。通过先进的表型技术，可以实现植物性能、环境响应和基因功能之间更好的相关性。传感装置在农业中具有广泛的应用范围，在农业中的实际应用往往能满足生产上的需求，如视觉指导机器人技术能用于较少限制的环境，包括在农田、大规模的农场；从室内外栽培条件的控制到外界胁迫改变，可引起植物的主要生理变化数据采集等。过去的十年中，在"作物传感技术和表型"领域发表的相关研究论文数量迅速增加，逐步缩小与基因组学的差距。

（二）现代表型数据的采集和分析

随着信息时代和大数据时代的来临，表型组学已经进入了数字化时代。表型组学研究已由单纯的农业科学演变成多学科多领域的跨界大融合。这种层次的深度合作是作物育种学科史无前例的革命性大推动，也是田间观测和试验与室内生物基础研究通过计算机科学和网络技术的一次多学科交叉和碰撞。植物表型组检测的性状数据量大，在动态检测植物性状的同时，还可以将同一个性状划分成很多小的性状进行检测，这极大地提高了育种效率并加强了作物的栽培管理。这种在多点多环境下对多群体、多样本、多组织、多性状实时采集的技术方式将为基因与环境互作的表型鉴定及开展种质资源的规模化、批量化鉴定评价提供基础和条件，并有助于植物优异农艺性状的鉴定、抗逆性研究、突变体研究、分子标记辅助育种研究，并最终为发掘优异种质和优良等位基因奠定基础（图13-2A）。

在完善大规模、高通量表型数据采集环节的基础上，使用全新的大数据分析方法对表型数据集进行数据标注、标准化、动态存储和优化整合，通过引入机器学习算法，在大数据中提取可靠的植物性状信息成为植物表型组学今后的发展趋势。高通量图像和数据分析成为现阶段植物表型组学的重要研究方向。现代表型组学通过高通量农业系统和高性能计算技术，实现了精确的性状检测和大数据生成。

1. 植物表型信息采集技术 随着科研需求的增长及成像传感器技术的发展，进行高通量、高效率、高精度、低误差、低成本的自动表型信息采集已成为可能。成像传感器监测

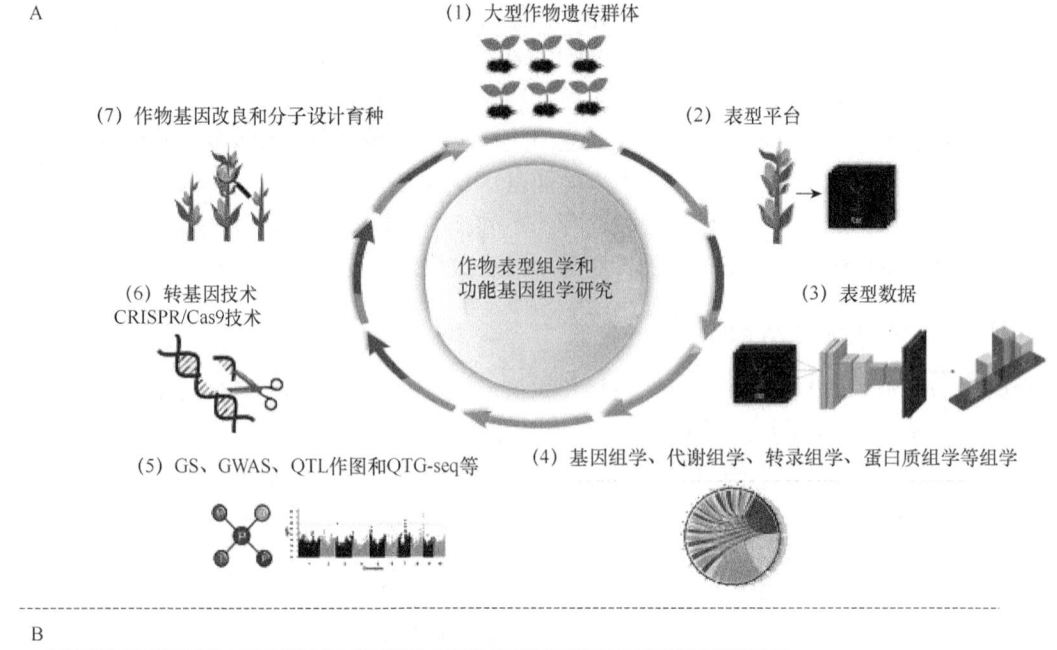

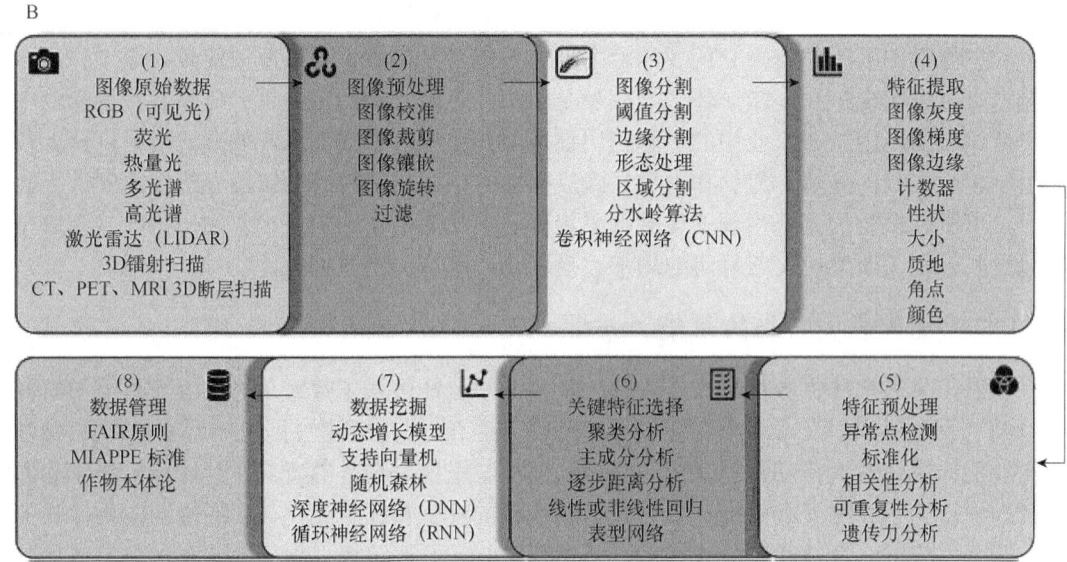

图 13-2 作物表型到基因型的环状图及图像数据分析（Yang et al.，2020）

A. 将作物表型与功能基因组学研究和作物改良与多组学联系起来：高通量和多尺度表型平台（2）可以获得大型作物遗传群体（1）的动态表型性状。结合表型数据（3）和其他组学数据（即基因组学、代谢组学、转录组学、蛋白质组学）（4），可以通过 QTL 作图和 GWAS（5）挖掘 QTL/基因，并结合转基因技术（6），有利于作物基因改良和分子设计育种（7）。GS. 基因组选择；GWAS. 全基因组关联分析；QTL. 数量性状基因座；QTG-seq. 数量性状基因测序。
B. 图像数据分析流程图：获得（1）图像原始数据；（2）图像预处理；（3）图像分割；（4）特征提取；（5）特征预处理；（6）关键特征选择；（7）数据挖掘；（8）数据管理。
RGB. 红光/绿光/蓝光三原色；LIDAR. 激光雷达；FAIR 原则：可发现（findable）、可访问（accessible）、可互操作（interoperable）、可重用（reusable）的科学数据管理原则；DNN. 深度神经网络；MIAPPE. 植物表型实验的最低限度信息（minimum information about a plant phenotyping experiment）

的数据具有客观性，且可以对植物进行实时监测与分析，因此自动表型信息采集技术开始广泛用于植物表型信息采集平台。植物表型信息采集平台的应用需要以下条件：高分辨率的成像传感器，能进行数据自动采集的高精度环境传感器，有利于进行计算机视觉、机器学习等处理的优质数据，数据管理和分析技术。

随着现代技术的发展，育种家更希望能在大批量植株中挖掘物种功能的多样性，比较品种性能及植株对环境的响应，以获取表型性状之间的关联，基因、环境与表型之间的关系等，高通量植物表型信息采集平台应运而生。高通量指的是与人工表型分析相比，能够测量更多样品和更多数据，不仅在单位时间内采样数量高，同时数据处理和参数获取的同步性和高效性也与硬件平台扫描源数据相匹配。高通量表型组学（high-throughput phenomics，HTP）可以观察和记录多种环境下作物生长发育的三维（three dimension，3D）模型和自上而下模型等功能性状的时间序列数据，时刻监测多环境对表型的影响程度，把表型转化为具体数据，根据数据测试为作物和特定环境的目标群体提供潜在的"逆境影响"模型，为表型育种提供有效的数据支持。高通量表型依赖于快速输送、自动化传感、数据采集、数据分析方法和技术装备，通过在平台（包括拖拉机、机器人、无人机、固定轨道、传送带、悬索缆架等）搭载多种传感器，如电荷耦合器件（charge coupled device，CCD）相机、近红外仪、辐射仪（radiometer，IR）、热成像仪、光谱成像仪、荧光成像仪等对室内、田间的植物进行监测，从而在短时间内获取较多的表型参数。

2. 植物表型图像分析技术 通过图像采集技术对植物的物理、生理、生化等信息进行成像，然后通过图像数据分析技术对获取的表型参数进行解析，提取影响植物生长的相关参数，用于分析表型与基因组的关系，从而为生长监测、种植管理、胁迫响应和大田估产智能决策提供理论依据和技术支持，进而对植物采取一定作业措施。在图像数据分析算法中，重点考虑的两个因素是获取的图像类型及如何对其进行分析处理。

首先，量化植物表型是实施植物表型分类的第一步。现代图像采集技术具有很高的分辨率，可以实现多维和多参数数据可视化。成像技术用于量化植物生长和产量的复杂性状，以便在室内或田间对植物表型进行分析。使用图像采集技术来实时监测植物生长和胁迫下的动态反应也可以更容易地实现。目前，植物表型主要成像技术包括可见光成像、高光谱成像、红外成像、近红外成像、热成像、荧光成像、三维成像、激光成像、CT技术等，这些成像技术对应的传感器能够进行图像采集从而得到不同的植物表型参数。

其次，要开发准确、自动、稳健的图像分析算法，从图像中提取感兴趣的表型性状，实现自动化表型测量。植物生长是一个复杂的动态系统，随着时间推移，植株的外观表现，如形状、大小、颜色、形态、结构、纹理等都会不断改变；同一时间节点下不同品种的植株，其外观表型差异也很大，这些因素都增加了植物图像自动化分析的难度。图像数据分析是通过对传感器捕获的图像进行处理，提取出可能影响作物产量的表型参数，然后对获取的表型参数进行整合分析，从而准确计算生物量、叶面积指数、生长速率等与作物产量相关的性状，进一步研究控制该性状的基因，实现基因改良，提高作物产量。目前，植物叶片在电磁波谱上的吸收和反射率特性可以用来评价许多生物的物理特性，对光谱反射数据进行处理与分析，构建大量的植物生长特征指数，可用于监测作物的叶面积指数、叶绿素含量、植株养分、水分状态、生物量和产量等表型信息。

一般来说，植物表型图像数据分析过程包括图像预处理，图像分割，特征提取、预处理和选择与机器学习等环节（图13-2B）。

（1）图像预处理　为了提高对比度和消除噪声，从而增强给定图像中感兴趣的部分，可以使用图像裁剪、区域限制、对比度改善等简单操作或主成分分析、聚类分析等复杂算法来进行图像预处理，然后才能进行有意义的图像分割。

（2）图像分割　　从图像中提取信息是通过分割来完成的，目的是提取有用的或感兴趣的部分，即去除图像的背景或其他无关的组件。因此，最终得到一个具有重要区域的分区图像，重要区域可以定义为前景和背景，或者通过从图像中选择多个单独的组件。所选区域的构建可以基于颜色、光谱辐射度（植被指数）、边缘检测、相邻近似性等图像特征，或者通过机器学习进行集成的组合。图像分割时，感兴趣的对象由纹理、颜色等参数中像素的内部相似性来定义，最简单的算法是阈值分割，根据强度级别在灰度上创建像素组，从而将背景与目标分离。

（3）特征提取、预处理和选择　　是基于计算机视觉的目标识别和分类归纳的支撑技术之一，可提供各组分类以进行下一步的机器学习，从图像中提取的特征被处理成"特征向量"，包括边缘、像素强度、几何形状、不同颜色空间像素的组合等。特征提取是一项艰巨的任务，需要对数百种特征提取算法进行测试，并进行各种算法的组合测试以提取可靠的表型数据。

（4）机器学习（数据挖掘和管理）　　机器学习是利用各种统计和概率工具从植物表型的海量数据中"学习"，对独特的数据进行分类，识别新的模式，并预测新的趋势。机器学习为数据分析提供了框架，使用因素组合来识别模式，而不是执行片面的分析，如叶片的生长，经过机器学习这个最终环节，就可以实现叶长叶宽、面积周长、叶片个数、叶面倾角、生长角度、卷曲度、叶空间分布、叶绿素含量等叶片表型参数的获取。机器学习方法的使用依赖于数据预处理的3个关键，即识别、分类和量化。利用多种建模方法解析基于光学成像的植物表型信息，波段间反射率有着密切的关系，造成线性模型所需参数的重复，在解析植物表型的图像数据时可以利用偏最小二乘法、主成分分析和人工神经网络等方法，结合高光谱信息，构建包含更多波段的模型，以期更好地解释模型预测的变异。

四、未来展望

表型研究是一个多学科、多技术领域深度交叉的新领域，涵盖非标准自动化机械设计、工业设计、自动化控制、智能生产制造、功能测试、软件开发、物联网应用、大数据分析、人工智能应用等领域，而对作物表型全链条闭环检测装备研发，是深度揭示作物基因与环境互作规律的关键。

通过量化分析特定表型的遗传规律，对作物细胞、器官、群体不同层次的监控，作物在不同发育阶段的动态性状的获取，并与其他组学分析结果的融合，可对作物生命过程进行多方位的解释。随着表型鉴定设施的完善，承载通量、分辨率和效率均得到了显著提高，而计算机存储计算能力的不断提高，也为生物大数据信息挖掘提供了有力保障。这些条件的成熟为种质资源的规模化、批量化鉴定评价提供了基础和条件，也使大规模研究基因型与环境互作成为可能。

表型组学鉴定平台被视为种质资源和育种材料精准鉴定评价的核心技术。植物基因型组和高通量表型组学等多学科技术联合正加快植物功能基因组学的研究。针对"基因型＋表型"的数据建立数据库，以基因组数据为输入变量，以表型数据为输出变量，实现从品种的基因型来预测表型，进而通过改良品种来提高产量。合理的实验设计，合适的性状，再利用先进的技术平台和工具采集植物的表型数据，对数据进行分析和整合，将有效促进生物育种的发展。许多国家级的植物表型鉴定平台在发达国家如澳大利亚、英国、法国、德国等已经建立。同时，在表型精准鉴定的基础上，各类组学技术被广泛应用于基因型鉴定与新基因发掘，这些挖掘得到的与品质、产量等关键的新基因，经由种质创新的方法转入商业品种，将会创造巨大的经济和社会效益。

总而言之，对表型组学及其他组学研究平台所获得的高通量大数据进行全面有效的分析、获得准确的生物信息，将成为未来表型组学研究的主要目标和研究方向。

第三节 智能植物育种系统

植物育种是一个复杂的过程，需要有丰富的种质资源，多学科的知识、丰富的实践经验。近年来，植物育种在传统大田育种和分子育种两方面都得到了飞速发展。随着育种规模的扩大，每年从育种过程中产生的大田表型数据和实验室产生的基因型数据都以几何倍数增长，科研人员急需通过信息化手段进行数据采集、存储、管理和分析，以缩短育种周期，提高育种效率，繁育出优质的植物新品种。智能植物育种系统是一种基于计算机技术的现代化植物育种管理工具。它主要通过数据采集、数据处理和分析及智能化的指导功能来帮助育种者进行植物育种的各项管理工作。植物育种管理系统包含多个功能模块，有品种选育、材料收集、数据统计分析和决策支持等环节。其重点是利用先进的技术手段对植物性状特征进行归纳和研究，从而提高育种效率。

从1990年开始，欧美一些大田作物种企，如先锋、孟山都、先正达等，开始研究智能植物育种系统，帮助育种家完成杂交授粉设计、试验设计、数据采集和统计分析等工作。而园艺作物在育种细节和目标上与大田作物有一定的区别，如对产量性状的关注程度相对较低，对某些与市场消费有关的品质性状较为重视，同时对温室下园艺作物的抗病性要求甚高等。因此，园艺作物育种信息化领域的研究着重于图片存储和处理、授粉杂交细节设计、温室种植排布和性状采集等方面的深度开发和应用。近10年来，出现了很多综合商业化的育种软件或育种平台，它们有着强大的功能，包括了育种全流程管理和操作，如荷兰和以色列出现了专门应用于园艺作物育种的软件 E-Brida 和 Phenome Network，这两种软件已在欧美的花卉和蔬菜育种中得到了广泛应用。针对育种材料数量多、测配组合规模庞大、试验基地分布区域广、性状数据海量等特点，我国也开发了几款用于作物育种的综合性商业育种平台，部分国内外育种信息化（平台）软件如表13-1所示。这些平台都是综合性的育种平台，针对有需要的育种单位或群体开放，一般有3个月的免费试用阶段，试用阶段过后，按照使用人的使用范围，育种平台将按年度收取一定的管理和维护费用。

表13-1 部分国内外育种信息化（平台）软件

序号	（平台）软件名称	国家/公司	（平台）软件简介
1	金种子育种云平台	北京市农林科学院信息技术研究中心	自主知识产权"互联网＋"商业化育种大数据平台。提供个性化定制开发和现场实施服务
2	农博士	中国中农博思	自主研发，植物科研育种数据采集、汇总、管理、分析全流程信息化管理系统
3	兴农丰华	中国兴农丰华	自主研发，基于云架构与环境大数据结合，从制定目标—资源创新—杂交组配—测试—分析等全过程的数字育种云平台
4	华智育种管家	中国华智生物技术	自主知识产权的商业化育种软件，包括品种测试管家、材料繁育管家和分子育种管家三个子系统，共八大业务模块
5	TPZY-CV2.0	中国托普云农公司	种子标准样品库管理软件，能够帮助种子科学管理

续表

序号	（平台）软件名称	国家/公司	（平台）软件简介
6	艾格偌育种信息管理系统	中国铁岭东升玉米品种试验中心	自主研发，种质资源信息管理，适用于玉米、水稻、小麦、大豆等大田作物和各种蔬菜经济作物
7	AROBASE	加拿大 Agronomix 公司	通用性好，侧重育种数据管理，无个性化定制开发
8	PRISM（Plant Research Information Sharing Manager）	美国中部软件公司	商业化育种载体，侧重育种数据管理，为谷物和蔬菜类农作物提供信息管理支持
9	DORIANE	法国 DORIANE 公司	兼顾分子育种与常规育种，提供个性化定制开发
10	E-Brida	荷兰 E-Brida 公司	商业化分子育种信息管理系统，专注园艺育种，侧重蔬菜育种
11	BMS（Breeding Management System）	盖茨基金会 GCP 项目	商业化分子育种信息管理系统，针对育种中常用的作物数据和统计分析工具等提供一站式服务平台

现以国家农业信息化工程技术研究中心研发的金种子育种云平台（作物育种信息管理平台）为例对综合型网络育种平台系统作扼要介绍。

一、金种子育种云平台简介

金种子育种云平台由北京市科学技术委员会支持北京市农林科学院信息技术研究中心攻关研发，集成应用计算机、地理信息系统（GIS）、人工智能等技术，实现大数据、物联网等现代信息技术与传统育种技术的融合创新，构建全国首个自主知识产权"互联网＋"商业化育种大数据平台。该平台面向全国育种企业和科研院所，提供种质资源管理、实验规划、性状采集、品种选育、品种区试、系谱管理、数据分析、基于电子标签（RFID）的育种全程可追溯等服务。目前服务的企业包括隆平高科、山东圣丰种业、垦丰种业、湖南岳阳市农业科学研究院国家水稻区域试验站、天津市水稻研究所等单位。

二、金种子育种云平台的主要功能模块

金种子育种云平台主要包括软件、硬件和服务三大组件。软件包括数据采集、数据分析和数据管理；硬件包括性状数据采集设备、田间视频监控设备和生长环境信息采集设备；服务包括育种全程信息化、多年多点试验与分析服务及委托与联合测试服务等。

金种子育种云平台主要包括以下功能模块。

1）材料管理，该板块包括材料查询、材料添加、材料分组查询、材料分组添加 4 个部分。

2）方案管理，该板块包括方案列表、方案添加。

3）试验管理，该板块包括试验列表、试验添加、历史试验添加、试验组管理、多点试验组建预测。

4）布局管理，该板块包括片区布局列表、片区布局添加、田图管理、田图明细查询。

5）数据管理，该板块包括试验数据查询、布局数据查询、图像采集管理、单株列表、试验数据录入、布局数据录入、方案数据处理、小区数据处理、材料数据处理、小区性状展示、小区数据对比、试验报告导出。

6）授粉收获，该板块包括授粉任务。

7）数据分析，该板块包括分析记录、对比分析、方差分析、区试分析。

8）查询统计，该板块包括材料数据统计、品种数据统计。

9）评价晋级，该板块包括小区评价、单株评价、杂交执行。

三、金种子育种云平台主要基础数据的配置

在开始使用金种子育种云平台时，需要先完成性状、地点、编号规则、系谱规则的配置。点击基础数据菜单的性状管理，可以添加导入，编辑核查。操作界面如图 13-3 所示。

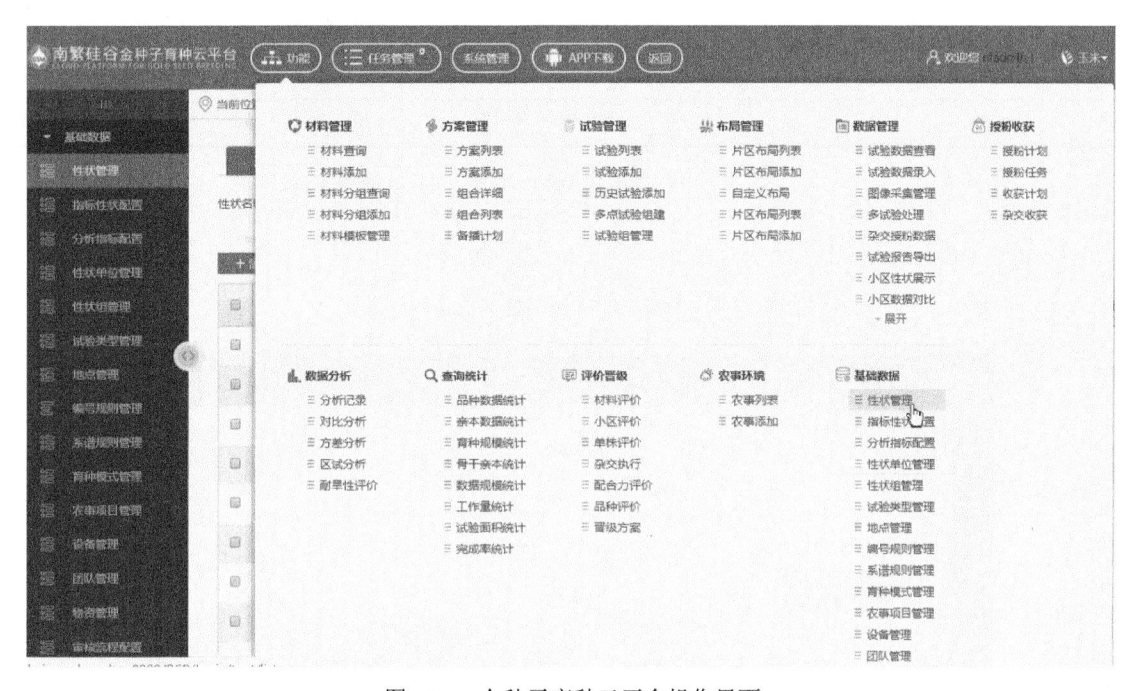

图 13-3 金种子育种云平台操作界面

查看性状，点击添加按钮，可以添加普通性状和计算性状。通过下载模板可以批量导入补充性状，在模板中输入性状、名称、数据类型及其他的一些参数，还可以输入可选值及性状的处理方法，保存后即可批量导入，点击导入按钮，选择要导入的模板，点击上传即可完成性状的导入。

在基础数据菜单的编号规则管理模块，可以添加和编辑材料命名规则、小区编号规则和组合编号规则，每类编号可以有多套规则。编号规则最多可以添加五段策略，如日期、用户地点和数字序号等。

四、系统主要功能及操作流程

（一）备播播种阶段操作流程

备播播种阶段的主要业务流程如图 13-4 所示。

从材料管理模块（图 13-5）导入育种材料。根据育种目标和选育阶段查询筛选要种植的育种材料，添加到各类方案中，方案包括选育方案、杂交方案、测试方案等几类。方案经审核通过后，即进入试验规划设计阶段。试验规划支持顺序法、间比法、随机区组、重复内分组等多种设计方法。试验规划执行后即生成唯一小区号，用于后续的种子播种和数据采集。多个试验规划完成，可以根据田间种植排布的需要设计地块布局。

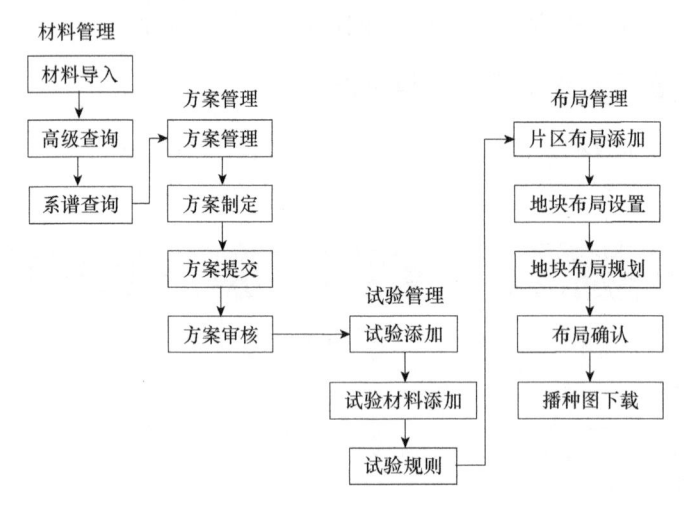

图 13-4　备播播种阶段的主要业务流程图

图 13-5　材料管理模块操作界面

1. 育种材料管理功能　　点击材料管理菜单的材料查询，进入材料列表页面。在材料列表页面可以查看育种材料的所有信息，包括图片、系谱、属性、性状数据还有材料的分组情况和参加实验的情况。点击查看按钮，可以看到该材料的全部信息。点击系谱可以查看当前材料的谱系，当前材料历代的亲本还可以以图形的方式来展示。点击任意材料可以切换到该材料，查询相应的详情。点击模板下载，选择要跟材料一块导入的性状、系统信息、属性，导出模板即可批量导入材料。材料导入后可以通过高级查询筛选需要的材料。点击移入分组，可将筛选的材料或勾选的材料放在分组里，方便下一步的操作。

2. 方案管理的相关功能　　育种人员可在方案管理菜单添加新的育种方案。新建一个方案，输入方案的名称，选择方案的年度和时间、方案类型和执行的团队，对方案进行简单的描述，并保存。选择要添加材料的材料组，输入要播种的数量，还可以继续添加其他的材料。要播种材料都添加好以后，点击保存。方案建好以后点击提交，方案状态为审核通过即可进行试验规划。杂交类型的方案，需要分别选择母本和父本。选择育种模式，输入计划数量，这里的数量是计划收的杂交种的数量。计划的组合添加完以后，需要规划亲本的数量。

点击亲本数量，输入父母本的比例，点击计算，系统会自动根据组合需要的双亲数量计算每个材料需要的数量，点击保存。杂交方案制定完以后，点击提交即可进行下一步的试验规划。

3. 试验管理的相关功能　　方案审核通过后，即可进行试验的添加和规划。点击试验管理菜单的试验列表，可以查询已经建的和在建的试验。点击添加，增加一个新的试验。输入试验的名称、试验类型和所属的方案，选择试验地点，如果是多点试验的话可以选择多个时间地点。还可以输入其他的一些信息，比如小区的规划和种植规格，点击提交。试验建好以后就可以添加材料。当前的这些材料都是在方案里就已经添加好的材料，可以全部加到当前的试验，也可以选择一部分材料加到当前的试验。点击下一步，选择设计方法，可以选择顺序法，一般用于全系的试验和杂交试验。输入对应的参数点击设计，系统会根据选择的设计方法和相应的参数自动排好材料的顺序，也可以通过导入、导出进行调整。多点试验可以分别、单独地去设计，也可以一次设计多个试验，点击执行。

4. 杂交试验的建立　　点击添加，输入试验名称，选择试验类型。例如，构建群体杂交类型，选择试验的年度和所属的方案，选择试验地点，点击提交。杂交试验会根据杂交方案里的组合进行规划，可以选择的排布方式包括亲本合并的方式、父母本成对种植的方式、一父多母的方式，还有一母多父的方式。添加全部的组合，系统会按照组合的计划和排布方式来间隔排布中心。点击下一步，杂交的试验默认都是顺序法的设计方法。点击设计，系统会按照之前亲本的排布顺序自动地排列材料，点击执行。选择小区编号规则，点击执行，即完成杂交试验的规划。

（二）数据采集处理分析统计

金种子育种云平台提供三种数据采集方式，在线填报、电子表格导入和终端设备采集。点击数据管理菜单下的试验数据录入或布局数据录入，进入在线填报数据页面。数据管理操作流程见图 13-6，选择要录入的试验年度、试验名称和性状，点击生成表格，表格中填入需要的性状值，录入以后点击保存。也可以从 Excel 表里直接复制粘贴，在数据查看页面可以通过批量添加或下载记载本导入的方式来上传数据。点击批量添加按钮，选择要采集的性状，填入性状值。点击记录本下载按钮，选择要上传的性状，点击导出，在记载本中录入采集的数据。选项可以直接选择数值和日期，直接填相应的值，保存后即可导入云平台中。点击导入按钮，选择记载本，点击导入，即完成数据的上传。点击单元格可以看到每一条记录的明细，可以进行编辑和删除。然后可以经过处理将多个值按一定的处理策略处理成一个值。点击处理按钮，选择要处理的试验，选择每一个性状的处理策略，可以取平均、最大、最小、累计、统计区间，如果是计算性状的话，取计算值，点击提交，完成数据的处理。

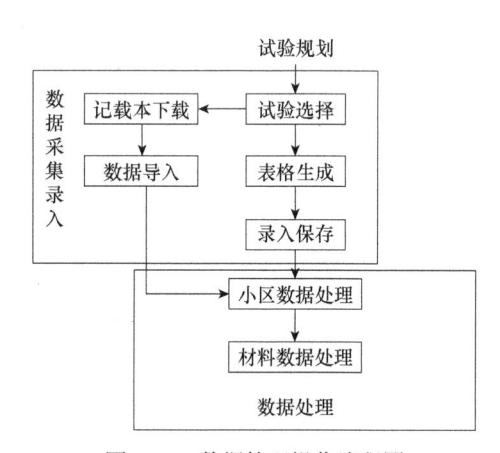

图 13-6　数据管理操作流程图

处理后的数据可以在处理数据这个地方查看。还没处理的性状和已经处理的性状可以以混合模式进行查看。点击处理后的数据单元格，可以看到原始数据的明细、处理的方法及处理后的结果。对于数值型性状还会计算标准差和变异度，变异度过大的时候系统会给提示。对于单株级别的数据可以通过记载本导入，以录入株号的方式、批量添加再填报或导入的方式进行采集上传。在单株列表页面可以通过直接录入株数或者是批量生成的方式来追加单株。

除了可以采集性状数据，还可以采集图片。在试验数据查看页面可以直接查看上传的图片，也可以在图像采集管理界面进行图片的上传和管理。选择要上传图片的试验、小区、单株或性状，点击添加图像，选择要上传的图片，点击上传，可以看到图片已经保存在系统中。图片可以看放大的图像及这个图片是小区的、单株的，还是性状级别的，通过文件名可以看出来。

小区数据经过采集、上传和处理以后，就可以进行数据分析。在数据分析页面可以直接从试验提取数据进行分析。对于随机区组试验还可提供多重比较的结果，在分析记录列表中可以查看所有的分析结果，分析结果还可以导出 Excel 表。一年多点试验数据分析，还提供丰产性和稳产性的分析。经过材料级别的数据处理和分析以后的数据可以在查询统计模块进行查询和统计，如增产点次、增产点率及按照亲缘关系进行数据的统计。输入要查询的试验或材料，可以查询处理后的数据、静态数据及分析的数据。查询以后还可以生成一定的图表，或者进行高级查询筛选，筛选出来的材料可以通过移入分组，方便进行下一步的操作，比如用于下一年的试验设计。

（三）授粉过程设计和管理

金种子育种云平台通过创建授粉计划和任务，记录授粉过程数据，并统计授粉完成情况，对授粉全过程进行管理。授粉计划是由杂交方案和关联试验制定授粉明细，用于授粉任务的分配和统计授粉完成情况。

点击添加按钮，可以添加一个新的授粉计划。点击计划明细，可以查看授粉计划里的组合明细。点击批量添加可以从方案和试验添加杂交组合的明细。点击模板下载，可以下载模板。点击导入，可以导入计划明细。授粉任务可分配给团队成员，授粉任务最少是以一天为单位，也可以是一个阶段。授粉明细可以从授粉计划来，也可以通过模板下载导入来添加。授粉任务制订以后，可以输出标签用于田间授粉的挂签。有两个以上任务时，可以通过跨任务汇总，汇总多个任务未完成的部分形成新的授粉任务。授粉任务完成以后，可以通过汇总来对比计划的量和完成的量，并添加新的任务。

金种子育种云平台对于杂交授粉组的管理，从杂交的方案、制定组合计划到实验规划，亲本谱或者是一父多母等特定亲本的种植方式，再到授粉计划、授粉任务的管理，采集杂交授粉的数据，最终组合的收获，通过杂交收获，以导入的方式上传系统。

（四）种子收获管理

收获的组合上传以后，需关联当初制定的杂交方案。杂交收获添加方案以后就可以评价晋级，完成组合的生成。在杂交执行时，原来方案内完成的组合，在任务内页面可以查询查看。任务外的组合，在任务类型进行切换，也可以以全部的方式来查看收获组合的情况。选择要执行生成新组合的收获明细，点击执行，选择育种模式是杂交、回交还是双交等。执行的方式可以是直接执行，也可以是合并单株或者小区来执行。组合编号在系统中是唯一的一个编号，一个组合一旦生成以后，系统会分配唯一的一个组合编号，下一次再做相同的组合时，组合编号不变，在设计杂交方案的时候可以查询已经产生的这个组合编号，避免重复的组合。在杂交执行的页面还可以看到每一个组合收获的明细，有可能不止一条。在方案列表看当初的方案，可以完整地追溯每一个组合的整个过程，从授粉到收获。

（五）资源和组合的评价晋级

金种子育种云平台除了可以对常见的选育过程、单株小区进行评价生成新的后代，管理组合的收获和新组合，还可以对测试类的实验进行评价。除一般测试的品种进行评价晋级外，还有配合力的评价，也就是说用测配组合的数据去评价测配组合的亲本。配合力评价以两种方式来进行展示，一个是通过对组合的数据进行过滤和筛选，然后给定配合力的等级，相应的配合力的等级会在该组合的亲本材料列表展示，同时测配组合的数据，也会在材料列表以单独的数据表的形式展示。通过配合力评级按钮和数据反馈按钮，可以把相应的评级和数据转移到组合的亲本及亲本的后代。

品种评价用于多点试验品种的综合评价，如按生态区组建立的测试方案，包含多个点的试验，可以通过品种评价去汇总多个点的试验数据，从而进行排序和评价。品种评价的结果可以放到晋级方案里，以实现跨团队协作。比如测试试验由一个团队来做，评价以后放到晋级方案里，制种团队通过晋级方案去获取组合的双亲，用于互配制种。同时测试团队按晋级方案制订下一季的测试方案和试验。

第四节 生物信息学

一、生物信息学的概念

生物信息学（bioinformatics）是伴随大规模基因组测序而迅猛发展的一门交叉学科，主要涉及生物学、数学、计算机科学及信息技术。广义的生物信息学是指采用信息科学的方法和技术研究生命科学中各种生物信息的表达、采集、储存、传递、检索、分析和解读的科学，或者可称为生命科学中的信息科学。狭义的生物信息学是指研究和分析基因及蛋白质的遗传结构与功能的生物信息，以解释和认识生命的起源、进化、发育、遗传的本质，破译隐藏在DNA序列中的遗传语言及其意义。具体来说就是把基因组DNA序列信息分析作为源头，找到代表蛋白质和RNA基因的编码区，阐明非编码区的实质，从而认识生物有机体代谢、发育、分化和进化的规律，同时在发现新基因信息后进行蛋白质空间结构的模拟和预测，结合生物体和生命活动的生理生化信息，阐明其分子机制，最终进行核酸和蛋白质的分子设计。

随着基因和蛋白质数据的积累及计算机网络的发展，生物信息学研究快速崛起，大量不同的网络数据库和分析工具如雨后春笋般涌现。美国、欧洲各国及日本等发达国家在生物信息数据库建设方面走在世界前列，美国国家生物技术信息中心（NCBI）的 GenBank 库（http://www.ncbi.nlm.nih.gov/Genbank）、欧洲生物信息研究所（EBI）的核酸序列数据库 EMBL（http://www.ebi.ac.uk）和日本信息生物中心（CIB）的 DNA 数据库 DDBJ（https://www.ddbj.nig.ac.jp/index-e.html）相继建立并提供数据的分析、处理、采集、交换等服务。20 世纪 90 年代，科学家开始大规模进行基因组研究，使生物信息学进入基因组学（genomics）时代。1990 年，国际人类基因组计划启动。2000 年 6 月，人类基因组草图绘制工作完成。2000 年底，模式植物拟南芥基因组发布，使其成为被子植物中第一个完成全部基因组测序的植物。此后，越来越多的植物基因组被测序。与此同时，基因组研究的重心从序列测定转向基因功能研究，生命科学进入后基因组时代（post-genome era）。在后基因组时代，生命科学的主要研究对象是功能基因组学（functional genomics），即应用生物信息学方法，高通量注释基因组所有编码产物的生物学功能。

生物信息学这门新学科的主要任务如下：一是开发有效的信息分析工具，改进理论分析方法，构建适于研究的生物信息数据库，换句话说就是从生物体中"读出"生物信息。这首先要通过分子生物学相应理论和研究方法的建立及高效全自动 DNA 测序仪的应用，读出信息后按照一定格式存储在因特网上的数据库中。二是配合研究试验，结合统计等数学方法及分子生物学理论，利用计算机软件研究基因、蛋白质等的结构及功能，即"读懂"生物信息。现在大量植物基因组 DNA 测序工作已经完成，对其序列编码蛋白质的功能分析及相应蛋白质组（proteome）计划也已经开展。

生物信息学主要有以下几个方面的研究内容：一是生物分子数据的收集与管理；二是数据库搜索及序列比较；三是基因组序列分析；四是基因表达数据的分析与处理；五是蛋白质结构预测。用信息处理的方法把生物信息数据库化和程序化，并在此基础上开发出相应软件。生物信息处理要基于计算机的数据库技术和信息服务技术，以实现大量数据自动化处理。目前，生物分子数据的获取、存储及查询等问题基本得到了解决，未来将着重于生物分子信息的处理、分析和解释，以期发现新的理论分析方法，设计实用的分析工具。

二、生物信息学的主要作用

生物信息学主要包括以下几个主要研究领域，但是限于篇幅，这里仅列出其名称并只做简单介绍。

（一）序列比对

序列比对（sequence alignment）是比较两个或两个以上 DNA 序列或氨基酸序列的相似性或不相似性。序列比对是生物信息学中最基本、最重要的操作，通过序列比对可以发现生物序列中的功能、结构和进化的信息。两条序列的比对主要包括基于全局比对的 Needleman-Wunsch 算法、基于局部比对的 Smith-Waterman 局部比对算法、BALST 等。Needleman-Wunsch 算法就是一种针对寻找全局最优比对的动态规划算法，将两条序列从头到尾进行比对。有时两个序列总体的相似性很小，但某些局部区域相似性很高。Smith-Waterman 算法为局部比对算法，用于找出两序列中最相似的区域。BLAST 是基于一种短片段匹配算法和一种有效的统计模型来确定目的序列与数据库序列的最佳匹配，已被广泛地应用于 DNA 或蛋白质的数据库相似性搜索。多重比对算法可以主要分成动态规划算法、随机算法、迭代法和渐进比对算法。

（二）序列装配

尽管测序技术不断升级，DNA 测序技术产生的序列片段需要组装才能获得完整的基因或基因组序列。通过比对碱基序列，找到它们的重叠度（overlap），拼接获得的序列称为重叠群（contig）。逐步把它们拼接起来形成序列更长的重叠群，直至得到完整序列的过程称为序列装配（assembling）。拼接 EST 数据，把来自同一基因的 EST 拼接在一起，可以发现新基因的完整编码区，也就是通常所说的"电子克隆"。

（三）基因识别和功能注释

基因识别主要是指给定基因组序列后，正确识别基因在基因组序列中的序列和精确定位。基因识别的对象主要是蛋白质编码区域。目前，基因识别的基本方法有两种，基于同源序列比较的方法和基于统计方法的从头计算法。同源序列比较的方法利用数据库中已知的EST序列或蛋白质序列，通过同源比较，预测新基因。从头计算法依据已知蛋白质编码基因的组成特征和信号特征，采用统计学方法，发现编码区域。这两种方法在实际应用中往往配合使用，即综合两种方法的优点，开发混合算法。

在识别编码序列后，需要进一步获得基因的功能信息。基因功能注释主要包括预测基因的结构域、蛋白质功能和所在的生物学通路等。目前，普遍采用序列相似性比对的方法对预测出来的基因进行功能注释。通过与各种数据库（NR、Swiss-Prot、InterPro、GO、KEGG）进行蛋白质比对，获取基因的功能信息。

（四）蛋白质结构预测

蛋白质结构预测是指根据蛋白质的氨基酸序列预测蛋白质的空间结构，即从蛋白质的一级结构预测它的折叠和二级、三级、四级结构。由于不同的氨基酸残基在不同的局域环境下具有形成特定二级结构的倾向性，蛋白质二级结构的预测在一定程度上可以归结为模式识别问题。同源模型法是蛋白质三级结构预测的主要方法，该方法的依据是相似序列的蛋白质具有相似的三维结构。对于一个未知结构的蛋白质，首先通过序列比对找到一个已知结构的同源蛋白质，可以根据后者为前者建立近似的三维结构。然而，目前蛋白质序列数据库中的数量远远超过结构数据库中的数量，蛋白质结构预测研究现状远远不能满足实际需要。近年来，基于结构预测 Threading 的折叠识别法可以用于不存在已知结构同源蛋白质序列的结构预测。Threading 方法的难点在于序列与折叠结构的匹配技术和打分函数的确定。

（五）非编码 DNA 分析

非编码 DNA 是指基因组中不编码蛋白质的 DNA 序列。在人类基因组中，编码部分所占比例不到 2%，其他都是不编码蛋白质的，通常称为"垃圾"DNA。"垃圾"DNA 其实不是垃圾，可能在多方面发挥着重要作用。非编码 DNA 序列中存在一些重要的顺式调节元件，这些序列一般位于受调控基因的上游区域，特异性 DNA 结合蛋白（即转录因子）识别这些调控元件，调节基因的表达。国际上已经出现一些调控元件的分析和识别算法，一种方法是直接将受相同转录因子调节的各个基因的启动子区域进行多重序列比对，找共同的子序列；另一种方法是基于在一组共表达基因的启动子区域中找到公共的序列元素，作为调控元件。近年来大量转录组的试验结果表明，一些非编码 DNA 可以转录成大量的非编码 RNA。越来越多的事实证明非编码 RNA 具有重要的生物功能，microRNA 的研究就是最突出的例子。非编码 DNA 序列和非编码 RNA 的研究已成为生命科学领域的研究热点。DNA 序列作为一种遗传语言，不仅体现在编码序列之中，而且隐含在非编码序列之中。

（六）基因表达数据分析

基因表达数据反映的是直接或间接测量得到的基因转录产物 mRNA 在某一生理状态下细胞中的丰度，可以了解基因表达的时空规律，探索基因表达的调控网络和功能。检测细胞中 mRNA 丰度的方法有 PCR、cDNA 微阵列、寡核苷酸芯片等。近年来，转录组技术成为高通量检测基因组 mRNA 丰度的主要方法。转录物组（transcriptome）是指特定类型细胞中全体转录物（transcript）的总称。转录组通过对基因组特定位点上 read 深度的计数，可以对表达量水平进行估计。由于不同转录本 read 数目与其长度和总测序深度成正比，通常会将原始的 read 数目利用线性放缩（scaling），转换为 RPKM 值来进行归一化（normalization）处理。目前，转录组数据分析的主要步骤包括质量控制、读段比对、基因和转录本定量、差异性基因表达、可变剪切、功能富集分析、加权基因共表达网络分析（weighted gene co-expression network analysis，WGCNA）等。WGCNA 是一种适合多样本复杂数据分析的工具，通过计算基因间的表达关系，鉴定协同表达的基因模块（module），解析基因集合与表型间的相关关系，绘制基因集合中基因之间的调控网络并鉴定关键调控基因。

（七）分子进化和比较基因组学

分子进化和比较基因组学研究是利用不同物种中同一种基因序列的异同来研究物种之间的垂直进化关系（建立系统发生树），或同一物种内不同亚种之间的迁移进化关系。既可以用 DNA 序列也可以用其编码的氨基酸序列来做，甚至可通过相关蛋白质结构的比对来研究分子进化。

（八）分子互作分析

分子互作分析是细胞行使功能过程汇总最主要的作用形式，既包括最早认识的蛋白质与蛋白质之间的互作关系，也包括蛋白质与核酸、核酸与核酸之间的相互作用。分子互作是定性与定量相结合的分析过程，阐明分子互作不仅有利于了解整个细胞的活动过程，也将对各种分子的功能和作用方式产生深刻的理解。

（九）多组学（multi-omics）数据整合分析

随着组学新技术的不断涌现，获取高通量的组学数据变得更加容易。对多组学数据的整合分析，已成为科学家探索生命机制的新方向。多组学数据整合分析就是对来自不同组学的数据进行归一化处理、比较分析，挖掘数据之间的相关性，系统全面地解析生物分子的功能和调控机制。

（十）其他

非编码 RNA 的预测及分析、DNA 或 RNA 甲基化分析、蛋白质组学数据分析、代谢网络分析、多组学关联分析等，逐渐成为生物信息学中新兴的重要研究领域。这里不再赘述。

三、生物信息数据库及其信息检索

数据库是生物信息学的主要内容之一，各种数据库几乎覆盖了生命科学的各个领域（表 13-2）。国际上已建立起许多公共生物信息数据库，这些数据库大多可以通过网络来访问，并提供相关的数据查询和数据处理的服务。根据构建方式，数据库分为原始数据库和二级数据库。原始数据库是简单地对原始生物学实验数据进行归类和整理，是基本数据库。国际上著名的原始核酸数据库有 GenBank 数据库、EMBL 核酸库和 DDBJ 库等；蛋白质序列数据库有 Swiss-Prot 和 PIR 等；蛋白质结构库有 PDB 等。二级数据库是对原始生物分子数据进行整理、分类的结果，是在一级数据库、实验数据和理论分析的基础上针对特定的应用目标而建立的。著名的二级数据库如蛋白质结构分类数据库（SCOP），它按蛋白质之间结构的相似性、类（class）、折叠家族（fold families）、超家族（superfamily）、家族（family）等层次来组织蛋白质结构数据，当用户输入一个序列时从 SCOP 库中可以获得一组与序列相似显著的三维结构。另外，根据库中某一蛋白质结构，可以很方便地搜索出与其结构相似的其他蛋白质。

表 13-2　生物信息相关数据库

数据库	说明	网址
核酸数据库		
GenBank	美国国家生物技术信息中心	http://www.ncbi.nlm.nih.gov/genbank
EMBL	欧洲分子生物学实验室	http://www.ebi.ac.uk
DDBJ	日本 DNA 数据库	http://www.ddbj.nig.ac.jp
RefSeq	参考序列数据库	https://www.ncbi.nlm.nih.gov/refseq
dbEST	cDNA 序列标记	http://www.ncbi.nlm.nih.gov/dbEST
Gene	Gene 数据库	https://www.ncbi.nlm.nih.gov/gene
microRNA	miRNA 数据库	http://www.mirbase.org
Entrez Genomes	NCBI 基因组数据库	http://www.ncbi.nlm.nih.gov/entrez/query.fcgi?db=Genome
Ensembl	基因组数据库	http://www.ensembl.org
GigaDB	*GigaScience* 期刊的数据库	http://gigadb.org
GEO	基因表达综合数据库	https://www.ncbi.nlm.nih.gov/geo
ArrayExpress	基因表达	https://www.ebi.ac.uk/arrayexpress
蛋白质数据库		
UniProt	通用蛋白质资源	http://www.uniprot.org
PIR	注释的、非冗余的蛋白质序列数据库	https://proteininformationresource.org
PRINTS	蛋白质指纹数据库	
GELBANK	蛋白质组二维凝胶电泳图	
ProteomicsDB	蛋白质组学数据库	https://www.proteomicsdb.org
PDB	蛋白质三维结构	http://www.rcsb.org/pdb
DSSP	蛋白质二级结构	https://swift.cmbi.umcn.nl/gv/dssp
FSSP	蛋白质结构家族	http://www.ebi.ac.uk/dali/fssp
HSSP	蛋白质同源序列比对数据库	https://handwiki.org/wiki/Biology:Homology-derived_Secondary_Structure_of_Proteins
SCOP2	蛋白质结构分类数据库	http://scop2.mrc-lmb.cam.ac.uk
CATH	蛋白质结构分类	http://www.cathdb.info
InterPro	蛋白质家族和结构域数据库	http://www.ebi.ac.uk/interpro
BLOCKS	保守序列	
CDD	保守结构域	http://www.ncbi.nlm.nih.gov/Structure/cdd/cdd.shtml
SMART	结构域数据库	http://smart.embl-heidelberg.de
STRING	蛋白互作	https://string-db.org

续表

数据库	说明	网址
BioGRID	蛋白互作	http://thebiogrid.org
STRING	蛋白互作	http://dip.doe-mbi.ucla.edu
代谢途径数据库		
KEGG	代谢通路	https://www.genome.jp/kegg
HMDB	人体内源性代谢产物	http://www.hmdb.ca
METLIN	代谢产物	https://metlin.scripps.edu
GMD	植物代谢产物	http://gmd.mpimp-golm.mpg.de
Lipid Maps	脂质数据库	http://www.lipidmaps.org/data/structure
PlantCyc	植物代谢通路	http://www.plantcyc.org
其他数据库		
PubMed	文献引用数据库	https://www.ncbi.nlm.nih.gov/pmc
GO	蛋白功能描述	http://geneontology.org
TRANSFAC	转录因子	http://www.gene-regulation.com/pub/databases.html
JASPAR	转录因子结合位点基序	https://jaspar.genereg.net
PlantTFDB	植物转录因子	http://planttfdb.gao-lab.org

根据包含的内容，数据库可以分为核酸数据库、蛋白质数据库、代谢途径数据库和其他数据库等。

（一）核酸数据库

1. 一级核酸数据库 国际上最权威的三个核酸数据库是 GenBank、EMBL 和 DDBJ。三个数据库中的数据基本一致，仅在数据格式上有所差别。GenBank 是由美国国立卫生研究院（NIH）下属国家生物技术信息中心（NCBI）开发的核苷酸序列数据库。GenBank 数据库不仅给出了序列信息，还包含了全面的注释，如基因名、关键字、物种来源、作者名、参考文献、其他数据库链接等。NCBI 除维护 GenBank 核酸序列数据库外，还提供序列查询和检索服务，最简单的查询就是通过序列的登录号或序列名称直接查询。此外，支持用户使用 BLAST 进行核酸序列搜索，根据目标序列在 GenBank 数据库中搜索其同源序列。

2. 二级核酸数据库 随着测序数据的积累，一级核酸数据库中存在许多不完全数据或数据冗余，所以在一级核酸数据库的基础上对数据进行整合、加工及添加注释，随后产生二级核酸数据库。二级核酸数据库包括的内容非常多，如 NCBI 中的 RefSeq 数据库、dbEST 数据库和 Gene 数据库。RefSeq 数据库也叫参考序列数据库，是非冗余的基因组序列、转录序列和蛋白质序列的数据库。dbEST 数据库，也就是表达序列标签（EST）数据库，包括来自不同物种的表达序列标签。Gene 数据库为用户提供基因序列注释和检索服务。

3. 基因组数据库 随着基因组计划的实施，NCBI 基因组数据库 Entrez Gonomes 收集大量生物的全基因数据，该数据库提供了一个基因组数据浏览工具 Map Viewer，可以查看染色体或线粒体上的基因，并下载基因组序列。Ensembl 是由 EMBL-EBI 和 Sanger 研究所共同开发的一个综合基因组数据库。此外，还有一些专门的植物基因组数据库，如 JGI 的 Phyzome 和 PlantGDB。一些模式植物的序列也被列出，其中不少为园艺作物（表 13-3）。

表 13-3　部分植物基因组数据库

物种及网站名称	网址
JGI-Phytozome	https://phytozome.jgi.doe.gov/pz/portal.html
PlantGDB	http://www.plantgdb.org
拟南芥（*Arabidopsis thaliana*）	http://www.arabidopsis.org
水稻	http://rice.plantbiology.msu.edu
玉米	https://www.maizegdb.org
茄科	https://solgenomics.net
葫芦科	http://cucurbitgenomics.org
芸薹属	http://brassicadb.cn
蔷薇科	https://www.rosaceae.org
柑橘属	https://www.citrusgenomedb.org
香蕉	https://banana-genome-hub.southgreen.fr

4．非编码 RNA 数据库　　非编码 RNA 数据库，提供非编码 RNA 的序列和功能信息。非编码 RNA 是指不编码蛋白质的 RNA，包括 miRNA、lncRNA、circRNA、piRNA 等。miRbase 是由曼彻斯特大学的研究人员开发的一个在线的 miRNA 数据库，提供包括已发表的 miRNA 序列数据、注释、预测基因靶标等信息的全方位数据库，是存储 miRNA 信息最主要的公共数据库之一。

5．基因表达数据库　　目前，收集和存储基因表达数据的数据库很多，主要包括 GEO、ArrayExpress 等。GEO 是 NCBI 的公共功能基因组数据库，它支持基于阵列和序列的数据，并提供了用于查询和下载基因表达谱的工具。GEO 数据库是目前最大、最全面的公共基因表达数据资源。与 GEO 数据库类似，ArrayExpress 隶属于 EMBL-EBI 数据库，主要包括微阵列芯片和高通量测序数据。随着基于测序技术（尤其是 RNA-seq）试验数据的快速增长，基因表达数据库中提交的测序数据已经超过了微阵列试验。

（二）蛋白质数据库

1．蛋白质序列数据库　　随着基因组序列的不断增长，蛋白质序列也在不断增加。蛋白质序列数据库包含三大数据库：PIR、Swiss-Prot 和 TrEMBL。PIR 是世界上第一个具有分类和功能注释的蛋白质序列数据库。Swiss-Prot 除包括 PIR 数据库外，还包括核酸数据库 EMBL 中编码区序列翻译得到的蛋白质序列及文献中收集的蛋白质序列，经过人工校验和注释，冗余度较小。TrEMBL 数据库是通过计算机程序翻译得到的蛋白质序列，作为 Swiss-Prot 数据库的补充和后备。2002 年，Swiss-Prot、TrEMBL 和 PIR 三个数据库合并，建立了 UniProt 数据库，统一收集、管理、注释、发布蛋白质序列数据及注释信息。UniProt 主要包括 UniProtKB 知识库、UniParc 归档库和 UniRef 参考序列三部分。UniProtKB 知识库是 UniProt 的核心，除蛋白质序列数据外，还包括大量注释信息。UniParc 归档库将存放于不同数据库中的同一个蛋白质归并到一个记录中以避免冗余，并赋予序列唯一性特定标识符。UniRef 将密切相关的蛋白质序列组合到一条记录中，以便提高搜索速度。UniProt 是目前国际上序列数据最完整、注释信息最丰富的非冗余蛋白质序列数据库，为生命科学领域提供了宝贵资源。

2．蛋白质结构数据库　　目前，国际上最主要的生物大分子结构数据库是 PDB，包括通过 X 射线晶体衍射或核磁共振 NMR 测定的大分子三维结构。这些大分子除蛋白质外，还包括核酸及核酸和蛋白质的复合物。对于每一个结构，包含名称、参考文献、序列、一级结构、二级结构和原子坐标等信息。DSSP 是一个蛋白质二级结构推导数据库，对 PDB 数据库中的任何一个蛋白质，根据其三维结构推导出对应的二级结构，这个数据库对研究蛋白质序列与蛋白质二级结构及空间结构的关系非常有用。HSSP 是一个蛋白质同源序列比对数据库，同时该数据库隐含了二级结构和空间结构信息。HSSP 将序列相似的蛋白质聚集成结构同源的家族，若家族成员中有一个已知三维结构，则可以推测家族其他成员的三维结构、二级结构或折叠。

结构相似的蛋白质很可能具有共同的祖先。为了分析蛋白质序列与结构之间的关系，需要研究蛋白质结构分类的方法，并建立结构分类数据库。CATH 和 SCOP 是两个重要的蛋白质结构分类数据库。CATH 数据库的名字 C、A、T、H 是数据库中 4 种结构分类层次的首字母，分别是类型（class）、架构（architecture）、拓扑结构（topological structure）和同源性（homology）。CATH 数据库的构建基于半自动半人工验证，如果一个蛋白质结构与 CATH 数据库中的一个蛋白质在序列和结构上具有明显相似性，则自动采用这个蛋白质的分类规则；否则，通过人工验证进行分类。SCOP 数据库与 CATH 类似，从不同层次对蛋白质进行分类，但 SCOP 的分类原则更多考虑蛋白质间的进化关系，而且分类主要依赖于人工验证。目前，SCOP 已升级为 SCOP2。

3. 蛋白质基序（motif）数据库 基序是指 DNA 或蛋白质序列中与特定功能相关的一小段保守序列。结构域（domain）是指在不同蛋白质分子中具有相似的序列、结构和功能的某些组分，是蛋白质进化的单元。可以根据蛋白质特定的基序和结构域进行功能预测。具有相同基序或结构域的蛋白质可归为一大类，叫超家族（superfamily）。InterPro 数据库提供蛋白质序列的家族分类、结构域和保守位点的预测等功能，分析 InterPro 整合了 PROSITE、Pfam、PRINTS、ProDom 和 SMART 数据库，去掉了冗余，提供了一个统一的接口，可以方便对大量序列进行功能注释。CDD 是一个蛋白质保守结构域数据库，收集了大量保守结构域序列信息和蛋白质序列信息。通过 Blast 检索可获得蛋白质序列中含有的保守结构域信息，从而分析、预测该蛋白质的功能。

4. 蛋白质相互作用数据库 随着高通量的蛋白质相互作用检测技术和生物信息学预测方法的发展，涌现了许多蛋白质相互作用的数据库。根据蛋白质相互作用数据库的组成和特点，分为综合蛋白质相互作用数据库和特定物种的蛋白质相互作用数据库。前者代表性的数据库有 BioGRID、STRING、IntAct、MINT、DIP 等，Pathguide（http://www.pathguide.org）网站较为全面地收录了蛋白质相互作用的网络资源。后者代表性的数据库包括人、果蝇、拟南芥、微生物和病毒宿主等。

（三）代谢途径数据库

代谢组学（metabonomics）是继基因组学和蛋白质组学之后发展起来的一门新兴学科。通过质谱仪测定代谢谱数据时，要进行结构鉴定和代谢物追踪，通常依赖于代谢物质谱图的参考谱库。气相色谱-质谱联用（GC-MS）检测到的代谢物通常参考 NIST、GMD、FiehnLib 等商业数据库进行代谢物定性，液相色谱-质谱联用（LC-MS）一般参考 HMDB、METLIN、MzCloud 及公司自建库，脂质物质检测通常使用脂质组专用的数据库 LipidSearch、LMSD 等进行鉴定。通过生物信息学分析筛选的特异代谢物或差异代谢物，通常使用 KEGG 和 PlantCyc 等数据库进行通路富集分析揭示其合成或变化的生理机制。KEGG 的 PATHWAY 数据库集合了各种代谢通路，主要用于查询生物代谢物分子的相互作用和反应网络。PlantCyc 15.0.1 数据库目前提供超过 500 种植物共有或特有的 1163 条代谢通路信息，包含代谢通路、催化的酶和基因及各种植物代谢物，这些信息都来源于文献报道，并经过人工校正。随着代谢组学的发展，将多种数据库资源进行整合使用，进一步提高数据资源的利用率。2015 年，荷兰的莱顿大学、欧洲生物信息研究所和德国的莱布尼茨植物化学研究所等多家机构共同建立了一个跨库原始数据检索平台——MetabolomeXchange（http://metabolomexchange.org/site/），为数据库资源的整合和扩展应用提供了一条捷径。

（四）其他数据库

PubMed 是 NCBI 维护的文献引用数据库，提供对 MEDLINE 文献数据库的引用查询，是用一套统一的词汇来描述生物学的分子功能、生物过程和细胞成分。

GO（gene ontology）是基因本体联合会（Gene Onotology Consortium）建立的数据库，是为了生物界有一个统一的数据交流语言。目前，GO 已被广泛应用于蛋白质功能注释，用于描述基因产物的功能。

转录因子是一类能够与基因上游特异核苷酸序列结合，从而调控其基因时空表达的蛋白质分子。TRANSFAC 和 JASPAR 是两个著名的转录因子数据库。TRANSFAC 是基于真核生物转录调控所建立的数据库，收集了大量关于转录因子及其 DNA 结合位点和相应靶基因的信息。JASPAR 是收集有关转录因子与 DNA 结合位点基序的最全面的开放数据库。北京大学高歌研究员整理出一套完整的植物转录因子分类规则，基于此规则从 165 个植物基因组中系统识别出 32 万个转录因子，并为每一个转录因子作了详尽的功能和演化注释，构建了植物转录因子数据库 PlantTFDB。

除以上提到的数据库外，还有很多的生物信息学数据库，涉及生物信息学的各个层面，由于篇幅有限不再一一详述。

（五）生物数据库的信息检索

1. Entrez 系统 Entrez 是 NCBI 提供的集成检索工具，可以通过一次检索而查询到 NCBI 多个子库中的所有信息，从 GenBank、EMBL、DDBJ 数据库中获得 DNA 序列；从 Swiss-Prot、DIB、PRF、PDB 数据库中获得蛋白质序列，或从 DNA 序列库中获得翻译的蛋白质序列，也可以获得基因组和染色质图谱；从 PDB 数据库中获得蛋白质的三维结构；从 PubMed 数据库中获得引文文摘记录。

2. SRS 检索工具 SRS（Sequence Retrieval System）是 EBI 提供的数据库检索工具，可以对 EBI 上 80 个数据库进行检索。SRS 在欧洲、亚洲、太平洋地区、南美洲等地方都有镜像站点，中国的镜像站点建立在北京大学生物信息中心。

3. 同源性检索软件 利用该类软件可以检索序列数据库，得到与靶序列具有同源性的序列，在一定程度上起到核酸杂交试验的作用，因而被称为电子杂交。最常用的软件是基本局部比对搜索工具（Basic Local Alignment Search Tool，BLAST）系列，由 BLASTN、BLASTX、TBLASTX、BLASTP、TBLASTN 等组成。BLASTN 要求提交核酸序列，检索查询核酸序列及其互补序列，速度较快，但灵敏度不高。BLASTX 要求提交核酸序列，自动按 6 种可能的阅读框翻译，然后用翻译的结果检索蛋白质序列库。TBLASTX 提交核酸序列，检索 6 种可能阅读框的核酸序列。BLASTX 和 TBLASTX 对"single pass"序列的灵敏分析有用，并且对序列错误有较大的容忍度。BLASTP 要求提交蛋白质序列、检索蛋白质数据库。TBLASTN 要求提交蛋白质序列。检索 6 种读框"逆"翻译的核酸序列，即有一个软件包 BALSTALL，可以包括以上 5 个程序的内容。

四、生物信息学的分析软件

大多数生物信息学的分析软件都是基于 unix/Linux 系统开发的。Linux 系统具有强大的命令行功能，能够快速、批量、灵活地处理数据的提取、统计和整理等耗时耗力的重复性工作。

（一）数据的基本处理

生物信息学中数据的常用格式有 fasta、fastq、gff/gtf、sam、bam、sra、vcf 等。从不同的数据库获取的文件，格式有所不同，不同的处理软件格式也有所不同，但用一些软件可以进行转换。序列格式转换软件有 vised、ForCon、SeqVerter、GeneStudio、Convertrix 等。

Phred 是 phred/phrap 软件包的一部分，能够处理测序仪直接生成的色谱图，给出相应的碱基和质量值。得到测序数据后，需要进行序列的组装。序列组装软件分为两类：一类主要用于长的低丰度序列的组装，常见的软件有 Phrap、CAP3、Newbler 等；另一类主要用于短的高丰度片段的组装，常见的软件有 Velvet、ABySS、SOAPdenovo 等。引物的设计主要借助一些分子生物学软件或在线工具来实现。常见的引物设计软件有 Oligo 6、Premier Premier 6 Dnastar 等。

（二）序列比对

序列比对大致可以分为三类：全局比对、局部比对和短序列比对。全局比对是在全局范围内对两条序列进行比对，主要被用来寻找关系密切的序列，是进行分子进化分析的重要前提，常用软件有 Clustal Omega、MUSCLE、HMMER 等。局部比对是在每个序列中使用某些局部区域片段进行比对，主要用于序列同源性比较和数据库搜索，常用软件有 Blast、Blat、Blastz、GeneWise、Fasta 等。与长序列比对不同，短序列比对主要是将高通量测序产出的测序片段（reads）快速且准确地比对到参考序列上，常用软件有 BWA、Bowtie2、SOAP2 等。

（三）基因/基因组注释

1. 重复序列分析 重复序列是指在基因组中存在的相同的或对称的片段，根据分布把重复序列分为分散重复序列和串联重复序列。RepeatMasker 是一个屏蔽 DNA 序列中重复序列的程序，通过将基因组与已知重复序列的数据库进行同源搜索，根据序列相似性确定重复序列。该方法过于依赖数据库的大小，不能识别未知类型的重复序列。直接从 DNA 序列中根据元件的结构特征或者功能特征等来识别重复序列，被称为从头预测，常用软件有 TRF、Repeatmoderler、LTR_STRUC 等。

2. RNA 分析 非编码 RNA 种类繁多，且结构特征各不相同，所以目前现有的非编码预测软件一般只是专门针对某一种类的非编码 RNA，如 tRNAScan-SE 预测 tRNA、RNAmmer 预测 rRNA、snoSeeker 预测 snoRNAs、mirScan 预测 microRNA 等；另外如 RNAz、RNAmotif 等也是很好的非编码 RNA 预测工具。

3. 基因预测 基因预测策略大致可以分为 3 种：从头预测、同源预测和转录组预测。从头预测主要是通过已知生物的基因结构特征来识别新的基因，常用软件有 August、GENSCAN、GlimmerHMM、SNAP 等。同源预测通过与其他物种的基因组进行比较，从而预测一个新基因组中的蛋白质编码基因，常用软件有 GeneWise 和 GeneMoMa。转录组预测根据已有的 Unigene/EST 序列进行蛋白质编码基因的注释。每一种方法都有优缺点，最后利用整合软件进行整合，用得比较多的有 EvidenceModeler（EVM）、Glean 和 marker 等。

4. 基因功能注释　　根据基因预测结果从基因组上提取编码的蛋白质序列和与各种功能数据库（NR、Swiss-Prot、GO、KEGG）进行比对，完成功能注释。Blastp 和 InterProScan 是最常用的基因功能注释工具。

（四）SNP 分析

SNP 分为纯合 SNP 和杂合 SNP。纯合 SNP 是指两个等位基因都发生了突变，杂合 SNP 是指两个等位基因中的一个发生了突变。DNA 测序法是高通量筛选 SNP 最有效的方法。纯合 SNP 可以直接通过序列比对检测，杂合 SNP 需要通过专门的软件分析。常用的软件包括 Polyphred、SNPdetector 和 Cross match。

（五）分子进化分析

分子进化指的是通过 DNA、蛋白质序列同源性的比较进而了解基因的进化及生物系统发生的内在规律。构建分子进化树的方法有距离法、最大简约法、最大似然法和贝叶斯法。目前有很多软件可以进行分子进化树构建及可靠性检验，PHYLIP、MEGA、PAUP、PHYML、MrBayes 等都是常用的软件。此外，还有像 TreeView、ITOL、FigTree 等进化树编辑和美化软件。

五、生物信息学在育种中的应用

生物信息学作为一门分析生物数据的交叉学科，通过基因组、转录组、表观遗传组及蛋白组的研究，将不同的组学数据整合，发掘不同组学数据的内在关联，解析生物复杂性状的遗传调控网络，也为育种技术创新奠定科学基础。随着基因组测序和重测序的发展，为解析数量性状的遗传基础提供了新的途径。2001 年，Meuwissen 等提出利用覆盖全基因组的高密度分子标记、结合表型记录或谱系记录对个体育种进行评估的育种新策略，即基因组选择（genomic selection，GS）。与传统的分子标记辅助育种不同，GS 利用所有测试的标记（不仅仅是统计学上对表型有显著效应的标记）进行预测，因而可以捕获全基因组范围的相关遗传变异，从而提高选择效率。GS 最初主要应用于畜禽育种，在奶牛、猪、鸡等禽畜类应用较成功。近年来，GS 在玉米、水稻等农作物育种中也发挥越来越重要的作用，但在园艺作物上鲜有报道。2018 年，美国康奈尔大学玉米遗传育种学家、美国科学院院士 Buckler 教授提出"育种 4.0"概念，即智能设计育种。智能设计育种是在分子设计育种的基础上融合大数据、人工智能等学科的育种智能化解决方案，是 GS 育种的升级和优化。

思考题

1. 种质信息系统的主要类型有哪些？
2. 种质资源数据库的目标与功能是什么？
3. 建立种质资源数据库的步骤有哪些？
4. 现代表型数据的采集和分析包含了哪些内容？
5. 什么是智能植物育种系统？其作用是什么？现在有哪些商业化的育种软件或育种平台？
6. 金种子育种云平台包括哪些功能模块，如何使用这些模块？

主要参考文献

白晓倩，陈于，张仕杰，等．2022．基于表型性状和 SSR 标记的板栗品种遗传多样性分析及分子身份证构建．植物遗传资源学报，23（4）：972-984．

包满珠．2011．花卉学．3 版．北京：中国农业出版社．

毕研飞，徐兵划，钱春桃，等．2015．分子标记辅助甜瓜抗蔓枯病基因的聚合及品种改良．中国农业科学，48（3）：523-533．

蔡兴奎．2003．原生质体融合创造抗青枯病的马铃薯新种质及其遗传分析．武汉：华中农业大学博士学位论文．

《常用农业科技词浅释》编写组．1982．常用农业科技词浅释．北京：科学普及出版社．

曹格，姚入玉，贺璇，等．2022．'伏脆蜜'枣实生后代果实性状变异分析．北方果树，（3）：7-11．

曹家树．2005．园艺植物种质资源学．北京：中国农业出版社．

曹家树，申书兴．2001．园艺植物育种学．北京：中国农业大学出版社．

曹秋芬．2018．梨新品种'金冠酥'．北方果树，2：40．

曹永生，方沩．2010．国家农作物种质资源平台的建立和应用．生物多样性，18（5）：454-460．

陈大成，胡桂兵，林明宝．2007．园艺植物育种学．广州：华南理工大学出版社．

陈洪高，吴江生，刘超，等．2007．萝卜-芥蓝异源四倍体的合成、细胞和分子生物学研究及育种潜能（英文）//第十二届国际油菜大会论文集．武汉：第十二届国际油菜大会筹备委员会．

陈坚．1987．我国作物育种取得重大成就．农业科技通讯，8：2-3．

陈建伟．2020．辐射花粉授粉诱导获得单倍体黄瓜植株及其染色体加倍．南京：南京农业大学硕士学位论文．

陈明堃，陈璐，孙维红，等．2022．建兰种质资源遗传多样性分析及核心种质构建．园艺学报，49（1）：175-186．

陈庆山，蒋洪蔚，辛大伟，等．作物回交导入系的构建与应用．中国油料作物学报，2020，42（1）：1-7．

陈世儒．1986．蔬菜育种学．2 版．北京：农业出版社．

陈香波，罗玉兰，张启翔．2009．三角梅在我国的温度适宜分布区划．中国园林，25（7）：97-99．

陈学森，王楠，张宗营，等．2019．仁果类果树资源育种研究进展Ⅰ：我国梨种质资源、品质发育及遗传育种研究进展．植物遗传资源学报，20（4）：791-800．

陈于和，秦素平，林小虎，等．2006．秋水仙素对黑麦有丝分裂及多倍体诱导的影响．核农学报，4：321-323．

程金水．2001．园林植物遗传育种学．北京：中国林业出版社．

崔铁男．2018．白菜和甘蓝远缘杂交后代旁系同源基因差异表达机制．北京：中国农业科学院硕士学位论文．

邓秀新．2021．关于我国水果产业发展若干问题的思考．果树学报，38（1）：121-127．

邓秀新，束怀瑞，郝玉金，等．2018．果树学科百年发展回顾．农学学报，8（1）：24-34．

邓秀新，王力荣，李绍华，等．2019．果树育种 40 年回顾与展望．果树学报，36（4）：514-520．

邓秀新，章文才．1995．柑桔原生质体培养与融合研究．自然科学进展，5（1）：35-41．

杜保国，杨锋利，陈存根，等．2010．珍稀濒危植物距瓣尾囊草组织培养．江苏农业科学，（4）：42-43．

段英姿，牛应泽，刘玉贞，等．2003．南丹参离体快速繁殖与多倍体诱导．植物生理学通讯，39（3）：201-205．

樊龙江．2017．生物信息学．杭州：浙江大学出版社．

方智远．2017．中国蔬菜育种学．北京：中国农业出版社．

房经贵，章镇，王三红．2000．DNA 技术与果树种质资源的保存与研究．生物工程进展，6：50-52．

非主要农作物品种登记办法,2017.

冯涛,刘娟,华夏雪. 2017. 利用SSR、SRAP分子标记鉴定出桃早熟芽变. 江苏农业科学,6: 42-44.

盖钧镒, Walter RF, Reid GP. 1982. 大豆栽培种和野生种回交计划的四个世代中一些农艺性状的遗传表现. 遗传学报,(1): 44-56.

高青青,贺妮莎,卢争辉,等. 2011. 鸡冠花与青葙杂交新品系的选育. 湖北农业科学,50(11): 2266-2268.

龚建军,镡美霞. 2019. 组织与细胞培养在植物育种中的研究进展及其应用. 蔬菜,(2): 29-32.

顾玉成,吴金平. 2004. 利用离体培养技术筛选抗病突变的研究进展. 湖北农业大学,(2): 56-58.

桂敏,周旭红,卢珍红,等. 2011. 香石竹引种试验研究. 西南农业学报,24(2): 716-721.

郭俊,朱婕,谢尚潜,等. 2020. 油梨转录组SSR分子标记开发与种质资源亲缘关系分析. 园艺学报,47(8): 1552-1564.

韩胥. 2015. 从作物的源流库理论展望新型育种技术. 生物技术通报,31(4): 34-39.

何纯莲. 2003. 百合中秋水仙碱的分离应用研究. 长沙:湖南大学硕士学位论文.

胡开林. 1995. 十字花科蔬菜花药、花粉培养的研究进展. //中国科学技术协会第二届青年学术年会园艺学论文集. 北京:中国农业大学出版社: 428-433.

胡延吉. 2003. 作物育种学. 北京:高等教育出版社.

黄冬福,付文婷,韩世玉,等. 2015. 农作物EMS诱变研究进展. 北方园艺,24: 188-194.

黄萍,李飞,颜谦. 2019. EMS诱变马铃薯抗寒突变体筛选. 西南农业学报,32(2): 241-245.

黄小凤,韦阳连,袁叶,等. 2022. 基于SNP分子标记的221份荔枝品种(品系)的遗传多样性分析及核心种质库构建. 植物资源与环境学报,31(4): 74-84.

江建霞,李延莉,蒋美艳,等. 2019. 胚珠培养在白菜型油菜和芥蓝远缘杂交中的应用. 上海农业学报,35(3): 26-30.

蒋景龙,孙旺,胡选萍,等. 2018. 珍稀濒危植物秦岭石蝴蝶的繁育研究现状. 分子植物育种,17(9): 3024-3029.

金平,朱志玉,张靓,等. 2021. 温州芜菁与水果紫苏蓝杂交创制芸薹属异源四倍体杂种. 植物遗传资源学报,22(3): 851-859.

景士西. 2007. 园艺植物育种学总论. 2版. 北京:中国农业出版社.

景士西. 2014. 园艺植物育种学. 2版. 北京:中国农业出版社.

阚婷婷,汪冲,郑志仁,等. 2021. 基因编辑技术在花卉育种中应用的研究进展. 上海师范大学学报(自然科学版),50(1): 50-56.

孔令让. 2019. 植物育种学. 北京:高等教育出版社.

赖瑞联,陈瑾,冯新,等. 2022. 橄榄ISSR和RAPD遗传多样性分析和核心种质构建. 热带亚热带植物学报,30(1): 41-53.

郎丰庆,王施慧,刘淑梅,等. 2021. 心里美萝卜雄性不育系XA选育. 长江蔬菜,(22): 49-51.

雷家军,吴禄平,代汉萍,等. 1999. 草莓茎尖染色体加倍研究. 园艺学报,1: 15-20.

李春玲,蒋钟仁,李春林,等. 2002. 甜(辣)椒花药单倍体育种技术的研究与应用Ⅱ. 甜(辣)椒花药单倍体育种技术应用研究. 中国辣椒,2: 14-17.

李海伦,王琰,赵卫星,等. 2019. 甜瓜未受精子房或胚珠离体培养研究进展. 北方园艺,10: 134-140.

李开祥,杜德志. 2022. 利用分子标记辅助选择选育甘蓝型油菜有限花序新品种. 中国油料作物学报,45(1): 30-37.

李琳. 2013. 巨峰葡萄芽变株系的鉴定及分子标记分析. 金华:浙江师范大学硕士学位论文.

李铭杨,邱爽,何佳琦,等. 2022. 大豆 *GmGolS1* 的克隆及转基因烟草耐高温性鉴定. 植物遗传资源学报,

23（2）：575-582.

李胜男，张明月，李晓龙，等．2021．苹果和梨远缘杂种后代的鉴定．农业生物技术学报，29（2）：393-401.

李树芬．2010．甜菜碱提高转基因番茄耐热性研究．泰安：山东农业大学硕士学位论文.

李树贤，吴志娟，杨志刚，等．2002．同源四倍体茄子品种新茄一号的选育．中国农业科学，35（6）：686-689.

李霞．2010．生物信息学．北京：人民卫生出版社.

李鲜，陈昆松，张明方，等．2006．十字花科植物中硫代葡萄糖苷的研究进展．园艺学报，33（3）：675-679.

李向宏，罗志文，彭超，等．2016．'台农22号'菠萝引种试种．热带农业科学，36（3）：10-12，23.

李艳兰，张云明，李祥，等．2020．滇中冷凉山区反季花椰菜新品种引种和适应性分析．安徽农业科学，48（19）：51-54.

李怡斐，张世才，蒋晓英，等．2019．利用花药培养技术创制加工型辣椒抗疫病新种质．分子植物育种，17（12）：4030-4035.

李悦，宋慧云，王志，等．2023．植物原生质体分离与瞬时表达体系研究进展．植物生理学报，59（1）：21-32.

李振宇，解炎．2002．中国外来入侵种．北京：中国林业出版社.

李准，伊华林，吴巨勋．2022．^{60}Co-γ辐射诱变在果树育种中的应用与展望．中国果树，5：21-27.

李卓，沈彬，张竞秋．2009．秋水仙素诱导黑麦根尖细胞染色体的畸变效应．麦类作物学报，29（1）：44-48.

廖雪娟．2011．康乃馨在海口引种适应性的研究．热带农业科学，31（8）：30-33.

林春华，张文海，谭兆平，等．2000．南方蔬菜种质资源图文信息系统的研究．广东农业科学，6：20-23.

刘彩艳，李大卫，杨石建，等．2021．不同倍性猕猴桃的适生区预测及生态位分化．应用生态学报，32（9）：3167-3176.

刘璐璐，柴明良．2006．秋水仙素在果树多倍体育种中的研究进展．北方园艺，6：48-49.

刘素玲，赵国建，吴欣．2016．植物自交不亲和机制研究进展，中国农业科技导报，18（4）：31-37.

刘伟，张纪阳，谢红卫．2014．生物信息学．北京：电子工业出版社.

刘翔．2014．EMS诱变技术在植物育种中的研究进展．激光生物学报，23（3）：197-201.

刘小娟，梁东玉，张明虎，等．2019．不同白茅花粉诱导小麦单倍体得胚率的研究//第十届全国小麦基因组学及分子育种大会摘要集．烟台：第十届全国小麦基因组学及分子育种大会筹备委员会.

刘晓峰，张斌，李梅，等．2015．利用DH群体构建大白菜分子遗传图谱．华北农学报，30（2）：156-160.

刘毓，赵遵田，刘媛．2010．国外优良彩叶槭树引种可行性研究．山东科学，23（2）：47-50.

刘园．2013．茄子远缘杂交种获得、鉴定与评价．保定：河北农业大学硕士学位论文.

刘哲，何莎莎，陆柏益，等．2018．果品营养价值"三度"评价法．园艺学报，45（4）：795-804.

卢璇．2017．非洲菊组织培养及未受精胚珠苗的倍性鉴定．广州：华南农业大学硕士学位论文.

罗嘉翼．2020．番茄胚培养再生技术的建立及其在远缘杂交中应用研究．南京：南京农业大学硕士学位论文.

罗静初．2019．UniProt蛋白质数据库简介．生物信息学，17（3）：131-144.

马国斌，王鸣．2002．西瓜和甜瓜茎尖离体诱导四倍体．中国西瓜甜瓜，1：4-5.

马国斌，王鸣，郑学勤．1999．甜瓜组织培养再生植株中的四倍体变异．园艺学报，26（2）：128-130.

马雨婷．2021．柑橘优异资源胚性愈伤组织诱导及原生质体融合过程中线粒体行为观察．武汉：华中农业大学硕士学位论文.

倪海枝，王引，颜帮国，等．2023．果树基因组辅助育种技术研究现状与展望．分子植物育种，21（5）：1535-1550.

聂振朋，柯甫志，王平，等．2021．影响柑橘引种的主要生态因子．浙江柑橘，29（4）：12-14.

牛刘静，赵艳艳，原玉香，等．2022．十字花科蔬菜小孢子培养研究进展．中国蔬菜，12：20-29.

潘家驹．1994．作物育种学总论．北京：农业出版社：236-252.

彭尽晖, 张良波, 彭晓英. 2004. 秋水仙素在植物倍性育种中的应用进展. 湖南林业科技, 5: 22-25.

齐博. 2015. 中国花卉产业国际竞争力研究. 北京: 中国农业科学院博士学位论文.

钱滢宇, 毛金枫, 聂江力, 等. 2021. 不同土壤条件下天津地区引种黑果枸杞生长、产量、成分差异. 植物研究, 41 (6): 1023-1028.

秦建彬, 江昊, 陈伟. 2019. 多肉植物在福州地区的引种栽培试验. 福建农业科技, 7: 11-15.

全国热带作物品种审定办法（试行），2018.

单芹丽, 杨春梅, 屈云慧, 等. 2011. 满天星种苗工厂化生产及常见问题解决措施. 现代农业科技, 1 (1): 226-227.

沈德绪. 2000. 果树育种学. 2版. 北京: 中国农业出版社.

司家钢, 朱德蔚, 杜永臣, 等. 2002. 原生质体非对称融合获得胡萝卜（*Daucus carota* L.）种内胞质杂种. 园艺学报, 29 (2): 128-132.

苏彦宾, 李强, 仪登霞, 等. 2019. 结球甘蓝叶球相关性状遗传分析. 北方园艺, 8: 7-14.

苏彦宾, 刘玉梅, 李占省, 等. 2014. 结球甘蓝遗传图谱构建及耐裂球QTL定位. 中国园艺学会2014年学术年会论文摘要集, 41 (S): 2685

孙建春. 2019. 苹果品种（系）脱毒原种苗获得的关键环节及流程. 杨凌: 西北农林科技大学硕士学位论文.

孙菀霞, 刘勋菊, 王丽, 等. 2021. 长三角地区低温特征及其对甜樱桃蓄冷量的影响. 果树学报, (11): 1900-1910.

孙啸, 陆祖宏, 谢建明. 2005. 生物信息学基础. 北京: 清华大学出版社.

谈晓林, 崔光芬, 郑思乡, 等. 2011. 百合不同离体授粉方法的杂交结实研究. 西南农业学报, 24 (1): 270-274.

覃鹏, 刘飞虎, 孔治有, 等. 2006. 转*SOD*基因对烟草抗旱性和相关生理指标的影响. 广西植物, 26 (6): 621-625.

谭其猛. 1982. 蔬菜杂种优势的利用. 上海: 上海科学技术出版社.

唐绂宸, 唐维, 唐帅, 等. 2017. 寒地黑土抗寒梅花引种驯化17周年回望. 北京林业大学学报, 39 (增刊1): 31-35.

田丹青, 葛亚英, 潘晓韵, 等. 2020. 红掌花药培养及单倍体植株的鉴定. 分子植物育种, 18 (21): 7149-7154.

佟大香, 朱志华. 2001. 国外农作物引种与中国种植业. 中国农业科技导报, 3: 48-52.

汪卫星, 郭启高, 向素琼, 等. 2003. 热激处理对枇杷2n花粉发生率的影响. 果树学报, 20 (4): 284-286.

王蓓, 陆妙康, 于善谦, 等. 1990. 香石竹斑驳病毒三种脱毒方法比较. 病毒学报, 6 (4): 341-346.

王冬良, 方鹏, 谢宏斌. 2020. 山茶新品种'花早春'. 园艺学报, 47 (4): 813-814.

王芳. 2008. 园艺植物育种. 北京: 化学工业出版社.

王化, 郭培华. 2016. 中国蔬菜传统文化科技集锦. 北京: 科学出版社.

王建. 2017. 蛋白质相互作用数据库. 中国生物化学与分子生物学, 33 (8): 760-767.

王建岭. 2008. 木薯多倍体育种技术研究. 南宁: 广西大学硕士学位论文.

王俊, 丛丽娟, 郑洪坤. 2008. 常用生物数据分析软件. 北京: 科学出版社.

王奎武. 2015. '沾冬2号'冬枣. 农业知识: 瓜果菜, 4: 3.

王力荣, 吴金龙. 2021. 中国果树种质资源研究与新品种选育70年. 园艺学报, 48 (4): 749-758.

王利虎, 卢彦琦, 苏行, 等. 2022. 果树多倍化育种研究进展. 山西农业大学学报（自然科学版）, 42 (3): 14-24.

王莉莉. 2015. 土壤pH值对牡丹生长及生理特性影响的研究. 长春: 吉林农业大学硕士学位论文.

王楠, 张静, 于蕾, 等. 2019. 仁果类果树资源育种研究进展Ⅱ: 苹果种质资源、品质发育及遗传育种研究进展. 植物遗传资源学报, 20 (4): 801-812.

王涛涛, 蔡晓峰, 张俊红, 等. 2010. 芥菜型油菜雄性不育系与甘蓝远缘杂交胚培养及早代育性鉴定. 园艺学报, 37 (10): 1661-1666.

王文英, 刘喜存, 郭春江, 等. 2020. 影响瓜类作物未授粉子房或胚珠离体培养技术的几个因素. 蔬菜, 7: 24-27.

王小佳. 2000. 蔬菜育种学 (各论). 北京: 中国农业出版社.

王晓武, 娄平, 何杭军. 2005. 利用芥蓝×青花菜 DH 群体构建 AFLP 连锁图谱. 园艺学报, 32 (1): 30-34.

王亚茹, 邓高松, 李云, 等. 2010. 秋水仙碱对微管蛋白的作用机制及其细胞效应研究进展. 西北植物学报, 30 (12): 2570-2576.

王永康, 吴国良, 李登科, 等. 2010. 果树核心种质研究进展. 植物遗传资源学报, 11 (3): 380-385.

王园园, 叶志琴, 刘容, 等. 2014. 二倍体和四倍体杂交兰幼苗对低温胁迫的生理响应差异分析. 植物资源与环境学报, 23 (4): 68-74.

王长泉, 李雅志, 崔德才, 等. 1997. 苹果叶片离体培养中秋水仙素加倍效应的研究. 核农学报, 1: 23-27.

吴登宇, 韦体, 高丹丹, 等. 2021. 植物原生质体培养技术在药用植物中的应用. 生命科学研究, 25 (2): 176-182.

吴定华. 1984. 番茄种间杂交的探讨. 园艺学报, (1): 35-41.

吴定华, 梁树南. 1992. 番茄远缘杂交的研究. 园艺学报, (1): 41-46.

吴洁芳, 唐小浪, 陈洁珍, 等. 2011. 热带南亚热带果树种质资源研究现状与发展思考. 中国热带农业, 4: 27-29.

吴然, 李振勤, 薛少红, 等. 2023. 百合远缘杂交胚拯救技术. 现代农村科技, 5: 65.

吴怡, 顾雅坤, 符丽, 等. 2018. 莪术茎尖玻璃化法超低温保存技术. 热带农业科学, 38 (4): 52-57.

吴裕. 2008. 浅论植物种质、种质资源、品系和品种的概念及使用. 热带农业科技, 31 (2): 45-49.

夏阳. 2018. 数据信息化在蔬菜育种中的应用及展望. 河南农业, 32: 58-59.

谢松林, 王仙芝, 牛立新, 等. 2010. 百合杂种系间杂交障碍的克服及 3 种幼胚离体培养方法的比较研究. 西北植物学报, 30 (8): 1572-1578.

徐爱遐, 黄继英, 金平安, 等. 1999. 甘蓝型油菜和芥菜型油菜种间杂交研究. 西北植物学报, 19 (3): 402-407.

徐刚标. 2000. 植物种质资源离体保存研究进展. 中南林学院学报, 20 (4): 81-87.

徐跃进, 胡春根. 2015. 园艺植物育种学. 北京: 高等教育出版社.

薛玺, 徐香玲, 李集临. 1988. 秋水仙素 (colchicine) 对植物细胞核异常分裂的影响. 哈尔滨师范大学自然科学学报, 2: 87-97.

鄢新民, 李学营, 王献革, 等. 2011. 苹果芽变及芽变选种回顾. 河北农业科学, 15 (5): 75-77.

闫志柱. 2018. 芽变选种在果树育种中的应用. 农业与技术, 38 (12): 150.

严承欢, 崔磊, 任志勇, 等. 2022. 基于基因组结构变异构建萝卜种质资源分子身份证. 中国蔬菜, 1: 49-57.

严良文, 陈瑶瑶, 刘智成. 2021. 闽西地区大棚无土栽培小番茄新品种引进与筛选. 福建农业科技, 52 (4): 27-31.

颜廷进, 蒲艳艳, 张文兰, 等. 2019. 基于 SNP 标记的菜豆品种真实性和纯度鉴定技术. 山东农业科学, 51 (12): 111-119.

杨宝明, 苏艳, 李永平, 等. 2021. 珠芽黄魔芋组织培养与快繁技术研究. 广西林业科学, 50 (5): 534-538.

杨克钦, 马智勇, 张贤珍, 等. 1998. 中国果树种质资源信息系统及其应用. 果树科学, 25 (2): 116-123.

杨光圣，吴海燕．2009．作物育种原理．北京：科学出版社．
杨晓玲，郭金耀．2003．秋水仙碱诱发玉米变异特性的追踪研究．遗传，6：700-702．
杨莹，于淑霞，杨林毅，等．2022．紫荆属种间杂交胚拯救研究．植物生理学报，58（11）：2173-2180．
伊万伟，汤生兵．2023．草莓脱毒苗工厂化优化生产方法．上海蔬菜，4：51-53．
尹中江，关卫星，杨勇，等．2020．育种平台（软件）在西藏作物育种中应用和西藏育种方向浅析．西藏农业科技，42（2）：46-51．
于拴仓，苏同兵．2022．我国蔬菜育种技术发展与展望．蔬菜，4：15-20．
余小兰，吴联生．2017．'爱媛38'引种表现及优质栽培技术．东南园艺，3：40-43．
余亚白，林斌，李章汀．2000．台湾果树的良种化及福建的引进概况．福建农业学报，15（增刊）：239-243．
袁华玲，金黎平，谢开云，等．2005．体细胞杂交技术在马铃薯遗传育种研究中的应用．中国马铃薯，6：357-361．
袁焕然，潘江鹏，陈炯炯．2017．莴苣叶裂性状的遗传定位．园艺学报，44（8）：1496-1504．
苑兆和，陈立德，张心慧，等．2021．果树分子育种研究进展．南京林业大学学报（自然科学版），45（4）：1-12．
曾斌，李健权，杨水芝，等．2011．果树种质资源保存研究进展．湖南农业科学，22：22-24．
曾继吾，易干军，张秋明，等．2002．果树种质资源离体保存研究进展．果树学报，5：302-306．
曾美娟，刘建汀，卓玲玲，等．2021．全基因组关联分析在蔬菜育种研究中的应用．中国蔬菜，4：41-47．
曾廷儒．2020．玉米转高粱 *SbSNAC1* 基因抗旱性鉴定及其分子机制解析．北京：中国农业科学院博士学位论文．
张冰冰，刘慧涛，宋洪伟，等．2006．寒地果树种质资源研究与利用进展．植物遗传资源学报，1：123-128．
张超，杨博，张立源，等．2022．基于QTL定位和全基因组关联分析挖掘甘蓝型油菜收获指数相关位点．作物学报，48（9）：2180-2195．
张红，黄志银，李梅，等．2021．抗根肿病青麻叶近等基因系的高效选育技术体系研究．种子，40（4）：118-123．
张慧，刘旭阳，王仕宝，等．2022．珍稀濒危植物独花兰研究进展．陕西农业科学，68（6）：97-101．
张慧春，周宏平，郑加强，等．2020．植物表型平台与图像分析技术研究进展与展望．农业机械学报，51（3）：1-17．
张健．2012．木薯离体培养诱导多倍体育种技术研究．海口：海南大学硕士学位论文．
张菊平．2019．园艺植物育种学．北京：化学工业出版社．
张盟．2022．番茄根尖细胞原生质体分离及单细胞转录组测序分析．重庆：重庆大学硕士学位论文．
张社梅．2008．国产转基因棉花科研投资收益及推广机制研究．北京：中国农业科学技术出版社．
张双双，苏维，刘阳，等．2021．白菜与埃塞俄比亚芥远缘杂交种质创制及黑腐病抗性转育．园艺学报，48（7）：1304-1316．
张天真．2003．作物育种学总论．北京：中国农业出版社．
张文新．2012．园艺植物育种．北京：化学工业出版社．
张晓琳，丁嫄嫄，张平．2020．一串红品种比较试验简报．上海农业科技，（3）：72，113．
张新忠，刘国俭．1998．热激处理对桃、李离体花枝2*n*花粉产生的影响．园艺学报，25（3）：292-293．
张一晨．2022．黄毛草莓原生质体分离、融合及瞬时表达系统的构建．昆明：云南大学硕士学位论文．
赵密珍，苏家乐，钱亚明，等．2005．红宝石无核葡萄胚珠培养成苗技术研究．果树学报，2：166-168，192．
赵青，都真真，李锡香，等．2021．利用SSRseq分子标记的大蒜种质资源遗传多样性研究．园艺学报，48（7）：1397-1408．

赵习武, 王晨静, 杨丹丹, 等. 2013. 园艺植物脱毒技术方法研究进展. 安徽农业科学, 41（16）：7074-7076.

赵志刚. 2014. 利用青海大黄油菜与黑芥人工合成芥菜型油菜. 湖北农业科学, 53（8）：1746-1749.

中华人民共和国植物新品种保护条例, 2014 年 7 月 29 日第二次修订. https://www.gov.cn/gongbao/content/2016/content_5139623.htm

中华人民共和国种子法, 第 3 版, 2015 年 11 月 4 日第二次修订, https://www.gov.cn/xinwen/2015-11/05/content_5004887.htm

中华人民共和国种子法, 第 4 版, 2021 年 12 月 24 日第三次修订, http://www.zys.moa.gov.cn/flfg/202304/t20230423_6426120.htm

钟琪. 2016. 组织培养技术筛选植物耐盐突变体的研究进展. 安徽农业科学, 44（5）：145-148.

周霞. 2022. 黄瓜未授粉子房离体培养诱导单倍体的研究. 南京：南京农业大学硕士学位论文.

周小雪, 邓洪平, 汤绍虎. 2020. 我国特有珍稀濒危植物崖柏的离体快繁. 植物生理学报, 56（5）：990-996.

朱冰琳, 刘扶桑, 朱晋宇, 等. 2018. 基于机器视觉的大田植株生长动态三维定量化研究. 农业机械学报, 49（5）：256-262.

祝朋芳, 王兴, 张健, 等. 2011. 芸薹属种与变种间杂交后代回交亲和性的研究. 中国农学通报, 27（10）：149-152.

邹雪, 肖乔露, 文安东, 等. 2015. 通过体细胞无性系变异获得马铃薯优良新材料. 园艺学报, 42（3）：480-488.

П. М. 茹科夫斯基. 1974. 育种的世界植物基因资源（大基因中心和小基因中心）//П. M. 杜比宁. 赵世绪, 等译. 植物育种的遗传学原理. 北京：科学出版社.

Allard RW. 1960. Principles of Plant Breeding. New York: John Wiley & Sons.

Anoshenko BY. 1996. Local adjustment method for field experiments. 1. The methods and its examination by computer simulation. Euphytica, 90 (2): 137-148.

Anzalone AW, Randolph PB, Davis JR, et al. 2019. Search-and-replace genome editing without double-strand breaks or donor DNA. Nature, 576: 149-157.

Bayles R, McCall MH. 1995. A data handling system for variety trials. Aspects of Applied Biology, 43: 241-248.

Brown AHD. 1989. Core collections: a practical approach to genetic resources management. Genome, 31 (2): 818-824.

Chen J, Staub J, Adelberg J, et al. 2002. Synthesis and preliminary characterization of a new species (amphidiploid) in *Cucumi*. Euphytica, 123: 315-322.

Chen L, Meng J, Luan Y. 2019. miR1916 plays a role as a negative regulator in drought stress resistance in tomato and tobacco. Biochemical and Biophysical Research Communications, 508 (2): 597-602.

Chuong PV, Bevetrsdorf WD, Powell AD, et al. 1988. The use of haploid protoplast fusion to combine cytoplasmic atrazine resistance and cytoplasmic male sterility in *Brassica napus*. Plant Cell Tissue and Organ Culture, 12 (2): 181-184.

Das RK, Bhowmik G. 1998. Some somaclonal variants in pineapple [*Ananas comosus* (L.) Merr.] plants obtained from different propagation techniques. International Journal of Tropical Agriculture, 15 (14): 95-100.

Deng YM, Chen SM, Chen FD, et al. 2011. The embryo rescue derived intergeneric hybrid between chrysanthemum and *Ajania przewalskii* shows enhanced cold tolerance. Plant Cell Reports, 30: 2177-2186.

Doi K, Iwata N, Yoshimura A. 1997. The construction of chromosome substitution lines of African rice (*Oryza glaberrima* Steud.) in the back ground of Japonica rice (*O. sativa* L.). Rice Genetics Newsletter, 14: 39-41.

Dolcet SR, Claveria E, Huerta A. 1997. Androgenesis in capsicum annuum l. Effects of carbohydrate and carbon dioxide enrichment. Journal of the American Society for Horticultural Science, 122 (4): 468-475.

Du M, Zhou K, Liu Y, et al. 2020. A biotechnology-based male-sterility system for hybrid seed production in tomato. The Plant Journal, 102: 1090-1100.

Duan M, Feng HL, Wang LY, et al. 2012. Overexpression of thylakoidal ascorbate peroxidase shows enhanced resistance to chilling stress in tomato. Journal of Plant Physiology, 169: 867-877.

Eshed Y, Abu-Abied M, Saranga Y, et al. 1992. *Lycopersicon esculentum* lines containing small overlapping introgressions from *L. pennellii*. Theoretical and Applied Genetics, 83 (8): 1027-1034.

Fedorov A. 1974. Chromosome Numbers of Flowering Plants. Leningrad: Acad Sci USSR Komarov Botanical Institute.

Fiorani F, Schurr U. 2013. Future scenarios for plant phenotyping. Annual Review of Plant Biology, 64 (1): 267-291.

Flachowsky H, Peil A, Sopanen T, et al. 2007. Overexpression of *BpMADS4* from silver birch (*Betula pendula* Roth.) induces early-flowering in apple (*Malus × domestica* Borkh.). Plant Breeding, 126 (2): 137-145.

Frankel OH. 1984. Genetic perspectives of germplasm conservation//Werner Arber. Genetic Manipulation: Impact on Man and Society. Cambridge: Cambridge University Press: 161-170.

Fritsche-Neto R, Borém A. 2015. Phenomics how next-generation phenotyping is revolutionizing plant breeding. Switzerland: Springer International Publishing.

Gaudelli NM, Komor AC, Rees HA, et al. 2017. Programmable base editing of A·T to G·C in genomic DNA without DNA cleavage. Nature, 551: 464-471.

Ghanem ME, Marrou H, Sinclair TR. 2015. Physiological phenotyping of plants for crop improvement. Trends Plant Science, 20 (3): 139-144.

Grosser JW, Ollitrault P, Olivares-Fuster O. 2000. Somatic hybridization in citrus: an effective tool to facilitate variety improvement. *In Vitro* Cellular & Developmental Biology Plant, 36: 434-449.

Hayes B, Goddard M. 2001. Prediction of total genetic value using genome-wide dense marker maps. Genetics, 157 (4): 1819-1829.

Hightower R, Baden C, Penzes E, et al. 1991. Expression of antifreeze proteins in transgenic plants. Plant Molecular Biology, 17: 1013-1021.

Jiang N, Feng MQ, Cheng LC. 2023. Spatiotemporal profiles of gene activity in stamen delineate nucleo-cytoplasmic interaction in a male-sterile somatic cybrid citrus. Horticulture Research, 10: 105.

Jin JP, Tian F, Yang DC, et al. 2017. Plant TFDB 4.0: toward a central hub for transcription factors and regulatory interactions in plants. Nucleic Acids Research, 45 (D1): D1040-D1045.

Johannsen W. 1911. The genotype conception of heredity. American Naturalist, 45 (531): 129-159.

Kao CH, Zeng ZB, Teasdale RD. 1999. Multiple interval mapping for quantitative trait loci. Genetics, 152: 1203-1218.

Kao HM, Keller WA, Gleddie S, et al. 1992. Synthesis of *Brassica oleracea*/*Brassica napus* somatic hybrid plants with novel organeile DNA compositions. Theoretical and Applied Genetics, 83: 313-320.

Kelliher T, Starr D, Su X, et al. 2019. One-step genome editing of elite crop germplasm during haploid induction. Nature Biotechnology, 37: 287-292.

Kodama H, Horiguchi G, Nishiuchi T, et al. 1995. Fatty acid desaturation during chilling acclimation is one of the factors involved in conferring low-temperature tolerance to young tobacco leaves. Plant Physiology, 107:

1177-1185.

Komor AC, Zhao K, Packer MS, et al. 2017. Improved base excision repair inhibition and bacteriophage Mu Gam protein yields C: G-to-T: A base editors with higher efficiency and product purity. Science Advances, 3: 4774.

Kwon CT, Heo J, Lemmon ZH, et al. 2020. Rapid customization of Solanaceae fruit crops for urban agriculture. Nature Biotechnology, 38: 182-188.

Lander ES, Botstein D. 1989. Mapping mendelian factors underlying quantitative traits using RFLP linkage maps. Genetics, 121: 185-199.

Lederberg J, Tatum EL. 1946. Gene recombination in *Escherichia coli*. Nature, 158: 558.

Li C, Zhang R, Meng X, et al. 2020. Targeted, random mutagenesis of plant genes with dual cytosine and adenine base editors. Nature Biotechnology, 38: 875-882.

Li Q, Tang Z, Hu Y, et al. 2014. Functional analyses of a putative plasma membrane Na^+/H^+ antiporter gene isolated from salt tolerance *Helianthus tuberosus*. Molecular Biology Reports, 41: 5097-5108.

Lv H, Fang Z, Yang L, et al. 2014. Mapping and analysis of a novel candidate Fusarium wilt resistance gene *FOC1* in *Brassica oleracea*. BMC Genomics, 15 (1): 1094.

Marasek-Ciolakowska A, Xie S, Arens P, et al. 2014. Ploidy manipulation and introgression breeding in Darwin hybridtulips. Euphytica, 198 (3): 389-400.

Masterson J. 1994. Stomatal size in fossil plants: evidence for polyploidy in majority of angiospers. Science, 264: 421-424.

Michelmore RW, Paran I, Kesseli RV. 1991. Identification of markers linked to disease-resistance genes by bulked segregant analysis: a rapid method to detect markers in specific genomic regions by using segregating populations. Proceedings of the National Academy of Sciences of the United States of America, 88: 9828-9832.

Minervini M, Scharr H, Tsaftaris AS. 2015. Image analysis: the new bottleneck in plant phenotyping. Signal Processing Magazine IEEE, 32 (4): 126-131.

Montes JM, Melchinger AE, Reif JC. 2007. Novel throughput phenotyping platforms in plant genetic studies. Trends in Plant Science, 12 (10): 433-436.

Moraes AP, Chinaglia M, Palma SC, et al. 2013. Interploidy hybridization in sympatric zones: The formation of *Epidendrum fulgens*×*E. Puniceoluteum* hybrids (*Epidendroideae, Orchidaceae*). Ecology and Evolution, 3 (11): 3824-3837.

Ndlovu N. 2020. Application of genomics and phenomics in plant breeding for climate resilience. Asian Plant Research Journal, 6 (4): 53-66.

Niu CF, Wei W, Zhou QY, et al. 2012. Wheat *WRKY* genes *TaWRKY2* and *TaWRKY19* regulate abiotic stress tolerance in transgenic *Arabidopsis* plants. Plant, Cell & Environment, 35: 1156-1170.

Niu SZ, Koiwa H, Song QF, et al. 2020. Development of core collections for Guizhou tea genetic resources and GWAS of leaf size using SNP developed by genotyping by sequencing. Peer J, 8 (1): e8572.

Okada R, Nemoto Y, Edo-Higashi N, et al. 2017. Synthetic control of flowering in rice independent of the cultivation environment. Nature Plants, 3: 17039.

Paulmann W, Robbelen G. 1988. Effective transfer of cytoplasmic male sterility from radish (*Raphanus stivus* L.) to rape (*Brassiest napus* L.). Plant Breeding, 100 (4): 299-309.

Paulus S, Behmann J, Mahlein AK, et al. 2014. Low-cost 3D systems: suitable tools for plant phenotyping. Sensors, 14 (2): 3001-3018.

Pompili V, Costa LD, Piazza S, et al. 2020. Reduced fire blight susceptibility in apple cultivars using a high-efficiency CRISPR/Cas9-FLP/FRT-based gene editing system. Plant Biotechnology Journal, 18: 845-858.

Pratap KP, Siba PR, Madhu S, et al. 2006. *In vitro* propagation of rose—a review. Biotechnology Advances, 24 (1): 94-114.

Qiu RC, Wei S, Zhang M, et al. 2018. Sensors for measuring plant phenotyping: a review. International Journal of Agricultural and Biological Engineering, 11 (2): 1-17.

Ricroch AE, Martin-Laffon J, Rault B, et al. 2022. Next biotechnological plants for addressing global challenges: The contribution of transgenesis and new breeding techniques. New Biotechnology, 66: 25-35.

Sakai K, Ozaki Y, Ureshino K, et al. 2008. Interploid crossing overcomes plastome-nuclear genome incompatibility in intersubgeneric hybridization between evergreen and deciduous azaleas. Scientia Horticulturae, 115 (3): 268-274.

Saleh B, Allario T, Dambier D, et al. 2008. Tetraploid citrus roots stocks are more tolerant to salt stress than diploid. Comptes Rendus Biologies, 331: 703-710.

Shmykova NA, Pyshnaya ON, Shumilina DV, et al. 2014. Morphological characteristics of doubled haploid plants of pepper produced using microspore/anther *in vitro* culture of the interspecies hybrids of *Capsicum annum* L. and *C. chinense* Jacq. Russian Agricultural Sciences, 40 (6): 417-421.

Song P, Wang JL, Guo XY, et al. 2021. High-throughput phenotyping: Breaking through the bottleneck in future crop breeding. The Crop Journal, 9 (3): 633-645.

South PF, Cavanagh P, Liu HW, et al. 2019. Synthetic glycolate metabolism pathways stimulate crop growth and productivity in the field. Science, 363: eaat9077.

Stam P, Zeven AC. 1981. The theoretical proportion of donor genome in near-isogenic lines of self-fertilizers bred by backcrossing. Euphytica, 30: 227-238.

Struss D, Quiros CF, Röbbelen G. 2010. Mapping of molecular markers on *Brassica B*-genome chromosomes added to *Brassica napus*. Plant Breeding, 108 (4): 320-323.

Tsaftaris SA, Minervini M, Scharr H. 2016. Machine learning for plant phenotyping needs image processing. Trends in Plant Science, 21 (12): 989-991.

Walton RT, Christie KA, Whittaker MN, et al. 2020. Unconstrained genome targeting with near-PAMless engineered CRISPR/Cas9 variants. Science, 368 (6488): 290-296.

Wang B, Zhu L, Zhao B, et al. 2019a. Development of a haploid-inducer mediated genome editing system for accelerating maize breeding. Molecular Plant, 12: 597-602.

Wang C, Liu Q, Shen Y, et al. 2019b. Clonal seeds from hybrid rice by simultaneous genome engineering of meiosis and fertilization genes. Nature Biotechnology, 37: 283-286.

Wang M, Liu Y, Zhang C, et al. 2015. Gene editing by co-transformation of TALEN and chimeric RNA/DNA oligonucleotides on the rice *OsEPSPS* gene and the inheritance of mutations. PLoS One, 10 (4): e0122755.

Wang Y, Cheng X, Sha Q, et al. 2014. Simultaneous editing of three homoeoalleles in hexaploid bread wheat confers heritable resistance to powdery mildew. Nature Biotechnology, 32: 947-951.

Wijnker E, van Dun K, de Snoo CB, et al. 2011. Reverse breeding in *Arabidopsis thaliana* generates homozygous parental lines from a heterozygous plant. Nature Genetics, 44 (4): 467-470.

Woo JW, Kim J, Kwon SI, et al. 2015. DNA-free genome editing in plants with preassembled CRISPR/Cas9 ribonucleoproteins. Nature Biotechnology, 33: 1162-1164.

Wu JH, Ferguson AR, Mooney PA. 2005. Allotetraploid hybrids produced by protoplast fusion for seedless triploid *Citrus* breeding. Euphytica, 141 (2): 229-235.

Xu R, Yang Y, Qing R, et al. 2016. Rapid improvement of grain weight via highly efficient CRISPR/Cas9-mediated multiplex genome editing in rice. Journal of Genetics and Genomics, 43: 529-532.

Xu SJ, Wu Z, Hou HZ, et al. 2021. The transcription factor CmLEC1 positively regulates the seed-setting rate in hybridization breeding of chrysanthemum. Horticulture Research, (8): 191.

Xu SJ, Wu Z, Hou HZ, et al. 2022. Chrysanthemum embryo development is negatively affected by a novel ERF transcription factor, CmERF12. Journal of Experimental Botany, 73 (1): 197-212.

Yang WN, Feng H, Zhang XH, et al. 2020. Crop phenomics and high-throughput phenotyping: past decades, current challenges and future perspectives. Molecular Plant, 13 (2): 28.

Ye M, Peng Z, Tang D, et al. 2018. Generation of self-compatible diploid potato by knockout of S-RNase. Nature Plants, 4: 651-654.

Zhang H, Blumwald E. 2001. Transgenic salt-tolerant tomato plants accumulate salt in foliage but not in fruit. Nature, 19: 765-768.

Zhao G, Yu H, Liu M, et al. 2017. Identification of salt-stress responsive microRNAs from *Solanum lycopersicum* and *Solanum Pimpinellifolium*. Plant Growth Regulation, 83: 129.

Zhao ZG, Hu TT, Ge XH, et al. 2008. Production and characterization of intergeneric somatic hybrids between *Brassica napus* and *Orychophragmus violaceus* and their backcrossing progenies. Plant Cell Reports, 27 (10): 1611-1621.

附　　录

作物种类	亲代（P）	杂种第一代（F₁）	杂种第二代（F₂）
桃	红果肉×白果肉	红：白＝1：1	
	黄果肉×红果肉	红：白＝1：1	
	果形圆正×果形卵圆形	圆、近圆、卵圆、椭圆	
	风味甜×风味酸	甜、甜多酸少、酸多甜少、酸	
	大果×大果	小果、中果、大果	
	大果×中果	小果、中果、大果	
	大果×小果	小果、中果、大果	
柑橘	中熟×早熟	早熟、中熟、晚熟	
	中熟×中熟	早熟、中熟、晚熟	
	中熟×晚熟	早熟、中熟、晚熟	
	橙黄色果皮×橙红色果皮	橙黄色、橙红色、黄色、深红色	
	橙黄色果皮×朱红色果皮	橙黄色、橙红色、黄色	
	橙黄色果皮×橙黄色果皮	橙黄色、橙红色、黄色、深红色	
	酸甜风味×偏甜至纯甜风味	中酸、偏酸、酸甜、偏甜、甜	
	酸甜风味×酸甜风味	酸甜、偏酸	
	化渣好×较化渣	较化渣、化渣好、化渣不好	
	无核×少核	少核、无核、多核	
	无核×多核	中等种子数、多核、少核、无核	
苹果	钝叶尖×锐叶尖	钝尖：锐尖＝1：3	
	钝锯齿叶缘×锐锯齿叶缘	钝锯齿：锐锯齿＝1：3	
	斜向上叶姿×斜向上叶姿	斜向上、水平	
	抱合叶面×平展页面	抱合：平展＝1：1	
	叶面茸毛多×叶面茸毛少	多：少＝1：1	
	红褐色树体×黄褐色树体	红褐色：黄褐色＝1：1	
	暗褐色新梢×红褐色新梢	暗褐色：红褐色＝1：1	
	长椭圆形新梢皮孔×圆形新梢皮孔	长椭圆形：圆形＝1：1	
猕猴桃	圆柱果形×圆柱果形	倒卵、短圆、圆柱	
	方果肩×圆果肩	方、圆、斜	
	圆果喙×浅钝凸果喙	圆、浅钝凸、尖凸	
	果面硬毛×果面硬毛	硬毛	
	果面暗褐色×果面褐色	绿、褐、红褐、暗褐	
	果肉中绿×果肉中绿	浅绿、中绿、深绿	
	黄白果心×黄白果心	绿白、黄白、黄绿	
	椭圆果心×椭圆果心	圆、椭圆	
	中果心×小果心	中、小	

续表

作物种类	亲代（P）	杂种第一代（F_1）	杂种第二代（F_2）
猕猴桃	黑色种子×黑色种子	褐、黑	
	种子数中×种子数少	多、中、少	
梨	黄绿果皮×黄绿果皮	黄、绿、黄绿、绿黄	
	小果心×小果心	小、中、大	
	明显果点×明显果点	不明显、中等、明显	
枇杷	黄肉×黄肉	黄	
	黄肉×白肉	黄、白	
欧洲李	浅红×红	黄色、黄底红晕、浅红、红色	
	黄底红晕×红	黄色、黄底红晕、红色、深红色	
小白菜	青梗×白梗	青梗（色淡）	
	扁梗×圆梗	圆梗（高平型）	
	长梗×短梗	中间型偏长	
	花叶×板叶	花叶	
	大叶系×小叶系	中间偏大	
	叶数型×叶重型	中间偏叶数型	
	叶色深绿×淡绿	中间型	
	直立×束腰	中间偏束腰	
	早抽薹×晚抽薹	中间型	
大白菜	叶片有毛×无毛	有毛	
	叶片多毛×少毛	中间偏多毛	
	绿邦×白邦	中间偏母本	
	包心×舒心	包心	
	包心×拧心	多数包心、少数拧心	
	舒心×拧心	舒心或拧心	
	高球×矮球	中间型	
	散叶×半结球、花心、拧、褶、叠抱	散叶	
	半结球×花心、拧、褶、叠抱	半结球	
	花心×拧、褶抱	花心	
	叠抱×花心、拧、褶抱	叠抱	
	褶抱×拧抱	褶抱	
	抗病×不抗病	中间型	
	早熟×晚熟	中间偏早熟	
甘蓝	叶片紫红色×绿色	淡紫红色	紫红∶绿＝3∶1或9∶7
	叶片绿色×深绿色	中间偏深绿色	
	叶片宽型×窄形	接近窄形	宽∶窄＝3∶1
	叶片褶皱×平坦	中间型	皱缩∶平坦＝9∶7
	结球×不结球	略结球	不同程度的结球
	叶球圆形×扁形	中间型	由圆至扁各种程度
	叶球平头形×圆形	中间偏圆锥形	

续表

作物种类	亲代（P）	杂种第一代（F_1）	杂种第二代（F_2）
甘蓝	叶球平头形×圆锥形	中间型或圆锥形	
	外叶多×少	中间或少	
	早熟×早熟	早熟或更早	
	早熟×中熟、晚熟	中间偏早	
	不易抽薹×易抽薹	中间偏易抽薹（也有报道相反）	
	生长势强×弱	中间偏强	
萝卜	板叶×花叶	中间型	
	叶簇塌地×直立	开展	
	叶簇开展×塌地	开展	
	根圆形×长圆筒形	纺锤形	
	根圆形×扁圆形	偏扁圆	
	根长圆筒形×倒卵圆形	倒卵圆、纺锤形	
	皮红色×青色	暗紫色或紫绿相嵌	
	皮暗红色×鲜红色	暗红色	
	皮青色×白色	淡绿色	
	皮深绿色×绿色	深绿色	
	皮红色×白色	紫红色或粉色	
	皮紫色×青色	暗紫色	
	根颈明显×不明显	不明显	
	根露身×不露身	半露身	
	肉白×肉绿	淡绿	
	肉绿×肉紫红	肉紫白相嵌	
	肉致密×肉松	中间偏致密	
	早熟×晚熟	中间偏晚	
	晚熟×晚熟	更晚熟	
圆葱	鳞茎黄色×白色	淡黄色或中间型	
	鳞茎黄色、白色×紫色	紫色	
	鳞茎多胚性×单胚性	多胚性	
	鳞茎辣、半辣×甜味	辣或半辣味	
胡萝卜	根白色×橘红色	白色不完全显性	
	根黄色×橘红色	黄色不完全显性	
	根紫色×橘红色	中间型	
	根黄色×紫色	中间型	
	根白色×黄色	白色不完全显性	
	半长根×短根	半长根不完全显性	
	半长根×长根	长根不完全显性	
	长根×短根	中间型	
	根先端尖细×钝圆	尖细	
	木质根×肉质根	木质根	

续表

作物种类	亲代（P）	杂种第一代（F$_1$）	杂种第二代（F$_2$）
胡萝卜	叶丛披散×直立	披散	
	叶丛小×大	大	
芹菜	叶柄空心×实心	空心	
菠菜	圆子×刺子	刺子	刺子∶圆子＝3∶1
	叶柄长×短	中间型	
	叶柄平×皱缩	中间型	
	雌性株×两性株	雌性株、两性株	
	两性株×雄性株	两性株、雄性株、雌性株	
	圆叶×尖叶	中间型	
莴苣	种子黑色×灰白色	黑色	
	结球类型×散叶	不结球	
	叶片分裂×全缘	分裂	
	叶片浓紫分散紫斑或叶缘紫色	浓紫	
	叶片有紫斑×无紫斑	有紫斑	
	叶片绿色×黄色	绿色	
番茄	茎直立×非直立	非直立	
	茎高秆×矮秆	高秆	
	无限生长×自封顶	无限生长	无限生长∶自封顶＝3∶1
	薯叶×普通叶	普通叶	普通叶∶薯叶＝3∶1
	垂叶×普通叶	普通叶	
	苗期绿茎×紫茎	紫茎	紫茎∶绿茎＝3∶1
	简单花序×复花序	简单花序	
	隔三叶一穗果×隔一叶	隔三叶一穗果	
	黄果皮×透明果皮	黄果皮	黄果皮∶透明果皮＝3∶1
	黄肉×红肉	红肉	红肉∶黄肉＝3∶1
	黄肉×粉红肉	粉红肉	粉红肉∶黄肉＝3∶1
	多肉×少肉	中等	
	多叶×少叶	中等	
	果肩部暗绿×匀绿	暗绿	
	果圆形×梨形	圆形	
	果圆形×扁圆形	圆形	
	果扁圆形×长圆形	圆形	
	普通果×尖头果	普通果	
	普通果×多棱果	偏向普通果	
	小果×大果	中等偏小	
	少心室×多心室	中间偏少	
	多种子×少种子	偏多种子	
	早熟×晚熟	偏早熟	

续表

作物种类	亲代（P）	杂种第一代（F_1）	杂种第二代（F_2）
番茄	幼果绿色×淡绿色	绿色	
	绿色果肩×着色一致	绿色果肩	
	茎光滑×有毛	茎光滑	
	雄性不育×可育	能育	
茄子	高棵×矮棵	中间型	
	株型分枝多×紧凑	中间偏紧凑	
	果皮不同颜色杂交	中间型	
	果萼有刺×无刺	有刺	
	大果×小果	中间型	
	棱果×光滑果	棱果	
	长果×圆果	中间型	
	圆果×椭圆果	中间型（高圆果）	
	长果×椭圆果	中间型	
	多果少果	多果	
	果肉绿×果肉白	中间型	
	果肉松×紧密	中间型	
	果有苦味×无苦味	有苦味	
	早熟×中、晚熟	中间偏早	
辣椒	始花节位低×始花节位高	中间偏低	
	正常茎×短茎（节间特短）	正常	正常：短＝3：1
	株系紧凑×枝杈多的	中间型	
	茎叶带紫色×不带紫色	淡紫色	带紫色：不带紫色＝3：1
	大叶×小叶	中间型	
	有毛×无毛	少毛	有毛：无毛＝3：1
	单花×多花	单花	单花：多花＝3：1
	短果柄×长果柄	短果柄	短：长＝3：1
	多果×少果	多果	
	长果×圆果	中间型	由长至圆各种形状
	大果×小果	中间型	各种大小
	果顶凹×果顶尖	中间型	
	果基部凸起×果基部不凸起	凸起	凸起：不凸起＝3：1
	辣椒×甜椒	辣椒	
	青熟果绿色×青熟果黄色	绿色	绿色：黄色＝3：1
	种果红果×种果黄色	红色	红色：黄色＝3：1
	早熟×晚熟	偏早熟	
菜豆	茎蔓性×茎矮生	蔓性	蔓：矮＝3：1
	茎紫色×茎绿色	紫色	红：紫：绿＝9：3：4
	花序不分枝×花序分枝	不分枝	不分枝：分枝＝3：1
	白花×紫花	白花	白花：紫花＝3：1

续表

作物种类	亲代（P）	杂种第一代（F$_1$）	杂种第二代（F$_2$）
菜豆	软荚×弯荚	近软荚	软：硬=3：1
	软荚×弯荚	直荚	直：弯=3：1
	圆荚×扁荚	圆荚	圆：扁=3：1
	绿荚×黄荚	绿荚	绿荚：黄荚=3：1
	长荚×短荚	近长荚	各种程度长短
	有筋荚×无筋荚	无筋荚	无筋：有筋=15：1
西葫芦	绿皮×白皮	绿皮	
	墨绿皮×浅绿皮	墨绿皮	
	多果×少果	中间偏多	
	大果×小果	中间偏大	
	厚肉×薄肉	中间偏厚	少数白皮
	茎蔓性×矮生	中间偏矮	
	早熟×早熟	更早	
	早熟×晚熟	中间偏早	
	大粒种子×小粒	中间偏大	
中国南瓜	白皮×黄皮	白皮	白：黄=3：1 或 15：1
	黄皮×绿皮	黄皮	黄：绿=3：1
	白皮×绿皮	白皮	白：黄：绿=12：3：1
	无条纹×白条纹	白条纹	遗传复杂
	白肉×乳黄肉	白肉	白：乳黄=3：1
	果面光滑×果面略有瘤	瘤状	瘤状：光滑=3：1
	果面光滑×果面瘤明显	瘤状	瘤状：光滑=15：1
	扁果×圆果	扁果	扁：圆：长=9：6：1
黄瓜	复刺×单刺	复刺	复刺：白刺=3：1
	大瘤×小瘤、光滑	大瘤	
	黑刺×白刺	黑刺	黑刺：白刺=3：1
	刺少×刺多	刺少或刺多	多数刺少
	有刺×无刺	有刺	有刺：无刺=3：1
	青皮×黄皮	青皮	
	白皮×青皮	白皮或淡青	淡色多深色少
	暗皮×亮皮	暗皮	多数暗皮
	有棱×无棱	有棱或中间型	多数有棱
	晚熟×早熟	中熟	
	长蔓×短蔓	中间型或长蔓	多数长蔓
	乳白肉×白肉	乳白肉	多数乳白肉
	三心室×五心室	三心室	多数三心室
	果有苦味×果无苦味	带苦味	
	正常结实×单性结实	单性结实或有子果	
	种果有网纹×种果无网纹	有网纹	多数有网纹
	种果赤褐色×种果乳黄色	中间型	有赤褐、褐黄、乳黄等

续表

作物种类	亲代（P）	杂种第一代（F₁）	杂种第二代（F₂）
苦瓜	雌花节位高×雌花节位低	中间型或中间偏高	
	单株坐果数少×单株坐果数多	中间型或中间偏多	
	单果质量大×单果质量小	中间型或中间偏大	
	长果×短果	中间型或中间偏长	
	细果径×粗果径	中间型或中间偏粗	
	薄果肉×厚果肉	中间型或中间偏薄	
	绿果皮×白果皮	绿果皮	绿∶白＝3∶1
	单瓜种子数少×单瓜种子数多	种子数量多且超亲	
	棕黄色种皮×黑色种皮	黑色种皮	黑∶棕黄＝3∶1
	枯萎病感病×枯萎病抗病	抗病	抗∶感＝3∶1
	有瘤×无瘤	有瘤	有∶无＝3∶1
	全雌×雌雄同株	雌雄同株	雌雄同株∶全雌＝3∶1或15∶1
	定植40天后主茎节位数少×节位数多	节位数多且超亲	
	长叶×短叶	长叶	
	宽叶×窄叶	中间型偏宽	
	茎粗×茎细	中间型偏粗	
	长节间×短节间	长节间	
	卷须初始节位低×卷须初始节位高	节位低	
	卷须分叉×卷须不分叉	卷须分叉	分叉∶不分叉＝3∶1
	长种子×短种子	中间偏长	
	种子质量大×种子质量小	中间偏大	
	宽种子×窄种子	中间偏窄	
	绿柱头×黄柱头	绿柱头	绿∶黄＝3∶1